石油教材出版基金资助项目

石油高等院校特色规划教材

工程地质学基础

徐守余　李宝刚　林腊梅　段忠丰　编著

石油工业出版社

内 容 提 要

本书以工程地质学基本原理为核心，以工程地质方法论为主线，对工程地质学的基本理论和方法进行了系统化、理论化的论述，阐述了土和岩石的工程地质性质，论述了工程动力地质作用的基本类型、特征和防治措施，介绍了水文地质条件及其工程意义，论述了油气田地质灾害与工程地质问题，分析了工程地质勘察的理论与方法、几类典型建筑物的工程地质勘察特点。

本书可作为石油高等院校地质学、资源勘查工程、勘查技术与工程、土木工程、储运工程等专业本科生教材和相关专业研究生教学参考书，也可供工程地质工作者、科研院所的科技人员使用。

图书在版编目（CIP）数据

工程地质学基础/徐守余等编著.—北京：石油工业出版社，2020.6
石油高等院校特色规划教材
ISBN 978-7-5183-4057-6

Ⅰ.①工… Ⅱ.①徐… Ⅲ.①工程地质—高等学校—教材 Ⅳ.①P642

中国版本图书馆 CIP 数据核字（2020）第 100507 号

出版发行：石油工业出版社
（北京市朝阳区安定门外安华里 2 区 1 号楼 100011）
网 址：www. petropub. com
编辑部：（010）64523697
图书营销中心：（010）64523633
经 销：全国新华书店
排 版：北京密东文创科技有限公司
印 刷：北京晨旭印刷厂

2020 年 6 月第 1 版 2020 年 6 月第 1 次印刷
787 毫米×1092 毫米 开本：1/16 印张：17.25
字数：436 千字

定价：39.00 元
（如发现印装质量问题，我社图书营销中心负责调换）

前　言

为拓宽石油高等院校资源勘查工程、地质学及相关专业大学生的知识面，拓展就业机会，适应新时代社会主义市场经济对人才素质的要求，在资源勘查工程、地质学等专业开设工程地质学课程，但目前尚无一本结合油气行业特色的、正式出版的教材。为此，编著者根据教学经验，结合油气类资源勘查工程、地质学等专业特点编写了《工程地质学基础》，作为石油高等院校资源勘查工程、地质学等专业学生学习“工程地质学”类课程的教材。

本教材编写的宗旨是让学生掌握工程地质学最基本的原理和方法，结合水文地质分析，体现油气工程地质的特色和重点，并力求实用，主要掌握如下四方面知识：(1) 什么是工程地质学？它的研究对象是什么？(2) 为什么要学习工程地质学？它的任务是什么？(3) 工程地质学的主要研究内容有哪些？怎么研究？(4) 油气工程地质学的研究特色和意义是什么？

在总结教学经验的基础上，编著者参阅了已经出版的各种相关教材、专著和论文，收集了本学科的最新研究成果，力图做到体系结构合理、概念明确清楚、理论与实例相结合，使学生在有限的学时内掌握工程地质学最基本的原理和方法，力争使学生能在将来的工作中学以致用。

本教材内容共分6章：第1章，绪论；第2章，土和岩石的工程地质性质；第3章，工程动力地质作用；第4章，水文地质条件；第5章，油气田地质灾害与工程地质问题；第6章，工程地质勘察。其中，第1章、第5章、第6章由徐守余编写，第2章由段忠丰编写，第3章由李宝刚编写，第4章由林腊梅编写，全书由徐守余统稿。

本教材在编写过程中得到中国石油大学（华东）各级部门领导及多位老师的支持和帮助，在此，编著者谨向他们致以诚挚的谢意。

由于编著者水平所限，书中的缺点、错误在所难免，恳请读者批评指正。

编著者

2020年3月

目　　录

第1章 绪 论

1.1 工程地质学基本概念

1.1.1 工程地质学研究对象和任务

工程地质学是地质科学的一门分支学科，是工程与技术科学、基础学科的交叉学科，是研究人类经济活动及工程活动中与工程规划、设计、施工和运用相关的地质问题的学科。

工程地质学是工程科学与地质科学相互渗透、交叉而形成的一门分支交叉学科，是从事人类工程活动与地质环境相互作用、相互影响研究，服务于经济活动和工程建设的应用学科，是研究人类如何认识、利用和改善地质环境的学科。

人类的经济活动与工程建设都是在一定的地质环境中进行的，两者之间必然产生特定的相互关联和制约。

首先是地质环境对工程活动的制约作用，地球上现有的工程建筑都建造在地壳表层一定的地质环境中，地质环境对工程建筑的制约是多方面的，包括：（1）影响工程建筑的稳定和正常使用，譬如在活断层及强烈地震活动区的各类工程建筑，若场地选择不当或建筑类型、结构设计不合理等，则会因断层活动、地震等原因造成建筑物损坏或破坏；石灰岩区修建水工建筑则要注意查明溶蚀情况并采取适当措施，否则会造成建筑物不能正常使用。（2）影响工程活动的安全，进行地表开挖时无视地质条件或对边坡稳定的判断失误，则会引起大规模的崩塌或滑坡，不仅增加工程量、延长工期，还会危及施工者的安全；地下工程建筑本身的稳定性及支衬结构、施工方法等都受周围的地质环境制约。（3）还可表现为提高工程造价等多方面，影响造价主要通过两种方式，其一是因建筑场地选择不当，为保建筑物安全必须采用更为复杂的建筑结构，从而提高工程造价；其二是选择了当地不能提供充分天然建筑材料的建筑物型式，不可避免地提高工程造价。

其次人类的工程活动也会反作用于地质环境，使自然地质条件发生变化，并影响建筑物的稳定和正常使用，甚至威胁到人类的生活和生存环境。由于人类工程活动的规模越来越大，对地质环境的影响早已超出局部场地的范围而波及广大区域。如大规模抽取地下水、石油等流体，造成大面积的地面沉降或抬升，使沉降区的建筑物的正常工作条件受到严重影响，如大庆油田因采油需要注入大量水，使得大庆油田从 1964 年至 1987 年地面明显上升，其中萨尔图油田上升最高，最大幅度达 2m 以上。又如修建大型水库，在大区域范围内的水文地质条件随之改变，往往引起区域性的坍岸或浸没。据国际大坝委员会 1973 年对 110 个国家和地区的已建大坝的不完全统计，一百多年来，世界上仅水坝的破坏事件就发生 580 多起，其中因地质问题造成的占45%以上，洪水漫顶的占35%。如1959年12月2日法国的Malpasset拱坝的崩溃曾轰动国际水利界，该坝高66m，坝基左岸片麻岩中夹有绢云母页岩，倾向下游，且裂隙发育，并充有黏土，岩石软弱，且未经地基处理。1959年的连日暴雨，水位猛涨，蓄水后致使左岸位移达210cm，致使整个坝体全部崩溃，洪流下泄，席卷数十千米，下游10km处的福瑞杰斯城被冲为废墟，附近的道路、水电线路几乎全部破坏，死亡400余人，损失惨重。

由此可见，人类的工程活动与地质环境之间处于相互联系、相互制约的矛盾之中。工程地质师们应充分预计到工程的兴建，尤其是重大工程的兴建对地质环境的影响，以便采取相应的对策。

研究地质环境与人类工程活动之间的关系，促使两者之间矛盾的转化和解决，以便合理开发和妥善保护地质环境，就成了工程地质学的基本任务。

工程地质学为工程建设服务，是通过工程地质勘察，对工程地质条件和工程地质问题进行分析和评价的，工程地质工程师们只有与工程规划、设计和施工工程师们密切配合、协同工作，才能圆满完成任务。

由此可见，明确工程地质条件的含义、工程地质问题的含义、工程地质勘察的任务及它们之间的关系是非常必要的。

1.1.2 工程地质条件

工程地质条件指的是与工程建设有关的地质要素的综合，也可以说是工程建筑所在场地的地质环境各项因素的综合。它包括岩土类型及其工程地质性质、地形地貌条件、地质结构与构造、水文地质条件、物理地质作用和天然建筑材料等六方面要素。因此工程地质条件是综合概念，指的是六要素的总体，而不是单一要素。

构成工程地质条件的要素都属于地质范畴，至于气候、植被、水文等自然因素，它们虽然对工程地质条件有影响，但本身并不成为工程地质条件的组成部分，故不应把工程地质条件定义为“自然因素的综合”。

工程地质条件是客观自然存在的，是自然地质历史塑造成的，而不是人为造成的，工程地质条件反映了地质发展过程及后生变化。工程地质条件的形成受大地构造、地形地势、气候、水文、植被等自然因素的控制。人类的工程活动会引起工程地质条件的改变，但这是次要的、局部的，且与原有的工程地质条件融合为一体，成为后来工程建筑的工程地质条件。

这里对六方面的工程地质要素作进一步简单阐述。

（1）岩土类型及其工程地质性质：是工程地质条件中最基本的要素，任何建筑都离不开土体或岩体。岩土的类型不同，其物理性质及化学性质有很大差别，相应地，其工程意义也大不一样。一般而言，软土、软岩、软弱夹层及破碎岩体不利于地基的稳定，边坡的滑移、洞室的塌陷等也往往是由这种软弱岩体所引起的。对水利工程而言，渗漏的土石，如砂砾层、岩溶体、破碎岩体等也应特别重视。在工程地质勘察中必须仔细地勘查、试验，查清这类岩土的分布规律及变化规律。

（2）地形地貌条件：对线性建筑而言，地形地貌条件的勘察尤其重要，合理利用地形地貌条件，不但可大量节省投资，而且对建筑群中各建筑的样式、布局、规模及施工条件等也有直接影响，同时地形地貌条件还能反映地区的地质结构、构造和水文地质情况。具体研究内容包括地形形态的等级、地貌单元的划分、地形起伏、沟谷发育体系、山脉体系、阶地状况等。

（3）地质结构与构造：包括地质构造，岩土单元的组合关系及各类结构面的性质和空间分布。土体结构主要指土层的组合关系，指由层面分隔的各层土的类型、厚度及空间分布。岩体结构主要指岩层的构造变化及其组合关系，还包括各种结构面的组合，尤其是层面、不整合面等，它们分隔的是差异性很大的不同岩土。地应力也应作为一项重要因素加以考虑。

（4）水文地质条件：工程建设，特别是大型工程，必须考虑水文地质条件。对工程建设有影响的水文地质因素有：地下水的类型、补给、排泄、水位及其变动幅度，含水层和隔水层的分布及组合关系，岩土层的渗透性、富水性，承压含水层的特征及水头，岩石裂隙水的特征、水动力及分布。

（5）物理地质作用：指对工程建设有影响的自然地质作用和现象，它是工程地质条件中的一个很重要的因素，而且是一个活动性因素，如地震、断层活动、变形、渗漏、泥石流等。要研究物理地质作用的发生发展规律、产生的原因、形成条件和机制、影响因素等，以便做出正确的评价，制定合理的防治措施。对这方面的研究应将勘探试验与长期观测相结合。

（6）天然建筑材料：许多建筑物的建筑材料是取之于岩土的，称为天然建筑材料。如土石坝、路堤、路基、码头等都需要大量的天然建筑材料。各种用途的天然建筑材料应符合一定的质量要求，并满足数量的需要，且要尽可能就地取材。

1.1.3 工程地质问题

工程地质问题是指工程建筑与地质环境相互作用、相互矛盾而引起的，对建筑物的正常施工和运行或对周围环境可能产生影响的地质问题。工程地质问题不是孤立、偶然发生的，它与工程建筑区的自然条件和环境有着密切的必然联系，其形成、发展和变化，都是工程活动对自然地质条件和环境影响的结果。

工程地质问题是自然界客观存在的，它能否适应工程建设的需要，则需要联系到工程建筑的类型、结构和规模。工程地质问题的分析研究，主要是分析研究建筑物与工程地质条件相互作用的影响因素、作用的机制和过程，并做出正确的评价，明确作用的强度或工程地质问题的严重程度、发生发展的过程。

由此可见，工程地质问题的分析研究，既要了解工程地质条件，又要了解建筑的特征。

工程地质问题的分析研究，关键在于对工程地质条件的了解，查明工程地质条件只是了解自然，只有通过工程地质分析才能深刻理解自然，理解其在工程上的意义，并使之得到充分应用。

工程地质问题的分析、评价研究具有全局意义，是工程地质勘察的核心任务和中心环节。对每一项工程的主要工程地质问题必须做出恰当、确切的结论。

1.1.4 工程地质勘察

工程地质勘察是工程建设的前期工作，它运用地质、工程地质及相关学科的理论和方法技术，在建设场地及附近进行调查研究，为工程建设的正确规划、设计、施工和运行等提供可靠的地质资料，以保证工程建筑的安全稳定、经济合理和正常运用。

具体地讲，工程地质勘察的任务可归纳为如下几方面：

（1）阐明工程建筑区的工程地质条件，指出对工程建筑有利和不利的因素。

（2）分析和研究工程建筑区存在的工程地质问题，进行恰当的评价，作出确切的结论。

（3）选择最佳的建筑场地，根据建筑场地的工程地质条件对工程建筑的类型、规模、结构、施工方法和配置物提出建议。

（4）拟定改善和防治不良地质作用的措施。

（5）预测和研究工程建筑兴建后对地质环境的影响，制定利用和保护地质环境的对策和措施。

这几项任务是相辅相成的，最基本的任务是阐明工程地质条件，这也是工程地质师们最本职的工作。而工程地质问题分析是工程地质勘察的中心任务。

1.1.5 工程地质学与其他学科的关系

工程地质学所涉及的研究范围是很广泛的，它必须以其他学科的理论知识和方法技术作为自己的理论基础和方法手段，它与其他学科之间有着广泛的联系，简单归纳一下，工程地质学与其他学科的关系如图 1－1 所示。

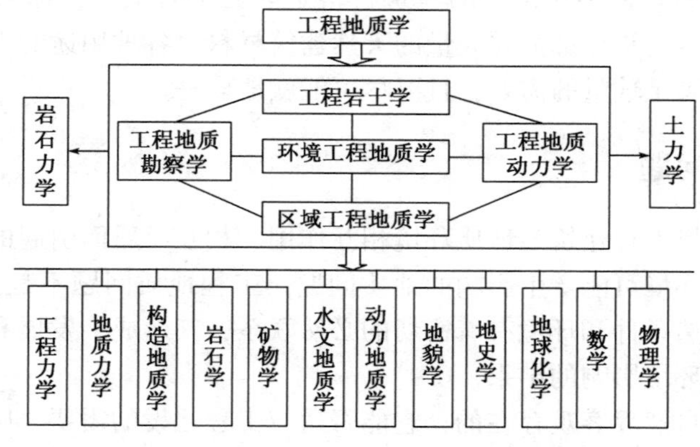

图 1－1　工程地质学与其他学科的关系

1.2 工程地质学研究内容

工程地质学的研究内容是多方面的，主要包括如下几方面：

（1）岩土工程地质性质研究。建造于地壳表层的任何建筑总是离不开岩土体，作为建筑物地基或环境的岩土体，其成因类型和性质对建筑物的意义重大，是人类工程活动与地质环境相互联系和制约的基本要素。无论分析工程地质条件，还是评价工程地质问题，首先就要对岩土的工程地质性质进行研究。这方面的研究是由工程岩土学这一分支学科来完成的，主要研究岩土的工程地质性质及其形成和分布规律，并探讨改善这些性质的途径。

（2）物理地质作用研究。作为工程地质条件之一的物理地质作用，包括地球的内力和外力，还有人类工程活动产生的各种作用，这些作用往往制约着建筑物的稳定性、造价和正常使用，也称工程动力地质作用、工程地质分析等。这方面的研究是由工程动力学来完成的，称之为工程地质分析，主要研究工程地质条件与工程建设相互制约的主要形式，即工程地质问题，研究它们产生的地质环境、力学机制、发展演化趋势，以便正确论证和提供合理的防治措施。

（3）工程地质勘察理论和方法技术研究。工程地质勘察的目的是为工程建筑的规划、设计、施工和使用提供所需的地质资料和各项数据。由于不同类型、结构和规模的建筑对工程地质条件的要求以及所产生的工程地质问题不同，勘察方法的选择、勘察方案的部署以及工作量等也不尽相同。为保证工程地质勘察的质量，工程地质勘察的理论和方法技术是有所区别的，这方面的研究是由专门工程地质学（或称为工程地质勘察学）来完成的，主要探讨为给各种工程建筑提供充分工程地质依据所要勘察的工程地质内容、所应遵循的勘察程序和要求、所需采取的勘察方法和手段。

（4）水文地质分析。水文地质分析是工程地质研究的重要内容，水文地质特征和性质影响岩土的工程地质特征和性质，特别是水工建筑和地下建筑往往对水文地质有较高要求，这方面工作通常由水文地质学来完成。

（5）区域工程地质研究。不同地域的自然地质条件各异，进行这方面研究是由区域工程地质学来完成的，主要研究各种工程地质条件在空间的分布规律和特点。

（6）环境工程地质研究。这是工程地质学的一个分支，它是研究以经济—工程活动为中心的一定范围内工程动力地质作用与经济—工程活动形成的地质实体及其问题的学科，并科学地预测由于人类活动对地质环境的负面影响以及其区域变化，尤其是大型工程活动（如大型水利水电工程、城市建设、矿产开发等）应大力开展环境工程地质研究，为开发利用工程地质环境或防治不利作用提供科学依据。

1.3　油气工程地质研究内容

（1）套管损坏的工程地质问题。油田投入开发后，特别是长期注水开发油田，套管损坏一直是影响油田正常生产的非常严重的干扰因素。套管损坏环境和损坏机理研究一直是国内外研究的前沿和难题。套管损坏的规律和动力学机制是复杂的，很多学者提出了自己的看法和意见。由于套管损坏，不仅影响油井正常生产和挖潜，还影响分层注水，使产量递减加快，含水上升快，对油田的正常生产造成了很大威胁，因此研究油井套管损坏的动力学机制，揭示油井套管损坏的规律，并有针对性地采取措施预防和治理套管损坏，对油田开发具有重要意义，对我国能源战略的有效实施具有重要意义。

（2）地震与油气田工程地质问题。地震引起的油气田工程地质问题是多方面的，首先地震易使油气井套管损坏，其次会引起油气井异常，还会影响油气井的正常生产。

（3）长期开发引起的油气田工程地质问题。长期开发，特别是注水开发，会引起地下储层性质发生很大改变从而引发工程地质问题甚至出现油气田地质灾害。

（4）油气田其他工程地质问题。油气田的建设也会产生多方面的工程地质问题。油气田相关建筑，如厂区建设、民用建筑、油气管道敷设、油库建设、海洋中的油气平台建设、相应的工厂建设等诸多方面都存在工程地质问题。

（5）油气田地质灾害问题。油气田地质灾害既是一种自然现象，又与人类工程和经济活动密切相关，对人类社会的生产和生活造成严重影响。研究油田气地质灾害就要研究致灾的动力学条件、致灾的诱发因素并分析灾害的后果，进而预测和控制各种油气田地质灾害对人类和国民经济造成的损失，是油气田地质灾害研究的重要任务。

（6）油气田勘探开发中的地下水污染问题。油气井钻探过程中钻井液及油气田开发中的注水，都会或多或少地对地下含水层的水造成污染；采油过程中如果对采出液处理不当，采出的地下水还会对地表环境造成污染，这些问题都应该引起足够重视。

（7）油气储运工程地质问题。油气运输管线的修建和油库的修建都存在工程地质问题，如长距离运输管线跨越活断层、地震活动带等；油库建设中的防渗等。

1.4 工程地质学发展历史与前景

工程地质学作为一门学科存在于现代自然科学领域，与其他科学的发生发展规律一样，是在人类发展历史过程中，在社会生产的发展和需要的推动下，发生发展起来的。

在远古时代，人类就懂得利用优良的地质条件兴建各类工程建筑，但工程地质学作为一门独立学科不足百年历史。

1.4.1 国外工程地质学的发展史

20 世纪 30 年代，苏联开展大规模国民经济建设，促使了工程地质学的萌生，1932 年在莫斯科地质勘探学院成立了由萨瓦连斯基领导的工程地质教研室，专门培养工程地质人才，并奠定了工程地质学的理论基础。而此时在欧美及日本等国家在进行水利和土木工程建设中也开展了工程地质工作，但附属于建筑工程中，且主要从事一般地质构造和地质作用与工程建设的关系研究。

经过数十年发展，工程地质学学科体系日臻完善，成为具有多分支学科的综合性学科。1968 年在第 23 届国际地质大会上成立了国际地质学会工程地质分会，后改名为国际工程地质协会（IAEG）。该协会设有多个专业委员会，进行定期学术交流，办有会刊。至今已召开了多届国际工程地质大会。

1.4.2 国内工程地质学的发展史

我国在历史发展过程中由于农业及运输等的需要，修建了许多大型工程。如鸿沟始建于公元前 722 年，自河南荥阳引黄入淮；伍堰始建于公元前 506 年，在江苏高淳沟通太湖与长江。可以断言，修建这些工程对建筑区的工程地质状况都会有必要的了解。但由于文化背景的束缚，这些劳动人民智慧结晶的科学遗产没有被加以总结和提高，有的甚至缺乏文字记载。

我国工程地质学是在新中国成立后才发展起来的，20 世纪 50 年代由于经济和国防建设的需要，在地矿部成立了水文地质工程地质局及相应的研究机构，并在高等学校设置水文地质工程地质专业，培养专门人才。数十年来，对大型工程，如水库、大桥、铁路、电站等工程及军用设施进行工程地质研究和分析，为工程的规划、设计、施工和正常运行提供了充分的地质依据。为更好地促进工程地质的发展，1979 年成立了中国地质学会工程地质委员会，召开了多次工程地质大会和专题学术讨论会。1989 年成立了中国地质灾害研究会，并办有专门的学报。2002 年更名为中国地质学会地质灾害研究分会。

1.4.3 工程地质学发展前景

随着人类文明的进步，推动着工程地质学的科学体系不断充实、完善：

（1）不断拓展新领域，产生新的分支学科，如环境工程地质学、海洋工程地质学、矿山工程地质学、地震工程地质学等。

（2）不断引进新理论，如信息系统理论、分形理论、耗散理论、地质统计学理论等。

（3）由定性向定量发展，采用现代计算理论及先进的方法技术对工程地质问题进行定量研究，从而获得定量的结论和认识。

（4）勘察方法和技术不断推陈出新。

1.5 本书主要内容

本书是为资源勘查工程、地质学、油气储运工程等专业开设的综合性工程地质课程而编写的教材，教材内容包括土和岩石的工程地质性质、工程动力地质作用、水文地质条件、油气田地质灾害与工程地质问题、工程地质勘察等内容。本书各部分的主要内容简介如下：

"土和岩石的工程地质性质"主要介绍土和岩石与工程活动相关的各类性质。介绍了岩、土的固液气三相组成及其结构和构造，岩、土的物理性质、水理性质和力学性质，并介绍了几种特殊成因土的形成过程、工程地质性质及分布规律。

"工程动力地质作用"主要介绍与各种工程建设密切相关的工程动力地质作用。介绍了活断层、地震、斜坡变形、渗透变形、岩溶、泥石流、地基升降与滑移等7类工程动力地质作用的成因、类型、分布规律及相应的预防和治理措施。

"水文地质条件"主要介绍与各种地下工程相关的水文地质条件。介绍了地下水的赋存、岩土中地下水的类型、地下水的运动及油气田水文地质等内容。

"油气田地质灾害与工程地质问题"主要介绍与油气田勘探开发工程相关的地质灾害和工程地质问题，介绍了油气田地质灾害的内涵与特征、油气井套管损坏的类型、地质环境及损坏机理、地震与油气田工程地质问题、油气田开发引起的工程地质问题等内容。

"工程地质勘察"主要介绍工程地质勘察的方法及几类不同工程建筑的工程地质问题及勘察要点。介绍了工程地质测绘、工程地质勘探、工程地质野外试验、工程地质长期观测与预测等方法，阐述了城镇建设工程、交通设施工程、水利水电建筑工程、地下建筑工程等几类典型工程建筑面临的工程地质问题及勘察要点。

第2章　土和岩石的工程地质性质

本章摘要

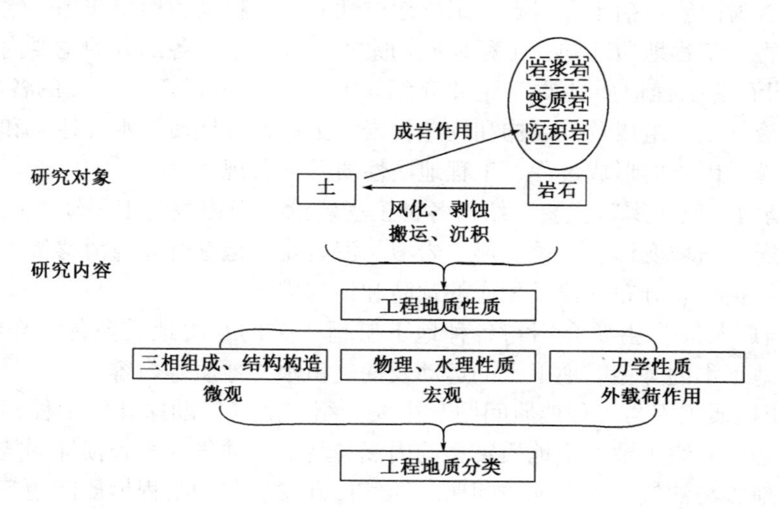

阅读指南

岩土体是人类工程活动与地质环境相互联系和制约的基本要素。本章从土和岩石的形成过程入手，分析其微观的组成、结构构造，宏观的物理、水理性质，以及受外载荷作用表现出的力学性质，认识岩土体的变形破坏规律，评价岩土稳定性。

本章重点

岩、土的固—液—气三相组成；黏性土的特殊性质（稠度、可塑性）；各参数指标换算；岩、土的力学指标参数。

任何工程建筑活动都是修建在地壳表层的岩土体中，任何建筑物都是以岩土体为建筑地基、建筑介质或建筑材料。因此，岩土体性质是决定工程活动与地质环境相互制约的形式和规模的根本条件。

不同类型的土和岩石的形成过程不同。在微观上，粒度组分和矿物成分存在差异；在宏观上，则表现出不同的物理性质、水理性质以及力学性质。土和岩石的工程地质性质及其在天然和人为因素作用下的变化将直接影响工程建设的规划、设计、施工和运用。因此，无论是分析工程地质条件，或评价工程地质问题，首要任务都是要研究岩土的工程地质性质，在工程地质勘察中必须仔细地勘察、试验，查清土和岩石的分布规律及变化规律。

2.1　土的物质组成与结构、构造

土是地壳表面最主要的组成物质，分布广泛。岩石圈表层的岩石在漫长的地质年代里，经受各种长期、复杂的地质作用后，形成成分不同、粒径不同、物性不一的松软物质，这些物质在经受各种自然力的作用后在不同的自然环境下堆积下来就形成了通常所说的土。土与人类活动关系密切，它是地下水的储藏场所，可作为工程的地基和围岩，也是不少建筑的天然建筑材料。

土多形成于新近纪或第四纪，通常是松散、软弱、多孔的，所以，土是由固体颗粒以及颗粒间孔隙中的水和气体组成的一个多相、分散、多孔的物质系统。土的固—液—气三相物质组成之间相互联系，共同制约着土的工程地质性质。要研究土的工程地质性质首先就要从微观上分析土的三相组成及其结构、构造特征。

2.1.1　土的固相组成

在土的三相组成物质中，固体颗粒（以下简称土粒）是土最主要的物质成分，构成土的主体，在土中起骨架支撑作用。土的固相组成对土的物理性质起决定性作用，主要需要关注组成土的土粒大小和矿物类型，即土的粒度成分和矿物成分。

2.1.1.1　土的粒度成分

1. 土的粒径和粒组划分

土粒的大小通常用直径来表示，称为粒径。自然界中的土粒并非理想的球体，常为椭球状、针片状、棱角状等不规则形状，因此粒径只是一个相对的概念，应理解为土粒的等效直径。

当土粒粒径在某一范围内变化时，土的成分和性质变化不大，可认为具有大致相同的成分和相似的性质，所以可以把自然界中土的粒径划分为几个区段，每个区段中包括的土粒大小相近、性质相似。这样粒径在一定区段内，成分及性质相似的土粒组别，称为粒组或粒级。

按照《土的工程分类标准》（GB/T 50145—2007）（表2－1），土按粒径由粗至细分为：漂石粒组、卵石粒组、砾粒组、砂粒组、粉粒组和黏粒组共六个粒组。各粒组的土由于粒径大小、矿物成分、化学成分不同，表现出的工程地质性质有很大差异。如粗大的卵石，一般都是由原生矿物组成的岩石碎块，强度高，压缩性低，透水性好。细小的黏粒，几乎都由风化次生矿物组成，具可塑性，强度低，压缩性高，透水性弱。

2. 粒度成分的测定和表示方法

把土中各粒组的相对百分含量，称为土的粒度成分，也称颗粒级配，用质量分数（%）来表示。在工程实践中，将土按粒度成分分类，可大致判断土的工程地质性质，编制地质岩性图也需粒度分析资料。土的粒度分析也称颗粒级配分析，即分析粒径的大小及其在土中所占的比例。

表 2－1　土粒粒组划分表

<table>
<tr><th>粒组统称</th><th colspan="2">粒组名称</th><th>粒径范围（mm）</th><th>分析方法</th><th>观测方法</th><th>岩矿成分</th><th>一般特征</th></tr>
<tr><td rowspan="2">巨粒</td><td colspan="2">漂（块）石粒组</td><td>>200</td><td rowspan="5">粗筛分析</td><td rowspan="5">肉眼观测</td><td rowspan="5">岩石碎屑为主</td><td rowspan="2">透水性很大，无黏性 E，无毛细水</td></tr>
<tr><td colspan="2">卵（碎）石粒组</td><td>200～60</td></tr>
<tr><td rowspan="6">粗粒</td><td rowspan="3">砾粒组</td><td>粗</td><td>60～20</td><td rowspan="3">透水性大，无黏性，毛细水上升高度不超过粒径大小</td></tr>
<tr><td>中</td><td>20～5</td></tr>
<tr><td>细</td><td>5～2</td></tr>
<tr><td rowspan="3">砂粒组</td><td>粗</td><td>2～0.5</td><td rowspan="3">细筛分析</td><td rowspan="3">放大镜观测</td><td rowspan="4">原生残余矿物</td><td rowspan="3">易透水，当混入云母等杂质时透水性减小，而压缩性增强，无黏性，遇水不膨胀，干燥时松散，毛细水上升高度不大，随粒径减小而增大</td></tr>
<tr><td>中</td><td>0.5～0.25</td></tr>
<tr><td>细</td><td>0.25～0.075</td></tr>
<tr><td rowspan="2">细粒</td><td colspan="2">粉粒组</td><td>0.075～0.005</td><td rowspan="2">静水沉降</td><td>显微镜观测</td><td>透水性小，湿时有黏性，遇水膨胀小，干时稍收缩，毛细水上升高度较大且较快，极易出现冻胀现象</td></tr>
<tr><td colspan="2">黏粒组</td><td><0.005</td><td>电子显微镜观测</td><td>次生矿物</td><td>透水性很小，湿时有黏性可塑性，遇水膨胀大，干时收缩显著，毛细水上升高度大，但速度慢</td></tr>
</table>

1）颗粒级配分析方法

目前工程上使用的颗粒级配分析方法分为筛分法和水分法两大类。

筛分法适用于砂粒以上，粒径大于 0.075mm 的土。它是利用一套孔径不同的标准筛子，将事先称重的干土置于振动筛上，经过振动后，分别称量各筛上的土重，计算出各粒组的相对含量。

水分法适用于粒径小于 0.075mm 的土。根据 Stokes 定理，球状的细颗粒在静水中自由下沉的下沉速度与颗粒直径的平方成正比。实验室中常用的水分法有比重计法、移液管法、双洗法及虹吸比重瓶法。这些方法都是将一定质量土浸入水中搅拌成悬液，搅拌停止后，土粒便开始下沉，悬液的浓度随之发生变化。利用特制的密度计，在不同时刻测悬液浓度的变化，即可换算出相应的粒径及小于该粒径的土粒质量，绘出级配曲线。

对一土样，通常先用筛分法筛分粗颗粒，然后对筛余土粒用水分法继续进行分析。

2）颗粒级配表示方法

为使粒度分析成果便于利用和容易看出规律性，需要把粒度分析的资料加以整理并用较好的形式表示出来。目前通常采用表格法和图解法来表示颗粒级配分析成果。

表格法是利用列表的方法来表示粒度分析的成果（表 2－2）。该法简单，内容具体，可以很清楚地说明各粒组的相对含量，且对粒度成分分类十分方便，但不易看出粒径变化关系，也不利于土样间的对比。

表 2－2　土的粒度成分表

粒径（mm）	含量（g）	百分数（%）	粒径（mm）	含量（g）	百分数（%）
>10	0	0	0.25～0.1	38	19
10～5	10	5	0.1～0.05	20	10
5～2	16	8	0.05～0.01	25	12.5
2～1	18	9	0.01～0.005	7	3.5
1～0.5	24	12	<0.005	20	10
0.5～0.25	22	11			

图解法是将粒度分析成果绘制成图，利用图件研究粒度规律，主要有累积曲线法、分布曲线法和三角图法。最常用的是累积曲线法，该法以土粒粒径为横坐标，以粒组累积含量比为纵坐标，在直角坐标系中表示两者的关系（图2－1）。

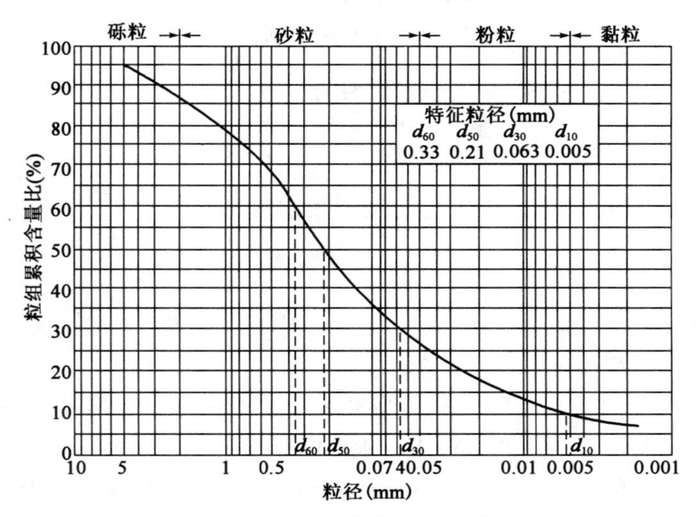

图2－1 土的颗粒级配累积曲线

颗粒级配累积曲线的用途很多，主要有以下分析方法：

（1）根据累积曲线的形态可大致判断土的均匀程度。曲线陡说明分选性好、级配不好，曲线平缓则分选性差、级配好。

（2）确定土的有效粒径（d_{10}）、平均粒径（d_{50}）、限制粒径（d_{60}）和某一粒组的百分含量。有效粒径（d_{10}）是土最有代表性的粒径，它大体上是与该土透水性相同的均粒土的直径。

（3）计算不均匀系数（C_u）、曲率系数（C_c）。不均匀系数（C_u）是土的限制粒径与有效粒径的比值 $C_u = d_{60}/d_{10}$。不均匀系数反映粒组的分布情况。C_u 越大表示土粒大小的分布范围越大、其级配越良好，作为填方工程的土料时，则比较容易获得较大的密实度。$C_u \geqslant 5$，称为不均匀土；$C_u < 5$，称为均匀土。曲率系数（C_c）是累积含量30%粒径的平方与有效粒径和限制粒径乘积的比值 $C_c = d_{30}^2/(d_{60} \times d_{10})$。曲率系数 C_c 描述累积曲线的分布范围，反映累积曲线的弯曲情况。$C_c = 1 \sim 3$，称为连续级配，$C_c > 3$ 或 $C_c < 1$，称为不连续级配。$C_c > 3$ 或 $C_c < 1$，累积曲线都明显弯曲而呈阶梯状，粒度成分不连续，主要由大颗粒和小颗粒组成，缺少中间颗粒。

2.1.1.2 土的矿物成分

土粒是由各种矿物颗粒或矿物集合体（岩石碎屑）组成的。土粒的矿物成分主要决定于母岩的成分及其所经受的风化作用，不同的矿物成分对土的性质的影响不同。

土的矿物成分按成因和成分可分为原生矿物、次生矿物和有机质三大类（图2－2）。

1. 原生矿物

原生矿物是指母岩经物理风化后化学成分没有发生变化的矿物碎屑。原生矿物颗粒粗大，物理、化学性质比较稳定，抗水性和抗风化能力较强，亲水性弱或较弱，是粗粒土的主要矿物成分。主要原生矿物有石英、长石、云母、辉石、橄榄石、石榴子石等。

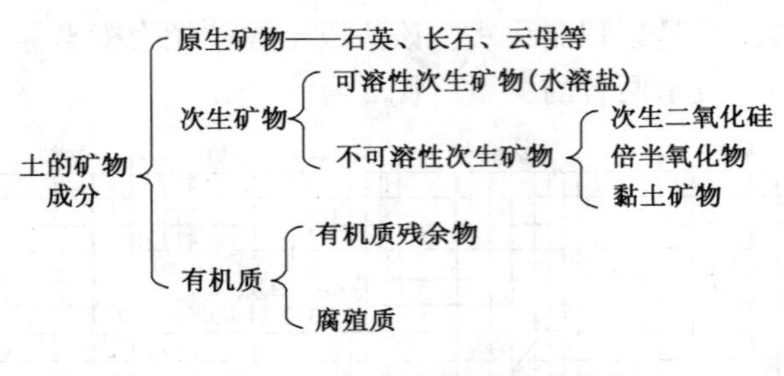

图2-2　土的矿物成分的分类

2. 次生矿物

次生矿物是指母岩遭受化学风化并进一步分解形成颗粒更小的新矿物。按照可溶解性又可分为可溶性次生矿物和不可溶性次生矿物。

可溶性次生矿物又称为水溶盐，又分为易溶盐、中溶盐、难溶盐三类。土中水含量少时，这些次生矿物结晶沉淀，起胶结作用，水多时则溶解，土的连结随之破坏。这一过程中土的性质会发生很大变化，对岩土体的稳定性不利，尤其是易溶盐和中溶盐，是土中的有害成分。

不可溶性次生矿物包括二氧化硅、倍半氧化物（R_2O_3）和黏土矿物。黏土矿物是主要的次生矿物，是原生矿物长石、云母等硅酸盐矿物经化学风化形成的，主要有蒙脱石、高岭石、伊利石等三大类。黏土矿物亲水性强，具有可塑性、胀缩性和黏着性，对工程地质性质影响很大，影响程度取决于黏土矿物类型及其在土中的含量的多少。

3. 有机质

动植物残骸在微生物作用下分解形成的产物，可分为有机质残余物和腐殖质。有机质残余物是分解不完全的各种有机体的残骸，以植物残余物较常见。腐殖质是完全分解的有机质，且颗粒细小，在土中呈酸性。有机质亲水性强，对土的可塑性和压缩性影响较大，在工程地质中往往把有机质视为土的有害部分。作为填料土时，对有机质含量有一定限制，如坝体填料中有机质含量小于5%，土坝防渗墙土料中有机质含量小于2%。

从漂石粒到黏粒，随着颗粒变小，土的矿物成分逐渐有规律的发生变化。由表2-3可见常见矿物成分与土粒大小存在一定关系。漂石粒、卵石粒、砾粒等，粒径往往大于矿物颗粒，多由母岩碎屑构成，并且保持了母岩的多矿物结构。砂粒与原生矿物颗粒大小近似，往往由单矿物组成。粉粒常由抗水性强、化学稳定性高的原生矿物石英组成，其次还有次生的高岭石。而黏粒组几乎全由次生矿物和腐殖质组成。

2.1.2　土中的水和气体

2.1.2.1　土中的水

水是组成土的基本组成成分之一。水以不同的形式和状态存在于土中，并与土粒相互作用，从而影响土的工程地质性质。按土中水的存在形式、状态等可将水分为矿物成分水和孔隙水两大类（图2-3）。

表 2-3　土粒组分与矿物成分关系

土粒直径(mm)			土粒粒组						
土中最常见矿物			漂石卵石砾石(块石碎石角砾)	砂粒组	粉粒组	黏粒组			矿物密度(g/cm^3)
						粗	中	细	
			>2	2~0.05	<0.05	<0.005	<0.001	<0.0001	
原生矿物	母岩碎屑(多矿物结构)								
	单矿物颗粒	石英							2.65~2.66
		长石							2.57~2.65
		云母							2.7~3.1
次生矿物	次生二氧化硅(SiO_2)								2.27~2.64
	黏土矿物	高岭石							2.60~2.68
		伊利石							2.2~2.7
		蒙脱石							2.3~4.0
	倍半氧化物	Al_2O_3 Fe_2O_3							2.7~5.3
	难溶盐($CaCO_3$, $MgCO_3$)								2.71~3.72
腐殖质									1.25~1.40

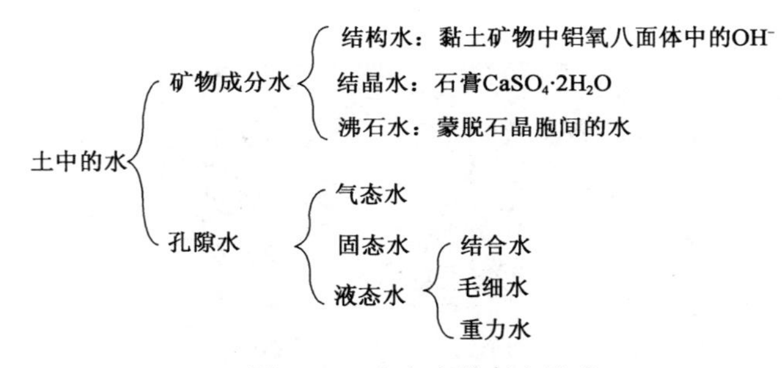

图 2-3　土中水的存在形式

1. *矿物成分水*

矿物成分水存在于矿物晶体格架的内部，也称为矿物内部结合水。按固结程度可分为结构水、结晶水和沸石水三类。

（1）结构水是以 H^+ 和 OH^- 的形式存在于矿物结晶格架的固定位置上，与结晶格架连结牢固，黏土矿物中的 OH^- 就是结构水，一旦结构水析出时，原矿物结晶随之破坏并形成新矿物。

（2）结晶水是以 H_2O 的形式和一定数量存在于矿物结晶格架固定位置上，与结晶格架结合较弱，如石膏、苏打等中的水，析出时矿物成分也随之改变。

（3）沸石水是以 H_2O 的形式不定量地存在于矿物相邻晶胞之间，与矿物晶格结合不牢，析出后矿物成分不变，只改变某些物理性质。

2. *孔隙水*

孔隙水是指存在于固体颗粒之间孔隙中的水，可分为气态水、固态水、液态水。其中液态水对土的工程地质性质影响最大，类型也最复杂，根据其与土粒相互作用的情况又可分为结合水、毛细水和重力水三种类型。

1）气态水

气态水是以水汽状态存在的水，严格地讲应属于土的气相部分，土中的气态水和液态水在一定温度、压力条件下保持动态平衡，相互转化。气态水的活动性很大，可从水汽压力大的地方向小的地方迁移。

2）固态水

固态水也就是冰，分布在季节性和永久性冰结地区，常以冰夹层、冰透镜体和细小冰晶等形式存在于土中，并将土粒胶结起来形成冻土。冻土强度高于一般土，但解冻后土的强度将剧烈降低，甚至低于冻前强度。在冻土区要关注冻胀造成的路面、建筑物变形、开裂，冻融造成路面、建筑物融沉、翻浆、开裂等特有的工程地质问题。

3）液态水

（1）结合水。细小的土粒表面具有静电引力，在其作用下土粒表面的水分子受电场作用力吸引，强力吸附于土粒表面形成一层水膜，也称为土粒表面结合水或物理结合水。水和土粒间的引力（F）服从库仑定律，随固体表面的距离（r）加大而减弱，根据受电场作用力的大小，结合水又可分为强结合水和弱结合水（图2－4）。结合水不传递静水压力，不能任意流动，密度大，冰点低，有黏滞性和抗剪强度。结合水主要存在于细粒土中，对细粒土的工程地质性质影响极大。弱结合水的存在是黏性土在某一含水量范围内表现出可塑性的原因。

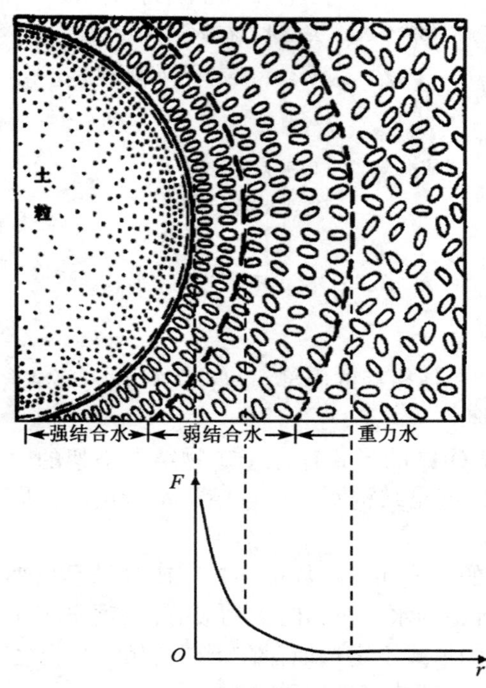

图2－4　土粒表面水的定向排列

（2）毛细水。毛细水是指在松散岩石内复杂而细小的空隙中由于表面张力的作用而滞留的地下水。毛细水的运动不服从达西定律，受毛细管力的控制。它存在于地下水位以上的透水层中，主要存在于直径0.002～0.5mm的孔隙中，在外力作用下可发生显著移动。毛细水对土中气体的分布和流通有一定影响，易产生封闭气体，妨碍土的压实。毛细水会使地下室潮湿，助长地基土的冰冻现象，危害房屋基础及公路路面。另外，毛细水带的厚度对土地沼泽化、土壤盐渍化等的工程地质问题有控制作用。

（3）重力水。重力水又称为自由水，是不受颗粒吸附和毛细力作用控制、在重力作用下能自由运动的地下水。它是普通的液态水，能传递静水压力，具有溶解固体的能力，无抗剪强度，对土粒有浮力作用。

2.1.2.2 土中的气体

气体也是土的组成成分之一，存在于土孔隙中未被水占据的部位，并对土的工程地质性质有一定影响。土中气体成分以O_2、CO_2和N_2为主，还有CH_4、H_2S等，基本与大气的成分一致。土中的气体按存在状态分为吸附气体、游离气体和密闭气体。

吸附气体是被土粒表面所吸附的气体，它对土的透水性有影响。土粒对气体的吸附强度依次为：$CO_2 > N_2 > O_2 > H_2$。

游离气体是在较大的土孔隙中存在的、不受土粒表面束缚的且与大气相通的气体，它对土的性质影响不大。

密闭气体是呈密闭状态存在于土的孔隙之中的气体，常与大气隔绝，对土的性质影响较大，使土不易压密、弹性变形量增加、透水性减小。

2.1.3 土的结构和构造

土的工程性质及其变化除取决于其三相物质组成外，在很大程度上还与土粒间连结性质和强度、层理特点、裂隙发育程度和方向以及土质的均匀性等有关，需要关注土的结构和构造。

2.1.3.1 土的结构

土的结构是指由土粒的大小、形状、土粒间的相互排列及其连结关系等因素形成的综合特征。它是土在形成过程中由许多因素共同作用下形成的，能体现土的综合特征，并在一定程度上反映土的生成环境和形成条件。土的结构特征决定了土的许多重要物理力学性质。这里主要介绍土粒的连结方式和土的结构类型。

1. 土粒的连结方式

土粒间的连结一般是由孔隙中的水对土粒起着某种连结作用，可分为：

（1）结合水连结：通过结合水膜而将土粒连结起来的方式，也称水胶连结，当相邻土粒靠得很近，各自的结合水水化膜部分重叠形成公共水化膜，其结合水处于相邻两土粒的引力之下，使两土粒连结在一起，这种连结方式常在细粒土中存在。

（2）毛细水连结：相邻土粒由毛细管力作用形成的连结，它是一种暂时性连结，当土中饱和水或干燥时，这种连结消失。

（3）胶结连结：由于土中某些盐类的结晶将土粒胶结起来的连结，这种连结常使土的强度增大，但当盐类被溶解后，连结作用将大大减弱，土的强度也随之降低。

（4）冰连结：也称冻土连结，是含冰土的暂时性连结，冰融化后即失去连结，并使土的性质复杂化。

2. 土的结构类型

土的结构一般可分为单粒结构、蜂窝结构和絮状结构三种基本类型。

1）巨粒土和粗粒土的结构类型

巨粒土和粗粒土通常具有由单一颗粒相互堆砌在一起的单粒结构。这种结构是由粗大土粒在水或空气中因重力作用而形成的。

具有单粒结构的碎石土和砂土单个孔隙大，土粒位置不固定，在较大的压力和动载荷作用下，易发生移动变形。但土孔隙度较小，土的总体积变化量较小，且这类土的透水性强，孔隙水很容易排出，在荷载作用下压密过程很快，即使原来比较疏松，当建筑物结构封顶，地基沉降也就完成了。所以，对于具有单粒结构的土体，一般情况（静荷载作用）下可以不必担心它的强度和变形问题。单粒结构对土的工程性质影响主要在于其松密程度，因此又可分为松散结构和紧密结构（图2－5）。

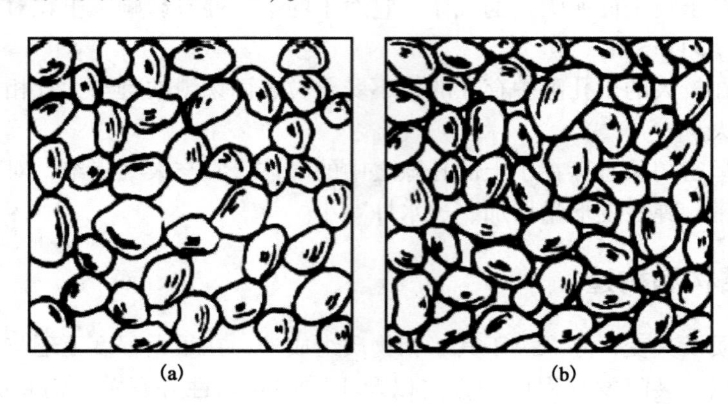

图2－5　土的单粒结构

（a）松散结构；（b）紧密结构

2）细粒土的结构类型

细粒土颗粒细小，以粉粒、黏粒为主，表面带电，粒间引力大于重力，具胶体特性，通常以多颗粒凝聚成较复杂的集合体，形成细粒土特有的团聚结构，这种结构是细粒土结构的基本形式。根据其颗粒组成、连结特点及性状的差异性，可分为蜂窝结构和絮状结构两种类型。

蜂窝结构［图2－6（a）］是主要由粉粒（0.075～0.005mm）组成的土的结构形式，粉粒土在水中沉积时，基本以单个土粒下沉，当碰上已沉积的土粒时，因其相互引力大于重力，土粒停留在最初的接触点而不再下沉，形成具有很大孔隙的蜂窝状结构。

絮状结构［图2－6（b）］是由黏粒（＜0.005mm）集合体组成的土的结构形式，黏粒能在水中长期悬浮而不因自重下沉，当悬浮在水中的黏粒被带到电解质浓度大的环境中时，黏粒凝聚成絮状的集粒而下沉，并相继和已沉积的絮状集粒接触。絮状结构是上述蜂窝状的若干聚粒之间，以面—边或边—边连接组合而成的更疏松、孔隙体积更大的结构，也称为聚粒絮凝结构或二级蜂窝状结构。

细粒土的团聚结构孔隙度很大（可达50%～98%），而各单独孔隙的直径很小，特别是聚粒絮凝结构的孔隙更小，但孔隙度更大，所以细粒土的压缩性更大。团聚结构的含水量很大，往往超过50%，孔隙中主要被结合水和空气所充填，对土体压密起阻碍作用，故压缩过程缓慢。团聚结构的易变性大，对外界条件变化（如加压、震动、干燥、浸湿以及水溶液成分和性质变化等）很敏感，且往往产生质的变化，故又称为易变结构。

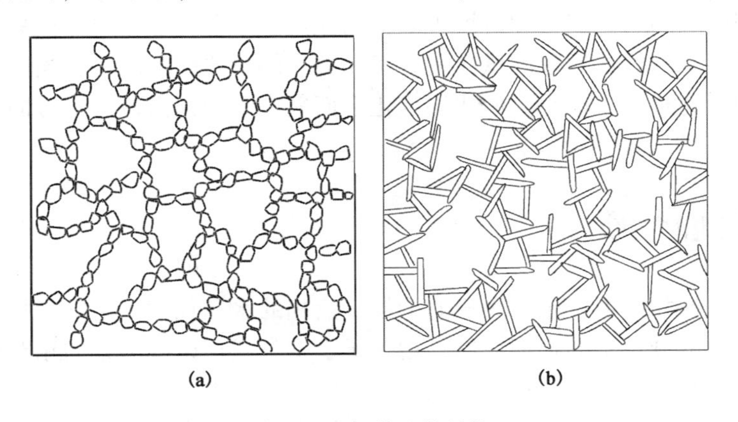

图2－6　细粒土的结构

（a）蜂窝结构；（b）絮状结构

2.1.3.2　土的构造

土的构造是指在一定土体中，结构相对均一的土层单元体的形态和组合特征，也包括土层单元体的大小、形状、排列和相互关系等。单元体的分界面称为结构面或层面。单元体的形状多为层状、条带状和透镜状。单元体的大小常用厚度和延伸长度来表示。

土的构造最主要的特征是成层性，即层理构造，它是土在形成过程中因不同阶段沉积的物质成分、颗粒大小或颜色不同，在垂向上呈现的成层特征。土的构造的另一特征是土的裂隙性，裂隙的存在大大降低了土的强度和稳定性，增加了透水性。另外，土的构造具有不均匀性，包括层理、夹层、透镜体、结核、组成颗粒大小悬殊及裂隙发育程度与特征等，这种不均匀性是由矿物成分及结构的变化所造成的（图2－7）。

(a)

(b)

图2－7　土中的典型构造

（a）砂体中的泥岩夹层；（b）交错层理

土的构造是土在形成及变化过程中与各种因素发生复杂的相互作用而形成的，与其沉积环境及随后发生的化学、物理变化及应力改变等有关。所以每一种成因类型的土都有其特有的构造。例如冲积土的“二元结构”，且有交错层、冲刷面和透镜体等；湖积土体呈薄层状构造。

土的构造特征反映土体在力学性质和其他工程性质的各向异性或土体各部位的不均匀性，如，垂直节理（裂隙）的发育强烈地降低了黄土的抗水稳定性和力学稳定性，特别在边坡地段，沿裂隙极易产生坍方和滑坡现象，因此需要掌握其变化规律。另外，土体的构造特征也是决定勘探、取样或原位测试布置方案和数量的重要因素之一。当土体的组成成分和结构沿水平方向变化很少，但垂直向成层变化多而复杂时，则沿该水平方向布孔要少，而孔中取样间距要小（即取样数量多）。

2.2 土的物理性质

自然界的土是三相体系，包括固相的土粒、液相的水和气相的空气。将土粒、水、空气称为土的三相组成部分。土的物理性质是指由于土本身三相组成部分的相对比例关系不同所表现的物理状态以及固、液相互作用所表现出来的性质。土的物理性质是土在宏观上表现出的性质，是土最基本的工程地质性质，在一定程度上决定了力学性质，其指标在工程计算中直接被应用。

2.2.1 土的基本物理性质

讨论土的基本物理性质就是研究土中三相组成部分的比例关系，即定量分析土的三相组成部分的质量和体积之间的比例关系。为便于研究，将实际上混合的三相组成部分理想化地等效分开（图2-8），称为土的三相结构示意图，利用该示意图研究土的基本物理性质。

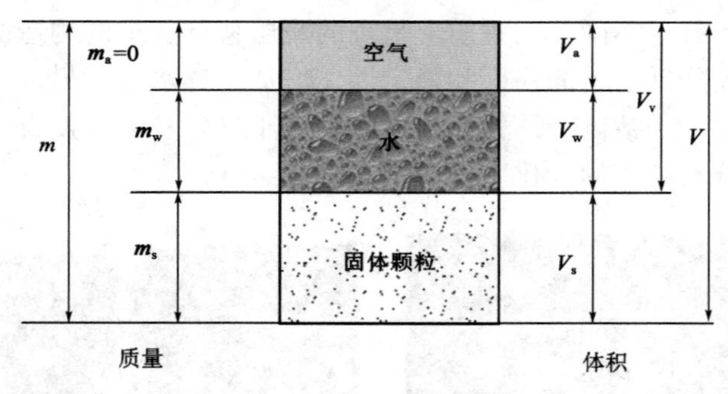

图2-8　土的三相结构示意图

图中包含9个物理变量，m 为土的总质量，m_a 为土中气体的质量，m_w 为土中水的质量，m_s 为土中固体颗粒的质量，V 为土的总体积，V_a 为土中气体的体积，V_w 为土中水的体积，V_s 为土中固体颗粒的体积，V_v 为土中孔隙的体积。各变量之间存在一些天然的换算关系，包括：

$$m = m_s + m_w + m_a$$

$$m_a \approx 0$$

$$m_w = \rho_w V_w$$

$$V = V_s + V_a + V_w$$

$$V_v = V_a + V_w$$

所以，只需测定其中几个参数，即可求得各参数之间的关系。将表示土中三相比例关系的一些物理量称为土的物理性质指标，包括实验测定的三个指标，即土粒密度、密度、含水率，以及可根据测定指标及参数间的关系推算的指标，如孔隙比、孔隙率、饱和度等。下面介绍常用物理性质指标。

2.2.1.1　土粒密度

土粒密度（ρ_s）是指土中固体颗粒的质量与体积之比，即单位体积土粒的质量，其单位是 g/cm^3，表达式为

$$\rho_s = \frac{m_s}{V_s}$$

土粒密度仅与组成土粒的矿物密度有关，而与土的孔隙情况和含水多少无关。一般情况下，随有机质含量增多而减小，随铁镁质矿物增多而增大。它实际上是土中各种矿物密度的体积加权平均值。

土粒密度可以间接说明土中矿物成分特征，另一方面主要用来计算其他指标。土粒密度是实测指标，常用比重瓶法测定。

2.2.1.2　土的密度

土的密度是指土的总质量与总体积之比，即单位体积土的质量，其单位也是 kg/m^3 或 g/cm^3。

按孔隙中充水程度不同，土的密度包括天然密度、干密度、饱和密度。

1. 天然密度

天然状态下单位体积土的质量，称为天然密度（ρ），即

$$\rho = \frac{m}{V} = \frac{m_s + m_w}{V_s + V_w + V_a}$$

天然密度的大小取决于土的矿物成分、孔隙和含水情况，综合反映了土的物质组成和结构特征。天然密度在数值上小于土粒密度，是一个实测指标，常用环刀法测量。

2. 干密度

土的空隙中完全不含水时的密度，称为土的干密度（ρ_d），即

$$\rho_d = \frac{m_s}{V}$$

干密度与土中含水多少无关，只取决于土的矿物成分和孔隙性。对于某一种土来说，矿物成分是固定的，所以干密度反映了土的孔隙性。在工程上常把干密度作为评定土体紧密程度的标准，以控制填土工程的施工质量。

3. 饱和密度

土的孔隙完全被水充满时的密度称为饱和密度（ρ_{sat}），即

$$\rho_{sat} = \frac{m_s + \rho_w V_v}{V}$$

饱和密度是土的密度最大值，是计算指标。

2.2.1.3　土的含水性

土的含水性是指土的干湿程度。自然界中土的干湿程度有很大差异，可用含水率和饱和度来研究土的干湿程度。

1. 含水率

含水率（w）为土中水的质量与土粒质量之比，常用百分率表示。

$$w = \frac{m_w}{m_s} \times 100\%$$

对结构相同的土而言，含水率越大，说明土中水分越多。天然土层的含水率变化范围大，与土的种类、埋藏条件及其所处的自然地理环境等因素有关。一般砂类土的含水率不超过40%，而淤泥可达60%～200%。一般而言，含水率增大则土的强度降低。

含水率是实测指标，一般用烘干法测定，是计算干密度、孔隙率和饱和度的重要数据。

土中孔隙完全被液态水充满时的含水率，称为饱和含水率。饱和含水率既能反映土孔隙中充满普通液态水时的含水特性，又能反映土的孔隙率大小。饱和含水率是用质量比率来表征土的孔隙性的指标。

2. 饱和度

含水率是个绝对指标，只能表明土中水的含量，而不能反映土中孔隙被水充满的程度。土的饱和度（S_r）是土中水的体积与孔隙体积的百分比值，反映孔隙中水的充填程度。饱和度的数值在0～100%。

$$S_r = \frac{V_w}{V_v} \times 100\%$$

在工程实际中，按饱和度的大小，将含水砂土划分为稍湿的（≤50%）、很湿的（$50\% < S_r \leq 80\%$）、饱和的（>80%）三种含水状态。工程研究中，一般将S_r大于95%的天然黏性土视为完全饱和土；而砂土S_r大于80%时就认为已达到饱和了。

2.2.1.4 土的孔隙性

土中孔隙的大小、数量和连通情况等称为土的孔隙性。土的孔隙性对土的密度和含水性等基本物理性质都有决定性作用。一般采用孔隙率、孔隙比等参数来评价。

1. 土的孔隙率和孔隙比

孔隙率（n）和孔隙比（e）表征土中孔隙的数量。它们反映土内孔隙总体积的大小，而不能反映单个孔隙的大小，也不能反映土的颗粒级配的影响。

孔隙率（n）是指土中孔隙总体积与土的总体积之比，也称孔隙度，用百分数表示。

$$n = \frac{V_v}{V} \times 100\%$$

孔隙比（e）是指土中孔隙体积与颗粒体积的比值，无量纲，可用来评价土的密实程度。

$$e = \frac{V_v}{V_s}$$

孔隙率和孔隙比都是反映土孔隙性的指标，两个指标可相互换算，关系为

$$n = \frac{e}{1+e} \times 100\%;e = \frac{n}{1-n}$$

孔隙率和孔隙比主要取决于土的粒度成分和结构。孔隙率和孔隙比说明了土的密实程度，是研究土的压缩性的必要指标，也是确定细粒土地基承载力基本值的重要指标。

2. 砂土的相对密度

为了同时考虑孔隙比和颗粒级配的影响，引入砂土相对密度的概念来反映砂土的密度。对于砂土，孔隙比有最大值 e_{max} 与最小值 e_{min}，即最松散状态和最紧密状态的孔隙比。砂土的相对密度 D_r 为

$$D_r = \frac{e_{max} - e}{e_{max} - e_{min}}$$

砂土的相对密度是砂土的紧密程度的指标，可以反映颗粒级配对密实程度的影响。在工程实践中用此作为砂土在振动载荷下能否引起液化的判别指标，也是评价砂土强度的重要指标，对于建筑物和地基的稳定性，特别是在抗震稳定性评价具有重要的意义。按相对密度可对砂土的密实度进行分类（表2－4）。相对密度是一个实测指标。

表2－4　砂土按相对密度分类

相对密度 D_r	密实度			
	密实的	中等密实的		松散的
	指标			
	$1 \geq D_r > 0.67$	$0.67 \geq D_r > 0.33$		$0.33 \geq D_r \geq 0$
按孔隙比 e	密实	中密	稍密	疏松
砾砂、粗砂、中砂	$e \leq 0.60$	$0.60 < e \leq 0.75$	$0.75 < e \leq 0.85$	$e > 0.85$
细砂、粉砂	$e \leq 0.70$	$0.70 < e \leq 0.85$	$0.85 < e \leq 0.95$	$e > 0.95$

2.2.1.5　土的基本物理性质指标间的关系

土粒密度、天然密度、干密度、饱和密度、含水率、饱和度、孔隙率和孔隙比是研究土的基本物理性质的8个基本指标。土的基本物理性质指标是通过土的三相组成部分的质量和体积的相互比例关系求出的，其间必然有内在联系，各指标是可以相互换算的（表2－5）。因此，土粒密度、天然密度、含水率为实测值，其他指标均为计算值。土的基本物理性质中，孔隙性占有支配地位，对土的密度和含水性都有决定性作用。

表2－5　土的基本物理性质指标间的关系

名称	符号	计算公式	常用换算公式	单位	数值范围
土粒密度	ρ_s	$\rho_s = m_s/V_s$	$\rho_s = \rho_d/(1-n)$ $\rho_s = \rho_d(1+e)$	g/cm^3	2.6～2.8
天然密度	ρ	$\rho = m/V$	$\rho = \rho_d(1+\omega)$ $\rho = \rho_s\rho_w(1+\omega)/(1+e)$	g/cm^3	1.6～2.2
干密度	ρ_d	$\rho_d = m_s/V$	$\rho_d = \rho/(1+\omega)$ $\rho_d = \rho_s\rho_w/(1+e)$	g/cm^3	1.4～1.7
饱和密度	ρ_{sat}	$\rho_{sat} = (m_s + V_v\rho_w)/V$	$\rho_{sat} = \rho_w(\rho_s + e)/(1+e)$	g/cm^3	1.8～2.3
含水率	w	$w = m_w/m_s \times 100\%$	$w = S_r e/\rho_s$ $w = \rho/\rho_d - 1$	%	
饱和度	S_r	$S_r = V_w/V_v \times 100\%$	$S_r = w\rho_s/e$ $S_r = w\rho_d/(n\rho_w)$	%	0～100%

续表

名称	符号	计算公式	常用换算公式	单位	数值范围
孔隙率	n	$n=V_v/V\times100\%$	$n=e/(1+e)$ $n=1-\rho_d/\rho_s$	%	黏土粉土：30%～60% 砂土：25%～45%
孔隙比	e	$e=V_v/V_s$	$e=\rho_s/\rho_d-1$ $e=n/(1-n)$ $e=\rho_s(1+\omega)/\rho-1$		黏土粉土：0.4～1.2 砂土：0.3～0.9

2.2.2 细粒土的稠度和可塑性

2.2.2.1 细粒土的稠度

细粒土由于含水率不同，可表现出稀稠软硬程度不同的物理状态，如固态、可塑态及流动态等。细粒土因含水率不同而表现出的各种不同的物理状态，称为细粒土的稠度。细粒土由一种稠度状态转变为另一种稠度状态时的含水率称作稠度界限，也称作界限含水率。土的稠度表征土的软硬程度或土对外力引起变形或破坏的抵抗能力，反映了土粒间的连结强度和土粒相互活动的难易程度。

当土中含水率很低时，土粒间只有强结合水，土粒之间结合力很强，难以移动，土处于固态或半固态。当含水率增加，土粒周围既有强结合水也有弱结合水。弱结合水呈黏滞状态，不能传递静水压力，不能自由流动，但受力可以变形。这种条件下，土体受外力作用可被捏成任意形状而不产生裂纹，并且外力取消后仍保持既得的形态，即土处于可塑态。将土由半固态转变为可塑态时的含水率称为塑限（w_p）。弱结合水的存在是土具有可塑性的内在原因。随着含水率进一步增大，当土中含有相当数量的自由水后，土粒间被自由水隔开，土粒间的连结力消失，使土体不能承受剪应力，呈流动态。将土由可塑态转变为流动态时的含水率称为液限（w_l）。塑限和液限可通过实验测得。该过程可用图2－9表示。

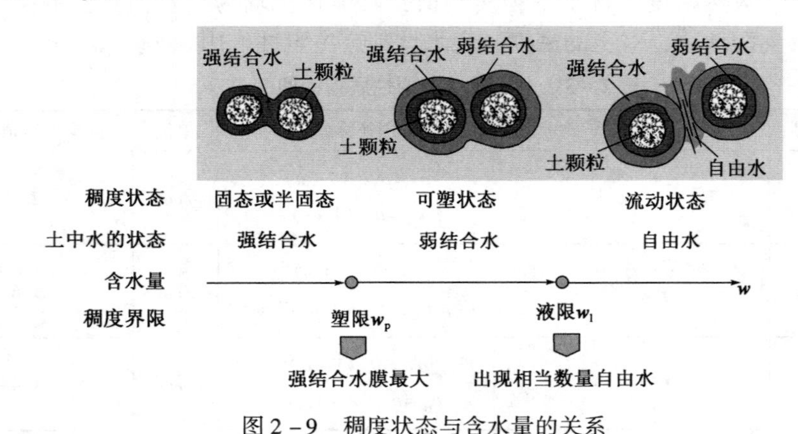

图2－9 稠度状态与含水量的关系

2.2.2.2 细粒土的可塑性

当细粒土的含水率处于液限和塑限两个稠度界限之间时，在外力作用下可塑成任意形状而不破坏土粒间的连结，外力解除后仍保持已有的形状，这种性质称为细粒土的可塑性。工程上用塑性指数和液性指数来评价土的可塑性。

1. 塑性指数

塑性指数（I_p）是指液限和塑限的差值。塑性指数反映细粒土的可塑性。塑性指数越大，意味着细粒土处于可塑态的含水率变化范围越大。

$$I_p = w_l - w_p$$

细粒土的黏性和可塑性是由颗粒表面的结合水引起的。因此，塑性指数的大小在一定程度上反映了颗粒吸附水能力的强弱，与土的粒度成分、矿物成分和土中水的化学成分、浓度及 pH 值有关。土的比表面积越大，矿物亲水性越强（如蒙脱石），则塑性指数越大。土中黏粒含量越多，分散程度越高，具有较大的可塑性。有机质含量对土的可塑性有明显的影响。因有机质的分散度较高，颗粒很细，比表面积大，当有机质含量高时，无论液限值或塑限值均较高。水溶液中阳离子价数越低，溶液浓度越小，塑性指数越大。

塑性指数综合反映细粒土的特性以及各类重要因素的影响，因此可用于土的分类及其性质的评估（表2－6）。细粒土具有塑性，砂土没有塑性，故细粒土又称为塑性土，砂土称为非塑性土。

表2－6　细粒土的分类（据 GB 50007—2011《建筑地基基础设计规范》）

塑性指数 I_p	土的名称
$I_p > 17$	黏土
$10 < I_p \leq 17$	粉质黏土

2. 液性指数

土处于什么稠度状态取决于它的含水率。但不同的黏土，其稠度界限不同，在同一含水率可能会处于不同稠度状态。因此，天然含水率并不能说明土的稠度状态。为判别自然界中细粒土的稠度状态，通常采用液性指数（I_l）鉴别。液性指数指天然含水量和塑限的差值与塑性指数的比值，即

$$I_l = \frac{w - w_p}{w_l - w_p} = \frac{w - w_p}{I_p}$$

液性指数表明了土的含水率与稠度界限之间的相对关系。当土的天然含水率小于等于塑限时，$I_l \leq 0$，土处于坚硬状态；当天然含水率大于液限时，$I_l > 1$，土处于流动状态；当天然含水率介于液限和塑限之间时，$0 < I_l \leq 1$，土处于可塑态。表2－7为《建筑地基基础设计规范》（GB 50007—2011）中用液性指数划分细粒土稠度状态的标准。

表2－7　按液性指数值对细粒土稠度状态的分类

液性指数	$I_l \leq 0$	$0 < I_l \leq 0.25$	$0.25 < I_l \leq 0.75$	$0.75 < I_l \leq 1$	$I_l > 1$
稠度状态	坚硬	硬塑	可塑	软塑	流塑

液性指数反映了土的强度和压缩性。I_l 越大，土将处于软塑或流塑状态，土体的强度就低，压缩性高，承载力低；反之，I_l 越小，土处于坚硬或硬塑状态，土的强度就高，压缩性就低，承载力大。

2.2.3 细粒土的胀缩性和崩解性

2.2.3.1 细粒土的胀缩性

1. 基本概念

细粒土中含水率的变化不仅引起土的稠度发生变化，土的体积也会同时发生变化。细粒土由于含水率增加而发生体积增大的性能称为膨胀性；而因失去水分而体积减小的性能称为收缩性。这种湿胀干缩的性质，统称为土的胀缩性。

细粒土产生膨胀的原因是因为土粒表面结合水膜的增厚，且主要是由弱结合水的增加引起的。结合水膜增厚，加大了土粒间的距离，使土粒间的引力减小，引起土体积的膨胀。与之相反，细粒土因蒸发和排水等原因而失去水分逐渐变干时，弱结合水膜就会变薄，加强了公共水化膜的作用，土粒间引力增大，距离减小，导致土体积收缩。

细粒土的胀缩性对工程建筑影响很大。胀缩性不仅减低了土的强度，而且会引起土体变形。细粒土吸水膨胀、失水收缩的反复变形，常使建筑物产生不均匀的竖向或水平的胀缩变形，造成位移、开裂、倾斜甚至破坏。

2. 表征细粒土胀缩性的指标

1）表征细粒土膨胀性的指标

自由膨胀率：一定体积的扰动烘干土样经充分吸水膨胀稳定后，增加的体积与原体积的比值。表明土在无结构力影响下的膨胀特性，说明土膨胀的可能趋势。

膨胀率：原状土在一定压力下，在有侧限条件下浸水膨胀稳定后的高度与原高度之比。

膨胀力：原始土样在体积不变时，由于浸水膨胀产生的最大内应力。膨胀力可用来衡量土的膨胀势和考虑地基的承载能力。

2）表征细粒土收缩性的指标

体缩率：土样失水收缩减少的体积与原体积之比。

线缩率：土样失水收缩减少的高度与原高度之比。

收缩系数：原状土样在直线收缩阶段含水量减少1%时的竖向线缩率。

3. 细粒土的胀缩性影响因素

（1）土的粒度成分和矿物成分。一般情况下，细粒土中黏粒含量越多，黏粒矿物成分中亲水性强的蒙脱石、水云母含量越高，其膨胀性和收缩性越强。同种矿物成分的细粒土，由于所含交换离子不同，也影响着土的胀缩性。

（2）土的天然含水率。土的天然含水率决定着土的胀缩程度。当土的天然含水率较高或接近饱和状态时，土的膨胀性小、收缩性强；反之，土的天然含水率越小的土，吸水量大，则膨胀性强，而失水时收缩性弱。

（3）土的密实程度和结构。土的密实程度、结构、连结强度直接决定着土的胀缩性。天然孔隙比小的密实的细粒土，膨胀性较强，收缩性弱；而天然孔隙比大的疏松土，抵抗胀缩变形的能力强，故胀缩性可能减弱。

（4）水溶液介质的性质。水溶液介质的离子成分和浓度影响着扩散层和结合水膜的厚度，因此也影响土的膨胀率。低价阳离子能使土粒形成较厚的扩散层和结合水膜，土的膨胀率较大；同时，随着阳离子浓度增大，扩散层和结合水膜变薄、膨胀率减小。

2.2.3.2　细粒土的崩解性

细粒土由于浸水而发生崩散解体的性能称为土的崩解性。它是由于土体浸水后，水不均衡地进入孔隙，引起粒间结合水膜的增厚速度不同，以致粒间斥力超过吸力的情况不平衡，产生应力集中，使土体沿着最大斥力面崩解。细粒土的崩解实质上是膨胀的特殊形式及其进一步发展，也是结合水膜增厚的结果。

细粒土的崩解形式包括散粒崩解、鳞片状崩解、碎块状或崩裂状崩解。具体形式主要取决于土的矿物成分、粒度成分、结构及胶结程度等。通常用崩解时间、崩解速度和崩解特征来表示。

崩解时间是指一定体积（边长 5cm 的立方体）的土样完全崩解所需的时间。

崩解速度是指土样在崩解过程中质量的损失与原土样质量之比和时间的关系。

崩解特征是指土样在崩解过程中的各种现象。

细粒土的崩解常发生在水渠和水库的岸边地带。由于崩解引起的库岸崩塌会造成水库的淤积，威胁岸边建筑物安全。研究细粒土的崩解性在评价人工与天然边坡的稳定性中有很大实际意义。

2.2.4　土的透水性与毛细性

2.2.4.1　土的透水性

水在土孔隙中渗透流动的性能称为土的透水性。不同类型的土，孔隙大小不同，连通性不同，透水性也不同。土的透水性在评价水库、渠道等水工建筑物的渗漏和浸没问题时，具有重要意义。

在绝大多数情况下，水在天然土层中以层流形式流动，服从达西（Darcy）定律。如粗粒土的空隙大，连通性好，透水能力强，水在其中的流动一般呈层流状态，服从达西定律，即

$$v = KI$$

式中　v——水在土中的渗透速度，cm/s；

　　K——渗透系数，cm/s；

　　I——水力梯度。

渗透系数（K）是重要的水文地质参数，是反映土的透水性的重要指标，数值上等于水力梯度为 1 时的渗透速度。一般通过室内外试验方法测定土的渗透系数。

巨粒土的孔隙粗大，地下水流速大，呈紊流形式，服从哲才定律：

$$v = KI^{1/2}$$

在水文地质学中，常把细粒土看作不透水的，将细粒土层看作“隔水层”，但实际上细粒土也是透水的。在建筑物载荷作用下，地基土的渗透固结现象说明了水在细粒土中是可以流动的。细粒土中孔隙细小，主要是结合水，具有一定的抗剪强度，所以，必须是在水力梯度达到某一数值后才会发生较显著的流动。

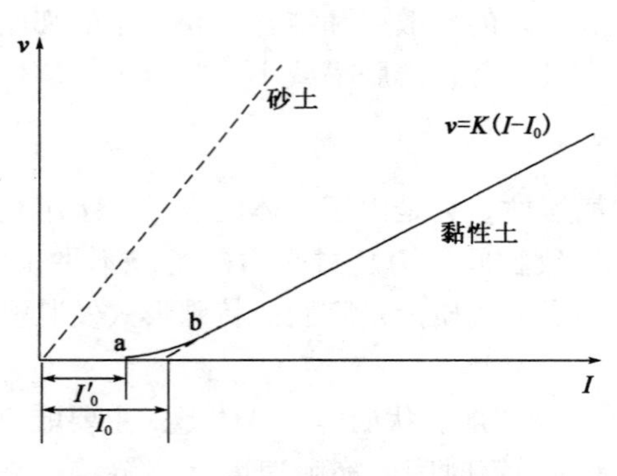

图 2－10　水在细粒土中渗透速度与水力坡度的关系

图 2－10 所示规律是目前被大多数人所接受的细粒土中水的运动规律。可以看出，细粒土的渗透速度 v 与水力坡度 I 关系大致可分为三个阶段。点 a 为实际起始水力坡度（I'_0），即用于克服结合水抗剪强度的那部分水力坡度。当水力坡度大于 I'_0 后，渗透才会发生。在 ab 段，v 与 I 为曲线关系。当 I 值大于 b 点对应的水力坡度值时，v 与 I 的关系才近似于直线。此时细粒土的透水性才可近似地用达西定律表示。由于 a 点的位置不易确定，常用 v 与 I 直线段的延长线在横坐标轴上的截距 I_0 代替，故在实际中采用的起始水力坡度是 I_0。因此细粒土的透水性规律是

$$v = K(I - I_0)$$

土的透水性受多种因素的影响，主要包括粒度成分、矿物成分、土的密度、水溶液的成分和浓度、土中的气体和土的构造等方面。一般情况是：黏粒含量越多，矿物亲水性越强，则形成的结合水膜越厚，空隙越小，土的渗透性越弱。黏土矿物呈片状或链状、管状定向排列时，平行层面方向与垂直层面方向的渗透性呈各向异性。土的渗透性随水溶液中阳离子价数和水溶液的浓度增加而增大。此外，土体的宏观结构对土的渗透性影响非常明显。土体结构的各向异性影响孔隙系统的构成和方向性，土的渗透性也常表现出各向异性特征。在微观结构上，当孔隙比相同时，凝聚结构将比分散结构具有更大的透水性。

工程实际中，按土的透水性强弱划分不同透水程度的土（表 2－8）。

表 2－8　按渗透系数（K）对土的透水程度分级

透水性强弱	极强透水	强透水	中等透水	弱透水	极弱透水（不透水）
K（m/d）	>50	50～20	20～5	5～1	<0.001

2.2.4.2　土的毛细性

水在毛细孔隙中运动的现象，称为毛细现象。土的毛细性是指存在于土毛细孔隙中的水，在表面张力的作用下，沿着毛细孔隙向各个方向运动的性能。土中毛细水的上升可造成土的沼泽化、盐渍化，使地基的稳定性降低。因此，研究土的毛细性具有重要的实际意义。

土的毛细性评价指标主要有毛细上升高度、毛细上升速度和毛细压力。其中，毛细上升高度应用最广泛。毛细上升高度与毛细管的直径成反比，即毛细孔隙越小，毛细上升高度越大。一般情况下，细砂土的毛细上升高度大于粗砂土的毛细上升高度。所以，研究土的毛细上升高度对细砂土和粉土意义较大。

影响土的毛细性的因素有土的粒度成分、矿物成分、水溶液的成分和浓度等。土的粒度成分决定了土中孔隙的性质和大小，对土的毛细性影响最为显著。例如砂类土的毛细上升高度随颗粒直径的增大而减小。砂类土的矿物成分不同形成的孔隙特征不同，因而对毛细性也有影响。细粒土中由高岭石组成的土的毛细上升高度大于由蒙脱石组成的土。这是由于蒙脱石形成的孔隙过于细小，充满结合水，起始水力坡度较大，所以毛细上升高度较小。水溶液

的化学成分和浓度主要影响水膜厚度，从而影响细粒土的毛细上升高度。水溶液中低价阳离子为主时，结合水膜增厚，土的毛细性降低；相同离子成分时，高浓度时形成较薄的结合水膜。此外，气候的变化、气温和蒸发量的变化等，均对土的毛细性有一定影响。

2.3 土的力学性质

土的工程地质性质包括土的微观三相组成及其比例，及受其控制的宏观的基本物理性质（密度、含水性、孔隙性）以及物理—化学性质（细粒土的可塑性、膨胀性、收缩性等）等，但它们与工程建筑的关系多是间接的，其对工程的影响是通过力学性质的变化反映出来的。所以，土的力学性质是土的工程地质性质中最主要的部分。

土的力学性质是指土在外力作用下所表现的性质，主要包括土在压应力作用下体积缩小的压缩性和在剪应力作用下抵抗剪切破坏的抗剪性，其次是在动载荷作用下表现出的一些性质。土的力学性质对建筑物的安全和正常使用影响很大。

本节主要论述土在静载荷作用下的压缩性和抗剪性，以及与填土工程有关的土的击实性。

2.3.1 土的压缩性

土的压缩性指土体在外载荷作用下孔隙压缩、体积变小的性能。土体压缩会导致地基发生沉降，使得建筑物发生沉陷、开裂，影响建筑物的安全和正常使用。

《建筑地基基础设计规范》（GB 50007—2011）中针对不同类型的建筑物、不同压缩性的地基土，列出了地基变形的允许值（包括沉降量、沉降差、倾斜、局部倾斜），如建筑物地基土的变形量不超出允许值，则可保证建筑物的安全使用，但如果发生过大的变形（特别是不均匀沉降），就会影响到建筑物的正常使用，甚至造成工程事故。所以，有必要对土体的压缩变形规律进行研究。

2.3.1.1 土的压缩变形机理与特点

1. 土体压缩变形机理

土是由固、液、气三相物质组成的。土受压后体积缩小，必然是土的三相组成部分中各部分体积减小的结果。土粒本身的压缩变形量极小。在一般建筑物荷重（0.1 ~ 0.6MPa）下，达不到总压缩量的1/400，通常认为土的固体颗粒是不可压缩的。土的孔隙中充填水和空气，而孔隙是和大气连通的，不是密闭的，所以受到压力时孔隙中的水和空气不会被压缩，而是被挤出。同时土粒相互靠拢，孔隙体积缩小。故土体压缩的本质是在压力作用下，充填于孔隙中的水和气体排出土体，土粒相互移动靠拢，致使土的孔隙体积减小，土的密度提高（土变密实）。

2. 不同土的压缩特点

饱和土和非饱和土压缩机理不同。饱和土的孔隙中充满水，压缩过程主要是由于孔隙中的水被挤出引起孔隙体积减小，压缩过程与排水过程一致，含水量逐渐减小。非饱和土的压缩首先气体外逸，空气未完全排出前，孔隙中的水尚未完全充满，含水率基本不变，当达到饱和后，其压缩情况和饱和土一样。

黏性土和无黏性土压缩过程不同。无黏性土多为单粒结构，颗粒较粗，透水性好，水易于排出，压缩很快完成，达到稳定，孔隙度较小，总压缩量较小。黏性土多为团聚结构，孔隙小，透水性差，水不易排出，压缩稳定需要很长一段时间，同时孔隙度较大，最终的总压缩量较大。

2.3.1.2 压缩试验与压缩系数

1. 土的压缩环境

按照土体是否受到侧向围压，土体有两种压缩环境：有侧限压缩与无侧限压缩。

有侧限（无侧胀）压缩：对于基础砌置较深的建筑物来说，地基土的压缩比较接近于无侧胀的条件。实验室研究土的可压缩性多采用这种条件。

无侧限（有侧胀）压缩：若当土体受压时周围没有或基本没有任何限制，则其沿作用力方向发生压缩变形的同时，还将发生侧向变形，称为有侧胀压缩。如机场跑道和路堤等表面建筑物以及基础砌置较浅的建筑物地基土的压缩，近似于无侧限条件。常用现场载荷实验测试。

2. 土的压缩试验与数据处理

为研究土的压缩性，必须采用实验方法。目前多采用室内完全侧限（无侧胀）压缩试验方法。

试验设备如图2－11（a）所示。试验时取原状土样放入压缩仪内进行试验。土样受到环刀和护环等刚性护壁的约束，在压缩过程中只能发生垂向压缩，不可能发生侧向膨胀，所以又称为无侧胀压缩试验。

试验时将荷载均匀地加到土样上，每加一级荷载，要等土样压缩相对稳定后，才施加下一级荷载，逐级加载（p_1，p_2，p_3，…）。通过位移传感器可观测每级荷载的压缩变形量（Δh_1，Δh_2，Δh_3，…）。

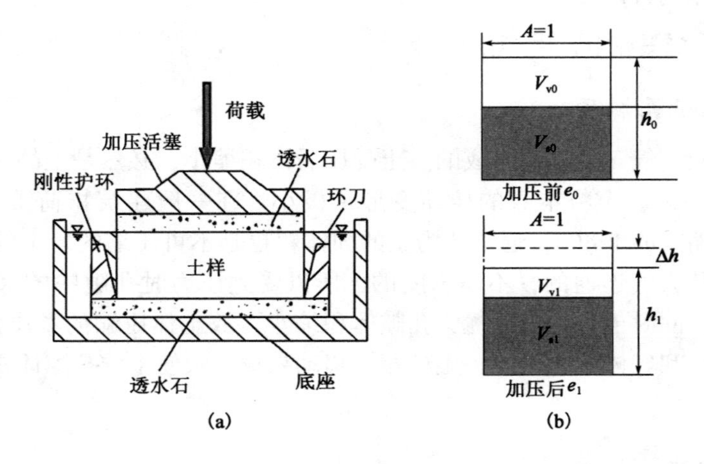

图2－11 完全侧限压缩试验装置及压缩过程示意图

图2－11（b）为完全侧限压缩试验条件下土样的压缩过程。在有侧限条件下土的压缩变形具体表现为土的纵向变形（宏观上的变形）。一般用土样高度的变化（Δh）和孔隙比的变化（Δe）来表示这种关系。

压缩前：$(1+e_0)V_{s0}=Ah_0, V_{s0}=\dfrac{Ah_0}{1+e_0}$

压缩后：$(1+e_1)V_{s1}=Ah_1, V_{s1}=\dfrac{Ah_1}{1+e_1}$

$V_{s0}=\dfrac{Ah_0}{1+e_0}=V_{s1}=\dfrac{Ah_1}{1+e_1}$

整理得：$\dfrac{\Delta h}{h_0}=\dfrac{h_0-h_1}{h_0}=1-\dfrac{h_1}{h_0}=1-\dfrac{1+e_1}{1+e_0}=\dfrac{e_0-e_1}{1+e_0}=\dfrac{\Delta e}{1+e_0}$

$$\Delta e=\frac{\Delta h}{h_0}(1+e_0)$$

$$e_1=e_0-\Delta e=e_0-\frac{\Delta h}{h_0}(1+e_0)$$

即根据每一级压力下的稳定压缩变形量（Δh_1，Δh_2，Δh_3，…），可以计算出与各级载荷下相应的稳定孔隙比（e_1，e_2，e_3，…）。

求得各级压力下的孔隙比后（一般为 3 ~ 5 级荷载），以纵坐标表示孔隙比，以横坐标表示压力，便可绘制孔隙比与压力的关系曲线，称为压缩曲线（图 2 – 12）。

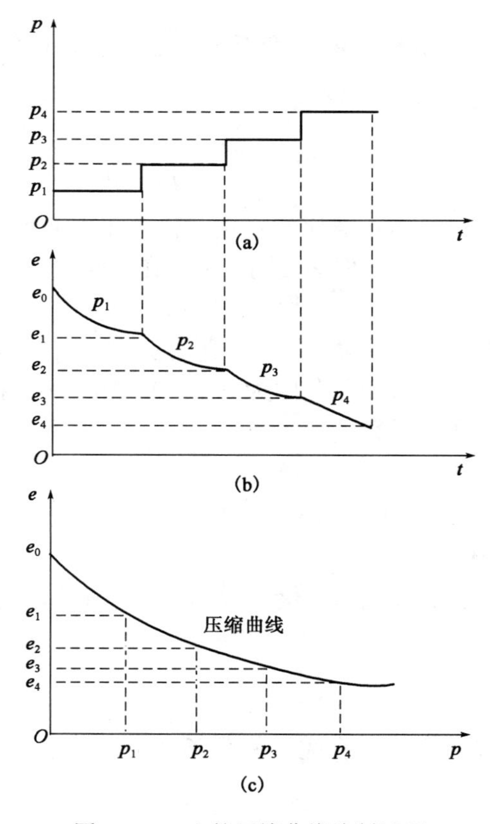

图 2 – 12　土的压缩曲线绘制过程

3. 土的压缩定律

在图 2 – 13 所示的压缩曲线上，p 较小时，曲线较陡；随 p 增大，曲线变缓。这表明在压力增量不变情况下对土进行压缩时，其压缩变形的增量是递减的。这是因为在有侧限压缩时，开始加压时土的结构较松散，孔隙中的水和气体容易被挤出，土粒容易靠拢，压缩量相对较大。随着压力的增加，土的结构变得较密实，孔隙中的水和气体不易被挤出，土粒相互靠拢较困难，所以压缩量也随之变小。

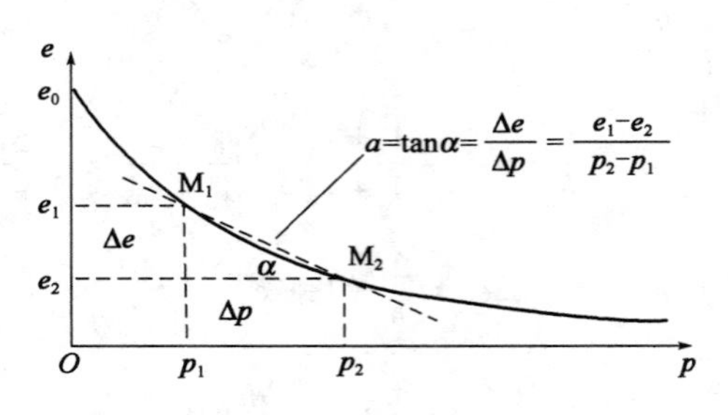

图 2－13　土的压缩曲线

不同的土，由于物质组成、结构特征和物理状态等方面的差异，压缩性有强弱之分，压缩曲线形状也有所不同。无黏性土一般有良好的透水性能，排水较快，压缩过程短，压缩曲线起始段较陡，而后几乎为水平延伸；黏性土透水性差，孔隙比大，故压缩过程长，压缩量大，且压缩曲线由陡变缓比较圆滑。同一种土，若其含水量和受力历史不同，压缩曲线形态也会不同。

当压力由 p_1 加至 p_2，土的孔隙比由 e_1 变至 e_2，也即压缩曲线上的 M_1、M_2 点。M_1M_2 段的斜率可用下式表示：

$$a = \tan\alpha = \frac{\Delta e}{\Delta p} = \frac{e_1 - e_2}{p_2 - p_1}$$

a 表示单位压力增量所引起的孔隙比的变化，称为压缩系数，单位 1/kPa，或 1/MPa。它是表征土压缩性大小的重要指标。但即使同一土样在不同压力条件下 a 也不是常数，而随所取压力范围变化，因此，评价土的压缩性必须限定压力范围。

为比较不同土的可压缩性，必须确定同样的压力变化范围。《建筑地基基础设计规范》GB 50007—2011中规定，选择压力变化范围为 0.1～0.2MPa 区段的压缩系数作为评价土的可压缩性的标准，称为标准压缩系数 a_s。

低压缩性土：$a_s < 0.1\text{MPa}^{-1}$。

中压缩性土：$0.1\text{MPa}^{-1} \leqslant a_s < 0.5\text{MPa}^{-1}$。

高压缩性土：$a_s \geqslant 0.5\text{MPa}^{-1}$。

在压力变化范围不大时，孔隙比的变化（减小值）与压力的变化值（增加值）成正比，这称为土的压缩定律。

4. 压缩模量

根据压缩试验结果可以计算土样在完全侧限条件下，有效应力的增量与其压缩应变之比，称为压缩模量 E_s，单位 MPa，即

$$E_s = \frac{\Delta p}{\Delta \varepsilon} = \frac{\Delta p}{\Delta h/h} = \frac{1 + e_1}{a}$$

压缩模量与压缩系数成反比。

工程中，经常用 $p_1=0.1\text{MPa}$，$p_2=0.2\text{MPa}$ 相应的 E_s 评价土的压缩性。

低压缩性土：$E_s>15\text{MPa}$。

中压缩性土：$4\text{MPa}<E_s\leqslant 15\text{MPa}$。

高压缩性土：$E_s\leqslant 4\text{MPa}$。

2.3.1.3　土的变形模量

土的变形模量（E_0）是指土体在无侧限条件下压应力的增量与其压缩应变的比值。它是通过现场载荷试验求的压缩性指标，能较真实地反映天然土层的变形特性。

现场载荷试验设备笨重，历时长，花费多，且目前深层土的载荷试验在技术上极为困难。因此，一般根据压缩模量间接求得，公式如下：

$$E_0=\left(1-\frac{2\mu^2}{1-\mu}\right)E_s$$

或

$$E_0=\left(1-\frac{2\xi^2}{1+\xi}\right)E_s$$

式中，μ、ξ 分别为土的侧膨胀系数和侧压力系数。

侧膨胀系数 μ：无侧限条件下，侧向膨胀应变与竖向压缩应变之比，又称为泊松比，$\mu=\frac{\varepsilon_x}{\varepsilon_z}$。

侧压力系数 ξ：侧限受压时，侧向压力与竖向压力之比，即 $\xi=\frac{\sigma_x}{\sigma_z}$。

土的侧压力系数可由专门仪器测得，但侧膨胀系数不易测定，可以换算。根据广义胡克定律：$\mu=\frac{\xi}{1+\xi}$。几种常见土的 ξ 和 μ 参考值见表 2－9。

表 2－9　常见土的 ξ 和 μ 参考值

土的类型	土的状态	ξ	μ
卵砾土		0.18～0.25	0.15～0.20
砂土		0.25～0.33	0.20～0.25
粉土		0.25	0.20
粉质黏土	坚硬	0.33	0.25
	可塑	0.43	0.30
	软塑或流塑	0.53	0.35
黏土	坚硬	0.33	0.25
	可塑	0.54	0.35
	软塑或流塑	0.72	0.42

2.3.1.4　土的前期固结压力

当土样在重复荷载（压力由 p 减小到 0，再加压到 p，再减压至 0）条件下压缩时，土的压缩曲线如图 2－14 所示。可见在卸荷阶段（BC 段），土样的压缩变形并不能完全恢复，说明土不是弹性体，土的压缩变形主要是不可恢复的残余变形，可恢复的弹性变形只占少部分。在重新加压时（CB段），若载荷小于或等于前期最大压力时，土层的压缩变形量将忽略不计。

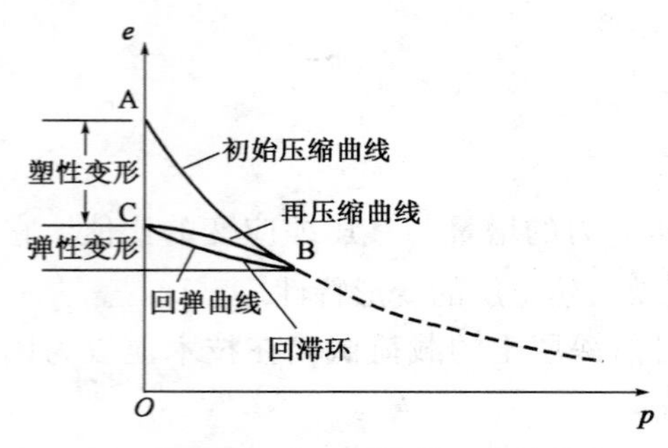

图2－14　土在重复载荷下压缩曲线

据此提出土的前期固结压力（p_c）概念。土的前期固结压力（p_c）指土层在过去历史上曾经受过的最大固结压力。若目前土层所受的上覆土层自重压力为p_0，将p_0与p_c相比较，可以将天然土层分为三种不同的固结状态，即正常固结、超固结和欠固结。

$p_c = p_0$为正常固结土，指目前的自重压力就是最大固结压力。

$p_c > p_0$为超固结土，土层历史上曾受的固结压力大于现在的自重压力，就是曾有过相当厚的沉积物，后来减薄。

$p_c < p_0$为欠固结土，尚未完成固结。

确定前期固结压力的方法主要是用卡萨格兰德图。

2.3.2　土的抗剪性

土的抗剪性是土的抗剪强度特性的简称，它是土体稳定性相关的一个极为重要的工程地质性质。土的抗剪强度是指土体对外载荷产生的剪应力的极限抵抗能力，其数值等于土体产生剪切破坏时滑动面上的剪应力。

土是由固体颗粒组成的，土粒间的连结强度远小于土粒本身的强度，当土体中的剪应力超过土体本身的抗剪强度时，土体将产生沿着其中某一滑裂面的滑动，而使土体丧失整体稳定性，也即在剪应力作用下的剪切破坏并不是土粒本身的破坏，而是土粒间发生相互错动，引起土的一部分相对另一部分沿着某个面发生剪切滑动。自然界中，土体的破坏通常都是剪切破坏。

在工程建设实践中，道路的边坡、路基、土石坝、建筑物的地基等丧失稳定性很多都是由于土内的剪应力超过其本身抗剪强度而引起的。为保证工程建设中建（构）筑物的安全和稳定，就必须详细研究土的抗剪强度和土的极限平衡等问题。

目前研究土的抗剪强度主要是通过模拟土的剪切破坏时的应力和工作条件，利用室内或现场仪器进行土的剪切试验。土的室内剪切试验分为直剪试验和三轴剪切试验两类。最常用的是直剪试验方法。

2.3.2.1　土的直剪试验与库仑定律

1. 土的直剪试验

直剪试验是一种快速有效的求抗剪强度指标的方法，在工程中普遍使用。试验设备是直剪仪，分为应变控制式（图2－15）和应力控制式两种。

为模拟土体在现场受剪和排水条件，直剪试验分为快剪、慢剪和固结快剪三种。

（1）快剪：在试样施加竖向压力σ后，压缩变形未中止即快速施加水平剪应力使试样剪切破坏。剪切过程中水分来不及排出，产生孔隙水压力，抗剪强度最低。可用来模拟透水性弱的黏土地基受到建筑物的快速荷载或土坝在快速施工中被剪破的情况。

（2）慢剪：允许试样在竖向压力下排水，待压缩变形中止，固结稳定后，以缓慢的速率施加水平剪应力使试样剪切破坏。剪切过程中伴随水的排出，孔隙水压力逐渐消散，抗剪强度最高。可用来模拟黏土地基和土坝在自重下已经压缩稳定后，受缓慢荷载被剪破的情况或砂土受静荷载被剪破的情况。

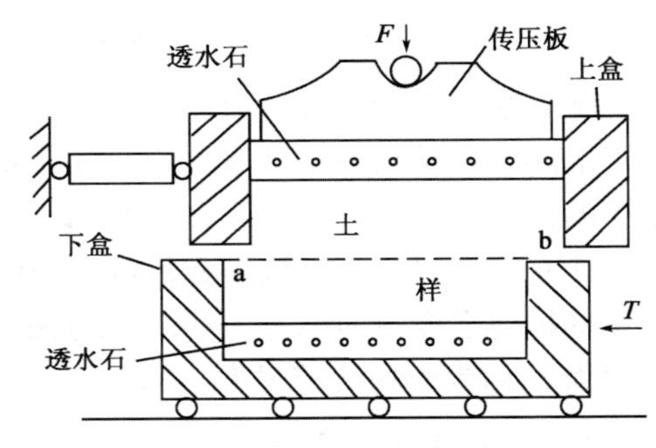

图 2－15　应变控制式直剪仪

（3）固结快剪：允许试样在竖向压力下充分排水，待压缩变形中止，固结稳定后，再快速施加水平剪应力使试样剪切破坏。剪切过程中水分来不及排出，产生孔隙水压力；抗剪强度居中。主要用来测定土的有效应力强度指标和推求原位不排水剪强度。

试验时，将土样放在上、下两部分可以错动的金属盒内，将上盒固定，下盒可沿水平方向滑动。先通过传压板在土样上施加法向压力 p，使土样受法向应力 $\sigma = p/F$（F 为土样的横截面积）作用。然后，在下盒上逐级施加水平剪力，使土样沿上、下盒之间的水平面受到剪应力。当水平剪力增加强度至 T 时，土样发生剪切破坏，此时的剪应力为 $\tau = T/F$，即为土样在该法向压应力作用下的抗剪强度 τ_f。

对同一种土，在不同的法向压力下，抗剪强度不同。至少取 4 个试样，分别在不同垂直压力 σ 下剪切破坏，将试验结果绘制成抗剪强度 τ_f 和垂直压力 σ 之间关系曲线。

2. 库仑定律

对同一种土，在不同的法向压力下，其抗剪强度不同。至少取 4 个试样，分别在不同垂直压力 σ 下剪切破坏，将试验结果绘制成如图 2－16 所示的抗剪强度 τ_f 和垂直压力 σ 之间关系曲线。

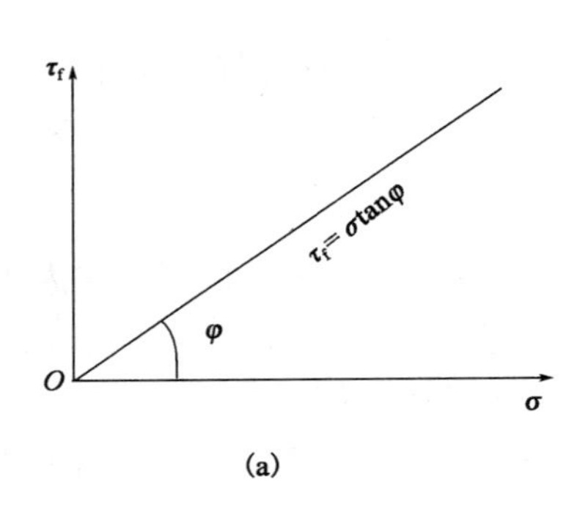

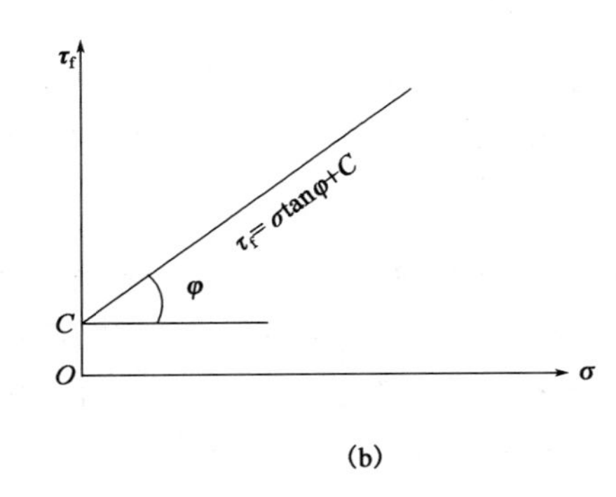

图 2－16　土的 τ_f 与 σ 关系曲线

（a）无黏性土；（b）黏性土

大量试验结果表明，在一般的建筑物载荷（0.1～0.6MPa）下，土的抗剪强度与法向应力的关系曲线近似直线。

对于巨粒土和粗粒土（无黏性土），τ_f 与 σ 之间关系是通过原点的一条直线。其方程为

$$\tau_f = \sigma \tan\varphi$$

而细粒土的抗剪强度曲线是一条不通过坐标原点，与纵坐标有一截距 C 的近似直线。其方程为

$$\tau_f = \sigma\tan\varphi + C$$

该直线与横轴的夹角为内摩擦角 φ，在纵轴上的截距为内聚力 C。

上述方程是法国学者库仑（Coulomb）于 1977 年提出的，一般称为库仑公式。它反映了土的抗剪性的基本规律，又称库仑定律。

库仑定律说明：巨粒土和粗粒土的抗剪强度决定于与法向压力成正比的内摩擦力；而细粒土的抗剪强度由内摩擦力和内聚力两部分组成，而且以内聚力为主。土的内摩擦角 φ 和内聚力 C 称为土的抗剪强度指标。

3. 抗剪强度的影响因素

巨粒土和粗粒土的抗剪强度与其内摩擦角的正切成正比。内摩擦角与土的矿物组分和土的密度有关。组成巨粒土和粗粒土的矿物越坚硬，颗粒越粗大，表面越粗糙，棱角越多，内摩擦角越大。密度越高，内摩擦角也越大。

松散状态砂土的内摩擦角与其自然堆积时所形成的最大坡角——天然休止角近似相等。所以工程实际中，常用砂土天然休止角代替松散状态砂土的内摩擦角。

细粒土的抗剪强度由内摩擦力和内聚力两部分组成，而且以内聚力为主。细粒土中黏粒含量越多，土粒间的连结越强，内聚力越大，内摩擦角越小，但抗剪强度仍可增大。细粒土的液性指数越大，即天然含水率越高，则土的连结强度越低，抗剪强度越小。尤其是液限状态的扰动，几乎是没有抗剪强度的。细粒土的密度越大，抗剪强度越大。

直剪试验设备简单，试样制备、安装方便，易于操作，是目前广泛使用的常规试验方法。但因仪器构造限制，试样只能沿规定的上下盒接触面破坏，该预定剪破面未必是试样的最弱面，而且在剪切面上剪应力的分布不均匀；同时试样的含水率不好控制。所以测得的指标有时不够理想。

2.3.2.2 三轴剪切试验

三轴剪切试验是测定土抗剪强度的一种较为完善的方法。通过测量试样在不同恒定周围压力下的抗压强度，再利用莫尔—库仑破坏理论间接推求土的抗剪强度。

1. 试验过程

试验时，将土切成圆柱体套在橡胶膜内，放在密封的压力室中；向压力室内压入水，使试件在各个方向受到周围压力 σ_3，并使液压在整个试验过程中保持不变，这时试件内各向的主应力都相等，因此不发生剪应力。通过传力杆对试件施加竖向压力 σ_1，这样，竖向主应力就大于水平向主应力，当水平向主应力保持不变，而竖向主应力逐渐增大时，试件最终受剪而破坏。

试验分为不固结不排水试验（UU）、固结不排水试验（CU）、固结排水试验（CD）三种类型。

（1）不固结不排水试验：试样在施加周围压力和随后施加竖向压力直至剪切破坏的整个过程中都不允许排水，试验自始至终关闭排水阀门。

（2）固结不排水试验：试样在施加周围压力 σ_3 时，打开排水阀门，允许排水固结，待固结稳定后关闭排水阀门，再施加竖向压力，使试样在不排水的条件下剪切破坏。

（3）固结排水试验：试样在施加周围压力 σ_3 时允许排水固结，待固结稳定后，再在排水条件下施加竖向压力至试件剪切破坏。

2. 试验数据处理

土样破坏时，破裂面上处于静力平衡状态，在水平和垂向上受力平衡。其受力分析如图 2－17所示。

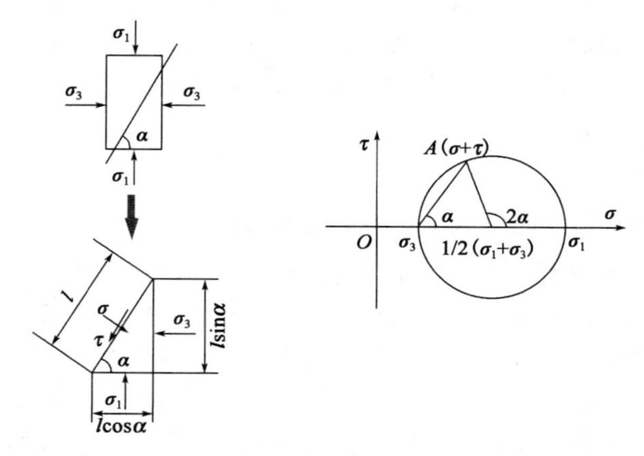

图 2－17　土样破裂面上的受力情况及应力莫尔圆

x，y 方向上合力为零：

$$\sum x = \sigma_3 l\sin\alpha - \sigma l\sin\alpha + \tau l\cos\alpha = 0$$

$$\sum y = \sigma_1 l\cos\alpha - \sigma l\cos\alpha + \tau l\sin\alpha = 0$$

处理得

$$\sigma = \frac{1}{2}(\sigma_1 + \sigma_3) + \frac{1}{2}(\sigma_1 - \sigma_3)\cos 2\alpha$$

$$\tau = \frac{1}{2}(\sigma_1 - \sigma_3)\sin 2\alpha$$

平方相加得到：$\left[\sigma - \frac{1}{2}(\sigma_1 + \sigma_3)\right]^2 + \tau^2 = \left[\frac{1}{2}(\sigma_1 - \sigma_3)\right]^2$

该方程在 σ—τ 坐标系上为一圆心坐标（1/2（$\sigma_1+\sigma_3$），0）、半径 $r=1/2$（$\sigma_1-\sigma_3$）的圆，称为莫尔应力圆。

分别在不同的周围压力 σ_3 作用下进行剪切，得到 3～4 个不同的极限应力圆，绘出各极限应力圆的公切线即为土的抗剪强度包线，通常可近似取为一条直线（图 2－18）。该直线与横坐标的夹角即为土的内摩擦角 φ，直线与纵坐标的截距即为土的内聚力 C。

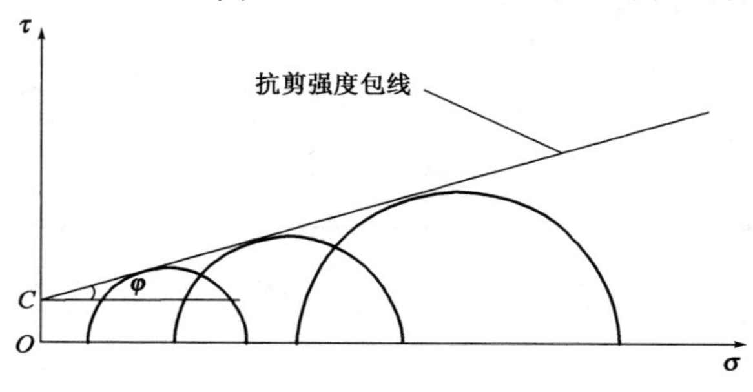

图 2－18　三轴剪切试验结果

莫尔应力圆与抗剪强度包线相切时，土样处于极限平衡状态，土样临近发生剪切破坏。将莫尔应力圆与抗剪强度包线相切的应力状态作为土的破坏准则，称为莫尔—库仑破坏准则。它是目前判别土体所处状态的最常用准则。

三轴剪切试验能控制试样排水条件，可以量测孔隙水压力的变化，了解土中有效应力变化情况，没有规定的剪切面，受力情况比较符合实际，试验结果准确。尽管试验仪器复杂、操作技术要求高、试样制备较复杂、费用较高，但近年来推广较快。

2.3.3 土的击实性

土体是土坝、路堤等土工构筑物的最常用建筑材料，但经过挖掘、搬运后，土的原始结构遭到破坏，天然含水率也发生变化，在没有击实或压实前，土的抗剪强度低、压缩性大且很不均匀，且遇水后还可能产生湿陷。因此为满足建筑物稳定性要求，必须用夯实和碾压等方法使土密实，使密度增大、强度增高、变形减小、透水性降低。

土的压实就是指填土在压实能量作用下，使土粒克服粒间阻力而重新排列，使土中的孔隙减小、密度增加，从而使填土在短时间内得到新的结构强度。土体能够通过振动、夯实和碾压等方法调整土粒排列，进而增加密实度的性质称为土的击实性。目前，多采用击实试验研究土的击实性。

2.3.3.1 土的击实试验

土的击实试验是将某一含水率的土样放入击实筒内，按照规定的落距和次数用击锤击打土，然后取出测其含水率和干密度。

击实试验的目的是确定在什么情况下才能使填土达到最好的密实效果，也即找出，在击实作用下，土的干密度、含水率和击实功三者之间的关系和基本规律，从而选定适合工程需要的填土的干密度及其相应的含水率。

试验时将某一种土配成若干份具有不同含水率的土样。每份土样装入击实仪内，用完全相同的方法加以击实（表2－10），测出压实土的含水率和干密度。以含水率为横坐标，干密度为纵坐标，绘制含水率—干密度曲线（图2－19）。

表2－10　击实试验规程（据GB/T 50123—2019《土工试验方法标准》）

<table>
<tr><th rowspan="2">试验方法</th><th rowspan="2">锤底直径（mm）</th><th rowspan="2">锤质量（kg）</th><th rowspan="2">落高（mm）</th><th rowspan="2">层数</th><th rowspan="2">每层击数</th><th colspan="3">击实筒</th><th rowspan="2">护筒高度（mm）</th></tr>
<tr><th>内径（mm）</th><th>筒高（mm）</th><th>容积（cm³）</th></tr>
<tr><td rowspan="2">轻型</td><td rowspan="5">51</td><td rowspan="2">2.5</td><td rowspan="2">305</td><td>3</td><td>25</td><td>102</td><td>116</td><td>947.4</td><td>≥50</td></tr>
<tr><td>3</td><td>56</td><td>152</td><td>116</td><td>2103.9</td><td>≥50</td></tr>
<tr><td rowspan="3">重型</td><td rowspan="3">4.5</td><td rowspan="3">457</td><td>3</td><td>42</td><td>102</td><td>116</td><td>947.4</td><td>≥50</td></tr>
<tr><td>3</td><td>94</td><td rowspan="2">152</td><td rowspan="2">116</td><td rowspan="2">2103.9</td><td>≥50</td></tr>
<tr><td>5</td><td>56</td><td>≥50</td></tr>
</table>

2.3.3.2 土的击实效果影响因素

1. 含水率的影响

由图2－19土的击实曲线可知，当含水率较低时，击实后的干密度随含水率的增加而增大，但当干密度增大到某一值后，含水率的继续增加反而导致干密度的减小。将干密度的这一最大值称为该击数下的最大干密度，与它对应的含水率称为最优含水率。

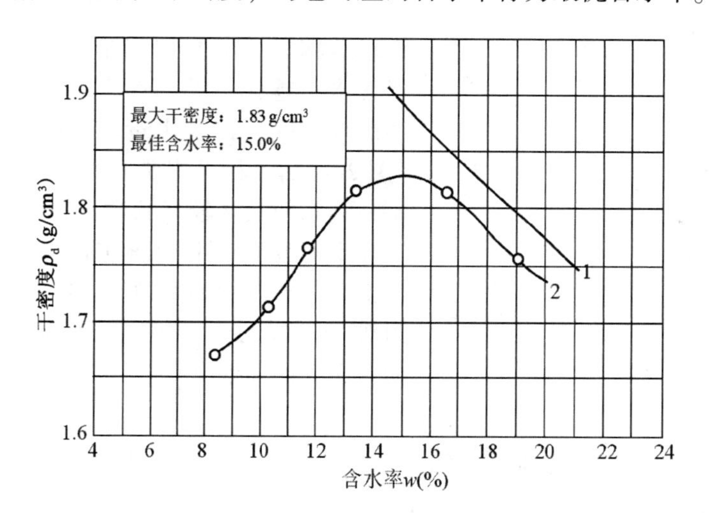

图 2－19　土的干密度和含水率的关系曲线图

1—击实曲线；2—理论饱和曲线

某一种土，用某一种设备，只有在最优含水率下，才能取得最佳的振击效果，即在所消耗的功最小的情况下可使土的干密度达到最大值。

土的含水率较小时，土粒周围的结合水膜较薄，连结牢固，土粒不易移动，故难于击实。当含水率较大时，结合水膜较厚，虽然土粒易于移动，但多余的水分不易排出，产生孔隙水压力，抵消了击实功的作用，阻碍土粒的接近，故也难于击实。

2. 击实功的影响

从图 2－20 可知，细粒土在不同的击实功下得到不同的击实曲线。击实功较大时，在较小的最优含水率下能获得较大的最大干密度。这是因为击实功越大就越容易克服粒间引力，从而可以在较低的含水率情况下达到更好的击实效果。

但这种变化速率是递减的。当含水率较低时，击数的影响较显著。当含水量较高时，含水率与干密度关系曲线趋近于饱和线，这时提高击实功能是无效的。

光凭增加击实功来提高土的最大干密度是有限的（图 2－21）。试验曲线上转折点的击实功为“临界功”，使用临界功可以达到最好的击实效果。

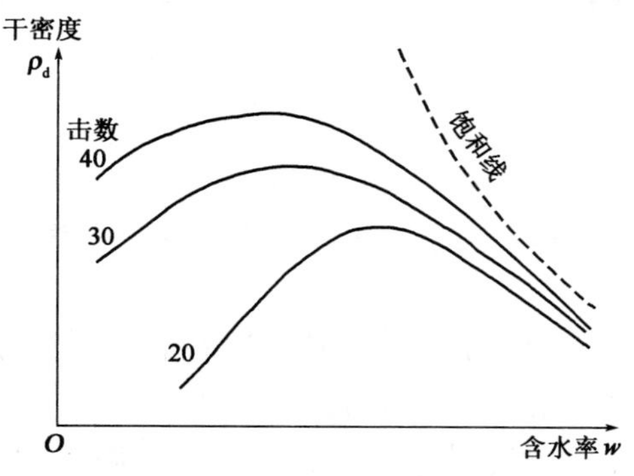

图 2－20　击实功对土击实性的影响

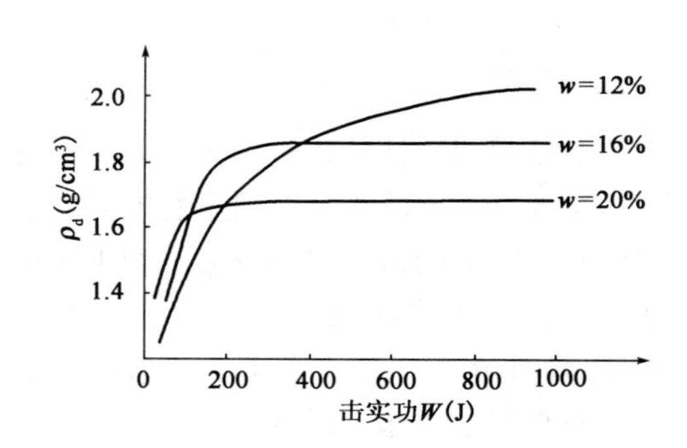

图 2－21　土的干密度与击实功的关系

3. 土类型和级配的影响

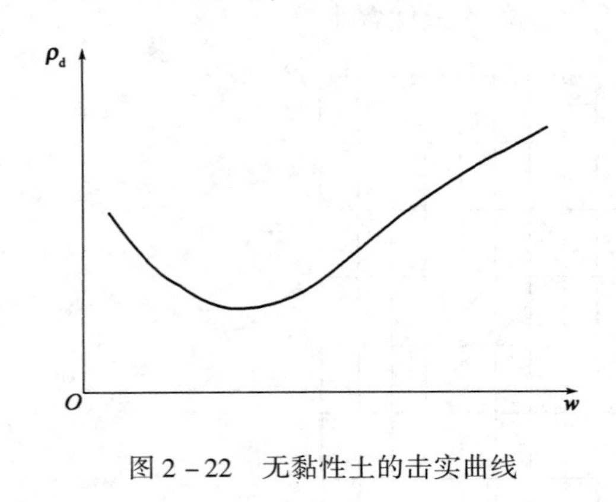

图 2－22　无黏性土的击实曲线

在相同击实功下，黏性土黏粒含量越高或塑性指数越大，压实越困难，最大干密度越小，最优含水率越大。无黏性土的击实曲线和黏性土击实曲线不同，在含水量较大时得到较高的干密度（图 2－22），因此在无黏性土实际填筑中，通常要不断洒水使其在较高的含水量下压实。

土的级配对土的压实性影响很大。级配良好的土，易于压实；级配不良的土，不易压实。因为级配良好的土有足够的细粒去充填较粗粒形成的孔隙，因而能获得较高的干密度。

2.4　各类土的工程地质特征

自然界的土，由于其形成的年代、成因和环境不同及后期所经受的变化过程不同，使得不同类型的土具有不同的工程地质性质。本章介绍土按不同标准的分类，综合叙述一般土的工程地质性质，而后分别介绍几种特殊土的工程地质特征。

2.4.1　土的分类

土的分类是根据土的某些工程性质差异将土划分成一定的类别，目的在于通过分类来认识和识别土的种类，并针对不同类型的土进行研究和评价，以便更好地利用和改造土体，使其适应和满足工程建设需要。土的分类是工程地质学中重要的基础理论课题，也是土力学的重要内容之一。它在科学研究领域和工程实际应用中都有很重要的意义。

土的分类需要遵循两大原则：分类要简明，既要能综合反映土的主要工程性质，又要测定方法简单，使用方便；土的分类体系所采用的指标要在一定程度上反映不同类工程用土的不同特性。如前述按土粒的粒度特征将土分为巨粒土和含巨粒土、粗粒土、细粒土；按土的透水性将土分为极强透水、强透水、中等透水、弱透水、极弱透水（不透水）；按土的压缩性将土分为低压缩性土、中压缩性土、高压缩性土。这些分类方案都依据了土的某一工程地质特性进行分类，对工程活动选址、用土有指导意义。本节介绍按土的搬运沉积方式的分类方案。

2.4.1.1　按地质成因分类

土的形成过程包括风化、搬运和沉积等地质过程，控制着土的矿物成分、粒度成分以及物理、力学性质。因此，可根据土的地质成因，从搬运和沉积方式方面将土进行分类。

按照搬运距离的远近将土分为残积土和运积土。

残积土是指母岩表层经地质作用（风化作用）破碎后成为岩屑或小颗粒后，未经搬运，残留在原地的堆积物。其特征是颗粒表面粗糙、多棱角、粗细不均、无层理。

运积土是指地质作用形成的土粒受自然力作用，搬运到不同的地点沉积下来的堆积物。其特点是颗粒具有一定的浑圆度。按搬运动力的不同，运积土可进一步划分为：

（1）坡积土——残积土受重力和短期水流作用，被搬运到山坡或坡脚处沉积起来的堆积物，坡积土往往颗粒粗细不均匀，性质差异较大。

（2）洪积土——残积土或坡积土受洪水冲刷，被搬运到山麓处沉积的堆积物，洪积土具有一定的分选性，其力学性质与搬运距离远近有关，距离越远力学性质越差。

（3）冲积土——由江河水流搬运形成的堆积物，分布在山谷、河谷和冲积平原上的土，因经过较长距离的搬运，其浑圆度和分选性较好，常形成砂层和黏土层交叠的地层。

（4）湖泊沼泽沉积土——在极为缓慢水流或静水条件下沉积形成的堆积物，常伴有生物化学作用所形成的有机物，俗称淤泥，其工程性质较差。

（5）海洋沉积土——由水流携带到海洋中沉积下来的堆积物，其颗粒细，表层土质松软，工程性质差。

（6）冰积土——由冰川或冰水携带、搬运而成的堆积物，颗粒粗细变化大，土质不均。

（7）风积土——由风力搬运所形成的堆积物，颗粒均匀，层厚而不具层理。黄土高原为典型代表。

2.4.1.2 按土的物质组成和结构基本特征分类

土的工程地质分类主要参考《岩土工程勘察规范》（GB 50021—2001）。按照土的物质组成和结构的基本特征划分为一般土和特殊土两类。

2.4.2 一般土的工程地质特征

一般土按粒度特点分为巨粒土和含巨粒土、粗粒土、细粒土三类。粗粒土又分为砾类土和砂类土。

前两大类土土粒较大，土粒间一般无连结或只具有微弱的水连结，因不具有黏性，故又称无黏性土。细粒土一般含较多的黏粒，具有结合水连结所产生的黏性，又称为黏性土。

巨粒土和粗粒土的工程地质特征取决于粒度成分和土粒排列的松密状况，这些成分和结构特征直接决定着土的孔隙性、透水性和力学性质。细粒土的工程地质性质取决于粒间连结特性（稠度状态）和密实度，这些与土中黏粒含量、矿物亲水性及水和土粒相互作用有关。

一般土的工程地质特征可归纳为表 2－11。

表 2－11　一般土的工程地质特征对比表

特征＼土的类型	粗粒土		细粒土		
	砾类土	砂类土	粉土	粉质黏土	黏土
主要矿物成分	岩屑及残余矿物，亲水弱		次生矿物、有机质，亲水强		
孔隙水类型	重力水	重力、毛细水	结合水为主，重力、毛细水为次		
连结类型	无	无、毛细水	结合水连结为主，有时胶结连结		
结构类型	单粒结构		蜂窝状、絮状结构		
孔隙大小	很大	大	细小		
孔隙率（%）	33～38	35～45	38～43	40～45	45～50
孔隙比	0.5～0.6	0.55～0.80	0.60～0.75	0.67～0.80	0.75～1.0
含水率（%）	10～20	15～30	20～30	20～35	25～45
密度（g/cm^3）	1.9～2.1	1.8～2.0	1.7～1.9	1.75～1.95	1.8～2.0

续表

土的类型 / 特征	粗粒土		细粒土		
	砾类土	砂类土	粉土	粉质黏土	黏土
土粒密度（g/cm^3）	2.65~2.75	2.65~2.70	2.65~2.70	2.68~2.72	2.72~2.76
塑性指数		<1	1~7	7~17	>17
液限（%）			20~27	27~37	37~55
塑限（%）			17~20	17~23	20~27
胀缩性		不明显	很小	小	很大
崩解		散开	很快	慢	较慢
毛细水升高（m）	极小	<1	1.0~1.5	1.5~4	4~5
渗透系数（m/d）	>50	50~0.5	0.5~0.1	0.1~0.001	<0.001
透水性	极强	强	中等	弱或不透水	
压缩性	低	低	中等	中等—高压缩	
压缩过程	快	快	较快	慢	极慢
内聚力（10^5Pa）	不定	接近于0	0.05~0.2	0.1~0.4	0.1~0.6
内摩擦角（°）	35~45	28~40	18~28	18~24	8~20
控制因素	粒度成分和密度		连结和密度		

2.4.2.1 砾类土

砾粒组（2mm<d≤60mm）质量多于总质量50%的粗粒土称为砾类土。

砾类土一般由岩屑、石英、长石等原生矿物组成。颗粒粗大，呈单粒结构。常具有孔隙大、透水性强、压缩性低、内摩擦角大、抗剪强度高的工程地质特点。这些性质与粗粒的含量及孔隙中充填物的性质和数量有关。

砾类土按成因分为两类。流水沉积的砾类土分选较好，孔隙充填物主要为砂粒，且数量较少，故透水性很强，压缩性很低，强度很高。基岩风化和山坡堆积的砾类土分选性较差，孔隙中充填大量砂粒、粉粒和黏粒等细小颗粒，其透水性相对较弱，抗剪强度较低，压缩性稍高。

总的来说，砾类土是一般建筑物的良好地基，也是较好的混凝土粗骨料和铺路材料。但由于透水性强、粒间无连结力，常存在渗漏、涌水、坍塌失稳等工程地质问题。

2.4.2.2 砂类土

砾粒组质量少于或等于总质量50%的粗粒土称为砂类土。

砂类土主要由石英、长石及云母等原生矿物构成，单粒结构，仍具有透水性强、压缩性低、强度较高等特点。这些性质与砂粒大小和密度有关。粗、中砂土一般性质较好，可作为一般建筑物的良好地基，也是良好的混凝土骨料，可能产生涌水或渗漏等工程地质问题。细砂土、粉砂土工程地质性质相对较差，受振动时易产生液化，开挖基坑时也易产生流沙，这些都会危及建筑物的安全。一般不宜用作混凝土骨料。

2.4.2.3 细粒土

细粒组（d≤0.075mm）质量多于或等于总质量50%的土称为细粒土。

细粒土中一般含有一定亲水性较强的黏土矿物，黏粒含量较多，呈团聚结构，具结合水连结，有时为胶结连结。孔隙细小而多，孔隙率可以高达 40% ~50%，压缩量较大且变形速度较缓慢，抗剪强度主要取决于内聚力，而内摩擦角较小。

细粒土的工程地质性质主要与土中黏粒含量、稠度状态及孔隙有关。随黏粒含量增多，则土的塑性、胀缩性和内聚力增大，而渗透系数和内摩擦角减小。稠度状态的变化，对土的性质影响最大。呈流态或软塑态的土，压缩性很强，强度极低，变形量大；而固态或硬塑态的土，具有较低的压缩性及较高的抗剪强度。

2.4.3 几种特殊土的工程地质特征

由于地理环境、气候条件、地质成因、物质成分及次生变化等原因，有些土类具有与一般土类显著不同的特殊工程性质，当其作为建筑场地、地基及建筑环境时，如果不注意这些特点，并采取相应的治理措施，就会造成工程事故。

把具有特殊物质成分与结构、工程地质性质也比较特殊的土称为特殊土。这些特殊性质与它们的生成条件及所经受的历史有密切关系。常见特殊土见图 2 – 23。本节简要介绍淤泥类土、黄土和红土。

根据地域分布和工程地质特性
- 黄土：分布于西北、华北等干旱、半干旱气候区
- 红土：西南亚热带湿热气候区
- 软土：沿海及内陆地区，包括淤泥和淤泥质土
- 冻土：高纬度、高海拔地区
- 膨胀土：分布于南方和中南地区
- 盐渍土：西北和沿海地区
- 混合土
- 填土
- 污染土

图 2 – 23　常见特殊土

2.4.3.1　淤泥类土（软土）

淤泥类土指在静水或水流缓慢的环境中沉积，有微生物参与作用的条件下形成的，含较多有机质，疏松软弱（天然孔隙比大于 1，含水率大于液限）的细粒土。其中，孔隙比大于 1.5 的称为淤泥，孔隙比大于 1、小于 1.5 的称为淤泥质土。

淤泥类土按沉积环境可分为沿海沉积淤泥类土、内陆和山区湖盆地及山前谷地沉积的淤泥类土。按有机质含量可分为有机质土（有机质含量 5% ~10%）、泥炭质土（有机质含量 10% ~60%）、泥炭（有机质含量大于 60%）。

淤泥类土形成于水流不流畅、缺氧和饱水环境中。粒度成分主要是粉粒和黏粒，一般属黏土或粉质黏土、粉土。矿物成分主要为石英、长石、白云母，含有大量蒙脱石、伊利石等黏土矿物，并含有少量水溶盐，有机质含量较高（5% ~15%），呈灰、灰绿和灰黑等暗淡的颜色，污染手指并有臭味。

淤泥类土具有蜂窝状和絮状结构，疏松多孔，具有薄层状构造。淤泥质黏土、粉砂土、淤泥或泥炭常交互成层，或呈透镜体状夹层。

在特定生成环境中形成的淤泥类土具有某些特殊成分和结构，因而其工程地质性质呈现出下列特点：

（1）高孔隙比、饱水、天然含水率大于液限。我国淤泥类土的孔隙比的常见值为1.0～2.0，个别可达2.4，液限一般为40%～60%，饱和度一般都超过90%，天然含水率多为50%～70%或更大。未扰动时，常处于软塑状态，但一经扰动，结构破坏，土就处于流动状态。

（2）透水性极弱。一般渗透系数为10^{-6}～10^{-8}cm/s。由于常夹有极薄层的粉砂，一般垂直方向的渗透系数较水平方向小。

（3）高压缩性。压缩系数$a_{1\sim2}$一般为0.7～1.5MPa^{-1}，且随天然含水率的增大而增大。加之淤泥类土的结构疏松，透水性弱，排水不易，故压密程度很低，表观变形量大而不均匀，变形稳定历时长。

（4）抗剪强度很低，且与加荷速度和排水固结条件有关。在不排水条件下进行三轴快剪，φ角接近于0°；直剪试验，φ一般只有2°～5°，C值一般小于0.02MPa。在排水条件下，抗剪强度随固结程度增加而增大，固结快剪的φ值可达10°～15°，C值在0.02MPa左右。故而，要提高淤泥类土的强度就要在缓慢载荷下压缩。

（5）较显著的触变性和蠕变性。淤泥类土的取样、施工和作为地基使用过程中要尽量避免扰动。

决定淤泥类土性质的根本因素是它的成分和结构。有机质和黏粒含量越多，土的亲水性越强，压缩性就越高。孔隙比越大，天然含水率越大，压缩性就越大，强度越低，工程地质性质就越差。

淤泥类土地基的变形破坏主要是承载力低，地基变形大或发生挤出，造成建筑物的破坏，且易产生不均匀沉降。

2.4.3.2 黄土

黄土是在干旱、半干旱气候条件下形成的第四纪的一种松散的特殊土。黄土在全世界分布比较广泛，据某些学者估计，黄土的覆盖面积在整个欧洲约占10%，亚洲约占30%。我国主要分布在黄河中游的甘肃、陕西、山西、宁夏、河南、青海等省区，分布面积达60万平方千米，属于干旱与半干旱气候地带，其物质主要来源于沙漠与戈壁。

黄土呈淡黄、褐色或灰黄色，粒度成分以粉粒为主，超过50%。矿物成分中碎屑矿物约占3/4以上，主要为石英、长石、碳酸盐岩类矿物；黏土矿物含量10%～25%，大多为伊利石；盐类和有机物含量较少，一般小于2%。

黄土孔隙多且大，结构疏松。石英、长石及少量云母、重矿物和碳酸钙组成的极细砂粒和粉粒构成基本骨架，其中砂粒相互基本不接触，浮于粗粉粒构成的架空结构中，由石英和碳酸钙组成的细粉粒为填料；以伊利石或高岭石为主的黏粒、吸附的水膜以及部分水溶盐为胶结物质，吸附在上述各种颗粒周围，形成大孔和多孔的结构形式。这种结构称为非均质的骨架式架空结构（图2－24），这是黄土具有其特有的湿陷性的根本原因。

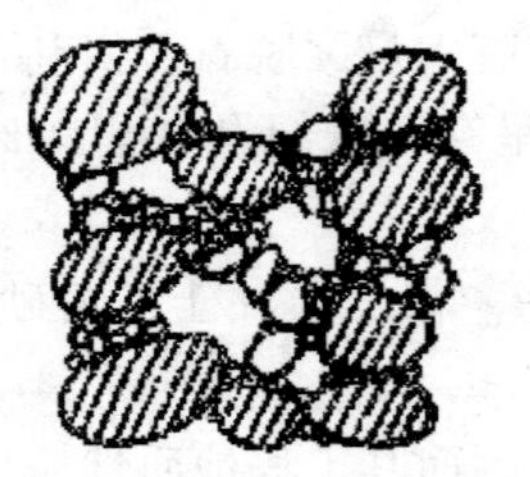

图2－24　黄土结构示意图

黄土层无层理，但有垂直节理和柱状节理。天然条件下能保持近于垂直的边坡。

黄土具备一些基本的工程地质特点：

（1）结构疏松，密度较低，孔隙率大，含水率小。一般认为$\rho_d>1.5g/cm^3$时，为非湿陷性黄土。含水量低的黄土湿陷性较强，一般认为天然含水量大于25%时，无湿陷性。

（2）塑性较弱。液限一般为23%～33%，塑限为15%～20%，塑性指数为8～13。

（3）透水性强。渗透系数可达1m/d。

（4）抗水性弱。膨胀量小，失水收缩明显，遇水强烈崩解，遇水湿陷明显。

（5）压缩性中等，抗剪强度较高。

黄土所特有的工程地质特点称为湿陷性，是指黄土在一定压力作用下受水浸湿后，结构迅速破坏而产生显著沉陷。湿陷是在一定压力下，由于水的渗入使得土粒间的连结显著减弱的一种特殊变形。一般的压缩变形是随载荷的增加变形量增大，而水的连结阻力减小并不显著，压缩变形是逐渐进行的，而且过程较长；湿陷变形是在载荷没有变化的情况下，由于水的渗入而使连结阻力显著减弱，致使浸湿前后连结变化很大，所以湿陷变形往往在较短时间内发生，且变形量很大。

压力的大小、水的数量和质量、水流方向和速度等都影响着黄土的湿陷性。黄土的湿陷性又分为自重湿陷和非自重湿陷。自重湿陷指黄土遇水后在其自重作用下产生沉陷，非自重湿陷指黄土遇水后在附加载荷作用下产生附加沉陷。在这两种不同的湿陷性黄土进行建筑时采用的各项措施和施工要求都有很大差别。通常需要进行野外无载荷试坑进水试验来评价。

在自重湿陷性黄土地区，修筑的渠道会产生与渠道平行的裂缝，管道漏水后，湿陷会使管道断裂，路基受水后会产生局部严重坍塌，地基会产生很大的裂缝或倾斜，危害极大。

2.4.3.3 红土

红土是在湿热气候下，碳酸盐类岩石经强烈化学风化后形成的一种含较多黏粒，富含铁、铝氧化物胶结的红色黏性土。红土广泛分布在我国云贵高原、四川东部、两湖和两广北部一些地区，是一种区域性的特殊土，主要为残积、坡积类型，分布于山坡、山麓、盆地或洼地中，厚度、成分变化很大。

红土是在热带、亚热带湿热气候条件下的产物，风化程度高，由于物质来源差异及经历不同程度红土化作用，矿物和化学成分变化强烈。红土的颗粒细而均匀，黏粒组分含量高，一般可达55%～70%，高分散性。矿物成分以黏土矿物为主，多为高岭石和伊利石类。倍半氧化物含量也较高，Fe_2O_3 多于 Al_2O_3。碎屑矿物较少，主要是石英。常呈蜂窝状结构，颗粒间具有较牢固的铁质或铝质胶结，常有很多裂隙、结核和土洞存在，从而影响土体的均一性。

红土的基本工程地质特点如下：

（1）高塑性和分散性。液限一般为50%～80%，塑限为30%～60%，塑性指数一般为20～50。

（2）高含水率、低密实度。天然含水率一般为30%～60%，饱和度>85%，密实度低，大孔隙明显，孔隙比>1.0；液性指数一般都小于0.4；坚硬和硬塑状态。

（3）强度较高，压缩性较低。固结快剪：φ 为8°～18°，C 值可达0.04～0.09MPa，多属中压缩性土或低压缩性土，压缩模量5～15MPa。

（4）不具湿陷性，但收缩性明显，失水后强烈收缩，原状土体缩率可达25%。

（5）表层裂隙很发育。强烈的失水收缩使红土表层裂隙很发育，破坏了土体的完整性，降低了土体的强度，增强了透水性。这对于浅埋基础或边坡的稳定性都有影响。

（6）红土中常存在“土洞”，对建筑物地基稳定极为不利。

红土具有这些特殊性质，是与其生成环境及其相应的组成物质有关。沿深度上，随着深度的加大，红土的天然含水率、孔隙比、压缩系数都有较大的增高，状态由坚硬、硬塑可变为可塑、软塑，而强度则大幅度降低。在水平方向上，由于地形地貌和下伏基岩起伏变化，性质变化也很大，地势较高的，由于排水条件好，天然含水率和压缩性较低，强度较高，而地势较低的则相反。

2.5 岩石的物理特征和性质

除土外，岩石是人类各种工程地质活动的场所，也是重要的建筑材料来源。岩石是组成地壳的基本物质之一，是构成地球岩石圈的主要成分。岩石是矿物或岩屑在地质作用下按一定的规律聚集而成的自然体。由于形成环境的差异，岩石的成分和强度千差万别，各类岩石的工程地质性质差别也很大。本节主要介绍岩石的物理和力学性质。

2.5.1 岩石与土的工程地质性质差异

岩石和土都是矿物的集合体，是自然地质作用的产物，并在地质作用下可以相互转化。土在一定温度和压力下，经过压密、脱水、胶结及重结晶等成岩作用形成岩石，岩石经风化、搬运、沉积又可变成土。所以，岩石与土之间，既存在多方面的共性和密切联系，又有明显的不同。

一般来说，岩石的力学性能、抗水性以及完整性等都比土好得多，其工程地质性质和建筑条件比起土体来要优越得多，许多土体中出现的问题，对岩石来说则显得十分微弱或不存在了。有些岩石与土很难区别，如某些固结程度较差的黏土岩、泥灰岩、凝灰岩等，颗粒间的连结弱、强度低、抗变形性能差，其工程地质性质与土接近，可作为岩石与土的过渡类型。岩石和土的主要区别表现在以下几点。

2.5.1.1 连结强度

岩石矿物颗粒具有牢固的连结，这既是岩石的重要结构特征，也是区别于土的、使岩石具有优良工程地质性质的主要原因。

岩石颗粒的连结分为结晶连结和胶结连结。结晶连结是指岩石中矿物颗粒通过结晶、相互嵌合在一起的连结，如岩浆岩、大部分变质岩及部分沉积岩均具有这种连结。胶结连结是指岩石中颗粒通过胶结物胶结在一起的连结，如碎屑沉积岩、黏土岩等具有这种连结。

岩石的这两种连结都表现出很强的连结力，所以被称为“硬连结”，而土的颗粒之间或毫无连结，或为连结力很弱的结合水连结、毛细连结、冰连结，因此土表现出松散、软弱的特征，连结力也不稳定，受含水率影响很大。

岩石颗粒间的硬连结赋予岩石很高的强度和抗变形性能，而且使其具有明显的抗水性。大部分坚硬岩石浸水后连结力并无明显的削弱，也不会显著地被软化。与土相比较，岩石的这一性质更为重要。当然，也有些岩石的抗水性并不高，如黏土岩，遇水也会被软化。由易溶盐类矿物组成的岩石，如岩盐、石膏等，浸水后易溶蚀。还有些时代较新胶结不良或胶结物为泥质和易溶盐类的砂砾岩，抗水性也不高，在水的长期作用下连结力就会下降或丧失。

2.5.1.2 结构复杂

岩体的结构比土体复杂。岩体中存在着断层、节理等结构面（带），即使是坚硬、完整的岩块，在其内部也存在有微裂隙和缺陷，如解理面、微破裂面等，使岩体受到不同程度的切割，完整性遭到破坏，不同程度地削弱了岩块的强度，导致岩体物理、力学性质变差和严重不均匀，同时也导致了岩石力学性质的各向异性。

岩体中的这种结构面分割情况在土中是很少见的，只有在某些裂隙黏土或老黄土中才有微弱的裂隙分布。

2.5.1.3 应力差异

岩体中具有较高的地应力。岩体中的地应力是岩体在长期的地质历史时期中遭受地质构造作用的结果，而土体中一般仅有自重力。地应力的存在使得岩体的物理、力学性质变得更为复杂。

2.5.2 岩石的物质组成、结构和构造

岩石的物质组成、结构和构造影响和控制了岩石的工程地质性质，因此，岩石的物质组成、结构和构造研究是工程地质学研究的基本内容之一。该部分内容在岩石学中已有详细介绍，这里作简单复习。

岩石也是三相体系，岩石可由单矿物组成，而多数岩石是由两种以上矿物组成。岩石按成因分成岩浆岩（火成岩）、沉积岩和变质岩三大类，每一类岩石的形成过程不同，其矿物组成及其工程地质性质存在很大差异。

2.5.2.1 岩浆岩

岩浆岩是由岩浆冷凝而形成的岩石，因此，绝大多数岩浆岩是由结晶矿物组成，具结晶连结。绝大部分岩浆岩的力学强度高、透水性弱、抗水性强（不软化，不溶解），但同沉积岩相比抗风化能力较弱。

岩浆岩按产状分为深成侵入岩、浅成侵入岩和喷出岩。由于温压条件差异，不同类型的岩浆岩矿物成分、结晶程度、结构、构造存在差异，岩石颗粒间的连结力也有很大差异，所以工程地质性质存在一定差异。

侵入岩，特别是深成侵入岩，由于温压较高，岩浆冷凝缓慢，矿物结晶良好，颗粒之间连结牢固，多呈块状构造。因此，侵入岩孔隙率小、抗水性强、力学强度及弹性模量高，具有较好的工程性质，是良好的建筑地基和天然建筑石材，但总体抗化学风化能力较差。

喷出岩是岩浆喷出地表冷凝形成的，温度、压力下降快，CO_2、水蒸气等挥发分大量逸失，岩浆很快冷却，矿物迅速结晶，晶体来不及充分长大就已经固化。总体上，喷出岩的力学强度高，一般不透水，不软化，抗风化能力较深成岩强。但当喷出岩具有气孔构造、流纹构造及发育有原生裂隙时，孔隙度增加，抗水性降低，力学强度及弹性模量减小，具一定透水性，工程性质变差。

2.5.2.2 沉积岩

沉积岩是由母岩在地表经风化剥蚀而产生的物质经搬运、沉积和成岩而形成的岩石。沉积岩的形成过程复杂多变，其矿物组分、结构构造差别极大，所以不同类型的沉积岩工程地质性质差异很大，不能一概而论。

按照矿物组分的不同，沉积岩分为碎屑岩类、黏土岩类、化学及生物化学岩类。

（1）碎屑岩类：组成碎屑岩的主要成分是颗粒和胶结物。胶结物包括硅质（SiO_2）、钙

质（$CaCO_3$）、泥质（高岭石等）、铁质（Fe_2O_3）等多种类型。胶结物的成分和胶结方式对其强度影响显著。从胶结物成分看，硅质胶结强度较高、抗风化能力强、透水性低、抗水性好，钙质胶结次之，泥质胶结最差。从胶结方式看，基底式胶结的岩石胶结紧密，强度较高，受胶结物成分控制；孔隙式胶结岩石的工程性质与碎屑颗粒成分、形状及胶结物成分有关，变化很大；接触式胶结岩石的孔隙度大、透水性强、强度低。

（2）黏土岩类：含有大量的黏土矿物，如蒙脱石、高岭石等。黏土岩类强度相对较低，在外荷载作用下变形大。黏土岩亲水性强，遇水易软化和泥化，当黏土岩有较多节理、裂隙时，一旦遇水浸泡，工程性质迅速恶化，常产生膨胀、软化或崩解，是工程性质最差的岩石之一。若黏土岩裂隙、节理很少，其透水性小，可成为天然的隔水防渗层。

（3）化学及生物化学岩类：其成分可为方解石、白云石、SiO_2 等。不同岩石类型抗水性差别较大。石灰岩抗水性弱，形成各种岩溶孔道，是地下水的集中渗流通道，是地基中的不稳定区。白云岩具有微弱的溶蚀性。硅质岩抗水性好，抗风化能力强。力学强度大多较高。

沉积岩具有层理构造。层状及层理对沉积岩工程性质的影响主要表现为各向异性。因此，沉积岩的产状及其与工程建筑物位置的相互关系对建筑物的稳定性影响很大。

2.5.2.3 变质岩

变质岩是岩浆岩、沉积岩在地壳中受到高温、高压及化学流体的影响发生变质而形成的岩石。它在矿物成分、结构构造上既具有变质过程中产生的特征，也残留有原岩的特征。它的力学性质不仅与原岩的性质有关，而且与变质作用的性质和变质程度有关。

含大量片状矿物的（如滑石、绿泥石、云母和绢云母等）的岩石，其力学强度相对较低，抗水性弱，抗风化能力也较差。变质岩的片理构造（片麻状、片状、千枚状和板状构造）使其具有各向异性的特征，而且片理面往往成为岩体中的薄弱面。

2.5.3 岩石的物理性质

岩石通常也是三相体系。岩石的物理性质是指岩石由于三相组成的相对比例关系不同所表现的物理状态，包括岩石的密度、空隙性、吸水性、透水性、软化性、抗冻性以及热学性质等多个方面。

2.5.3.1 密度

岩石的密度是指单位体积内岩石的质量，它是选择建筑材料、计算边坡稳定和围岩压力等参数的重要计算指标。又可分为颗粒密度和块体密度。

颗粒密度是岩石固相部分的质量与其体积的比值，不包括孔隙及孔隙水，其大小取决于组成岩石的矿物密度及其相对含量。常用比重瓶法测定。

块体密度是指岩块单位体积的质量，又可分为干密度、湿密度。干密度是单位体积岩石绝对干燥后的质量，湿密度就是天然含水或饱和水状态下的密度。块体密度除与矿物成分有关外，还与岩石的空隙性及含水情况有关。

这些参数的实验方法和公式见土的物理性质。

2.5.3.2 空隙性

岩石的空隙比土复杂得多，除了孔隙外，还有各种裂隙存在。岩石的空隙有部分与大气相通，称为开空隙，这些空隙对岩石的透水性影响较大。开空隙又分为大开空隙和小开空隙。有的与大气不相通，称为闭空隙。

岩石的空隙性是指岩石的孔隙和裂隙发育程度。岩石的空隙性常用空隙率表示，是岩石中空隙体积与岩石总体积之比，常用百分比表示，又分为总空隙率（n）、总开空隙率（n_o）、闭空隙率（n_c）、大开空隙率（n_b）、小开空隙率（n_l）。一般提到的岩石空隙率指总空隙率。

岩石因形成条件及其后期经受的变化和埋藏深度等的差异，空隙率变化很大，且空隙率不易实测，常通过密度和吸水性指标换算。如可通过干密度与颗粒密度来计算：

$$n = (d_s - \rho_d)/d_s$$

岩石的空隙性还可用空隙比表示，是岩石内各种孔隙、裂隙的体积总和与固体矿物颗粒的体积之比。

岩石的空隙性对岩石的其他性质影响显著。一般而言，岩石中的空隙一方面削弱了岩石的整体性，使得岩石的密度和强度随之降低，透水性增大；另一方面为各种风化营力大开方便之门，加快风化速度，降低岩石的力学性质。

2.5.3.3 吸水性

岩石在一定条件下吸收水分的能力称为吸水性，常用吸水率、饱水系数等指标表示。

吸水率（w_a）是指岩石在大气压力下吸入水的质量 m_{w1} 与岩石干质量 m_s 的比值，用百分率表示，即

$$w_a = \frac{m_{w1}}{m_s} \times 100\%$$

吸水率（w_a）实验是在一个大气压下进行的，此时认为水只能进入大开空隙，而不能进入闭空隙和小开空隙，因此可用吸水率来计算岩石的大开空隙率，即

$$n_b = \frac{V_{rb}}{V} = \frac{\rho_d \cdot w_a}{\rho_w} = \rho_d \cdot w_a$$

式中，V_{rb} 为岩石中大开空隙的体积；V 为岩石的总体积；ρ_d 为岩石的干密度；ρ_w 为水的密度（取为 $1g/cm^3$）。

一般整体岩石比碎块岩石的吸水率要稍小，随浸水时间的增加，吸水率也会有所增加。

岩石的饱和吸水率（w_p）指岩石在高压或真空条件下吸入水的质量 m_{w2} 与岩石干质量 m_s 的比值，用百分数表示，即

$$w_p = \frac{m_{w2}}{m_s} \times 100\%$$

这种条件下，认为水能进入所有开空隙中，因此，岩石的总开空隙率为

$$n_o = \frac{V_{ro}}{V} = \frac{\rho_d \cdot w_p}{\rho_w} = \rho_d \cdot w_p$$

式中，V_{ro} 为岩石中总开空隙的体积。

岩石的吸水率与饱和吸水率之比称为饱水系数。它是评价岩石抗冻性的指标。饱水系数大，说明常压下吸水后留余的空间有限，岩石越容易被冻胀破坏，因而岩石的抗冻性就差。一般来说，岩石的饱水系数为 0.5 ~ 0.8。

2.5.3.4 透水性

地下水存在于岩石的孔隙、裂隙中，且大多数岩石的孔隙、裂隙是连通的，在一定压力作用下，地下水可以在岩石中通过（渗透），这种岩石被水透过的性能称为岩石的透水性。

岩石的透水性不仅与岩石的孔隙率大小有关，还与孔隙大小及其贯通程度有关。

衡量岩石透水性的指标为渗透系数，一般认为水在岩石中的流动服从达西定律，可用达西渗透仪测定岩石的渗透系数，可在钻孔中通过抽水或压水试验测定。

2.5.3.5 软化性

岩石浸水后强度降低的性质称为岩石的软化性。

岩石的软化性取决于岩石的矿物组成及空隙性。当岩石中含有较多的亲水性和可溶性矿物以及大开空隙较多时，则其软化性较强。若岩石中含较多的亲水性和可溶性矿物，当岩石的空隙较多、连通性较好时，水进入岩石后，使得岩石颗粒间的连结被削弱，引起强度降低，岩石软化。

常见亲水矿物有黏土矿物（高岭石等）、绿泥石、滑石、云母等。易软化的岩石包括泥质岩、泥质胶结的碎屑岩、板岩、千枚岩、片岩、火山凝灰岩等。

常用软化系数作为表征岩石软化的指标。软化系数（K_R）为岩石饱和水状态下的抗压强度与岩石干燥状态下的抗压强度之比，该值较易测定，在工程中应用较广。该值越小则岩石的软化性越强，工程上一般用 $K_R=0.75$ 作为分界。大于该值，则岩石的软化性弱，抗水抗风化性强，抗冻性强。由表 2 – 12 可知，岩石的软化系数均小于 1，即所有岩石均具有不同程度的软化性。

表 2 – 12　某些岩石的物理性质数据

岩石名称		颗粒密度（g/cm³）	块体密度（g/cm³）	孔隙率（%）	孔隙比	吸水率（%）	软化系数
岩浆岩	花岗岩	2.50 ~ 2.84	2.30 ~ 2.80	0.4 ~ 0.5	0.04 ~ 0.92	0.10 ~ 0.92	0.72 ~ 0.97
	正长岩	2.50 ~ 2.90	2.40 ~ 2.85			0.47 ~ 1.94	
	闪长岩	2.60 ~ 3.10	2.52 ~ 2.96	0.2 ~ 0.5	0.25 ~ 3.00	0.30 ~ 0.48	0.60 ~ 0.80
	辉长岩	2.70 ~ 3.20	2.55 ~ 2.98	0.3 ~ 0.4	0.92 ~ 1.13		
	辉绿岩	2.60 ~ 3.10	2.53 ~ 2.97	0.3 ~ 0.5	0.40 ~ 6.38	0.22 ~ 5.00	0.33 ~ 0.90
	玢岩	2.60 ~ 2.84	2.40 ~ 2.80	2.1 ~ 5.0		0.07 ~ 1.65	0.78 ~ 0.81
	斑岩	2.62 ~ 2.84	2.70 ~ 2.74		0.29 ~ 2.75	0.20 ~ 2.00	
	粗面岩	2.40 ~ 2.70	2.30 ~ 2.67				
	安山岩	2.40 ~ 2.80	2.30 ~ 2.70	1.1 ~ 4.5	1.08 ~ 2.19	0.29	0.81 ~ 0.91
	玄武岩	2.60 ~ 3.30	2.50 ~ 3.10	0.5 ~ 7.2	0.35 ~ 3.00	0.31 ~ 2.69	0.30 ~ 0.95
	凝灰岩	2.56 ~ 2.78	2.29 ~ 2.50	1.5 ~ 7.5	1.50 ~ 4.50	0.12 ~ 7.45	0.52 ~ 0.86
沉积岩	砾岩	2.67 ~ 2.71	2.42 ~ 2.66	0.8 ~ 10.0	0.34 ~ 9.30	0.20 ~ 5.00	0.50 ~ 0.96
	砂岩	2.60 ~ 2.75	2.20 ~ 2.71	1.6 ~ 28.0	1.60 ~ 2.83	0.20 ~ 12.19	0.65 ~ 0.97
	页岩	2.57 ~ 2.77	2.30 ~ 2.62	0.4 ~ 10.0	1.46 ~ 2.59	1.80 ~ 3.10	0.24 ~ 0.74
	石灰岩	2.48 ~ 2.85	2.30 ~ 2.77	0.5 ~ 27.0	0.53 ~ 2.00	0.10 ~ 4.55	0.70 ~ 0.94
变质岩	片麻岩	2.63 ~ 3.10	2.30 ~ 3.05	0.7 ~ 2.2	0.70 ~ 4.20	0.10 ~ 3.15	
	片岩	2.75 ~ 3.02	2.69 ~ 2.92		0.70 ~ 2.92	0.08 ~ 0.55	0.75 ~ 0.97
	石英岩	2.53 ~ 2.84	2.40 ~ 2.80	0.1 ~ 8.7	0.50 ~ 0.80	0.10 ~ 1.45	0.44 ~ 0.84
	大理岩	2.80 ~ 2.85	2.60 ~ 2.70	0.1 ~ 6.0	0.22 ~ 1.30	0.10 ~ 0.80	0.94 ~ 0.96
	板岩	2.68 ~ 2.76	2.31 ~ 2.75		0.36 ~ 3.50	0.10 ~ 0.95	

2.5.3.6 抗冻性

岩石浸水后，当水的温度降至0℃以下时，空隙中的水将冻结体积增大（可达9%），对岩石产生冻胀力，使其结构和连结遭到破坏。反复冻融后，将使岩石的强度降低。

将岩石抵抗冻融破坏的性质，称为岩石的抗冻性。岩石的抗冻性，主要取决于岩石中大开空隙的发育情况、亲水性和可溶性矿物的含量及矿物颗粒间的连结力，也即和大开空隙率、吸水率、软化系数等参数有关。大开空隙越多、亲水性和可溶性矿物含量越高时，岩石的抗冻性越低；反之越高。

岩石的抗冻性常用抗冻系数和质量损失率两个指标表示。

抗冻系数（R_d）是指岩石冻融后干抗压强度与冻融前干抗压强度之比。

$$R_d = \frac{\sigma_{cd1}}{\sigma_{cd2}} \times 100\%$$

质量损失率是指冻融前后岩样干质量之差与冻融前干质量之比。

一般认为，抗冻系数大于75%、质量损失率小于2%的岩石为抗冻性较好的岩石；吸水率小于5%、软化系数大于0.75以及饱水系数小于0.8的岩石，具有足够的抗冻能力。

2.5.3.7 岩石的热学性质

岩石在受热条件下所表现出来的各种性质称为岩石的热学性质。岩石热学性质直接影响到地球内部各圈层岩石中热的传递、储存和生成，是地表热流、地球内部温度分布和热传递研究不可或缺的热参数。在变温条件下的各类工程，如深埋隧洞、地热利用、高寒地区工程建设及核废料处理方面，必须考虑岩石的热学性质。

可用岩石的热导率、比热容及热扩散率等参数表示。

热导率指沿热传导方向，单位长度上温差为1℃（或用开氏温标表示为1K）时，单位时间通过单位面积的热量，又称导热系数。热导率表征岩石的传热能力。岩石的热导率是受其内在的矿物成分控制。不同造岩矿物的热导率是不同的（表2-13）。岩石中各类矿物含量的变化自然会影响其热导率的大小，如随泥质含量的增加岩石热导率降低。

表2-13 常见造岩矿物的热导率

矿　物	热导率［W/（m·℃）］	矿　物	热导率［W/（m·℃）］
高岭石、蒙脱石	0.64	角闪石、辉石、橄榄石	4.19
长石、白云母、绢云母、沸石类	1.88	白云石、菱镁矿	5.44
黑云母、绿泥石、绿帘石	2.51	石英	7.12
磁铁矿、方解石、黄玉	3.56		

另外，岩石的孔隙度对热导率影响也很大。在地层中岩石的空隙是充水的。水的热导率［0.62W/（m·℃）］比岩石要低，因此热导率一般会随着孔隙度的增大而降低。例如上古生界的泥岩（干样）平均热导率在1.88W/（m·℃）以上，而新生界中的泥岩（干样）热导率多在1.67W/（m·℃）以下。这反映了随着埋深的增大，岩石的压实程度增高而孔隙度降低，从而导致热导率的增高。

比热容指单位质量的岩石，其温度升高（或降低）1℃时所吸收（或放出）的热量。比热容表示岩石储存热量的能力。土壤、水和岩石的热容量差异很大，在气候环境系统中扮演了不同的角色和功能。

热扩散率表示岩石在加热或冷却中，温度趋于均匀一致的能力，是一个综合性参数，反映岩石的热惯性特征。热扩散率高的岩石对温度变化的反应快，受影响也较大。热扩散率是热导率与比热容和密度的乘积之比。这个热物性参数对稳态热传导没有影响，但是在非稳态热传导过程中是一个非常重要的参数，例如对于研究地下水对流、岩浆侵入体冷却的热效应等。

2.6 岩石的力学性质

岩石在外力作用下所表现的性质，称为岩石的力学性质。

岩石在载荷作用下首先产生变形，随着外力的不断增加，达到或超过某一极限时，产生破坏，岩石遭受破坏时的应力称为强度。研究岩石的力学性质主要研究岩石的变形、破坏和强度等性质。

岩石的变形性质是指岩石在外力作用下，由于其内部各质点的位置发生改变而引起的岩石的形状和尺寸的变化。

岩石的强度性质是指岩石在外力作用下发生破坏时所能承受的最大应力。

研究岩石力学性质的主要途径之一是在室内进行小尺度岩石试件的实验研究，对试件施加预定的应力状态，观测其变形直至破坏的发展规律，然后将小试件室内结果加以外推，用到地壳岩石中。

2.6.1 岩石的变形性质

在外力作用下，岩石内部应力状态发生变化，引起质点位置的改变，导致岩石变形。岩石的变形分为弹性变形和塑性变形。弹性变形是指岩石受力发生相应的变形，并在外力解除的同时变形立即消失，因而是可逆变形。塑性变形是指岩石受力变形，在外力解除后，变形也不再恢复，是不可逆变形，又称永久变形或残余变形。研究岩石的变形规律即研究岩石在外力作用（加力或卸力）下的变形特征，可通过应力—应变曲线来反映。

2.6.1.1 单轴压缩条件下岩石的变形特征

岩石在连续加载条件下的应变可分为轴向应变（ε_L）、横向应变（ε_d）和体积应变（ε_V）。前两者可实测，体积应变则用 $\varepsilon_V = \varepsilon_L - 2\varepsilon_d$ 来计算。

根据实验测得的应变和应力的关系，可绘制应力—应变曲线（图2－25），该曲线是分析岩石变形机理的主要依据。应用最广泛的是压应力—轴向应变曲线（σ—ε_L 曲线）

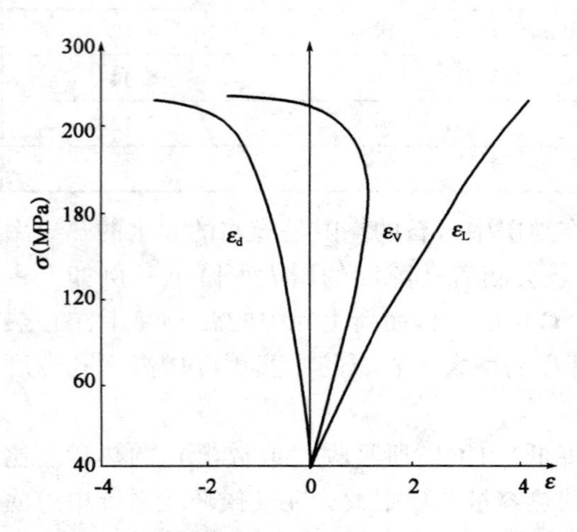

图2－25　单轴压缩岩石三种应力—应变曲线

1. 典型的应力—应变曲线

在单向压力作用下，岩石典型的应力—应变曲线如下（图2－26），可以将整个变形过程分为六个阶段。

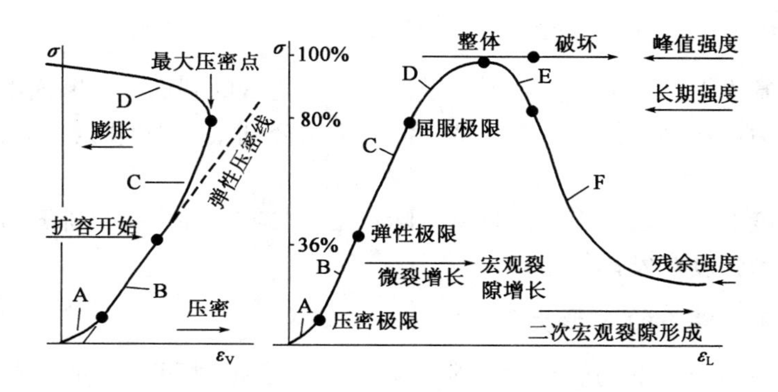

图 2－26　岩石典型的完整应力—应变曲线（据 Price，1979）

1）空隙压密阶段（A）

该阶段处于载荷作用初期，该阶段曲线的特征是曲线呈上凹型，斜率由小变大。

该阶段又称微裂隙及孔隙闭合阶段，表明岩石内的孔隙、裂隙被逐渐压密的过程。岩石呈非线性变形，开始时压密较快随后减慢。在压密阶段，岩石的体积缩小，对裂隙化岩石较明显，对坚硬少裂隙的岩石则不明显。将由压密阶段转化为弹性变形的转变点的应力值称为压密极限。

2）弹性变形阶段（B）

该阶段的曲线形态大致为直线。随载荷增加，轴向变形成比例增长，表明岩石呈可恢复的弹性变形。随着轴向压缩，横向有所增大，体积仍在缩小。

这一阶段的上限应力称为弹性极限，约为峰值强度的 30%～40%。

3）屈服破坏阶段（C）

该阶段 $\sigma—\varepsilon_L$ 曲线仍呈近似直线，但 $\sigma—\varepsilon_V$ 曲线则明显偏离直线。

该阶段又称部分弹性变形至微裂隙扩展阶段，主要表现为塑性变形，岩石内的微破裂应力增加而延伸扩展，当荷载保持不变时，微破裂也停止发展。该阶段的上限应力称为屈服极限，此时岩石处于最密实状态。

4）宏观破坏阶段（D）

岩石的 $\sigma—\varepsilon_L$ 曲线为较平缓的向下凹的曲线。

进入本阶段后，微破裂的发展出现了质的变化。由于破裂过程中所造成的应力集中效应显著，即使外荷载保持不变，破裂仍会不断发展，并在某些薄弱部位首先破坏，应力重新分布，其结果又引起次薄弱部位的破坏，直至岩石结构完全破坏，显示宏观破坏现象，岩石的轴向应变和体积应变速率迅速增大，体积变形由压缩转为膨胀。该阶段的上限，岩石承载力达到极限值，称为峰值强度或单轴抗压强度。

5）全面破坏阶段（E）

到本阶段，裂隙快速发展、交叉且相互联合形成宏观断裂面，岩石由破裂转为全面破坏，但试件仍基本保持整体状。该阶段应力随应变的增加而下降，承载能力逐渐降低。该阶段的界限称为长期强度。

6）断面滑移阶段（F）

本阶段岩石基本上已分离成一系列碎块体，产生宏观断裂面并沿断面滑移，变形不断增加。岩石承载能力虽然降低但并不完全消失，当应力降到某一程度时，不再下降，称为残余强度。

岩石残余强度的存在对矿山生产具有实际意义，如矿柱在发生局部开裂后仍能稳固地支撑顶板，就是残余强度在发挥作用。

2. 单轴压缩下岩石的变形类型

上述岩石在单向压力下的变形为一典型条件下的变形过程，反映了岩石一般的变形特征。但自然界的岩石由于矿物成分及结构不同，应力—应变曲线特征也不尽相同。

每一种矿物都有各自的应力—应变关系，因此，岩石的矿物组成不同，其弹性极限也不同。另外，岩石中空隙的多少、分布和形态也都将导致应力—应变关系的复杂化。

1965 年，美国学者 R. P. 米勒根据 28 种岩石的实验结果，总结了单向压力作用下 6 种典型应力—应变曲线类型（图 2－27）。

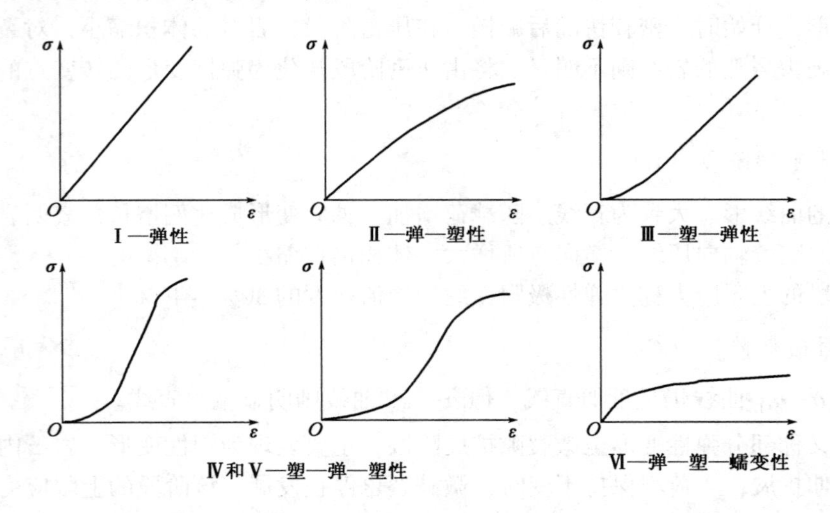

图 2－27　岩石试验曲线基本类型

类型Ⅰ（弹性）：岩石的应力—应变曲线近似直线，卸载曲线与加载曲线几乎重合，发生弹性形变。这是玄武岩、石英岩、辉绿岩等坚硬、极坚硬岩类岩块的特征曲线。

类型Ⅱ（弹—塑性）：曲线开始为直线，末端出现非弹性屈服段。较坚硬而少裂隙的岩石，如石灰岩、粉砂岩和凝灰岩等常呈这种变形曲线。

类型Ⅲ（塑—弹性）：曲线开始为上凹型曲线，然后转为直线。坚硬而裂隙较发育的岩石，如砂岩、花岗岩等，在垂直微裂隙方向加荷时常具这种变形曲线。

类型Ⅳ（塑—弹—塑性 1）：曲线中部呈很陡的 S 形。岩性较软且含有微裂隙者，如片麻岩、大理岩和片岩等常具这种变形特性。

类型Ⅴ（塑—弹—塑性 2）：曲线中部呈较缓的 S 形，是某些压缩性较高的岩石（如垂直片理加荷的片岩）常见的曲线类型。

类型Ⅵ（弹—塑—蠕变性）：曲线开始为直线，很快便变为非线性变形和连续缓慢的蠕变变形，是岩盐和其他蒸发岩的特征变形曲线。

3. 循环单轴压缩条件下的岩石变形特征

循环荷载条件下，岩石的应力—应变关系随着卸荷方法及卸荷应力的不同而异。

在弹性极限（A）之前岩石发生可恢复的弹性变形，在弹性极限（A）之后岩石开始出现不可逆的塑性变形。因此，若卸荷点（P）的应力小于岩石的弹性极限（A），则卸荷曲线将基本上沿加荷曲线回到原点，表现为弹性恢复［图2－28（a）］。但小部分（约10%～20%）须经一段时间后才能恢复，这种现象称为弹性后效。如果卸荷点（P）的应力高于弹性极限（A），则卸荷曲线与原来的加荷曲线偏离［图2－28（b）］，部分应变无法恢复（ε_p 为塑性应变，ε_e 为弹性应变，ε 为总应变）。

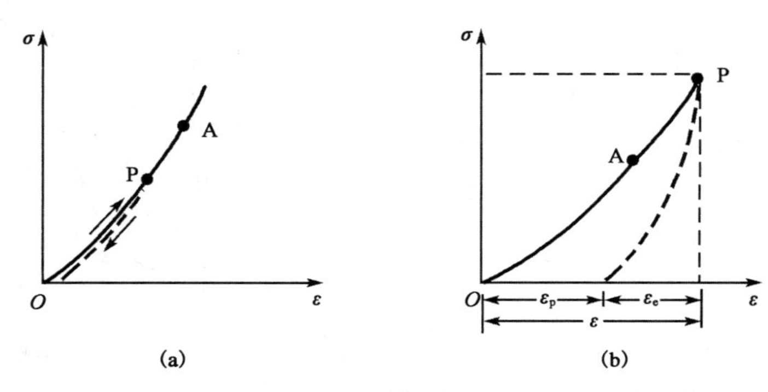

图2－28　不同卸荷点的应力—应变曲线

在对岩样进行反复加载和卸载实验时，岩石的变形曲线有两种类型。

若每次卸荷后再加荷到原来荷载并继续增加时（压力由0加压到 p_1，减压到0，加压到 p_2，减压到0，再加压到 p_3，减压到0，再加压到 p_4……，且 $A < p_1 < p_2 < p_3 < p_4$）［图2－29（a）］，曲线沿着单调加荷曲线上升，其形状与连续加荷情况基本一致，说明反复受荷过程并未改变岩石变形的基本习性。每次加荷曲线与卸荷曲线都不重合，围成一环形面积，称为回滞环。

当应力在弹性极限以上的某一较高应力下反复加荷、卸荷时［图2－29（b）］，将导致岩石内原有的微裂隙延伸扩展，变形增加，直至破坏。破坏时的应力低于峰值强度，称为疲劳强度。

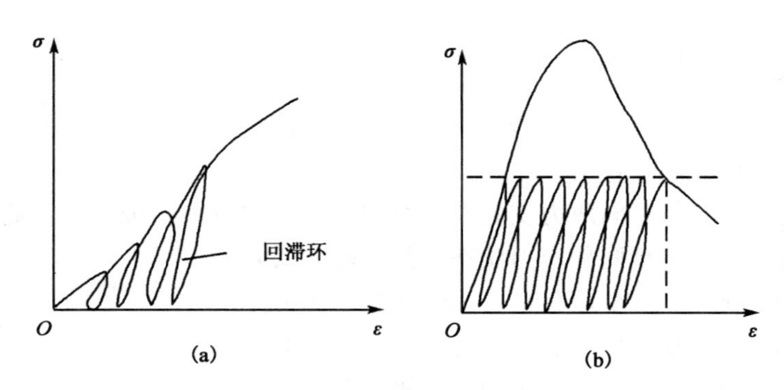

图2－29　反复加荷卸荷时的应力—应变曲线

4. 岩石的变形参数

根据弹性理论，岩石的变形特征用变形模量和泊松比两个基本参数来表示。

1）变形模量

变形模量是指岩石在单向受压时，轴向应力（σ）与轴向应变（ε_L）之比。

当压力—应变为直线关系时，变形模量为常量，数值上等于直线的斜率（图 2－30）。此时变形为弹性变形，又称为弹性模量。

当应力—应变为曲线关系时，变形模量为变量，不同应力段上的模量不同。常用的有初始模量、切线模量和割线模量（图 2－31）。

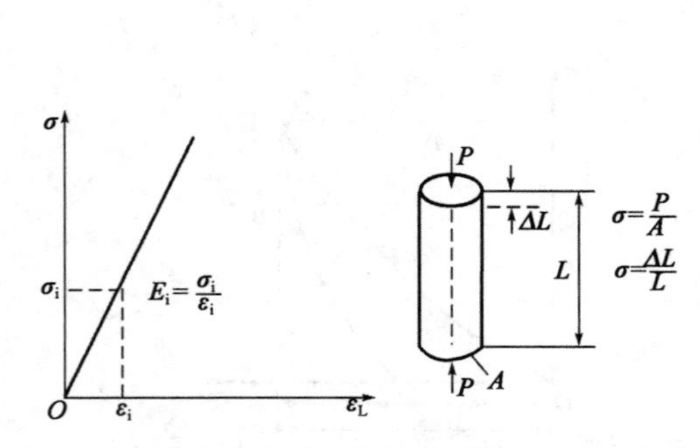

图 2－30　应力与应变为线性关系时确定 E_0 的方法

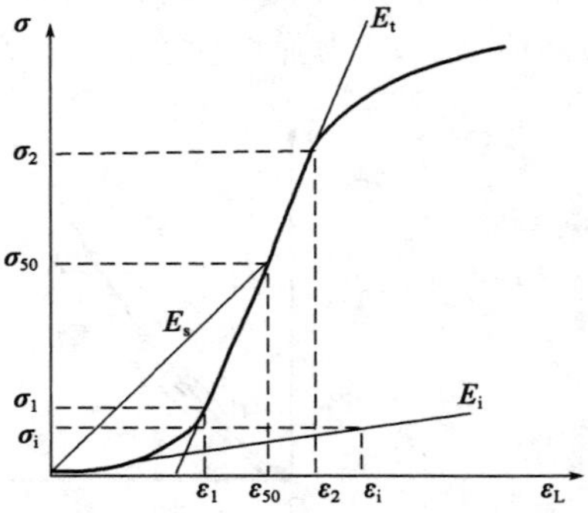

图 2－31　S 形曲线 E_0 的确定方法

初始模量（E_i）：指曲线原点处的切线斜率，$E_i=\sigma_i/\varepsilon_i$。

切线模量（E_t）：指曲线中段直线的斜率，$E_t=(\sigma_2-\sigma_1)/(\varepsilon_2-\varepsilon_1)$。

割线模量（E_s）：指曲线上某特定点与原点连线的斜率。通常取相当于抗压强度变点与原点连线的斜率，$E_s=\sigma_{50}/\varepsilon_{50}$。

2）泊松比

泊松比是指岩石在单向受压时，横向应变（ε_d）与轴向应变（ε_L）之比，即 $\mu=\varepsilon_d/\varepsilon_L$。

在实际工作中，常采用抗压强度 50% 的应变点的横向应变与轴向应变计算泊松比。

岩石的变形模量和泊松比往往具有各向异性特征。当平行于微结构面加荷时，变形模量最大；而垂直微结构面的变形模量最小。两者的比值，沉积岩一般为 1.08～2.05，变质岩为 2.0 左右。

2.6.1.2　三轴压缩条件下岩石的变形特征

作为建筑物地基或环境的工程岩体，一般处于三向应力状态中。为此研究岩石在三向应力下的变形特征更具有实际意义。

目前主要通过岩石的三向压力实验来研究岩石的三向变形特征。为了研究岩石在三向应力下的变形与强度，常进行两种应力状态下的三轴实验：

（1）$\sigma_1>\sigma_2>\sigma_3>0$，称为不等压三轴或真三轴实验；

（2）$\sigma_1>\sigma_2=\sigma_3>0$，称为假三轴或常规三轴实验。

目前国内外常规三轴实验普遍适用，成果较多。研究表明，岩石在三向压力作用下的变形特征与单轴压缩时不尽相同（图 2－32），主要表现在：

（1）单向压力状态下，在变形不大的情况下就产生破坏，表现出岩石的脆性特征。

（2）随着围压 σ_3 的增大，岩石在破坏前的总变形量也随之增大，而且主要是塑性变形的变形量增大，当围压 σ_3 增大到一定程度就成为典型的塑性变形，说明岩石的变形和破坏的性质会随着应力状态的变化而变化。

（3）岩石的应力—应变曲线的初期阶段表现为近似直线关系，说明在一定范围内岩石的变形符合弹性变形特征。

围压对岩石变形模量的影响因岩性而异。通常对坚硬、少裂隙的岩石影响较小，而对软弱、多裂隙的岩石影响较大。某些砂岩的变形模量在屈服前可提高 20%，接近破坏时则降低 20% ~40%。总的来说，随着围压增加，岩石的变形模量和泊松比都有所提高。

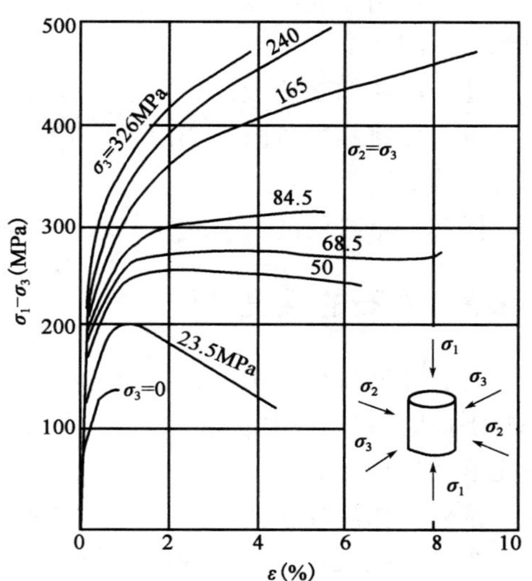

图 2－32　不同围岩压力下大理岩的应力—应变曲线

2.6.1.3　岩石的蠕变特性

在外部条件不变的情况下，岩石的变形或应力随时间而变化的现象称为流变，主要包括蠕变和松弛。岩石在恒定的荷载作用下，变形随时间而增长的现象称为蠕变（creep）。

岩石蠕变在斜坡、地下洞室、地下隧道以及矿山巷道中可直接观测到。在工程实践中，往往并非岩石的强度不够，而是由于蠕变使得岩石产生了过量变形，建筑物受到破坏。因此，在某些情况下，仅考虑岩石的强度来设计是不安全的，还需要考虑岩石的蠕变特性。

蠕变分为稳定蠕变和不稳定蠕变两类。当作用在岩石上的恒定载荷较小时，开始时蠕变速度较快，随着时间的延长，岩石的变形趋于稳定的极限值而不再增长，这就是稳定蠕变。当载荷超过某一临界值时，蠕变的发展导致岩石的变形不断增长，直到破坏，这是不稳定蠕变。

岩石的蠕变特性主要取决于岩石本身的性质。图 2－33 为室温下三种岩石的蠕变曲线。花岗岩一类的坚硬岩石，其蠕变变形很小，可以忽略。而页岩、泥岩之类的软岩，其蠕变变形往往很大，并导致蠕变破坏，必须引起重视。

岩石的蠕变特性可通过试验的方法测定出来，称为蠕变试验。在岩石试件上施加恒定的荷载时，岩石立即产生弹性应变，然后便进入蠕变变形。岩石典型的蠕变曲线见图 2－34。可将蠕变变形过程分为 3 个阶段：

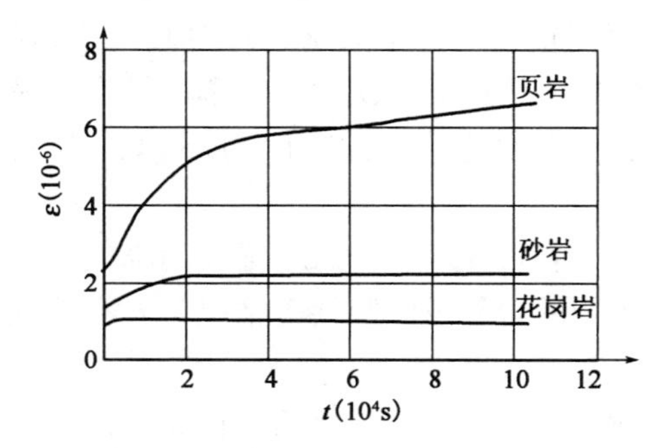

图 2－33　10MPa、室温下三种岩石的蠕变曲线

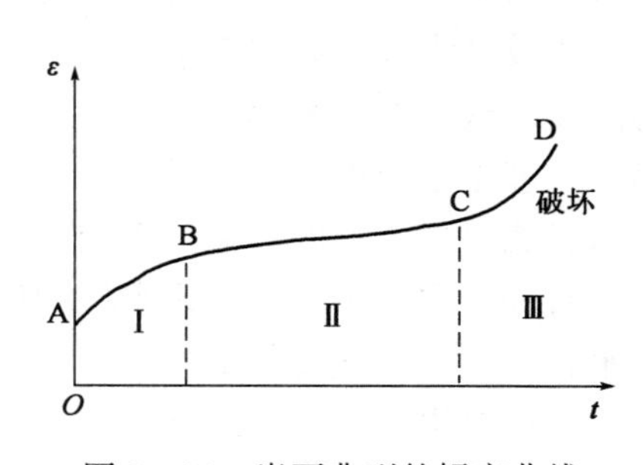

图 2－34　岩石典型的蠕变曲线

Ⅰ—初始蠕变阶段（AB 段），应变最初随时间增长较快，但增长率随时间逐渐降低，曲线呈下凹。

Ⅱ—等速蠕变阶段（BC 段），应变随时间近于等速率增加，曲线呈近似直线。

Ⅲ—加速蠕变阶段（CD 段），应变速率迅速增长，直至岩石破坏（D 点），本阶段的完成时间较短。

任何一个阶段的持续时间都取决于岩石类型、荷载大小及温度等因素。

2.6.2 岩石的强度性质

岩石在外载荷作用下，首先发生变形，并随载荷增加而不断增大。当载荷达到或超过某一极限值时，岩石便发生破坏。把岩石抵抗外力破坏的能力称为岩石的强度，为单位面积岩石能承受的最大载荷。

按外力作用性质的不同，岩石的破坏分为拉断破坏和剪切破坏两种基本形式。岩石强度可分为单轴抗压强度、单轴抗拉强度、抗剪强度和三轴压缩强度等。

2.6.2.1 岩石的单轴抗压强度

岩石在单轴压应力作用下，岩石破坏时对应的应力值称为岩石的单轴抗压强度（σ_c），简称抗压强度。岩石的抗压强度是衡量岩块基本力学性质的重要指标，在岩体工程分类、建立岩体破坏判据的重要指标中岩石单轴抗压强度试验简单，且能反映岩石基本力学特征，工程上应用广泛。

岩石的抗压强度通常是利用标准岩石试件在压力机上加轴向载荷，直至试件破坏而测定的。如试件的破坏载荷为 P（N），试件的横断面积为 A（mm^2），则单轴抗压强度 σ_c 为

$$\sigma_c = \frac{P}{A}$$

岩石的抗压强度受一系列因素的影响和控制。包括两个方面：一为岩石本身的特征（矿物组成、结构和构造、含水率等）有关；二为实验条件（试件形状、尺寸大小、加荷速度等）的影响，差别很大。

矿物成分是影响岩石强度的重要因素之一。一般来说，岩石中含强度高的矿物，如石英、长石、角闪石、辉石等较多时，岩石强度就高。相反，含软矿物，如云母、黏土矿物、滑石、绿泥石等较多时，岩石强度就低。石英岩的 σ_c 为 150～350MPa，而页岩的 σ_c 仅为2～30MPa。

岩石的结构对岩石强度的影响主要表现在矿物颗粒间的连结、颗粒大小及空隙性等的影响。一般来说，具结晶连结的岩石强度比非结晶连结的大；细结晶结构的岩石比粗结晶结构的强度大，这是因为细结晶岩石颗粒间的接触面积较大，连结力增大。对胶结连结的岩石，强度取决于胶结类型。硅质胶结的强度最大，铁质、钙质胶结次之，泥质胶结强度最低。岩石的空隙性反映它的紧密程度，空隙率越大，岩石强度越低。表观上密度越低的岩石强度越低，本质上就是空隙性影响岩石强度的体现。

含水状态对岩石强度有显著影响。一般而言，岩石强度随含水率增大而降低，但降低程度和岩性有关，取决于岩石中亲水性和可溶性矿物的含量及空隙性等情况。岩石的软化性即表征含水状态对岩石强度的影响。

试验条件对岩石的强度结果影响较大。试验结果表明，圆柱体的试件比方柱体试件强度大。试件尺寸和高径比增大，则强度相应降低。这是由于不同尺寸和形状的试件内包含的裂

隙、孔隙等缺陷的多少和试件内应力的不均匀造成的。

岩石的抗压强度与抗拉强度、抗剪强度间存在一定的比例关系，可借助它来估算其他强度参数，如抗拉强度为抗压强度的3% ~30%，抗剪强度为抗压强度的8% ~50%。

2.6.2.2 岩石的单轴抗拉强度

虽然在工程实践中，通常不允许拉应力出现，但拉断破坏仍是工程岩体及自然界岩体主要的破坏方式之一，而且岩石抵抗拉应力的能力最低，因此，抗拉强度是一个非常重要的岩石力学指标。岩石试件单向受拉时，能承受的最大拉应力称为岩石的抗拉强度。

在轴向拉伸应力的作用下，岩石被拉断时对应的应力值为岩石的单向抗拉强度（σ_t）。测定岩石抗拉强度的方法有直接拉伸法和间接拉伸法两种。由于直接法的试件制备困难、实验技术复杂，目前多采用间接法，其中又以劈裂法和点荷载实验最常用。

劈裂法的实验装置如图2－35所示。把圆柱体或立方体试件横置于压力机的承压板上，并在试件与上下承压板间各放一根垫条，然后以一定加荷速率加压，使所加压力变为一线布载荷，此时，试件中产生垂直于上下载荷作用方向的张应力，使试件沿竖直直径裂开破坏。

按下式计算岩石的抗拉强度，即

$$\sigma_t = \frac{2P_t}{\pi Dl}$$

式中，σ_t 为岩石的抗拉强度，MPa；P_t 为试件破坏荷载，N；D 为试件直径，mm；l 为试件长度，mm。

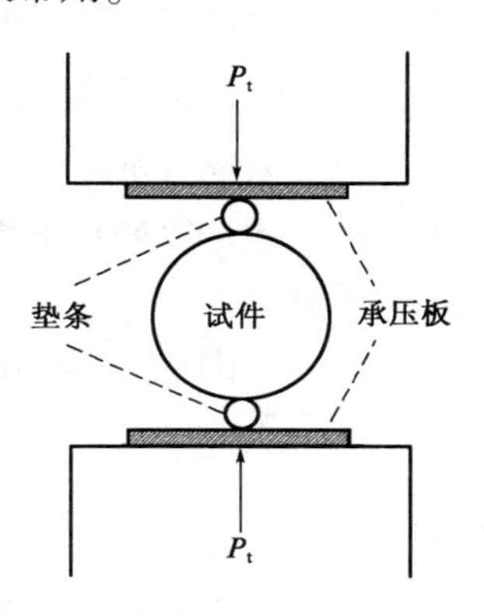

图2－35 劈裂法实验装置

影响岩石的抗拉强度的因素同抗压强度相同，但起决定作用的还是岩石本身性质，如矿物成分、矿物颗粒间的连结和空隙性等。实验表明，岩石的抗拉强度受空隙影响，特别是受裂隙的影响比抗压强度要大得多。在裂隙影响最大时，抗拉强度将为无裂隙时的1/3 ~1/10，而抗压强度仅降低至1/1.2 ~1/2.5。

2.6.2.3 岩石的抗剪强度

岩石试件受剪力作用时能抵抗剪切破坏的最大剪应力称为抗剪强度。与土一样，岩石的抗剪强度也是由内聚力 C 和内摩擦阻力 $\sigma\tan\varphi$ 两部分组成的，只是它们都比土大一些，这与岩石具有牢固的连结有关。按实验方法不同，抗剪强度有三种：抗剪断强度、抗剪（摩擦）强度及抗切强度（图2－36）。

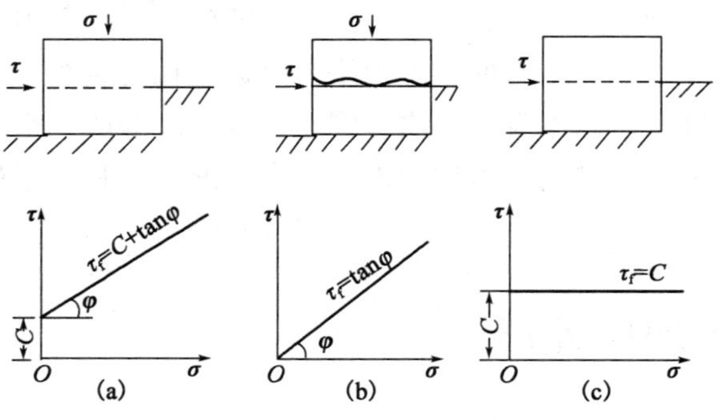

图2－36 岩石的三种受剪方式示意图

(1) 抗剪断强度：指在一定的法向应力作用下，沿预定剪切面剪断时的最大剪应力[图2-46 (a)]，它反映了岩石的内聚力和内摩擦阻力之和。

(2) 抗剪（摩擦）强度：指在一定的法向应力作用下，沿已有破裂面剪坏时的最大剪应力[图2-46 (b)]。它反映了岩石中微结构面（裂隙、层理等）或人工破裂面上的摩擦阻力。

(3) 抗切强度：指法向应力为零时，沿预定剪切面剪断时的最大剪应力[图2-46 (c)]，它反映了岩石的内聚力。

室内剪切实验测定的通常是岩石的抗剪断强度。常用的方法有直剪试验、变角板剪切及三轴试验等。可确定岩石试件剪断破坏时作用在剪切面上的正应力 σ 与剪应力 τ 的关系，即强度包络线，进而按库仑定律确定岩石的抗剪强度参数 C、φ 值。

各种岩石的内摩擦角多为30°~60°左右，内聚力则在1~60MPa。可见内聚力的变化幅度远大于内摩擦角，说明内聚力对各种影响因素的敏感程度较大。

2.6.2.4 岩石的三轴压缩强度

天然岩石通常处于双轴或三轴应力状态，单轴受力的情况往往较少。岩石试件在三向压应力作用下能承受的最大主应力，称为岩石的三轴压缩强度。三轴抗压强度往往比单轴及双轴强度更高。

在一定的围压 σ_3 作用下，对试件进行三轴试验。岩石的三轴压缩强度 σ_{1m}（MPa）为

$$\sigma_{1m} = \frac{P_m}{A}$$

式中 P_m——试件破坏时的轴向荷载，N；

A——试件的初始横断面积，mm^2。

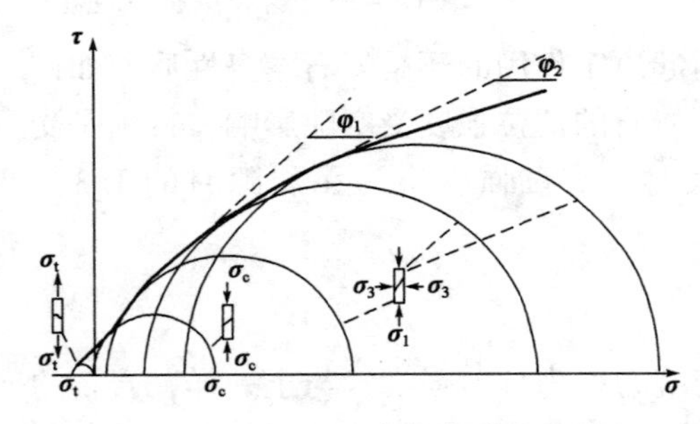

图2-37 岩块莫尔强度包络线

根据一组试件（4个以上）试验得到的三轴压缩强度 σ_{1m} 和相应的围压 σ_3 以及单轴抗拉强度 σ_t，可以在 τ—σ 坐标系中绘制出一组破坏应力圆。然后拟合出这些应力圆的公切线，即得岩石的强度包络线（图2-37），包络线与 σ 轴的交点，称为包络线的顶点，除顶点外，包络线上所有点的切线与 σ 轴的夹角代表相应破坏面的内摩擦角 φ，切线在 τ 轴上的截距代表响应破坏面的内聚力 C。

试验表明，在围压变化较大的情况下岩石的强度包络线常为曲线，即岩石的抗剪强度参数 C、φ 值不是常量。一般来说，应力较小时，φ 值大而 C 值小；应力高则相反。岩石的抗剪强度常随应力增加而增大，但其增加率随着应力增加而减小。当围压不大时，岩石的强度包络线可近似视为直线。

岩石的三轴压缩强度与岩石本身的性质、围压、温度、湿度、空隙压力及试件高径比等因素有关。特别是矿物成分、结构和微结构面的发育情况及其相对于最大主应力的方向和围压的影响尤为显著。

2.7 岩体的工程地质性质

岩体是在漫长的地质历史过程中形成的，具有一定的结构和构造的自然地质体。岩体由

各种各样的岩石组成，并在形成过程中经受了构造变动、风化作用和卸荷作用等各种地质作用的破坏和改造，因此，岩体经常被各种结构面（如层面、节理、断层、片理等）所切割，使岩体成为一种多裂隙的不连续介质。

岩体的多裂隙性特点决定了岩体与岩石（单一岩块）的工程地质性质有明显不同。两者最根本的区别是岩体中的岩石被各种结构面所切割。在自然界中，多数岩石的强度都是很高的，对于一般工程建筑物的要求来说，是能够满足的，而岩体的强度，特别是沿软弱结构面方向的强度却往往很低，不能满足建筑物的要求。岩体的工程性质首先取决于这些结构面的性质，其次才是组成岩体的岩石性质。因此，从工程实践的客观需要来看，研究岩体的特征比研究岩石的特征更为重要。

2.7.1 岩体的结构

岩体由结构面和结构体两个基本单元组成。结构面与结构体不同的排列组合方式，形成了不同的岩体结构类型。大量的工程失稳案例表明，岩体的失稳破坏往往主要不是因为岩石块体本身的破坏，而是岩石结构失稳引起的。所以，不同结构类型的岩体，其物理力学性质、力学效应及其稳定性都是不同的，因此研究岩体的结构特征是工程地质学和岩土力学中的一个重要课题。

岩体的结构，就是指岩体中结构面和结构体的形状、规模、性质及其组合关系。对岩体的结构特征的研究，是分析评价区域稳定性和岩体稳定性的重要依据。

以下分结构面和结构体两方面介绍岩体的结构特征。

2.7.1.1 结构面

结构面是指岩体中具有一定方向、力学强度相对较低、两向延伸（或具有一定厚度）的地质界面（或带），如岩层层面、软弱夹层、各种成因的断裂、裂隙等。由于这种界面中断了岩体的连续性，故又称不连续面。

结构面是岩体中强度相对薄弱的部位，它导致岩体力学性能的不连续、不均一，在很大程度上确定了岩体的介质特征和力学属性，常成为决定岩体稳定性的控制面。只有掌握了岩体的结构特征，才可能阐明岩体在不同载荷条件下内部的应力状况和分异状况。

1. 结构面的成因类型

结构面按成因可分为原生结构面、构造结构面和次生结构面。

1）原生结构面

原生结构面是指在成岩过程中形成的结构面。三大岩类，沉积岩、岩浆岩、变质岩，由于物质来源、动力条件和生成方式不同，其特点也不同，故可分为沉积结构面、岩浆结构面和变质结构面。

沉积结构面是沉积岩在沉积和成岩过程中形成的，有层理面、软弱夹层、沉积间断面（不整合及假整合面）等。

岩浆结构面是岩浆侵入及冷凝过程中形成的结构面，包括岩浆岩体与围岩的接触面、各期岩浆岩之间的接触面和原生冷凝节理等。冷凝节理一般具张性特征，对岩体稳定性不利。

变质结构面在变质过程中形成，分为残留结构面和重结晶结构面，像片理、片麻理。这些结构面上片状和柱状矿物富集并定向排列，如云母、绿泥石等，成为软弱结构面。

2）构造结构面

构造结构面是指在各种构造应力作用下所产生的破裂面，包括断层、节理、劈理和层间错动面等。

它的性质因力学成因、规模、活动次数等不同而有差异。其中规模较大者，如断层、层间错动等，多数充填有厚度不等、性质和连续性各不相同的充填物，其中部分已泥化，或者已变成软弱夹层，因此，其工程地质性质很差，强度多接近于岩体的残余强度，往往导致工程岩体的滑动破坏。规模小的构造结构面，如节理、劈理等，多短小而密集，一般无充填或薄的充填，主要影响岩体的完整性及力学性质。另外，构造结构面的工程地质性质还取决于它的力学成因、应力作用历史及次生变化等。

3）次生结构面

次生结构面是指岩体形成以后，在外营力作用下产生的，包括卸荷裂隙、风化裂隙、次生夹泥层及泥化夹层等。

卸荷裂隙是因岩体表部被剥蚀卸荷而形成的，产状与临空面近于平行，具张性特征。风化裂隙一般仅限于地表风化带内，常沿原生结构面及构造结构面发育，使其性质进一步恶化。泥化夹层是原生软弱夹层在构造及地下水的作用下导致结构变异，使岩石性质呈现黏性土的塑性，如黏土岩软弱夹层，对工程危害很大，应当特别注意。

三类结构面的主要特征见表 2－14。

表 2－14　结构面类型、特征及工程地质评价

成因类型		地质类型	主要特征			工程地质评价
			产状	分布	性质	
原生结构面	沉积	层理面、软弱夹层、不整合及假整合面、沉积间断面	一般与岩层的产状一致，为层间结构面	海相岩层中稳定，陆相岩层中呈交错状，易尖灭	层面、软弱夹层较平整，不整合面及沉积间断面多由碎屑及泥质构成，且不平整	较大的坝基滑动及滑坡多为此类结构面造成，瓦依昂水库大坝的巨大滑坡
原生结构面	岩浆	与围岩接触面、各期岩浆岩之间的接触面、原生冷凝节理	受构造结构面控制，原生节理受岩体接触面控制	接触面延伸较远，且稳定，原生节理常短小密集	接触面分融合和破裂两种，原生节理多为张裂面，且粗糙不平	一般无大规模岩体破坏，与构造断裂配合也可形成岩体滑移
原生结构面	变质	片理、片麻理、片岩软弱夹层	与岩系或构造线一致	片理短小密集，弱夹层延展较远	片理在深部隐蔽，软弱夹层呈鳞片状	浅部见塌方，夹层为重要滑移面
构造结构面		断层、节理、劈理、层间错动面、羽状裂隙	与构造呈一定关系，层间错动与岩层一致	张断裂短小，剪断裂延伸较远，压断裂规模巨大但常被横断层切割	张断裂不平具次生充填，剪断裂平直具羽状裂隙，压断裂呈平缓波状，擦痕较多	对岩体稳定影响很大，常造成塌方、冒顶，常配合其他结构面作用
次生结构面		卸荷裂隙、风化裂隙、次生夹泥层、泥化夹层	受地形及原生结构面控制	呈不连续状透镜体，延展性差，主要在地表风化带内发育	一般为泥质充填，水理性差	在天然及人工边坡上造成危害，有时对坝基、坝肩、浅隧道有影响

2. 结构面的规模分级

由于岩体的稳定性受结构面控制，因此，对结构面规模进行分级，有助于在工作中按照不同问题抓住主要作用的结构面进行研究。通常，根据结构面的走向延展性及纵深发育程度和宽度可分为五级。

（1）Ⅰ级结构面：指对区域构造起控制作用的断裂带，走向延伸一般数十千米以上，纵深可切穿一个构造层，破碎带宽度从数米至数十米。由于它们的存在关系到工程地区的区域稳定性，因此应在工程选址（线）阶段重点研究Ⅰ级结构面，重点研究它们的力学成因、空间展布规模及区域构造型式、生成发展历史及近期活动规律。

（2）Ⅱ级结构面：延展性强的区域地质界面，如不整合面、假整合面及原生软弱夹层；贯穿整个工程区或切穿某具体部位的断层、层间滑动、接触破碎带、风化夹层等，它们延展数百至数十米，延深数百米以上，宽度变化在1～5m之间。由于这级结构面的存在和组合，控制了山体稳定性和岩体稳定性，所以在工程布局时应重点考察这级结构面的产状、形态及其变化趋势，结构面的物质成分，水文地质条件及泥化趋势等。

（3）Ⅲ级结构面：延展性差，走向上延展数米至数十厘米，无明显宽度，呈断续分布的节理裂隙，包括大的节理、发育的劈理、层面及原生冷凝节理，它们的存在不仅切割岩体，破坏了岩体的完整性，而且也影响了岩体的破坏方式，对这级结构面的研究点是结构面的密度和频率、结构面的产状及发育组数、结构面的形态（光滑粗糙程度）和充填物质成分及性质。

（4）Ⅳ级结构面：一般延展性较差，无明显的宽度，节理面仅在小范围内分布，但在岩体中很普遍。这种结构面往往受上述各级结构面控制，其分布是比较有规律的。这种结构面的分布特点，除受上述各级结构面控制外，还严格地受岩性控制，它们仅在某一种岩性内呈有规律、等密度分布；有时岩性相同，但由于岩层厚度不同，其结构面密度会有显著的变化。在沉积岩中，一般岩层越薄，节理面越密集。由于该级结构面的存在使岩体切割成岩块，破坏了岩体的完整性，并且与其他结构面组合可形成不同类型的岩体破坏方式，大大降低了岩体的工程稳定性。这种结构面不能直接反映在地质图上，只能进行统计，了解其分布规律。

（5）Ⅴ级结构面：延展性很差，无宽度之别，分布随机，是数量很多的细小结构面，主要包括微小的节理、劈理、隐微裂隙、不发育的片理、线理、微层理等，它们的发育受上述各级结构面所限制。这些结构面的存在，降低了由Ⅳ级结构面所包围岩块的强度。

各级结构面的规模、类型及对岩体稳定性所起的作用归纳于表2－15。

表2－15　结构面分级、类型及其对岩体稳定性的影响

级序	分级依据	地质类型	力学属性	对岩体稳定性的影响
Ⅰ级	延伸数十千米，深度可切穿一个构造层，破碎带宽度在数米至数十米	主要指区域性深大断裂	属于软弱结构面，构成独立的力学介质单元	影响区域稳定性、山体稳定性，如直接通过工程区，是岩体变形和破坏的控制条件
Ⅱ级	延伸数百米至数千米，破碎带宽度比较窄，几厘米至数米	主要包括不整合面、假整合面、原生软弱夹层、层间错动带、断层侵入接触带、风化夹层等	属于软弱结构面，形成断裂边界	控制山体稳定性，与Ⅰ级结构面可形成大规模的块体破坏，即控制岩体变形和破坏方式

续表

级序	分级依据	地质类型	力学属性	对岩体稳定性的影响
Ⅲ级	延展十米或数十米，无破碎带，面内不含泥，有的具泥膜，仅在某一地质时代的地层中分布，有时仅在某种岩性中分布	各种类型的断层、原生软弱夹层、层间错动带等	多数属于坚硬结构面，少数属软弱结构面	控制岩体的稳定性，与Ⅰ、Ⅱ级结构面组合可形成不同规模的块体破坏，是划分Ⅱ类岩体结构的重要依据
Ⅳ级	延展数米，未错动，不夹泥，有的呈弱结合状态，是统计结构面	节理、劈理、片理、层理、卸荷裂隙、风化裂隙等	坚硬结构面	划分Ⅱ类岩体结构的基本依据，是岩体力学性质、结构效应的基础，破坏岩体的完整性，与其他结构面结合形成不同类型的边坡破坏方式
Ⅴ级	连续性极差，刚性接触的细小或隐微裂面，是统计结构面	微小节理、隐微裂隙和线理等	硬性结构面	分布随机，降低岩块强度，是岩块力学性质效应基础，若十分密集，又因风化，可形成松散介质

注：结构面内夹有软弱物质，属于软弱结构面，无充填物者则属于坚硬结构面。

3. 结构面特征及其对岩体力学性质的影响

结构面对岩体力学性质的影响是不言而喻的，但其影响程度则取决于结构面的发育状况。如岩性完全相同的岩体，其结构面的产状、连续性、密度、张开度与充填胶结特征、形态不同，在外力作用下，岩体会呈现出完全不同的力学反应。下面讨论Ⅳ级结构面的特征及其对岩体力学性质的影响。

1）结构面的产状

产状与最大主应力方向的关系控制着岩体的破坏机理，进而控制着岩体的强度。

当结构面与最大主应力 σ_1 的夹角 β 为锐角时，岩体将沿结构面产生滑动破坏；当 β 为直角时，表现为切过结构面，产生剪断、岩体破坏；当 β 为 0°时，则表现为平行结构面的劈裂拉张破坏（图 2－38）。

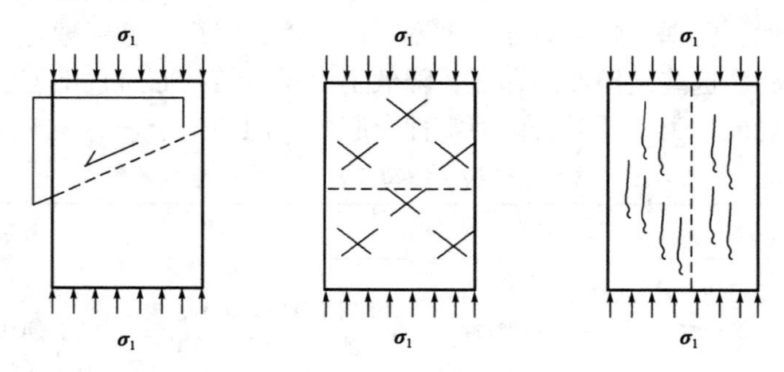

图 2－38　结构面产状与破坏形式

2）结构面的连续性

结构面的连续性反映结构面的贯通程度。在工程范围内延展度大的结构面控制了岩体的强度。连通的结构面其抗剪强度低；非连通的短小结构面抗剪强度大，岩体强度受岩块强度控制。结构面的连续性对岩体的变形破坏机理、强度及渗透性都有很大影响。

结构面的连续性按贯通情况可分为非贯通性的、半贯通性的和贯通性的，用线连续性系数和面连续性系数表示。

线连续性系数指沿结构面延伸方向，结构面各段长度之和（$\sum a$）与测线长度（$\sum b$）的比值。K_1 变化在 0 ~ 1 之间，K_1 值越大说明结构面的连续性越好。$K_1=1$ 时，结构面完全贯通。

$$K_1=\frac{\sum a}{\sum b}$$

国际岩石力学学会（ISRM，1978）主张用结构面迹长（露头中对结构面可追索的长度）来描述和评价结构面的连续性（表 2 - 16）。

表 2 - 16　结构面的连续性分级

描述	很低连续性	低连续性	中等连续性	高连续性	很高连续性
迹长（m）	<1	1 ~ 3	3 ~ 10	10 ~ 20	>20

3）结构面的密度

结构面的密度反映结构面发育的密集程度，影响岩体的完整性，决定了岩体变形和破坏的力学机制。岩体内结构面越密集，强度越低，渗透性越高。常用线密度、面密度和间距等指标表示。

为了统一描述结构面的密度，ISRM 规定了分级标准（表 2 - 17）。

表 2 - 17　结构面密度分级

描述	极密集的	很密集的	密集的	中等密集的	宽的	很宽的	极宽的
间距（mm）	<20	20 ~ 60	60 ~ 200	200 ~ 600	600 ~ 2000	2000 ~ 6000	>6000

4）结构面的张开度与充填胶结特征

结构面的张开度指结构面两壁面间的垂直距离。结构面两壁面一般不是紧密接触的，而是呈点接触或局部接触。接触面积减少，内聚力减少，进而影响结构面的强度。另外，张开度对岩体的渗透性有很大影响。

未胶结且具有一定张开度的结构面往往被外来物质所充填。不同充填类型，结构面的变形与强度性质不同，受充填物成分、厚度、含水性及壁岩性质的影响。按充填物厚度和连续性，充填类型可分为薄膜充填、断续充填、连续充填及厚度充填。

结构面胶结后，总的来说，力学性质有所改善。改善的程度因胶结物成分不同而异，硅质胶结强度最高，钙质、铁质次之，泥质及易溶盐类强度最低，且抗水性差。

5）结构面的形态

结构面的形态决定着结构体沿着结构面滑动时的抗滑力的大小。一般平直光滑的结构面抗剪强度较低，粗糙起伏较高。可从侧壁的起伏形态和粗糙度两方面来进行研究。

根据统计，结构面侧壁的起伏形态可分为平直的、台阶状的、锯齿状的、波状的、不规

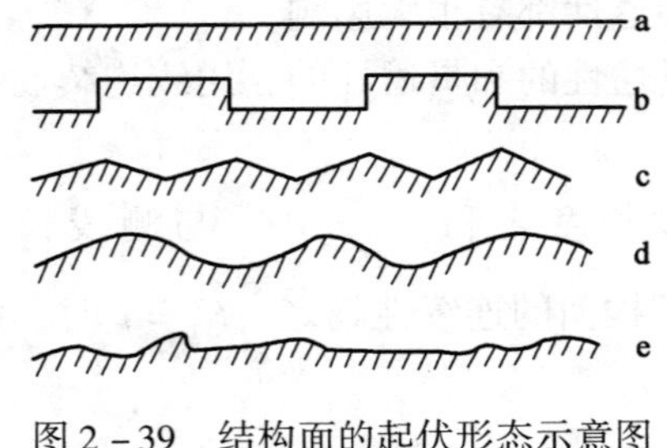

图 2－39　结构面的起伏形态示意图

a—平直的；b—台阶状的；c—锯齿状的；d—波状的；e—不规则状的

则状的（图 2－39）。侧壁的起伏程度用起伏角 i 表示（图 2－40）。

$$i = \arctan \frac{2\delta}{L}$$

式中　δ——平均起伏差；

L——平均基线长度。

结构面的粗糙度可以增加结构面的摩擦角，进而提高了岩体的强度。在实际工作中，可用剖面仪测出所研究结构面的粗糙剖面，然后与标准剖面进行比较，即可得结构面的粗糙度系数 JRC（图 2－41）。

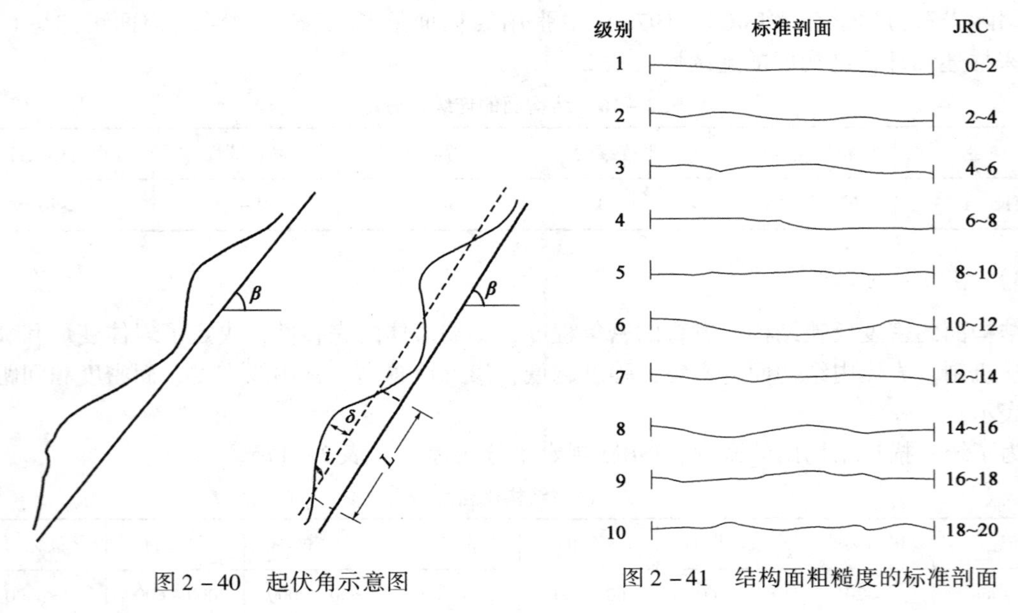

图 2－40　起伏角示意图

图 2－41　结构面粗糙度的标准剖面

2.7.1.2　结构体

结构体是指岩体中被结构面切割围限的岩石块体。结构体也是岩体的重要组成部分，研究结构体时，首先要弄清结构体的岩石类型及其物理力学性质，然后根据结构面的组合确定结构体的几何形态和大小，以及结构体间的组合关系。

不同级别的结构面所围限的岩石块体（结构体）的规模是不同的。如Ⅰ级结构面所切割的Ⅰ级结构体，其规模可达数平方千米，甚至更大，称为地块或断块；Ⅱ级、Ⅲ级结构面切割的Ⅱ级、Ⅲ级结构体的规模相应减小，Ⅳ级结构面切割的Ⅳ级结构体，被称为岩块，它是组成岩体最基本的单元体。所以，结构体和结构面一样，也是有级序的，一般将结构体划分为 4 级。其中，以Ⅳ级结构体规模最小，其内部还包含有微裂隙、隐节理等Ⅴ级结构面。较大级别的结构体是由许许多多较小级别的结构体所组成，并存在于更大级别的结构体之中。结构体的特征常用其规模、形态及产状等进行描述。

结构体的规模取决于结构面的密度，密度越小，结构体的规模越大，常用单位体积的结构体数（一般指Ⅳ级结构体），即块度模数来表示，也可用结构体的体积表示。结构体的规模不同，在工程岩体稳定性中所起的作用也不同。

结构体的形态复杂，有柱状、块状、板状、楔形、片状等多种形状，在强烈破碎的部位，还有片状、鳞片状、碎块状及碎屑状等形态。结构体形状不同则力学性质差异很大，其稳定程度也不同。一般来说，板状结构体比柱状、菱形状的更容易滑动，而楔形结构体比锥形结构体稳定性差。结构体的产状一般用结构体表面上最大结构面的长轴方向表示。

结构体形状在岩体稳定性评价中关系很大，需结合其产状及其与工程作用力方向和临空面间的关系作具体分析。比如，一般来说，平卧的板状结构体与竖直的板状结构体的稳定性不同，前者容易产生滑动，后者容易产生折断或倾倒破坏；又如，在地下洞室中，楔形结构体的尖端指向临空方向时，稳定性好于其他指向；其他形状的结构体也可作类似的分析。

2.7.1.3 软弱夹层

所谓软弱夹层，是指岩体中那些性质软弱、有一定厚度的软弱结构面或软弱带。就其物质组成及微观结构而言，软弱夹层有原生沉积、沉积变质、层间错动、断裂、火山等多种成因，主要包括原生软弱夹层、构造及挤压破碎带、泥化夹层及其他夹泥层等类型。

与周围岩体相比，软弱夹层具有高压缩性和低强度的特征，对工程岩体稳定性具有很重要的意义，往往控制着岩体的变形破坏机理和稳定性，在水工建筑中往往是工程地质研究的主要对象。其中，最常见的危害较大的软弱结构面是泥化夹层。

泥化夹层是含泥质的软弱夹层经一系列地质作用演化而成的，原岩结构遭到根本性破坏，为地下水的渗流提供了良好的通道。水的作用使破碎岩石中颗粒分散、含水量增大，进而使岩石处于塑性状态（泥化），强度大为降低；水还使夹层中的可溶盐类溶解，引起离子交换，改变了泥化夹层的物理化学性质，在构造运动作用下，易产生层间错动、岩层破碎及结构改组等。

泥化夹层具有以下特征：由原岩的超固结胶结式结构，变成了泥质散状结构或泥质定向结构；黏粒含量较原岩增多并达一定含量；含水量接近或超过塑限，密度比原岩小；常具一定的膨胀性；力学强度比原岩大为降低，压缩性较大；由于结构松散，抗冲刷能力低，易产生渗透变形。这些特性对工程建设，特别是水工建筑物的危害很大。

2.7.1.4 岩体的结构类型

由于组成岩体的岩性遭受的构造变形及次生变化的不均一性，导致了岩体结构的复杂性。不同结构类型的岩体，其岩石类型、结构体和结构面的特征均不同，岩体的工程地质性质与变形破坏也不同。

按照岩体被结构面分割的程度或结构体的体态特征，可将岩体结构划分为5种结构类型，各类结构岩体的基本特征见表2－18。

表2－18　岩体结构类型及特征

岩体结构类型	岩体地质类型	主要结构形状	结构面发育情况	岩土工程特征	可能发生的岩土工程问题
整体状结构	均质，巨块状岩浆岩、变质岩，巨厚层沉积岩、正变质岩	巨块状	以原生构造节理为主，多呈闭合型，裂隙结构面间距大于15m，一般不超过1～2组，无危险结构面组成的落石掉块	整体性强度高，岩体稳定，可视为均质弹性各向同性体	不稳定结构体的局部滑动或坍塌，深埋洞室的岩爆
块状结构	厚层状沉积岩、正变质岩、块状岩浆岩、变质岩	块状、柱状	只具有少量贯穿性较好的节理裂隙，裂隙结构面间距0.7～1.5m。一般为2～3组，有少量分离体	整体强度较高，结构面互相牵制，岩体基本稳定，接近弹性各向同性体	

续表

岩体结构类型	岩体地质类型	主要结构形状	结构面发育情况	岩土工程特征	可能发生的岩土工程问题
层状结构	多韵律的薄层及中厚层状沉积岩、副变质岩	层状、板状、透镜体	有层理、片理、节理，常有层间错动面	接近均一的各向异性体，其变形及强度特征受层面及岩层组合控制，可视为弹塑性体，稳定性较差	不稳定结构体可能产生滑塌，特别是岩层的弯张破坏及软弱岩层的塑性变形
碎裂状结构	构造影响严重的破碎岩层	块状	断层、断层破碎带、片理、层理及层间结构面较发育，裂隙结构面间距 0.25 ~ 0.5m，一般在 3 组以上，由许多分离体形成	完整性破坏较大，整体强度很低，并受断裂等软弱结构面控制，多呈弹塑性介质，稳定性很差	易引起规模较大的岩体失稳，地下水加剧岩体失稳
散体状结构	构造影响剧烈的断层破碎带，强风化带，全风化带	碎屑状、颗粒状	断层破碎带交叉，构造及风化裂隙密集，结构面及组合错综复杂，并多充填黏性土，形成许多大小不一的分离岩块	完整性遭到极大破坏，稳定性极差，岩体属性接近松散体介质	易引起规模较大的岩体失稳，地下水加剧岩体失稳

2.7.2 岩体的力学性质

2.7.2.1 岩体的变形性质

对工程建设来说，岩体的变形限制了工程的建设和使用。岩体的变形是岩块、结构面及充填物三者变形的总和，一般情况下结构面及充填物的变形起控制作用。

1. 结构面的变形特征

1）法向变形特征

在同一岩体中，取一块不含结构面的完整岩块试件和一块含结构面的岩石试件，分别进行单轴压缩实验。所得法向应力 σ_n 与法向变形 ΔV 的关系曲线如图 2-42 所示。

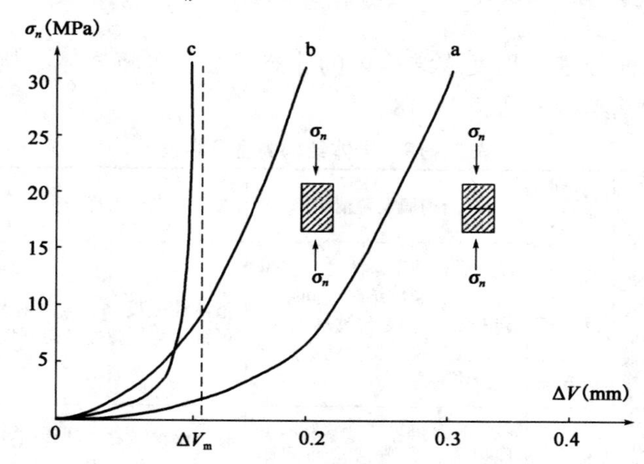

图 2-42 花岗闪长岩岩块的法向变形特征

a—含结构面的岩块 σ_n—ΔV_t 曲线；b—岩块 σ_n—ΔV_r 曲线；c—结构面 σ_n—ΔV_j 曲线

结构面的法向闭合变形 $\Delta V_j = \Delta V_t - \Delta V_r$。

可见，结构面的法向变形具有以下特征：首先，在法向应力作用下，结构面快速闭合，开始变形较快、变形量大，随后逐渐变慢、变形量趋于常量 ΔV_m；其次，结构面的 σ_n—ΔV_j 曲线为一以结构面最大闭合量（ΔV_m）为渐近线的双曲线，说明结构面的变形在低压力下就趋于完成；再次，含结构面的岩块的变形 ΔV_t 开始时随应力增加呈非线性增加，当应力达到某一数值时，曲线变陡，且近似呈线性，转变点的法向应力大约为岩块抗压强度的 1/3，高于该值的变形主要由岩块贡献。

把法向应力作用下，结构面产生单位法向变形所需的法向应力称为结构面的法向刚度。其大小等于 σ_n—ΔV_j 曲线上某点的切线斜率。它是反映结构面法向变形性质的主要参数。原点处的法向刚度（初始法向刚度）和结构面的最大闭合量 ΔV_m 一起决定 σ_n—ΔV_j 曲线的形状。

2）剪切变形特征

在岩体中取含有结构面的岩石试件，在一定的法向力作用下进行剪切实验，得到结构面的剪应力（τ）—剪位移（Δu_j）关系曲线。

结构面的剪切变形有两种基本类型：一类为塑性变形型，如泥化夹层、光滑平直的破裂面等一般具这类变形特征（图 2－43 中 b）；另一类为脆性变形型，τ—Δu_j 曲线有明显的峰值点和应力降，当应力降至一定值后趋于稳定，不再随位移变化而变化，粗糙结构面等常具这种变形特征（图 2－43 中 a）。

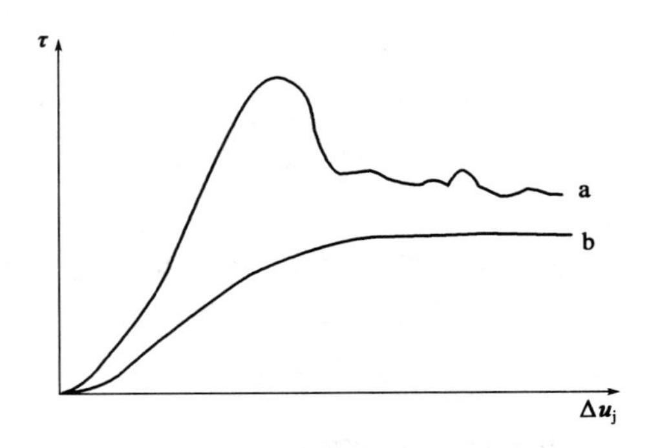

图 2－43　结构面剪切变形特征

把剪应力与剪位移曲线上某点的切线斜率定义为结构面的剪切刚度。它是反映结构面剪切变形性质的主要参数，其大小取决于结构面本身的性质、规模及法向应力的大小。

2. 岩体变形参数的测定

岩体变形参数的测定方法有静力法和动力法两类。

静力法又可分为承压板法、狭缝法、钻孔变形法及水压洞室法等。这类方法都是在岩体表面或槽壁和孔壁上施加一定的荷载，然后测定加荷所引起的岩体变形值，进而求得压力—变形曲线和变形参数。

动力法则是通过测定弹性波在岩体中的传播速度，依据一定的公式求取岩体的变形参数，主要有地震法和声波法。

目前，国内应用较广的是承压板法、钻孔变形法及声波法等。简单介绍一下承压板法。

承压板法试验，又称平板载荷试验，一般在平巷中进行，用巷道顶板作为反力装置，采用分级加荷卸荷法，用千斤顶施加法向荷载，通过具足够刚性的承压板（直径一般约为 50～100cm）将压力传递到岩土上，在加压过程中，测记各级压力 p 下的岩体变形值 W，并绘制出 p—W 曲线，通过某级压力下的变形值，用下式计算岩体的变形模量 E_m（MPa）：

$$E_m = \omega \cdot \frac{(1-\mu^2)pD}{W}$$

式中，W 为岩体的变形量，cm；p 为承压板单位面积上的压力，MPa；D 为承压板直径或边长，cm；μ 为岩体的泊松比；ω 为与承压板刚度和形状有关的系数，圆形板取0.79，方形板取0.88。

3. 岩体变形曲线类型

由于岩体中结构面的发育情况、充填情况及岩石性质等的差别，岩体的 p—W 变形曲线是复杂多变的，可归纳为三类（图2－44）。

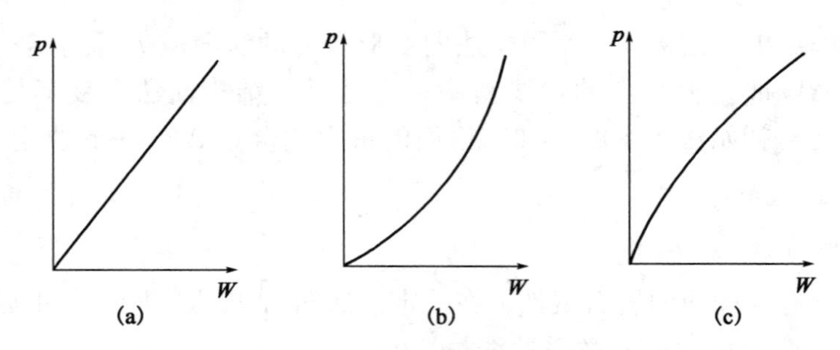

图2－44　岩体变形曲线的基本类型

（a）直线型；（b）上凹型；（c）下凹型

直线型：反映岩体致密坚硬，裂隙不发育。变形模量较大，塑性变形量小。

上凹型：反映岩体岩性坚硬，裂隙发育且充填不好。荷载初期，裂隙逐渐闭合，塑性变形。

下凹型：反映岩体岩性软弱，或岩体较深部有软弱岩层分布，或岩体裂隙发育且有泥质充填等，弹性变形—蠕变。

2.7.2.2　岩体的强度性质

岩体是由各种不同形态的岩块和结构面组成的地质体，因此其强度必然受到岩块和结构面强度及其组合形式的控制。一般情况下，岩体的强度介于岩块与结构面强度之间。如果岩体中结构面不发育，呈整体或完整结构，则其强度可视为与岩块强度相近或相等。如果岩体是沿某一结构面的整体滑动破坏，则岩体强度完全取决于该结构面的强度。

岩体和岩块一样，也有抗压强度、抗拉强度和剪切强度之分。重点研究结构面的抗剪强度。

1. 结构面的抗剪强度

根据结构面的形态、连续性、充填情况及力学性质，可将结构面分为平直无充填的结构面、粗糙起伏无充填的结构面、非贯通断续的结构面及具有充填物的软弱结构面等4类。各类结构面的剪切强度各有差别。

1）平直无充填的结构面

平直无充填的结构面包括剪应力作用下形成的剪性破裂面，如剪节理、剪裂隙等，发育较好的层理面与片理面。常具有擦痕及镜面特征，一般无充填并附有动力变质矿物薄膜。特点是面平直、光滑，只具微弱的风化蚀变。

这类结构面的抗剪强度大致与人工磨制面的摩擦强度接近，即

$$\tau = \sigma \tan \varphi_j$$

式中，σ 为法向应力；φ_j 为结构面的摩擦角。

2）粗糙起伏无充填的结构面

这类结构面的基本特点是具有起伏度。

当法向应力 σ 较小时，剪切过程中上盘岩块上下运动，产生爬坡效应，又称剪胀效应，从而增大了结构面的剪切强度 τ。这种情况下结构面的抗剪强度取决于沿结构面滑动的摩擦强度。

当法向应力 σ 较大时，结构面摩擦阻力较大，限制试块的剪胀，将剪断凸起而运动，称为啃断效应，也增大了结构面的剪切强度 τ。这种情况下结构面的抗剪强度取决于壁面岩石的抗剪强度。

3）非贯通断续的结构面

这类结构面的抗剪强度由各段结构面剪切强度和非贯通段（岩桥）岩石两部分的抗剪强度组成。结构面的强度取决于结构面和岩块性质以及结构面的连续性。

通过的裂隙面和岩桥都起抗剪作用。假设沿整个剪切面上的应力分布是均匀的，结构面的线连续性系数为 K_1，则整个结构面的抗剪强度及抗剪强度计算公式见图 2－45。

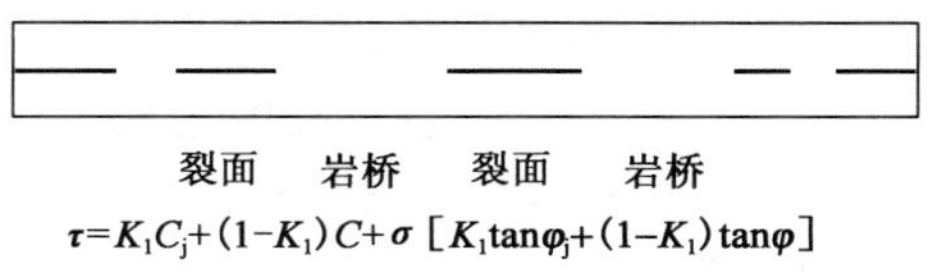

图 2－45　非贯通断续结构面及其抗剪强度

4）具有充填物的软弱结构面

具有充填物的软弱结构面包括泥化夹层和各种类型的夹泥层，其形成多与水的作用和各类滑错作用有关。这类结构面的力学性质常与充填物的物质成分、结构及充填程度和厚度等因素密切相关。

抗剪强度随充填物碎屑含量增加及颗粒变粗而增高，随黏粒含量增加而降低；随夹层中粗碎屑含量增加，剪切曲线由塑性向脆性破坏过渡。

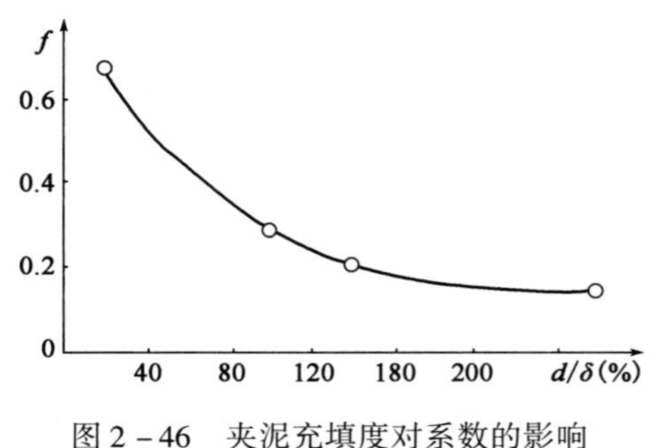

图 2－46　夹泥充填度对系数的影响
（据孙广忠，1983）

结构面的充填度常用充填物厚度（d）与结构面的起伏差（δ）之比来表示。它对结构面剪切强度的影响表现在强度随充填度（d/δ）增大而降低（图 2－46）。

2. 岩体的抗剪强度

岩体中任一方向的剪切面，在一定的法向应力作用下所能抵抗的最大剪应力，称为岩体的抗剪强度。岩体的剪切强度也细分为剪断强度、摩擦强度和抗切强度 3 种。

岩体的抗剪强度主要受结构面、应力状态、岩性及风化程度等因素控制。在高应力条件下，岩体的抗剪强度接近于岩块强度；在低应力条件下，岩体的抗剪强度主要受结构面控制。由于工程荷载一般在 10MPa 以下，因此与工程活动有关的破坏基本上受结构面控制。由于结构面大多数是分组定向排列的，因此多数岩体都具有明显的各向异性。

岩体的抗剪强度介于结构面和岩块的抗剪强度之间。

2.7.3 岩体的工程分类

岩体的工程分类是工程地质学中一个重要的研究课题。它是通过岩体的一些简单和容易实测的指标，把工程地质条件和岩体力学性质参数联系起来，并借鉴已建工程设计、施工和处理等方面成功与失败的经验教训，对岩体进行归类。通过分类，概括地反映各类工程岩体的质量好坏，预测可能出现的岩体力学问题，为工程设计、支护衬砌、建筑物选型和施工方法选择等提供参数和依据。

目前，国内外有关岩体工程分类方法约有几十种之多。有一般性的分类，也有专门性的分类，有定性的，也有定量的分类。分类原则和考虑的因素也不尽相同。下面介绍几种国内外应用较广、影响较大的分类方法。除此之外，中国科学院地质研究所提出的岩体结构分类，铁道部提出的铁路隧道围岩分类等，在国内应用也较广泛，均可作为岩体工程分类工作的参考。

（1）单参数分类法：考虑某一参数的特征进行岩体分类，如岩石质量指标法（RQD）、岩石强度法、岩体波速比法等。这类方法往往考虑不全面，分类误差较大。RQD 为 10cm 的岩心累计长度与钻孔进尺长度之比。

（2）综合参数法：综合多方面的参数对岩体进行分类，能较全面地反映岩体的稳定性、力学性质等特征。主要有 Bieniawski 的 RMR 分类法、Barton 的分类法、水电部的 RMQ 分类法、岩体结构分类法。

Bieniawski 的 RMR 分类系统是由岩石强度、RQD 值、节理间距、节理条件和地下水 5 类参数组成。Barton 的分类系统由 RQD 值、节理组数、节理粗糙度、节理蚀变度、节理水折减系数和应力折减系数组成。RMQ 分类系统由岩石质量、岩石软化系数、岩石风化程度系数和岩石完整程度系数组成。岩体结构分类系统根据岩体结构，考虑岩体的地质成因进行分类。

第3章　工程动力地质作用

本章摘要

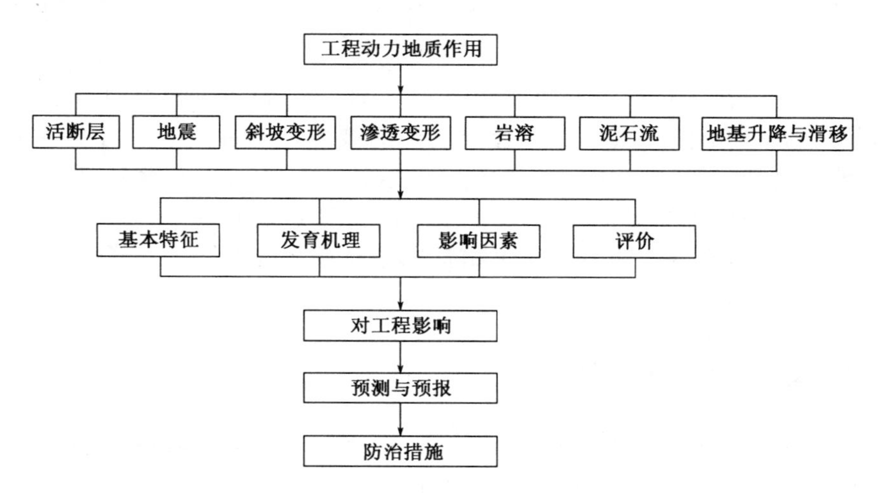

阅读指南

造成工程地质环境、建筑物的地基或围岩等发生渗漏、变形和破坏的作用统称为工程动力地质作用（也称物理地质作用），它是工程地质学中研究各种工程地质问题产生的地质条件、形成机制和发展演化趋势的分支学科。本章主要介绍活断层、地震、斜坡变形、渗透变形及岩溶、地基升降与滑移等工程动力地质作用。

本章重点

活断层的基本特征、鉴别方法及活断层对工程影响；地震效应、震害与场地工程地质条件关系、抗震设计原则和建筑物抗震措施；斜坡应力分布特征、斜坡变形破坏的类型及特征、影响因素；渗透变形的形成条件、预测及防治；岩溶发育机理、影响因素、岩溶对工程的影响；泥石流的形成条件、类型、危害与防治；地基升降的危害及分布规律、监测和预测、防治。

3.1　活断层

自 20 世纪 20 年代 Willis 和 Wood 提出活断层的概念以来，活断层一直是地球科学研究中的一个重要领域。不仅因为活断层是地质历史中最新活动的产物，为研究现今地壳动力学提供了最为重要和直接的证据；而且还由于活断层与灾害，尤其是地震灾害有着密切的联系；活断层的存在还直接影响着工程的安全。因此，活断层研究一直受到各种国际地学组织、地球科学家和工程地震学家们的高度重视。

活断层的工程评价是建立在活断层研究基础之上的。活断层研究虽然早已被人们所重视，但长期停留在描述性和定性研究阶段。自 20 世纪 70 年代开始，由于它在地震和工程研究中的特殊地位，活断层研究获得了飞跃式发展。80 年代以来，关于“断裂分段研究”又把活断层的研究推进了一步，活断层研究也与工程安全性评价更加密切结合起来，如李起彤对活断层的特征、研究方法和工程评价方面进行了全面的论述；邓起东等对活动断裂工程安全性评价和位错量的定量评估作了深入分析；张培震等对重大工程地震安全性评价中活动断裂分段准则进行了归纳；周本刚等对如何应用活动断裂的活动时代、规模、倾向和不同类型发震构造的深浅构造关系来合理划分潜在震源区与确定震级上限作了探讨；建立在活动断裂研究基础上的断裂地震危险性评估也取得了很大的进展。90 年代以来，随着浅层探测技术的进步，也由于许多震例表明，城市直下型地震是造成城市巨大灾害的直接因素，国际上对城市隐伏活动断裂的探测越来越重视，如美国国家减灾计划（NEHRP）在新马德里地震区开展了一系列探测试验；我国在 2002 年也在福州市开展了城市活断层试验探测与地震危险性评价研究，其他城市的探测工作也陆续展开。

3.1.1 活断层的概念及研究意义

活断层是指现今在持续活动的断层，或在人类历史时期或近期地质时期曾活动过、极可能在不远的将来重新活动的断层。后者也称为潜在活断层。

各国学者对目前正在活动着的断层，因有鉴别标志佐证而无争议；但对潜在活断层的判定则有不同见解。争论的焦点主要是对“近期”一词的看法不同，即对活断层活动时间的上限有不同的标准。有的将第四纪开始以来活动过的断层都称作活断层，有的将活断层的时间上限定在晚更新世，有的则限于最近 35000 年（以 ^{14}C 确定绝对年龄的可靠上限）之内，也有的认为只限于全新世之内。尽管时间差距较大，然而大家研究的重点是一致的，都注重研究从第四纪以来反复活动着、与地震活动紧密相关、今后可能继续活动的断层。从工程使用的时间尺度和断层活动资料的准确性考虑，活动时间上限不宜过长；但时间上限过短，对一些重大工程的安全性也未必妥当。一般工程的使用年限为数十年，一些重大的工程设施如高坝、核电站等使用年限在一二百年以内。因此，人们更为关注的是“不久的将来”（例如一二百年内）断层有无活动的可能性。从工程勘察的角度出发，应给予潜在活断层以明确的含义。

美国原子能委员会从历史性和现实性观点出发，将活断层分为两类。一类是狭义的“活动断层”，其概念是全新世（1×10^4a）以来活动、并且未来仍有可能活动的断层，其活动可以找到地质的、历史考古的、地震活动的、地球物理的以及大地测量的诸多证据，它对现代工程实践和地震预报等有着最直接和密切的关系。另一类是广义的“能动断层”，其概念是：在 3.5×10^4a 内有过一次活动证据，或在过去 50×10^4a 内有反复活动的证据；与之有联系的断层；沿该断裂带仪器记录到微震活动。

我国规定潜在活断层的时间上限，铁路为1×10^4a，高坝和核电站为5×10^4a。

活断层对工程建筑物的影响表现为两个方面。一方面是由于活断层的地面错动直接损害跨越该断层修建的建筑物；有些活断层错动时附近有伴生的地面变形，则也会影响到邻近的建筑物。另一方面是伴有地震发生的活断层，强烈的地面震动对较大范围内建筑物造成损害。从工程地质观点出发，这两方面的问题均与工程的区域稳定性或地壳稳定性密切相关。

例如，位于美国西海岸南部的长度超过1000km的圣安德列斯大断层是世界上最活跃的活断层之一，特别是旧金山东南从霍利斯特至帕克菲尔德约200km的区段内，激光测距获得的断层蠕动速率是1～4cm/a，因而跨越断层的公路、围墙等建筑物几年后就能发现较大的错位。如我国宁夏石嘴山附近长城被错断为又一例，宁夏石嘴山市红果子沟，明代中、晚期（距今约400年）修建的一段东西向长城，有两处被错断，这两处均为断层的蠕动所致，跨越长城的断层走向为N28°E。由此估算其错动速率，水平和垂直方向各为3.63mm/a及2.25mm/a。我国唐山大地震时有一条长8km、走向N30°E的地表断层，正好由市区通过，最大水平错距3m，垂直断距0.7～1m。该断层穿过的道路、房屋、围墙等一切建筑物全被错开（图3－1）。由上可知，研究活断层有着重要的工程意义，在进行工程建设时，尽可能避开活断层，或采取较合理的措施以预防其可能造成的损害。

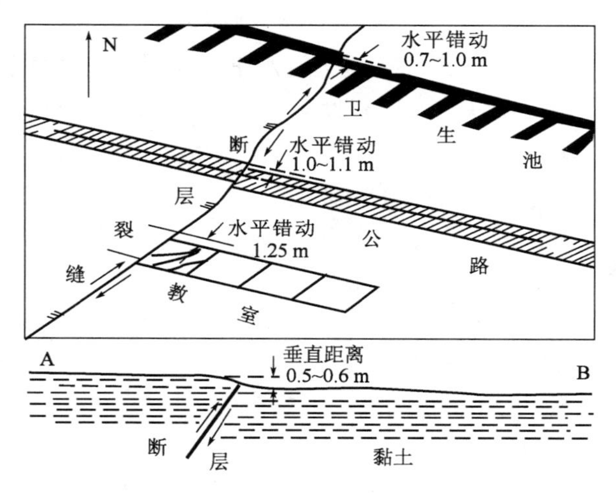

图3－1　唐山大地震地表断层错动

3.1.2　活断层的基本特征

3.1.2.1　活断层的类型和活动方式

1. 活断层的类型

按构造应力状态及两盘相对位移的性质，可将活断层分为地质上熟悉的三种类型——走滑断层、逆断层和正断层，其中以走滑断层最为常见，三类活断层的几何性质和运动特性不同，对工程建筑的影响也各异。

走滑断层：也称平移断层，最大、最小主应力近水平，两者间的最大剪应力面为断层面，近直立，常表现为极为狭窄的直线形断崖。主要是断面两侧相对水平运动，垂直升降很小。河流最易沿此类断层发育，因此对水工建筑影响很大。如圣安德列斯断裂、阿尔金断裂、红河断裂等，我国内陆地震常沿此类断层产生，特别是此类断层的逆冲性地段更是高震级地震的发育区。因该类断层的分支断层少，地表断层线简单、狭窄，容易确定精确位置。

逆断层：最大主应力近水平，最小主应力近垂直，断层走向垂直于最大主应力且与水平面夹角一般小于45°，水平挤压造成缩短位移，上盘除上升外还产生地表变形，并伴以多个分支断层（图3－2）。由于上升盘隆起和倒悬的断层崖易产生滑坡，如我国的喜马拉雅山南麓、天山南北侧都发育近东西向的巨大的逆断层，这些断层都是活动性强烈的发震断层，故该类断层确切位置最难确定。

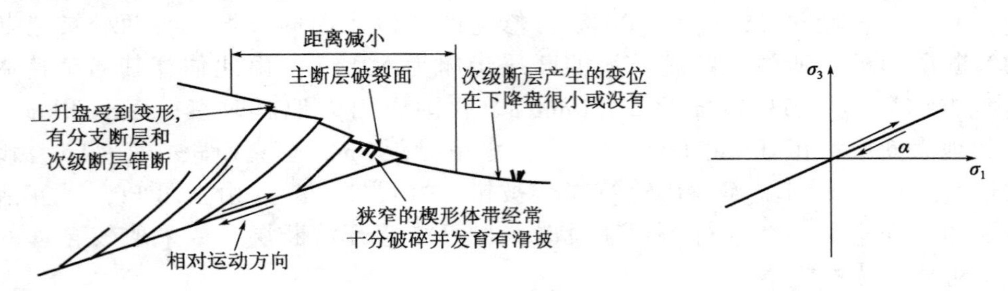

图3－2　活动逆断层上升盘的地表变形及分支断层错动示意图

正断层：最大主应力近垂直，最小主应力近水平，断层走向垂直于最小主应力且与水平面夹角一般大于45°。下降盘常伴有变形和分支断层错动（图3－3）。

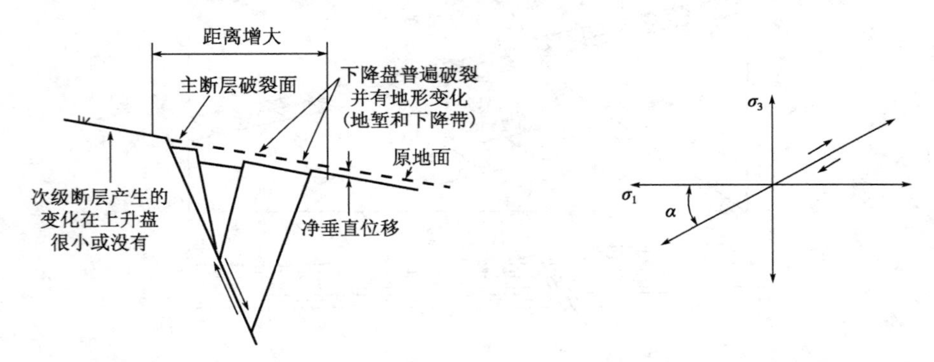

图3－3　活动正断层下降盘的地表变形及分支错动示意图

2. 活断层的活动方式

活断层按基本活动方式可以分为黏滑断层和蠕滑断层。

黏滑断层：以地震方式产生间歇性突然滑动，称为地震断层或黏滑性断层，此类断层的围岩强度高，断裂带锁固能力强，在一定时间段内两盘如同黏在一起，不产生或仅有极其微弱的相互错动，一旦应力达到强度极限时，较大幅度的相互错动在瞬时完成，产生较强地震。这种瞬间发生的强烈错动间断地、周期性地发生，沿这种断层有周期性的地震活动。

蠕滑断层：断层两侧持续缓慢地滑动，称为稳滑断层或蠕滑断层，此类断层的围岩强度低，或在断层带内有软弱充填物或高压孔隙水，断层锁固能力差，在受力过程中会持续不断地相互错动，沿此类断层一般仅有小地震或无地震。有些活断层兼有黏滑和蠕滑。

近年来，一些研究者注意到了黏滑型断层在大震前、后一段时间内在震源和震源外围的蠕动问题。例如，1976 年唐山地震前、后的一些宏观现象，如井壁坍塌、井喷等，可能与深部断裂的蠕动有关。据唐山地震震中区的形变资料反演求得，在 1969—1975 年，曾发生了走滑断距为 104cm 的无震蠕滑，走向和倾向滑动的平均速率分别达 18.6cm/a 和 1.4cm/a。此外，有的地震刚发生时，地表上见不到断层位移，经过数日或一年后，地表才出现这次地震产生的位移。这种断层后效蠕动位移现象，已由美国帕克菲尔德和博利戈山两次地震后的观测资料所证实。说明地震时基岩中发生的断层位移，在其上覆盖层中是以塑性流动的形式而滞后到达地表面的。

3.1.2.2 活断层的继承性与反复性

研究资料表明，活断层往往是继承老的断裂活动的历史而继续发展的，而且现今发生地面断裂破坏的地段过去曾多次反复地发生过同样的断层活动。我国活断层的分布，总体来说是继承了老的断裂构造，尤其是中生代和古近—新近纪以来断裂构造的格架。这些断裂处于几个板块相互作用所控制的现代地应力场中而继续活动，并在一定程度上发育了新的活动部位。在现代地应力场的作用下，东部地区以正断层和走滑—正断层为主，西部地区则以走滑和逆冲—走滑断层为主。而且西部地区的活动强度明显大于东部，一些巨大的活动断裂带，控制了强震的孕育和发生。一些活动构造带的地震震中，总是沿活动性断裂有规律地分布，岩性和地貌错位反复发生，累积叠加，其中尤以走滑断层最为明显。例如，新疆喀依尔特—二台断裂在地质时期内长期活动，其右旋走滑运动幅度的最大值为 26km；上更新世早期形成的水系被错移的最大值为 2.5km。根据大量历史地震现象，不同期次断层错动、不同层序沉积物的资料和 ^{14}C 年代测定综合分析，初步可确定断裂带上有 3～5 次历史地震事件，各次地震位移累积叠加。说明该断裂在相当长的地质历史时期内，在差不多同一构造应力条件下，以同一模式沿着已经发生错动的断裂带继续活动，主要活动方式是黏滑。现今的新疆富蕴地震断裂带是它继承性活动和发展的产物，它的展布范围与该活动断层完全一致。

3.1.2.3 活断层是深大断裂复活运动的产物

活断层往往是地质历史时期产生的深大断裂在近期地质时期及现代地壳构造应力条件下重新活动而产生的。深大断裂指的是切穿岩石圈、地壳或基底的断裂，延伸长度达数十乃至数千千米，切割深度达数千米至数百千米。复活运动的标志是地震活动或地热流异常等，尤其是大型走滑性活断层最易伴生地震。

3.1.2.4 活断层的时空分布不均匀性

活断层在世界范围内分布表现出明显的时空不均匀性。在时间上的不均匀性主要表现在活动强度随时间有较大变化，某一时间段活动强烈而另一时间段则活动微弱，因此错动事件在某一时间段十分密集而另一时间段相对稀疏（图 3－4）。空间上的不均匀性主要表现在不同构造区内断层的活动强度显著不同，同一断层的不同分支或不同段落也有显著差异，随时间的延续，活动区或活动段会变为微弱活动甚至不活动，而另一些区段转化为强烈活动区段（图 3－5）。

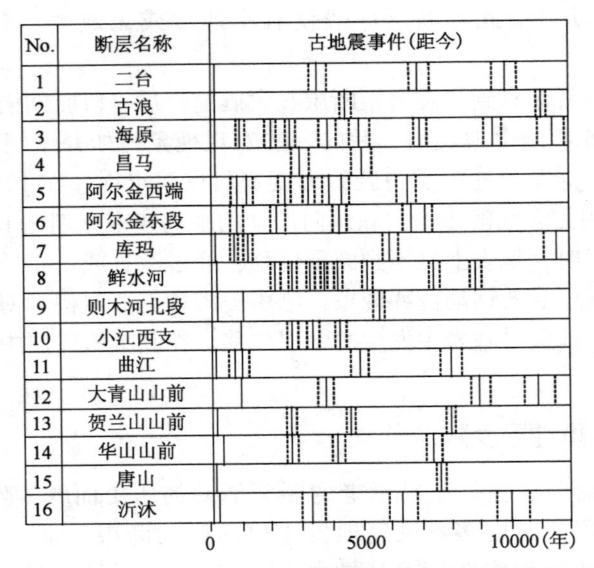

图 3－4　我国一些活断层上全新世古地震事件的时间分布

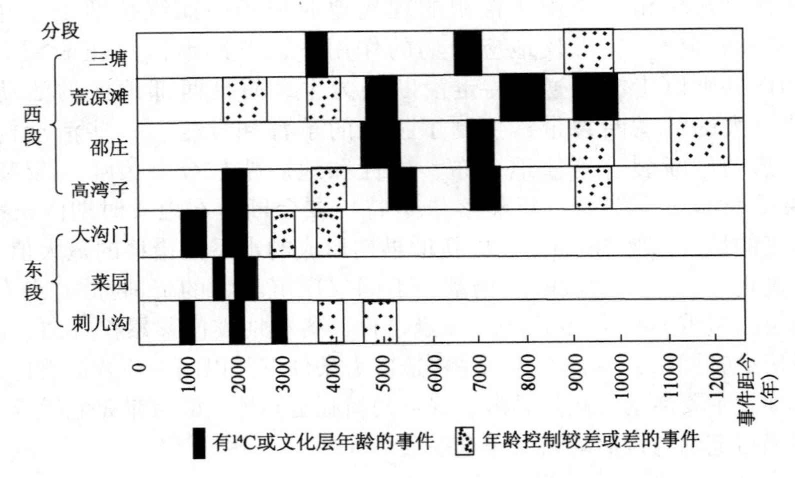

图 3－5　海原活断层全新世错动事件时空分布图

3.1.3　活断层参数的定量研究

活断层在时空域内运动的参数有很多种，这些参数是在活断层区进行地震预报和设防的重要资料，对它们的了解和分析有助于把握活动断裂的活动规律性，也是评价建设场地区域地壳稳定性的重要依据，这里介绍如下几种参数。

3.1.3.1　活断层的产状

活断层的产状包括断层的走向、倾向和倾角，可通过遥感分析、地质调查，以及等震线几何特征、地表地震断层和裂缝、大地测量等方法获得。

3.1.3.2　活断层的长度和断距

通常用地震导致的地面破裂（地震断层或地表错断）的长度和伴随地震产生错断的最

大位移量来表示断层的长度和断距。一般来说，地震的震级越大、震源越浅，则地表断裂越长，断层的位移量越大。一般大于 7.5 级地震均有地表错断。

一般认为，地面上产生的最长地震断裂最能代表震源断层的长度。据此观点，我国地震工作者统计了我国和邻近地区地震的地表断裂资料，于 1965 年提出了如下关系式

$$M = 3.3 + 2.11\lg L$$

式中，M 为地震震级；L 为相应的最长地面断裂长度，km。

当某次地震已知其震级时，即可按上式估算震源断层的长度。

3.1.3.3 活断层的错动速率和错动周期

活断层的错动速率一般通过重复精密地形测量和研究第四纪沉积物年代及其错位量而获得。重复精密测量可测定活断层现今的错动速率，研究第四纪沉积物可获得活断层在近期地质时期内的平均错动速率。我国活动断层的平均错动速率相差很大，西部比东部大，华南和东北最小，一般小于 0.1mm/a，西部则达数毫米以上（图 3－6、图 3－7）。活断层的错动速率是不均匀的，临震前加速，震后逐渐减缓。

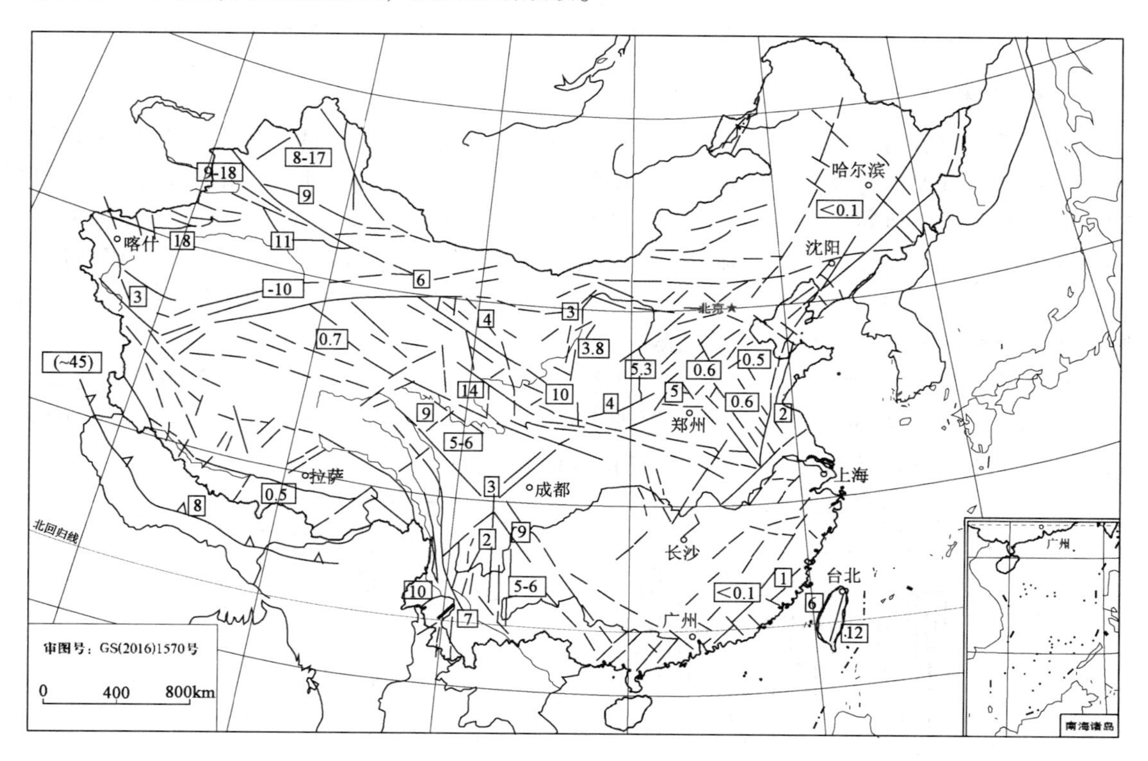

图 3－6　中国活断层错动速率（mm/a）分布概图

审图号：GS（2016）1570 号

活断层两次错动之间的时间间隔称为活断层的错动周期。活断层发生大地震的周期往往长达数百年乃至数千年，有的已超出地震记录的时间，因此要加强史前古地震的研究，利用古地震保存在近代沉积物中的地质证据及地貌记录来判断断层错动的次数和年代。活断层的错动周期取决于断层周围地壳应变速率和断层面锁固段的强度。一般地震强度大的活断层，错动周期越长。

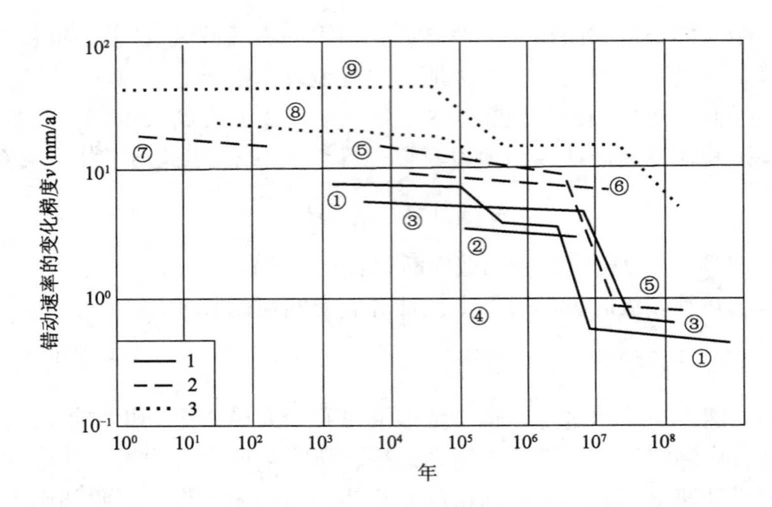

图 3－7　新生代以来一些走滑型活断层错动速率的变化

1—中亚活动带：①达瓦斯—卡拉库里断层，②准噶尔断层，③塔拉斯—费尔干断层；

2—地中海活动带：④柯别达克断层，⑤卡曼断层，⑥死海断层，⑦北安纳托里亚断层；

3—太平洋活动带：⑧新西兰阿尔卑斯断层，⑨圣安德列斯断层

3.1.3.4　活断层的年龄

研究断层的活动性需要确定断层的活动时间和活动速率，特别是最新一次活动的地质年代和绝对年龄对工程建设至关重要。活断层的年龄判据要以第四纪地质学和地层学研究为基础，采用地质学、地貌学、地层学原理，结合第四纪冰川学、古地磁学和古地震分析手段，将各项研究成果加以综合分析，判定活断层的地质年代或年代范围，在此基础上应用现代分析手段测定活断层的绝对年龄。所以，年龄判据方法可分为错断地层年龄法（间接法）和断层物质绝对年龄法（直接法）两大类。

错断地层年龄法适用条件是错断断层带及所在地质体上覆盖有第四纪沉积物。图 3－8（a）的活断层发生于晚更新世晚期（Q_3^2）与全新世（Q_4）之间，图 3－8（b）的活断层则发生于晚更新世早期（Q_3^1）与全新世（Q_4）之间。

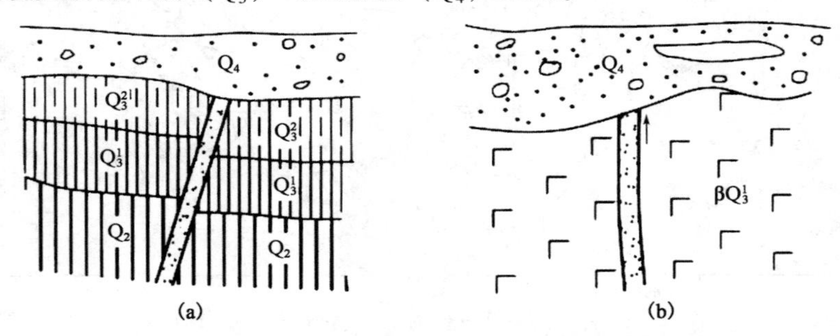

图 3－8　新生代以来一些走滑型活断层错动速率的变化

断层物质绝对年龄法，是从断层带内采取样品，并用专门仪器测定样品中某些矿物、岩石、化石的物理、化学和显微结构的变化等，用以确定绝对年龄。目前，有效的方法有^{14}C法、热释光法（TL）、铀系法（USM）、电子自旋共振法（ESR）和石英表面显微结构法（SEM）等。这些方法精度高，结果可靠，但取样有特殊要求。若将上述任两种方法结合起来使用，活断层年龄判据的可信度是很高的。

3.1.4 活断层的鉴别方法和标志

活断层的鉴别是对其进行工程地质评价的基础。活断层是第四纪以来构造运动的反映，可以显示新构造活动行迹。所以，鉴别活断层可以借助地质学、地貌学、遥感及大地测量、水文地质标志、历史地震和历史地标错断资料、地球物理等方法和手段，定性和定量地鉴别。

3.1.4.1 地质学方法

在野外有时在剖面上可以一眼看到断层，有时断层却比较隐蔽，特别是地面覆盖物较多时，更不易发现。有时虽然在一个点或一个剖面发现有断层存在，但要确定整个断层的面貌也不是容易的事。断层鉴别的主要标志有以下几个。

1. 断层面和断层带上的标志

（1）断层擦痕：断层两盘相对错动，常在断层面上留下平行细密而均匀的擦痕，有时形成相间平行排列的擦脊和擦槽。这些擦痕有时呈一头粗深一头浅细的“丁”字形，由粗向细的方向代表对盘运动的方向。用手抚摸擦痕，有不同方向的滑涩的手感，光滑方向代表对盘移动方向。

（2）断层滑面（镜面）：断层两盘相对错动，可引起断层面上的温度升高，使一些铁、锰、钙、硅等成分的物质粉末重熔，敷在断层面上形成一层光滑的薄膜，称为断层滑（镜）面。在扭性、压扭性断层面上更容易出现断层滑面。

（3）阶步断层：两盘相对错动，在断层面上所形成的小陡坎（台阶），称为阶步。阶步常垂直擦痕方向延伸，但延伸一般不远，阶步间彼此平行排列。阶步陡坎方向指示对盘运动方向。

（4）断层构造岩：断层作用常在断层带形成各种构造岩。最常见的构造岩有断层角砾岩，角砾棱角显著，大小不一，一般无定向排列，角砾的成分与断层两盘的成分相同。断层角砾常被钙、硅、铁、黏土等物质胶结。典型的断层角砾岩常见于正断层（或张性断层）。

2. 岩层上的标志

（1）岩层的不连续：断层常把原来连续的地层、矿脉、岩脉、变质带以及各种构造线错开，使它们发生不连续或中断现象，特别是横断层、倾向断层和平推横断层，这种现象非常明显。应该指出，岩层和构造的错开中断，也可因岩层尖灭和岩层的角度不整合接触等所形成，断层接触和角度不整合接触所形成的岩层中断现象的最主要区别是，断层所形成的岩层中断是上盘岩层界线与断层线斜交，而不整合所形成的岩层中断，是不整合面上的岩层界线与不整合线平行。

（2）岩层的重复或缺失：加厚或变薄走向断层或纵断层（无论是正断层或逆断层）必然会产生岩层重复或缺失的现象。岩层重复或缺失决定于断层性质、断层产状和被切断岩层的产状三者之间的关系（表3－1）。

表3－1　走向断层造成岩层重复和缺失

断层性质	断层倾向与岩层倾向关系		
	相反	相同	
		断层倾角 > 岩层倾角	断层倾角 < 岩层倾角
正断层	重复	缺失	重复
逆断层	缺失	重复	缺失

（3）岩层产状的变化：枢纽（旋转）断层形成时，断层线两侧的岩层产状发生很大变化。

3. 断层两侧的伴生构造标志

在断层面的一侧或两侧，常形成一些伴生的褶皱、节理等构造，作为断层存在的证据，并可用以判断断层的力学性质和两盘的移动方向。

（1）拖拉褶皱，又名牵引褶皱。柔性较大的岩层断开时，断层面一侧或两侧常发生一些拖拉而成的小褶皱，这种小褶皱的特点是：多为倾斜或倒转褶皱；离开褶皱面一定距离，这种小褶皱即渐消失；拖拉褶皱的形成过程，正断层和逆断层的拖拉褶皱形态不同。根据拖拉褶皱的形态可判断两盘的运动方向，从而进一步确定断层的性质。其方法是拖拉褶皱的弧顶所指的方向指示其所在盘的移动方向。拖拉褶皱的弧顶指向和箭头方向是一致的。

（2）伴生节理在断层面的一侧或两侧，常因上下盘错动产生若干组有规律的节理。

3.1.4.2 地貌学方法

第四纪以来形成的地貌类型与前第四纪的地层岩性、地质构造以及第四纪以来的地壳运动和外动力密切相关，地貌形成时代越新对判断活断层越有利。一般第四纪以来没有活动的断裂在地貌上无反应。活断层往往构成两种截然不同的地貌单元的分界线（图3－9），并加大各地貌单元的差异。

在地貌上出现陡崖、三面山和洪积扇叠置等现象，河流体系、冲沟、山脊等错位，滑坡、崩塌和泥石流呈线性密集分布。这些都是活断层存在的标志之一。

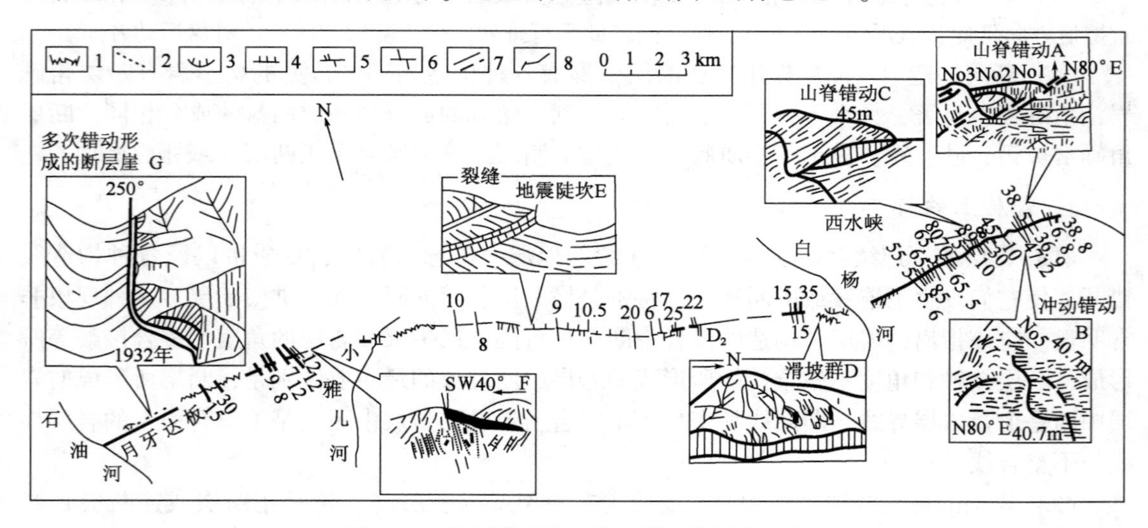

图3－9 昌马断裂带东段地震事件断错地貌

1—裂缝；2—鼓包；3—滑坡；4—陡坎；5—山脊错断；6—冲沟错断；7—断层线；8—河流

3.1.4.3 遥感及大地测量方法

通过遥感解译，在遥感影像上颜色分异带往往是活断层的反映，河流、山脊出现错动，湖泊洼地呈串珠状分布，串珠的连线往往是活断层。

大地测量也为活断层研究提供了有力手段，通过大地形变测量可得到活断层运动的水平和垂直运动量，从而获得活断层的运动轨迹。重复水准测量可获得垂直运动量，而重复三角测量可获得水平运动量。

3.1.4.4　水文地质标志

活动断裂带的透水性和导水性较强，因此当地形、地貌条件合适时，沿断裂带泉水常呈线状分布，且植被发育。此外，许多活断层沿线常有温泉出露。它们均可作为活断层的判别标志。但需注意的是，有些老断层沿线泉水也有线状分布的特征，判别时要慎重，应结合其他特征与之区别。

3.1.4.5　历史地震和历史地标错断资料

历史上有关地震和地表错断的记录，也是鉴别活断层的证据。一般来说，老的历史记载往往没有确切的震中位置，又无地表错断的描述，所以只能用以证实有活断层存在，而难以确切判定活断层的位置。而较新的历史记载，震中位置、地震强度以及断裂方向、长度与地表错距都较为具体、详细。因此，对历史记载要加以分析。

利用考古学的方法，可以判定某些断陷盆地的下降速率。这种方法主要的依据是古代文化遗迹被掩埋在地下的时间和深度。例如，山西山阴县城南发现公元1214年的金代文物被埋于地下1.5～1.8m，可估算出汾渭地堑北端的雁同盆地平均下降速率是2.2mm/a。

3.1.4.6　地球物理方法

断裂活动是地壳运动的一种方式，因此其运动必然会对区域的地球物理场产生影响。用地球物理方法查明这些影响为鉴别活断层提供间接乃至直接的证据。

活断层的地球物理研究方法主要包括重力、航磁、地震和热流异常等。

3.1.5　活断层对工程的影响

活断层研究和鉴别的目的在于了解它对区域地壳稳定性影响的方式和程度，最终为工程建设的地质环境评价提供依据。

一般来说，活断层对工程的影响可以概况为以下四个方面。

（1）断层活动有可能产生破坏性地震，地震的振动效应对工程建筑或构筑物的结构具有破坏作用，造成建筑物倒塌、破坏或功能失效。

（2）地震的震动效应可能导致液化、震陷、滑坡和崩塌等地震地质灾害，从而导致地基失效或对工程设施的直接破坏。

（3）地震断层地表错动对工程设施的破坏。到目前为止，中国大陆产生明显地表断层最小震级为1888年甘肃景泰发生的6.25级地震，该地震产生了长38km的地表破裂带，最大水平位移2.3m（邓起东等，1992）。一般来说，随着震级的增大，地震地表破裂带的规模和位移也增大。但是，当地震地表破裂带的规模与位移大小由于受断错性质、构造环境、岩石介质、第四系覆盖层的特点及厚度等因素的影响，和震级大小不一定呈简单的比例关系。

（4）活动断层除了发生突发断错外，还有可能以缓慢蠕滑的方式活动，同样会造成跨断层或附近建筑物的破坏。如1973年炉霍7.6级地震后，于1984年在主断层上盖了一个纪念碑，纪念碑分两部分跨断层建造，至1998年，两侧碑体已有12mm的左旋位移。其蠕滑速率为该断层全新世以来平均滑动速率的1/15。

所以，在活断层区进行工程建筑时，必须在场址选择与建筑型式和结构等方面慎重加以研究，以保障工程建筑的安全可靠。工程建筑应尽量避开活断层，尤其是高坝、核电站、卫星基地等永久性建筑，更不能在活断层附近。不得不跨越活断层的工程建筑应尽量以大角度相交。同时建在活断层上工程建筑应采用与之相适宜的建筑型式和建筑结构。

活断层对工程建设的有害影响大于有利影响，但活断层对人类活动也有有利的贡献，断层活动将深部的地热带到地表，我国的许多地热资源与断层活动有关；断层活动将地球深部的成分带到地表可形成矿产；断层活动可成为油气再次运移的通道等。

3.2 地震

在地壳表层，因弹性波传播所引起的振动作用或现象，称为地震，是地壳运动的一种特殊形式。绝大多数地震发生在地球表层70km范围内，破坏性地震集中分布在现代地壳活动强烈的构造带内。地震是一种常见的地质现象，全世界每年约发生地震500万次，其中绝大多数很微弱而不为人所感知，人们能感觉到的地震约5万次，能造成破坏的约1000次，造成很大破坏的仅十几次。

地震与活断层有着密切的关系，据统计，世界上90%以上的地震是由断层活动而引起的。

地震的发生突如其来，难以防范，强震会造成巨大的灾害。据有关资料统计，20世纪全世界因地震而死亡的人数达260万，约占各种自然灾害死亡人数的58%。我国地处环太平洋和地中海—喜马拉雅地震带之间，是世界上最大的大陆地震区，受害之深也占世界首位。据近2000年来的资料统计，我国曾发生8级以上地震15次，7级以上地震79次。我国内陆地震占世界内陆地震的70%。烈度Ⅶ度以上的面积约$3\times10^6km^2$。我国有文字记载的地震死亡人数最多的是陕西华县于1556年发生的8级地震，共死亡83万。工程地质学对地震的研究着重于研究地震对工程建筑的破坏作用，为地震区的城市和各类工程的规划、设计提供依据。

3.2.1 地震地质及地震波基础

目前全球范围内破坏性地震并不是到处可以发生的，研究发现，地震是在一定条件下发生发展的，地震必须具备一定的地质条件、一定的激发机制和地震波传播条件。

3.2.1.1 地震发生的地质条件

地震总是在一定地质条件下产生的，地震地质条件研究是地震研究的基础内容之一。

1. 地震成因学说

关于地震的成因研究直接关系到地震监测、地震预报及防震抗震设计等问题。目前关于地震的成因学说有3种：

断层说，即弹性回跳理论，这一理论基于岩石的弹性变形机制，即岩石体积和形状受力后发生可逆变化，应力消失后，将恢复到原来的大小和形状。弹性回跳理论认为地应力使断层两侧岩石发生弹性变形并储存能量，当储存的能量超过断层两盘间的摩擦阻力时，能量以地震的形式突然释放，并使发生了弹性变形的岩石恢复原来的形状。这一理论是由美国地震学家李德通过研究1906年圣安德列斯断层的活动情况而于1910年提出的，它是目前人们广泛接受的地震成因解释。

岩浆冲击说，日本学者于 1931 年提出的，该学说认为地壳深部岩浆的物理化学变化产生化学能、热能和动能，使得岩浆具有向外扩张而冲入地壳岩体软弱地段的趋势；岩浆以强大的力量挤压和冲击围岩，并使围岩遭受破坏而产生地震。

相变说，新西兰学者于 1963 年提出，该学说认为处于高温、高压条件下的深部物质能够从一种结晶状态突然转变为另一种结晶状态，在此过程中伴随着密度的变化而引起物质体积的改变，从而使周围岩体受到快速的压缩或扩张，产生地震。

岩浆冲击说和相变说没有得到进一步的论证和广泛应用。总之，地震是至今仍未解开的谜。

2. 地震发生的地质条件

20 世纪 60 年代板块构造理论的发展对地震地质的研究起了很大的推动作用。就全球的地震震中分布的地理位置来看，总体上呈带状集中分布在特定的部位。地震带分布于板块的结合部位及洋中脊一带，说明板块结合部位和洋中脊是近期构造活跃地区。

根据对大陆板块内部地震分布与活断层关系的分析，地震发生条件可归纳为四方面：

（1）能源条件，地震爆发是能量转换的过程，因此，必须具备向震源区供给能量的能源才会导致地震。目前研究认为能为地震提供能源的途径主要有：板块之间的碰撞力、地热应力、磁暴、日月引力、人类活动的附加力等。

（2）介质条件，地震过程是岩体破碎的过程，因此，地震总是在特定的介质条件下产生，硬脆性介质能聚集很大的弹性应变能，而当应变能超过了它的极限强度时就会突然导致脆性破裂，大量释放应变能而发生强烈地震。软塑性介质在应力作用下多以塑性变形来调节，将应变能释放出去，因而不可能发生强震。我国地震地质界认为，华北地区的地震活动明显强于华南地区的一个重要因素，就是华北地区震旦系结晶基底以脆性的花岗岩为主；而华南地区的基底大多为软弱的浅变质岩系。

（3）结构和构造条件，根据大量震例分析，强震往往发生在现代构造活动强烈的深大断裂带中地应力高度集中的部位——活断层的端点、拐点、交汇点、分支点和错列点。这些地方岩体强度高、应力集中，能积累很大的应变能。

（4）构造应力场条件，现今地震研究表明，地震的孕育和发生受控于现代构造应力场的特征。地震往往产生在现今应力活动较为剧烈的场所。

3. 地震的分类

1）根据地震的成因分类

按成因地震可分为构造地震、火山地震和陷落地震三类。

构造地震毫无疑问就是由于地下岩层的错动和破裂而引起的地震，它是地球上数量最多、规模最大、危害最严重的一类地震，全球 90% 以上的地震属于构造地震。我国的强震绝大部分是浅源构造地震，其中 80% 以上均与断裂活动有关。如 1970 年 1 月 5 日云南通海地震(7.7 级)，是曲江断裂重新活动造成的。1973 年 2 月四川甘孜、炉霍地震（7.9 级），是鲜水河断裂重新活动造成的，并在地震后在地面形成一条走向 NW310°、长 100 多千米的地裂缝。世界上许多著名的大地震也都属于构造地震。1906 年美国旧金山大地震（8.3 级）与圣安德列斯大断裂活动有关。1960 年 5 月 21 日至 6 月 22 日在智利发生一系列强震，都发生在南北长达1400km的秘鲁海沟断裂带上。2008年5月12日中国四川汶川大地震（8.0级）是龙门山断裂重新活动造成的。

由于火山作用（火山喷发、气体爆炸等）引起的地震，约占全球地震的7%。这种地震可以是直接由火山爆发引起的地震；也可能是因火山活动引起的构造变动，从而发生地震；或者是因构造变动引起火山喷发，从而导致地震。因此，火山地震与构造地震常有密切关系。

由于自然界大规模的崩塌、滑坡或地面塌陷所引起的地震称为陷落地震。本类地震为数很少，约占地震总数的3%。震源很浅，影响范围小，震级也不大。1935年广西百寿县曾发生塌陷地震，崩塌面积约$4\times10^4m^2$，地面崩落成深潭，附近屋瓦震动。又如，1972年3月在山西大同西部煤矿采空区，大面积顶板塌落引起了地震，其最大震级为3.4级，震中区建筑物有轻微破坏。

2）根据截止断裂特征和构造应力状态分类

地震的分类根据介质断裂特征和构造应力状态的不同，可将地震分为四类。

（1）单一主震型：即均匀介质且无应力高度集中。主震前、后均无断裂存在和发生，故无前震和余震，即使有也很小。

（2）主震—余震型：即均匀介质内主震前未发生断裂，地壳外力逐渐施加，当应力集中到一定程度后突发主震；主震后仍有应力集中，余震系列较多。1976年唐山7.8级地震即属这种类型。

（3）前震—主震—余震型：在不均匀介质内，在主震前发生小破裂，即前震，主震后有应力降；由于应力调整，有较多余震出现。大多数地震属于此类型。

（4）群震型：即在介质极不均匀而局部应力集中非常显著的情况下，一系列强度不大的中小地震连续出现，没有主震。

3.2.1.2 地震波

由震源发出的地震波是一种弹性波，它是地震发生时引起建筑物破坏的原动力。地震波包括体波和面波两种。体波是通过地球本体传播的波；而面波是由体波形成的次生波，即体波经过反射、折射而沿地面传播的波。

体波分为纵波（P波）和横波（S波）两种。纵波是由震源向外传播的压缩波，质点振动与波前时的方向一致，一疏一密地向前推进，其振幅小、周期短、速度快。横波是由震源向外传播的剪切波，质点振动与波前进的方向垂直，传播时介质体积不变但形状改变，其振幅大、周期长、速度慢，且仅能在固体介质中传播。

面波也可分为瑞利波（R波）和勒夫波（Q波）两种。瑞利波传播时在地面上滚动，质点在波方向上和地表面法向组成的平面（xz面）内作椭圆运动，长轴垂直地面，而在y轴方向上没有震动。勒夫波传播时在地面上作蛇形运动，质点在地面上垂直于波前进方向（y轴）作水平震动。面波的振幅最大，波长和周期最长，统称为L波。面波的传播速度较体波慢，在一般情况下，瑞利波波速$v_R=0.914v_S$。

综上所述，各种地震波的传播速度以纵波最快，其次是横波，最后才是面波。所以在地震记录图上，最先记录到的是纵波，其次是横波，最后才是面波。由于横波和面波的振幅较大，所以一般情况下，当横波和面波到达时，地面震动最强烈，建筑物破坏通常是由它们造成的。

3.2.2 地震震级和烈度

地震震级和烈度是衡量地震能量大小和破坏强烈程度的两个指标，这两个指标间有联系但却是两个不同的指标，不能混淆。

3.2.2.1 地震震级

地震震级是表示地震本身能量大小的尺度，是衡量地震过程中释放出来的能量总和，释放出来的能量越大则震级越高。由于一次释放出来的能量是恒定的，所以在任何地方测定只有一个震级。根据 C. F. Richter 1935 年给出震级的原始定义，震级（M）是指距震中 100km 的标准地震仪（周期 0.8s，阻尼比 0.8，放大倍数 2800）所记录的以微米表示的最大振幅（A）的对数值，即 $M = \lg A$。震级与能量间存在如下关系：$\lg E = 4.8 + 1.5M$。一级地震能量约为 2×10^6J，震级每增大一级，能量约增加 30 倍。由此推算 7 级地震相当于 30 颗 2 万吨级原子弹的能量。

但实际测量时，由于很大一部分能量已消耗于地层的错动和摩擦所产生的位能和热能，人们所能测到的主要是以弹性波形式传递到地表的地震波能。

实际上，距震中 100km 处不一定有符合上述标准的地震仪，因此须根据实际记录进行修正求得震级。我国目前规定：近震（<1000km）用体波震级（M_L），远震多用面波震级（M_S）。我国现行标准是面波震级。

$$M_L = \lg A_u + R(\Delta)$$
$$M_S = \lg(A_u/T)_{max} + \sigma(\Delta) + C$$
$$M_S = 1.13M_L - 1.08$$

式中，A_u为以 μm 表示的实际地动位移；R（Δ）为起算函数，可由表查得，震中距不同、地震仪不同则该值不同；T 为面波周期；σ（Δ）为面波起算函数；C 为台站校正值。σ（Δ）和 C 均可查表获得。

按震级大小将地震分成 4 类：

弱震：震级 <2 级的地震；

有感地震：2 级≤震级≤4.5 级的地震；

中强震：4.5 级 <震级 <6 级的地震；

强震：震级≥6 级的地震，其中震级≥8 级的又称为巨大地震。

一般而言，人们感觉不到小于 2 级的地震，只有仪器才能记录；2 ~4 级为可感地震；5 级以上地震可引起不同程度的破坏，称为破坏性地震；7 级以上为强烈地震。由于目前发震岩石的强度不能积累更大的弹性应变能，因此现有记载的地震震级最大为 8.9 级。

3.2.2.2 地震烈度

地震烈度是指地震发生时，在波及范围内一定地点地面振动的激烈程度，也可以说是地面及各类建筑物遭受破坏的程度。地震烈度的高低与震级的大小、震源的深浅、震中距、地震波的传播介质及场地地质构造条件等因素有关。

一次地震只有一个震级，但烈度则因地理位置而异，由震中向外烈度逐渐降低。将烈度相同的点用曲线连接起来称为等震线。根据等震线可判断一次地震的地区烈度分布、震中位置、发震断层的方向（平行于最强等震线的长轴），还可推断震源深度及烈度递降规律。

为了评价地震的影响程度，制定了评定地震烈度的标准——地震烈度表，它把宏观现象（人的感觉、物体的反应、建筑物及地表的破坏程度）和定量指标按统一的标准，把相同或相似的情况划分在一起，按照不同程度划分等级，依次排列成表，用以区分不同烈度的级别。我国将地震烈度划分为12度（表3－2）。

表3－2　中国地震烈度表

烈度	地震现象
Ⅰ度	人无感觉，仪器能记录到
Ⅱ度	个别完全静止中的人感觉到
Ⅲ度	室内少数人在完全静止中能感觉到
Ⅳ度	室内大多数人有感觉，室外少数人有感觉；悬挂物振动，门窗有轻微响声
Ⅴ度	室内外多数人有感觉，梦中惊醒，家畜不宁，悬挂物明显摆动，少数液体从装满的器皿中溢出，门窗作响，尘土落下
Ⅵ度	很多人从室内跑出、行动不稳、器皿中液体剧烈动荡以至溅出、架上的书籍器皿翻倒坠落、房屋有轻微损坏以至部分损坏
Ⅶ度	自行车、汽车上任由感觉；房屋轻度破坏—局部破坏、开裂，经小修或者不修可以继续使用；牌坊、烟囱损坏；地表出现裂缝及喷沙冒水
Ⅷ度	行走困难；房屋中等破坏—结构受损，需要修复才能使用；少数破坏使路基塌方，地下管道破裂；树梢折断
Ⅸ度	行动的人摔倒；房屋严重破坏—结构严重破坏，局部倒塌修复困难；牌坊、烟囱等崩塌，铁轨弯曲；滑坡塌方常见
Ⅹ度	处于不稳状的人会摔出，有抛起感；房屋大多数倒塌；道路毁坏；山石大量崩塌；水面大浪扑岸
Ⅺ度	房屋普遍倒塌，路基堤岸大段崩毁，地表产生很大变化，大量山崩滑坡
Ⅻ度	地面剧烈变化，山河改观，一切建筑物普遍毁坏，地形剧烈变化，动植物遭毁灭

对工程建筑而言必须弄清两个烈度。基本烈度是某一地区今后一定期限内可能遭遇地震影响的最大烈度，它是中长期地震预报在防震、抗震上的具体估量。一切抗震强度的计算及防震措施的采取都以基本烈度为基础。小区域因素或场地地质因素影响的地震烈度为场地烈度，它是建筑物场地地质构造、地形地貌和地层构造等工程地质条件对建筑物震害的影响程度。

3.2.3　地震效应

在地震作用影响所及的范围内，于地面出现的各种震害或破坏，称为地震效应。其与场地工程地质条件、震源大小及震中距等因素有关，也与建筑物的类型和结构有关。地震效应主要有震动破坏效应、地面破坏效应两种类型，在地震效应中，震动破坏效应是最主要的。下面将重点讨论震动破坏效应和地面破坏效应。

3.2.3.1　震动破坏效应

地震发生时，地震波在岩土体中传播，而引起强烈的地面运动，使建筑物的地基、基础以及上部结构都发生振动，也给建筑物施加了一个附加载荷，即地震力。当地震力达到某一限度时，建筑物即发生破坏。这种由于地震力作用直接引起建筑物的破坏，称为震动破坏效应。一次强烈地震发生时，建筑物的破坏、倾倒，主要是由于地震力的直接作用引起的。破坏的主要原因是承重结构强度不够和结构刚度或整体性不足。

地震对建筑物振动破坏作用的分析方法，有静力分析方法和动力方法两种。

1. *静力分析方法*

这是一种古典的分析方法，它假定建筑物是刚性体，即地震时，建筑物各部分的加速度与地面加速度完全相同。并且规定地震力是一个固定不变的力，它是同地面振动的最大加速度所引起的惯性力，据此进行静力分析。由于这种方法比较简便，目前世界上有些国家仍将它作为抗震设计的依据。

地震时震波在传播过程中使介质质点做简谐振动，地震力是由这种简谐振动引起的加速度所决定的。如果建筑物的质量为 m，则作用其上的水平地震力 P 为

$$P = m\alpha_{\max} = \frac{W}{g}\alpha_{\max}$$

式中，W 为建筑物的重量；$\alpha_{\max}$ 为最大水平加速度；g 为重力加速度。

令
$$K_C = \frac{\alpha_{\max}}{g}$$

则
$$P = WK_C$$

式中，K_C 称为水平地震系数，无量纲，以分数表示。

地震时，介质质点振动的最大水平加速度 $\alpha_{\max}$ 为

$$\alpha_{\max} = \pm A\left(\frac{2\pi}{T}\right)^2$$

式中，A 为振幅（质点的最大位移量）；T 为振动周期。

地震力作为一个矢量，既有水平向的，也有铅直向的。在震中区，铅直向的地震力不能忽视，它往往可与水平地震力相等。但远离震中区，铅直地震力则大为减小。铅直地震力 P' 可按下式求得

$$P' = WK'_C$$

$$K'_C = \frac{\alpha_{0'\max}}{g}$$

式中，K'_C 为铅直地震系数；$\alpha_{0'\max}$ 为最大铅直加速度。

在水平推力作用下有倾覆、滑动危险的结构，如挡土墙、水坝，或计算高烈度区斜坡稳定性时，则考虑铅直地震载荷核算强度和稳定性。而一般建筑物的竖向安全储备较大，能承受附加的铅直地震载荷。因此，可以不考虑铅直地震载荷的影响。

2. *动力分析方法*

静力分析方法虽然较简单，但往往与实际情况有较大出入。因为建筑物的震动破坏，除了受最大加速度的影响外，还与震动持续时间、震动周期以及建筑物的结构特性有关，地震波在介质中振动的持续时间和震动周期，主要取决于岩土体的类型、性质和厚度等因素。动

力分析方法考虑了上述情况，因而更符合实际。目前世界上包括我国在内的绝大多数国家都采用动力分析方法。

目前应用最广泛的动力分析方法是简化的反应谱法。它假定建筑物结构为单质点系的弹性体，作用于其底的地震运动为简谐振动。所测得结构系统的动力反应，不仅取决于地面振动的最大加速度，还取决于结构本身的动力特征。结构的自振周期和阻尼比是其动力特征中两个最重要的参数。在地震振动力作用下，对于结构的某一特定阻尼来说，其体系的最大位移（或最大速度、最大加速度）与自振周期间的关系可表示成一条曲线。取几种各不相同的阻尼比就可以给出一组曲线，即为最大位移（或最大速度、最大加速度）反应谱（图 3－10）。由此可知，结构的阻尼对于反应谱值的影响很大，阻尼比越大，反应谱值越小；阻尼对谱值的削减量在小阻尼时十分显著，当阻尼增大时，逐渐不显著。有了反应谱，就可以决定已知自振周期和阻尼比的任何单质点系的最大位移（或最大速度、最大加速度）反应，也可以计算出相应的应力状态。

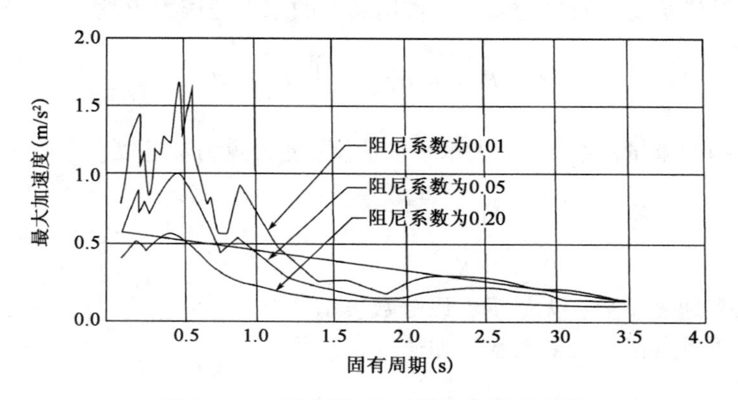

图 3－10　不同阻尼比时的加速度反应谱

近年来在少数重要建筑物的抗震设计中，已试验直接输入强震加速度记录的波谱到电子计算机中，以模拟地震作用。这样可了解建筑物在地震作用下的振动过程，求出它在地震全过程中的动应力和动位移，以控制建筑物的变形在弹性限度之内。

3.2.3.2　地面破坏效应

地面破坏效应可分为地面破裂效应和地基基底效应两种基本类型。这两种地面破坏效应对工程建设意义重大。

1. *地面破裂效应*

地面破裂效应指的是强震导致地面岩土体直接出现破裂和位移，从而引起跨越破裂带及其附近的建筑物变形或破坏。强烈地震发生时，在地表一般都会出现地震断层和地裂缝。在宏观上，它仍沿着一定方向展布在一个狭长地带内，绵延数十至数百千米，对工程建设意义重大。

地裂缝是指因强烈地震而在高烈度区（＞Ⅰ度）地面上出现的非连续性变形现象。按形成机制，地裂缝又可分为构造性的和非构造性的两种。构造性地裂缝对应于一定的震源机制，具有明显的力学属性和一定的方向性；其分布受地震断层控制。非构造性地裂缝是由于地震力作用而使某一部位岩土体沿重力作用方向产生的相对位移，所以也称为重力性地裂缝；它的分布常与微地貌界限吻合。

构造性地裂缝与深部震源断层的地震机制参数大体相符，但它们之间并不连通，因而它不是深部震源断层发生错动时的直接产物。国内外许多强震资料表明，当第四纪覆盖层大于30m时，在震中区出现的地裂，多属于这种类型，而不是基岩中的断裂直通地表。例如，1976年7月28日唐山地震时，在市区的中心部分出现了总体走向为N20°~30°E的地裂缝，呈右旋雁行排列，绵延约8~10km（图3-11），与地震断层的走向一致。经坑探证实，这些裂缝向下延深不大于2.5m。由此可以将构造性地裂的生成机制作以下分析：当震源断层错动时，由深部基岩向上输入具有明显方向性的P波初动或强能量的地震波，使地面土层产生大幅度振动。当质点位移幅值超过了其弹性极限，或质点上的地震力超过了土的抗剪强度时，便产生了永久塑性变形。所以说构造性地裂缝是强震震中区地面激烈振动的结果。

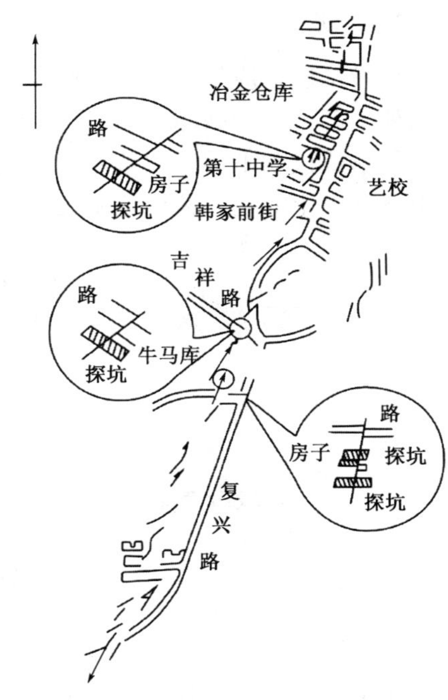

图3-11　唐山地震地裂缝分布及探测点的位置图

构造性地裂缝的错动效应可引起跨越的某些刚度较小的地面工程设施发生结构性损坏，也可能使某种地基失稳或失效。但这些震害效应不是毁灭性的。不少强震实例表明，由于地裂缝的出现，可能吸收部分地面振动能量，减少振动历时，因而在一定程度上减轻了震害。

重力性地裂缝的表现形式有两种：（1）由于斜坡失稳造成土体滑动，在滑动区边缘产生张性地裂；（2）平坦地面的覆盖层沿着倾斜的下卧层层面滑动，导致地面产生张性地裂，此种形式大多发生在土质软弱的古河床内填筑土层的边界上，它对建筑物的危害不容忽视。

重力性地裂缝产生的条件是：（1）古河床堆积松散砂层的震陷；（2）由于砂层的震陷而引起上覆填土的垂直沉陷、位移；（3）浅部填土层的振动具有地面运动的放大作用特征，在填土层的倾斜界面上产生斜向滑移（图3-12）。

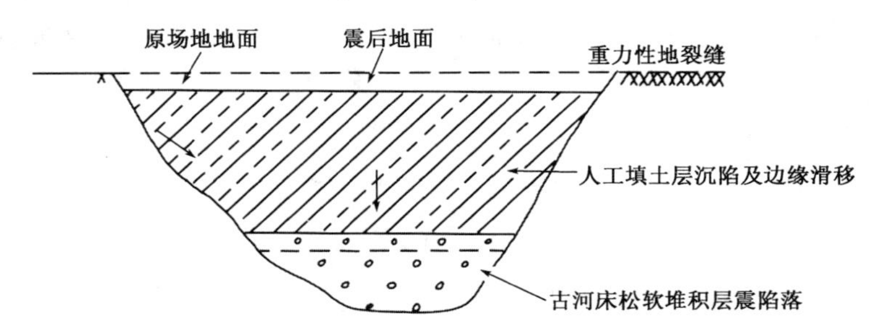

图3-12　古河道填平场地上重力性地裂缝示意图

重力性地裂缝的错动效应与构造性地裂缝的大致相同，即地裂缝的出现虽可造成跨越其上的建筑物发生难以抵御的破坏；但由于地面产生了大幅度塑性位移，吸引弹性振动能量，使运动速度急剧衰减，减少振动历时，从而减轻了邻近建筑物的震害。

2. 地基基底效应

地基基底效应指的是地震使松软土体震陷、砂土液化、淤泥塑流变形等，而导致地基失效，使上部建筑物破坏。

按形成机制不同，地基基底效应又可分为三种，即地基强烈沉降或不均匀沉降、地基水平滑移和砂土液化。造成地基失效的地形地质条件见图3－13。

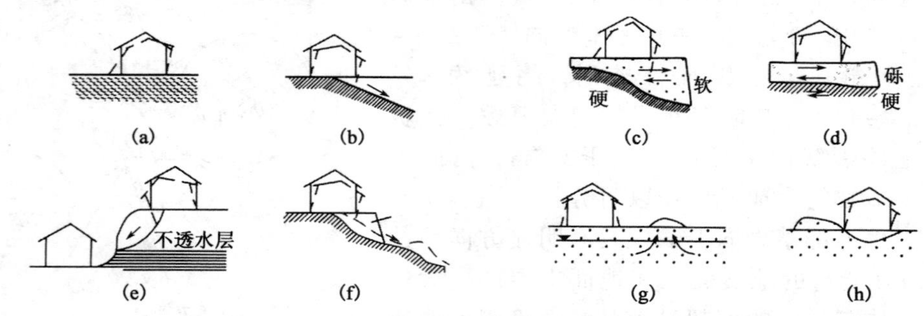

图3－13　不同地质条件下地基失效造成的建筑物破坏

（a）软弱地基；（b）地基岩性不同；（c）厚度不同；（d）未压密的砾石；（e）陡崖上、下；（f）填土崩坏；（g）饱水砂土；（h）砂丘

地震时由于地基强烈沉降与不均匀沉降，致使建筑遭受破坏。前者主要发生在疏松砂砾石、软弱黏性土以及人工填土等地基中，由于地震时强烈振动的影响，使得地基被压密而迅速强烈地沉降。后者主要发生于地基岩性不同或层厚不同的情况下。

地基水平滑移主要发生在可能发生滑坡的地基之上。如较陡的斜坡上、下的建筑物，由于地震时附加水平振动力作用使斜坡失稳，从而造成建筑物破坏。此外，斜坡地段半填半挖形成的地基，也可发生水平滑移。

饱水砂土在地震、动力载荷或其他外力作用下，受到强烈振动而丧失抗剪强度，使砂粒处于悬浮状态，致使地基失效的作用或现象称为砂土液化或振动液化。这种现象在饱水粉土中也会发生。

砂土液化的机理是：在地震过程中，疏松的饱和砂土在地震动引起的剪应力反复作用下，砂粒间的相互位置必然产生调整，从而使砂土趋于密实。砂土要变密实就势必排水。在急剧变化的周期性地震力作用下，伴随砂土的孔隙度减少而透水性变差。如果砂土透水性不良而排水不通畅的话，则前一周期的排水尚未完成，下一周期的孔隙度再减小又产生了，应排出的水来不及排走，而水又是不可压缩的，于是就产生了剩余孔隙水压力或超孔隙水压力。此时砂土的抗剪强度为

$$\tau = [\sigma - (u_0 + \Delta u)]\tan\varphi$$

其中

$$u_0 = \rho_w g h$$

式中，σ 及 φ 为砂土粒间的法向压力和内摩擦角；u_0 为总孔隙水压力；ρ_w 为水的密度；g 为重力加速度；h 为水深；Δu 为超孔隙水压力。

显然，此时砂土的抗剪强度随超孔隙水压力的增长而不断降低，直至完全抵消法向压力而使抗剪强度丧失殆尽。此时地面就有可能出现喷砂冒水和塌陷现象，地基土甚至丧失承载能力而失效。

影响砂土液化的因素主要有土的类型和性质、饱和砂土的埋藏分布条件以及地震动的强

度和历时。疏松饱水砂土易液化；饱水砂土埋藏越浅、砂层越厚，则液化的可能性越大。当饱水砂层埋深在 10～15m 以下时，就难以液化了。地震越强、历时越长，则越容易引起砂土液化，而且波及范围越广，破坏越严重。

砂土液化现象在疏松饱和砂层广泛分布的海滨、湖岸、冲积平原以及河漫滩、低阶地等地区发育，可使城镇、港口、村庄、农田、道路、桥梁、房屋和水利设施等毁坏。我国 1966 年邢台地震、1975 年海城地震和 1976 年唐山地震时，都发生了大范围的砂土液化，危害严重。

3.2.4 诱发地震

由于人类工程活动（采矿、地下核爆、工业爆破、水库蓄水、油田采油与注水、城市抽水等）诱发产生的地震称为诱发地震。诱发地震的形成主要取决于当地的地质条件、地应力状态和地下岩体积聚的应变能，人类活动作为诱发因素在一定程度上改变了地应力场的平衡。

诱发地震的震级较小，对人类生命影响不大，但由于诱发地震常发生在城镇、工矿等地区，所造成的社会影响和经济损失不容忽视。

诱发地震按其主要诱发因素可分为流体诱发地震和非流体诱发地震两大类，流体诱发地震又可分为水库诱发地震和抽注流体诱发地震。

由于水库蓄水而诱使坝区、水库库盆或近岸范围内发生的地震，这类地震称为水库诱发地震或建成水库地震。水库诱发地震对水库大坝的安全造成威胁，可能导致比地震直接破坏更为严重的次生危害。水库蓄水后对库底产生三方面的效应——水物理化学效应、水体的载荷效应、孔隙水压力效应。水库地震的震源较浅，一般小于 10km，因此震级仅为 3～4 级的水库地震也可造成较严重的破坏，如盛家峡、丹江口和参窝水库地震都使大量房屋遭受破坏。

在油田也有不少诱发地震的实例，美国地质调查所在兰吉里油田利用 4 口深井进行交替注水和类似试验，日本在松代地震区也进行了类似试验，均发现注水时地震活动显著增加。停注后地震活动急剧减少或消失。我国任丘油田在注水开发过程中也发现注水与地震有明显关系，注水量过大则地震频度和强度增大，注水量控制在一定范围内则地震活动减少，且诱发地震受注水井位的控制。

诱发地震区别于天然地震的基本特征可归纳为：

（1）空间分布集中，诱发地震密集分布于工程活动区及其附近的较小范围内，如水库地震发生于库区及其附近，深井诱发地震发生在井场附近，矿震发生在采矿区。

（2）由于震源浅，震中烈度较相同震级天然地震高，但是由于水库诱发地震震源浅，震源体小，所以地震影响范围较小。

（3）与工程活动密切相关。

3.2.5 中国的地震特征

地震并非均匀分布于全球的每一个角落，而是集中分布于某些特定地带，称为地震带。世界范围的主要地震带是环太平洋地震带、地中海—喜马拉雅山地震带（欧亚地震带）和大洋中脊地震带。中国位于环太平洋地震带和欧亚地震带之间，是世界上多地震灾害的国家。据统计，1950—1990 年共发生 7 级及以上地震 49 次，8 级以上 3 次，死亡 28 万人，摧毁房屋 700

余万间，平均每年经济损失16亿元。1976年7月28日发生的唐山7.8级地震，破坏范围超过3万平方千米，波及14省市，死亡24.2万人，直接经济损失100亿元以上，是20世纪世界上最大的地震劫难，也是中国历史上仅次于1556年陕西华县大地震的又一次地震劫难。

3.2.5.1 地震活动的特点

除台湾东部、西藏南部和吉林东部的地震属于板块接缝带地震外，中国其他广大区域均属板内地震，且绝大多数地震发生在稳定断块边缘的一些规模巨大的区域性深大断裂带或断陷盆地内，主要地震区与活动构造带关系密切（图3－14）。

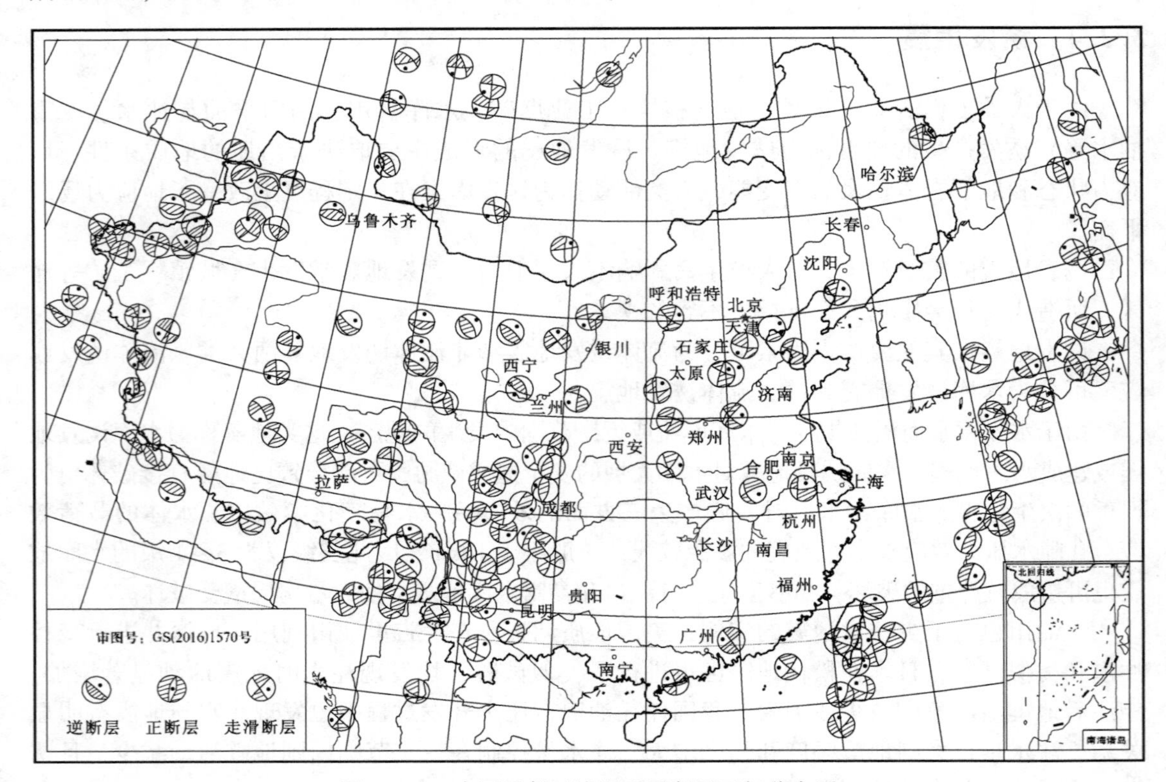

图3－14 中国及邻区浅源地震断层面解分布图
审图号：GS（2016）1570号

地震活动分布广：据地震史料记载全国所有省份无一例外地曾发生过5级以上地震，地震基本烈度Ⅶ度以上的地区面积占全国面积的32.5%，70%的100万以上人口的城市落在Ⅶ度以上的地域内，全国46%的城市和重大工业设施位于地震严重威胁的地区。

地震活动频度高：1900—1980年共发生8级及以上地震9次，7级及以上地震66次，平均每年发生7级以上地震接近1次。

地震震源深度浅：除东北及台湾地区分布有少数中深源地震外，绝大多数地震的震源深度在40km以内，东部地区震源深度多在10～20km左右。

3.2.5.2 地震的空间分布

地震活动一般分布于区域性活动断裂带范围内，如地震活动最强烈的南北向地震带自云南往北经四川至陇东，越过秦岭到六盘山、贺兰山一带，是由红河断裂、小江断裂、则木河断裂、鲜水河断裂、龙门山断裂、六盘山断裂等活动断裂带控制的。

西部地震活动的强度和频度明显大于东部，这是受现代构造应力场控制的。

地震活动经常发生在断裂带应力集中的特定地段，即活动断裂的转折部位、端点、分支部位及不同方向活动断裂的交汇部位，且震中随地应力变化而迁移（图 3－15）。1976 年的唐山大地震发生在活动强烈的 NE 向沧县—唐山断裂与 NW 向的唐山丰南断裂的交汇部位。

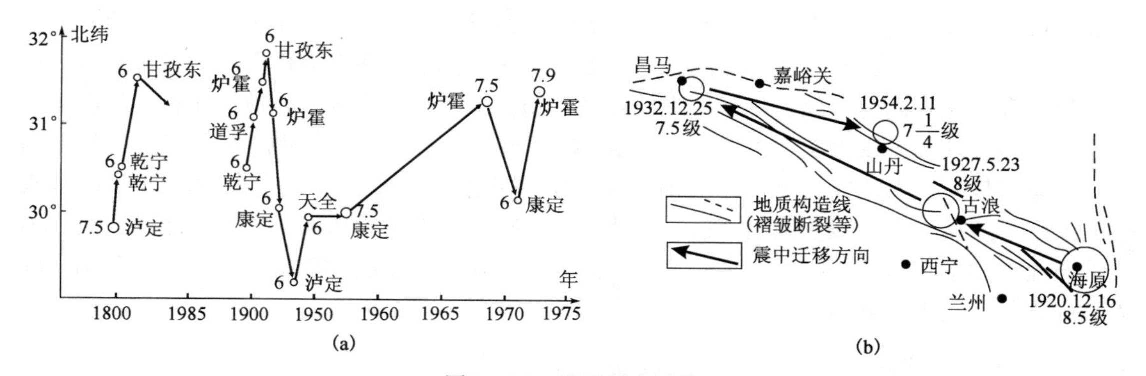

图 3－15　地震震中迁移

（a）泸定—甘孜—带地震迁移；（b）海原—昌马—带地震迁移

绝大多数强震发生在稳定断块边缘的深大断裂带上，而断块内部基本没有强震分布，如四川、鄂尔多斯、塔里木、准噶尔断块内部无强震，而边缘则强震频发。

裂谷型断陷盆地控制强震发生。

3.2.5.3　地震的时间分布

地震记录资料显示一个地区的地震活动是有周期性的，在较长的时期内地震活动时而密集，时而平静，时而强烈，时而衰减。

3.2.6　地震的工程地质评价

场地地震效应受许多因素的制约，其中场地的工程地质条件对宏观震害影响尤为显著。从国内外大量宏观震害调查资料看出，在一个范围较大的场地内（如一个城市），对震害有重大影响的工程地质条件为岩土类型及性质、地质构造、地形地貌条件及地下水。为了更好地为场地防震抗震设计服务，应详细了解强震区岩土体破坏特点，具体分析震害与场地工程地质条件的关系，并以其差异性为基础进行地震小区划，最后根据场区的抗震原则而采取相应的抗震措施。

3.2.6.1　强震区岩土体破坏特点

（1）造成强震区岩土体破坏的地震力是一种作用时间很短、强度极大的力。地震力作用于岩土体的过程中，不仅力的方向发生交替变化，而且力的大小也在不断变化。地震力的这种特征决定了地震造成的岩土体破坏极为复杂，而且与构造地质学所描述的岩土体破坏有着很大的差异，造成这种差异的主要原因是力的作用过程不同。到目前为止，对地震造成岩土体的破坏形式仍知之甚少。

（2）强震区岩土体破坏的主要形式有剥落（山剥皮）、地裂缝与地震断层、崩塌（山崩、岩崩）、崩裂、滑塌和滑坡、岩体松动等。资料表明，强震区岩土体破坏一般都表现为上述单个破坏形式的组合。

（3）地震形成的崩塌体和重力崩塌体特征有所不同，首先地震力的抛掷作用使地震崩塌体与崩塌母岩相距一定距离；其次，地震作用时间很短，地震崩塌体特征更类似于爆破堆积体。造成这种差异性的主要原因是地震力和外动力地质作用力（重力）有很大差异（力的大小、作用方向、持续时间等不同）。

（4）地震作用造成岩土体内部的松动、损伤是一种更为广泛的破坏形式，但由于其不如其他破坏形式那么直观而并未引起足够的关注。经过地震后，岩土体已经松动，原有的节理、裂隙进一步扩张，有时还有水的渗入；平时风化岩体本身在重力作用下，就容易发生崩落、塌方和滑坡。同时，地震显著地降低岩土体的稳定性，为崩塌、滑坡、泥石流等次生灾害提供可能，使多种山地灾害复合叠加，形成了地震—崩塌滑坡—泥石流灾害链、暴雨山洪—崩塌滑坡—泥石流灾害链、冰雪消融崩塌滑坡—冰川泥石流灾害链等。1950 年西藏察隅 8.5 级大地震之后，藏东南山区进入山地灾害活跃期，大规模冰崩、雪崩、冰湖溃决、冰川泥石流、山崩、滑坡等接踵而至，给这里的交通运输、城镇建设带来严重灾害。我国一些著名的强震带，大都是山地灾害的主要发育地带。

3.2.6.2 震害与场地工程地质条件的关系

1. 岩土类型及性质

岩土类型及性质对震害的影响最为显著，也是目前研究得最为深入的因素。在一般情况下，主要从岩土的软硬程度、松软土的厚度以及地层结构等三个方面来研究。

一般来说，在相同的地震力作用下，基岩上震害最轻，其次为硬土，而软土上震害是最重的。如 1906 年旧金山大地震时，该市区内不同地基岩土烈度差值可达Ⅲ度。我国 1970 年云南通海地震时，对房屋破坏的详细调查所绘制的等震害指数线图，在同一区内可明显地看出，基岩较硬土小 0.1 ~ 0.2，而且在高烈度区内的差值较低烈度区内的为大。

松软沉积物厚度的影响也是很明显的。早在 1923 年日本关东大地震时，就发现了冲积层厚度与震害的相关性，即冲积层越厚，木架房屋的震害越大（图 3 – 16）。1967 年南美洲加拉加斯地震时，该市东部记录到的最大铅直加速度仅为 0.06 ~ 0.08g，西部为 0.1 ~ 0.13g，但东部高层建筑物破坏明显大于西部。其主要原因是东部全新统冲积层厚达40 ~ 300m，而西部厚为45 ~ 90m。

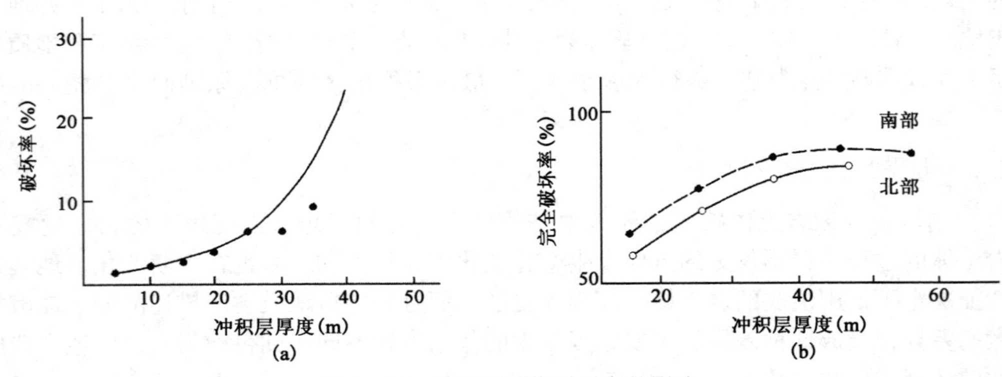

图 3 – 16　冲积层厚度对震害的影响

地基岩土体类型及性质和松软沉积层厚度对震害的影响，其根本原因是岩土卓越周期的作用。因为土质越松软、厚度越大，特征周期越长，所以对自振周期较长的高层建筑、烟囱和木架结构的房屋，能引起共振，加重震害。此外，厚土、软土的共振历时较长，也会使震害加重。若地表分布饱水细砂土、粉土和淤泥的话，则会因震动液化和震陷，而导致地基失效。

此外，地层结构对震害也有较大影响。一般情况是下硬上软的结构震害重，而下软上硬的结构震害则可减轻，尤其当硬土中有软土夹层时，可削减地震能量。1976 年唐山地震时，极震区（ > Ⅹ度）中有一低烈度异常带，建筑物裂而未倒。经勘察发现该地带下 3 ~ 5m 深处有一层厚 1.5 ~ 5m 的饱和淤泥质土。

2. 地质构造

地质构造主要是指场地内断裂对震害的影响。以往一向认为，场地内位于断裂带上的建筑物，当地震发生时震害总是要加重的，所以一律采取提高烈度的办法来处理。但近年来对我国几次大地震的宏观观察，说明上述看法并不是很确切，而应区分发震断裂（以及与之有联系的断裂）和非发震断裂。

发震断裂是引起地基和建筑物结构振动破坏的地震波的来源，又由于断裂两侧的相对错动，因此震害应较其他地段更重些。对发震断裂来说，跨越其上的建筑物是不可抵御的。所以采取提高烈度的办法无济于事，而应在选址时避开。而非发震断裂若破碎带较好，则并无加重震害的趋势。所以，非发震断裂应根据断裂带物质的性质，按一般岩土对待即可，不应提高烈度。

3. 地形地貌条件

国内外大量宏观调查资料以及通过仪器观测、模型实验和理论分析结果，都证实了场地内微地形对震害的明显影响。其总趋势是突出孤立的地形震害加重，而低洼平坦的地形震害则相对减轻。例如，1974 年云南永善地震（7.1 级）时，位于狭长山脊上的卢家湾六队房屋，在大山根部、中间鞍部和山脊端部孤突小丘处的破坏明显不同，它们依次是Ⅷ、Ⅶ、Ⅸ度（图 3－17、表 3－3）。1976 年唐山地震时，位于凤山顶的微波站机房和山脚下的专家楼，它们的结构和地基条件基本相同，但前者塌平（Ⅺ度），后者基本完好，仅局部有裂缝（Ⅶ度）。

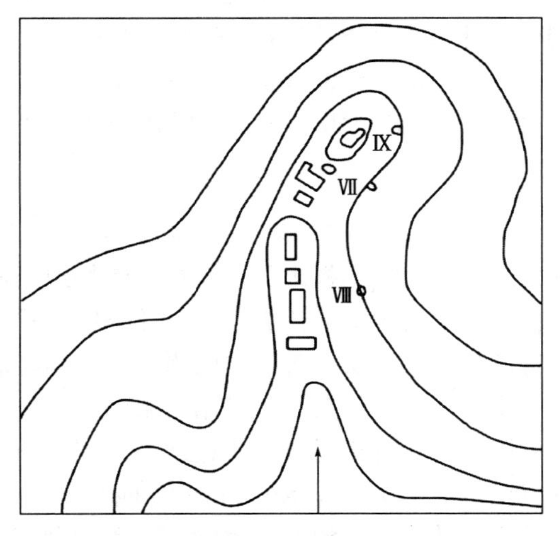

图 3－17　云南永善地震卢家湾六队地形与场地烈度分布示意图

表3-3 卢家湾六队地震效应

地形部位	大山根部	中间鞍部	孤突端部
烈度（度）	Ⅷ	Ⅶ	Ⅸ
加速度	0.422g	0.266g	0.674g

局部地形地貌影响震害的实质是：孤突的地形使山体发生共振或地震波多次被反射，而引起地面位移、速度和加速度的放大。目前对局部地形反应的定量化评价还缺乏资料。

4. 地下水

总的趋势是饱水的岩土体会影响地震波的传播速度，使场地烈度增高。例如，饱水砂砾石比不饱水者实际烈度要增加0.4~0.6度，其他类型土更为明显。另外，地下水的埋深越小，则烈度增加值越大。在一般情况下，地下水埋深在1~5m范围内影响最为明显，当埋深大于10m时，则影响就不显著了。

综上所述，可知场地地震效应受多种地质因素的影响。所以，为了给一个城市或建筑区的防震抗震设计提供可靠依据，就应综合研究这些地质因素的影响，从而进行地震小区划。

3.2.6.3 地震小区划

地震小区划是为了防御和减轻地震灾害，估计未来各地可能发生破坏性地震的危险性和地震的强烈程度，按地震危险程度的轻重不同而划分不同的区域，以便对建设工程按照不同的区域，采用不同的抗震设防标准。目前国内外地震小区域划分方法主要有烈度小区划和调整反应谱小区划两种。下面概略介绍如下。

1. 烈度小区划

烈度小区划也可称作静态小区划，是苏联在20世纪50年代初提出的，50年代我国曾试用过这种方法。它是在调查场地地质条件的基础上，使场地不同地质条件的各地段烈度较基本烈度有所增减，即根据具体的地质条件，将基本烈度调整为场地烈度。

烈度小区划一般在同一基本烈度区内进行，将场地先划分成边长为300~2000m的方格，每一方格内要有一个代表性的地层剖面和地下水埋深资料。然后根据地基土层的地震刚度（弹性波传播速度与密度之积）、地下水埋深和土层共振特性这三方面的因素，确定每一方格内的烈度增量值。

2. 调整反应谱小区划

这是一种动态小区划，最早是由美国提出的。它也是将场地划成大致等间距的网格，网格的尺寸视精度要求而定，每个方格中取一代表性的钻孔地层柱状图来计算地震反应。可把每个地层柱状断面图按其特性分成若干层，每一层的横波速度和阻尼系数可根据所在钻孔实际测定的数据或根据同样深度上同类土的典型试验结果来确定。随后根据场地地震地质背景确定一个震中区及最大可能震级；在分析时可选用近期记录到的强震波谱并加以调整后作为基岩的输入波，经过计算就可得到加速反应谱，即$\beta(t)$曲线。根据我国抗震规范，将场地地基土划分为三类，因此需要将计算所得的$\beta(t)$曲线与标准反应谱比较，以确定场地土的类型而加以划分。在每一方格内将曲线标出，可以非常直观地判定地面运动加速度反应谱随场地土差异的变化规律。

3.2.6.4 地震区抗震设计原则和建筑物抗震措施

1. 建筑场地的选择

地震区建筑场地的选择是至关重要的。为了做好选址工作，必须进行地震工程地质勘察，了解历史震害的情况，充分估量在建筑物使用期间内可能造成的震害。经综合分析研究后，选出抗震性能最好、震害最轻的地段作为建筑场地。同时应指出场地对抗震有利和不利的条件，提出建筑物对抗震措施的建议。

在选择建筑场地时，应注意以下几点。

（1）避开活动性断裂带和大断裂破碎带。活动性断裂带是地震危险区，地震时地面断裂错动会直接破坏建筑物。大断裂破碎带可能会使震害加剧。

（2）尽可能避开强烈振动效应和地面效应的地段作场地或地基。属此情况的有强烈沉降的淤泥层、厚填土层、可能产生液化的饱水砂土层以及可能产生不均匀沉降的地基。

（3）避开不稳定的斜坡或可能会产生斜坡效应的地段。这些地段是指已有崩塌、滑坡分布的地段、陡山坡及河坎旁。

（4）避免孤立突出的地形位置作为建筑场地。

（5）尽可能避开地下水埋深过浅的地段作为建筑场地。

（6）岩溶地区地下深处有大溶洞，地震时可能会塌陷，不宜作为建筑场地。

对抗震有利的建筑场地条件应该是：地形较平坦开阔；岩石坚硬均匀，若土层较厚，则应较密实；无大的断裂，若有，则它与发震断裂无关系，且断裂带胶结较好；地下水埋深较大；滑坡、崩塌、岩溶不良地质现象不发育。

2. 地基持力层和基础方案的选择

场地选定后，就应根据所查明的场区工程地质条件选择适宜的持力层和基础方案。基础的抗震设计需注意以下几点：

（1）基础要砌置于坚硬、密实的地基上，避免松软地基；

（2）基础砌置深度要大些，以防止地震时建筑物的倾倒；

（3）同一建筑物不要并用多种不同形式的基础；

（4）同一建筑物的基础，不要跨越在性质显著不同或厚度变化很大的地基土上；

（5）建筑物的基础要以刚性强的联结梁连成一个整体。

如图 3 – 18 所示为日本东京根据建筑物上部结构选择持力层和基础形式的情况。高层建筑物的基础必须砌置于坚硬地基上，并以有多层地下室的箱形基础为好；也可采用墩式基础和管柱桩基础，支撑于坚硬地基上。切不可采用摩擦桩形式。在中等密实的土层上，一般建筑物可采用一般的浅基础。在可能液化和高压缩性土地区，则宜用筏式和箱形基础、桩基础；也可将地基预先振动压密加固。

3. 建筑物结构形式的选择及抗震措施

在强震区工业与民用建筑物，其平立面形状以简单方整为好，避免不必要的凸凹形状；否则应在连接处或层数变化处留抗震缝。结构上应尽量做到减轻重量、降低重心、加强整体性，并使各部分、各构件之间有足够的刚度和强度。

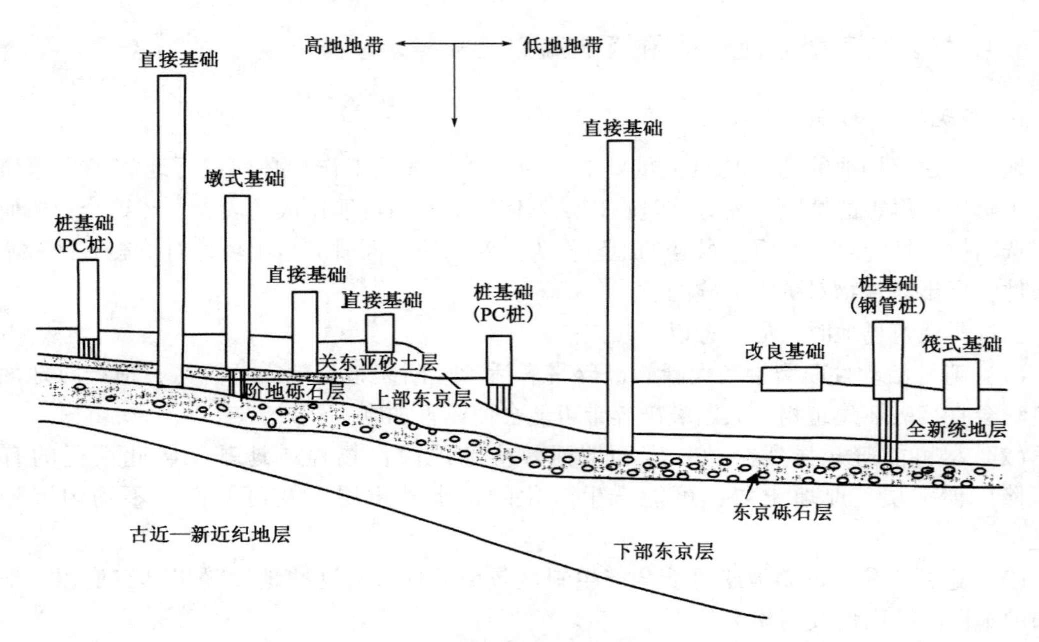

图 3-18 东京的地基和建筑物的基础形式

我国城乡低层和多层建筑物广泛采用的是木架结构和砖混承重墙结构，抗震性能较差。木架结构侧向刚度很差，地震时极易发生散架落顶。其抗震措施主要是在梁、柱交接的样头处加支撑。砖混承重墙结构整体性较差，地震时楼板极易从墙上脱落。其抗震措施一是提高砌墙灰浆的强度；二是要在每层楼间以拉接钢筋和圈梁等补强措施使楼板与墙体之间的整体性加强。

强震区的高层建筑物及高耸的构筑物（如烟囱、水塔），应采用钢筋混凝土结构。目前国内外高层建筑物普遍采用框架结构、剪力墙结构和筒式结构，具有较好的抗震性能。尤其是筒式结构，其侧向刚度、强度和整体性都很强。

3.3 斜坡变形

斜坡是地表广泛分布的一种地貌形式，指地壳表面一切具有侧向临空面的地质体。可简单分为自然斜坡和人工边坡两种。自然斜坡是在一定地质环境中在各种地质作用下形成和演化的自然产物，如沟谷岸坡、山坡、海岸、河岸等；人工边坡是指由于人类工程、经济活动开挖或改造形状，常在自然斜坡基础上形成，常具有规则的几何形态，如路堑、露天矿坑边邦、渠道边坡、基坑边坡、山区建筑边坡等。

斜坡具有坡体、坡高、坡角、坡面、坡脚、坡顶面、坡底面等各项要素（图 3-19）。

斜坡在重力及各种地质作用下不断演化，坡体内应力分布发生变化。当组成坡体的岩土强度不能适应应力分布时，就产生斜坡变形作用。尤其是大型工程使自然斜坡发生急剧变化，酿成灾害。随着土地资源的紧张，人类正大规模地在山地或丘陵斜坡上进行开发，增大了斜坡变形破坏的规模，使崩塌、滑坡灾害不断发生，这些斜坡破坏往往是灾难性的。

斜坡的变形与破坏实质上是由斜坡岩土体内应力与其强度这一对矛盾的发展演化所决定的。斜坡灾害可以形成灾害链，在直接危害区造成人员伤亡、工程毁坏、经济损失，在间接

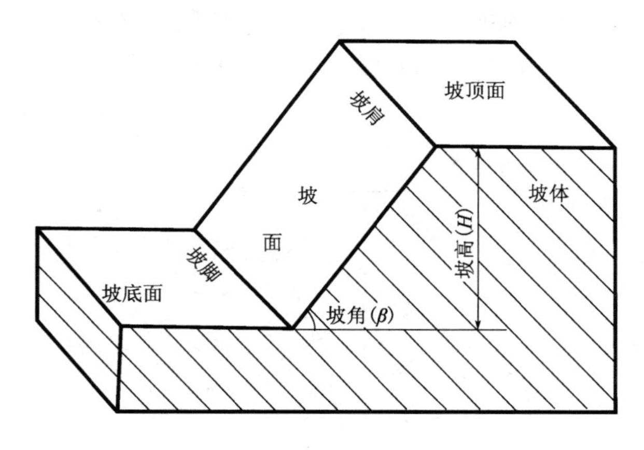

图 3－19　斜坡要素示意图

危害区因河流堵江造成上游区域淹没、下游溃坝洪水灾害等。同样是斜坡灾害，因前期工作有效也可以极大程度地减少灾害损失。

由于斜坡变形破坏对人类工程、经济活动和生命财产的危害较大，它是工程地质学的主要研究内容之一，也是环境地质学和灾害地质学的重要研究内容。因此必须十分重视斜坡工程问题。

3.3.1　斜坡应力分布特征

斜坡应力分布特征决定了斜坡变形破坏的形式和机制，对斜坡稳定性评价和合理防治有重要意义。所以应了解斜坡形成后坡体应力分布的特征及其应力分布的影响因素。

3.3.1.1　斜坡应力基本特征

当仅存在自重力的情况下，无斜坡岩体的最大主应力为铅直应力，最小主应力为水平应力，最大剪应力与最大、最小主应力多呈45°交角。斜坡形成过程中因侧面临空，坡面附近的岩土体发生卸荷反弹，引起应力重分布和应力集中等效应（图3－20、图3－21），表现为：(1）主应力线明显偏转，越接近坡面，最大主应力越与之平行，最小主应力与坡面近正交；向斜坡内逐渐恢复到初始应力状态。(2）坡面附近应力集中，坡脚部位最大主应力显著增高，最小主应力显著降低，从而形成最大剪应力增高带，最易发生剪切破坏，在坡肩

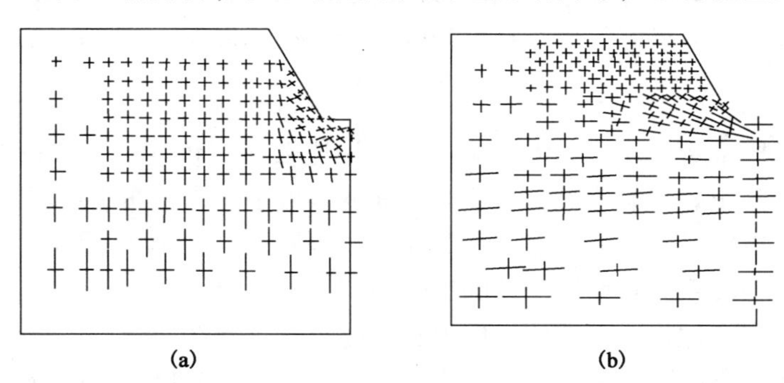

图 3－20　有限元解出的主应力迹线图

(a) 重力场条件；(b) 以水平应力为主的构造应力场条件

附近切向应力转化为拉应力，斜坡越陡此带越大，越易拉裂破坏。(3) 坡体内最大剪应力迹线发生变化，由直线变为凹向坡面的圆弧状。(4) 坡面径向应力实际为0。

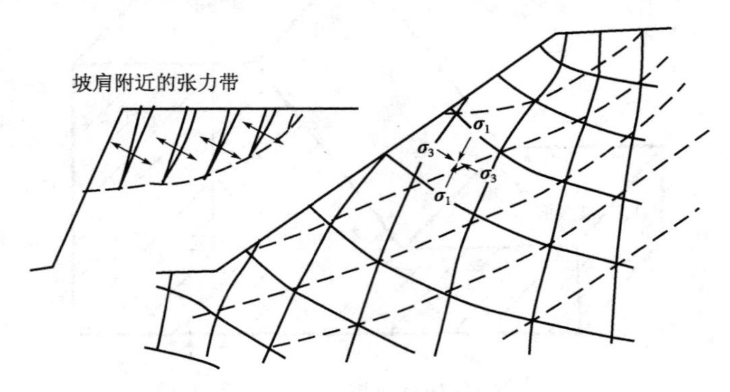

图3-21　最大剪应力与主应力迹线关系图

实线—主应力迹线；虚线—最大剪应力迹线

3.3.1.2　斜坡应力分布的影响因素

1. *原始应力状态*

原始水平剩余应力的大小对坡体应力状态的影响显著，它使得斜坡应力集中和分异现象加剧，不但使主应力迹线的分布形式改变，而且明显改变了各应力值的大小，尤其对坡脚应力集中带和张力带的影响最大。

2. *坡形*

坡高、坡角、坡底宽度和坡面形态都对斜坡应力分布产生影响。坡高不改变应力分布的形态，但随坡高增高，应力值线性增大。坡角可明显地改变应力分布状况，剪应力集中带和张力带的应力分布和大小随坡角增大而增大。坡底宽度与坡高的比值影响应力分布，随着宽高比（W/H）减小，坡脚的剪应力增大，当 $W \geq 0.8H$ 时，这种影响就很小了，与斜坡基本一样，因此在宽高比较小的高山峡谷区，特别是当存在垂直河谷方向的较高水平剩余应力时，坡脚和谷地一带可形成极强的应力集中带。斜坡的平面形态可分为平直形、内凹形和外凸形等，对应力状态也有明显的影响，三维分析表明，内凹形由于受到沿斜坡走向方向应力的支撑，应力集中明显减缓，圆形和椭圆形矿坑的坡脚最大剪应力只有一般斜坡的一半，因此露天采坑的平面形状多呈椭圆形，且其长轴尽量平行于最大水平地应力方向。

3. *岩土体特征*

岩土体的变形模量对均质坡无大影响，但泊松比在一定程度上可以影响坡体应力分布。结构面对斜坡应力分布的影响明显，这些结构面使斜坡中应力分布出现不连续现象，在结构面的周边成为应力集中带或应力阻滞（图3-21），特别是在坚硬岩石中尤为明显。结构面的产状、性质和组合关系对斜坡稳定性的影响不同。

在斜坡的整个演变过程中，坡体的应力状态随之发生复杂变化。由于变形破坏或风化等原因，在斜坡面或临空面附近总是形成一应力降低带，而应力增高带则分布在一定的深度内（图3-22）。在河谷地区因斜坡不同部位经历变形的历史和表生改造程度不同，应力增高带分布深度不同。

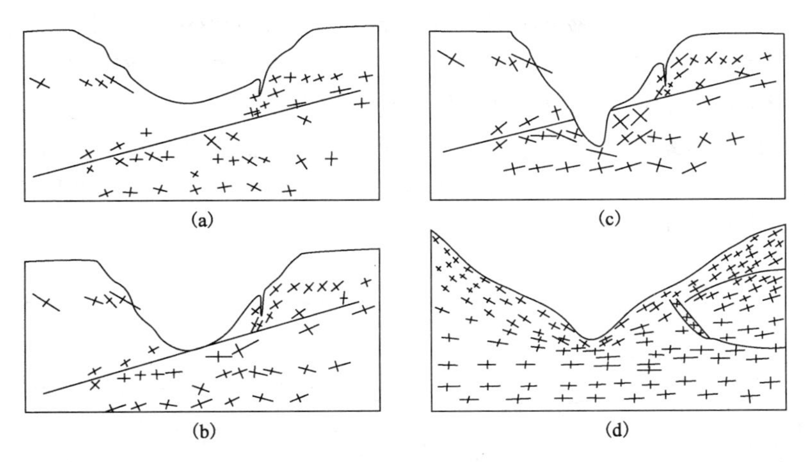

图 3－22　斜坡应力场数值模拟

(a)、(b)、(c) 黄河拉西瓦花岗岩谷坡正演模拟；

(d) 雅砻江二滩电站坝肩反演模拟

3.3.2　斜坡变形机制的类型及特征

因各种因素或作用而引起斜坡应力状态的改变，造成局部应力集中，超过了该部位岩土体介质的容许强度，引起局部剪切错动、拉裂并出现小位移，但还没有造成斜坡整体性的破坏，这就是斜坡的变形。

斜坡变形机制可分为拉裂、蠕滑和弯折倾倒三种类型。

3.3.2.1　拉裂

斜坡岩土体在局部拉应力集中部位和张力带内，形成的张裂隙变形型式称为拉裂。这种现象在由坚硬岩土体组成的高陡斜坡坡肩部位最常见，它多与坡面近于平行。尤其当坡体中陡倾构造节理较发育时，拉裂将更易沿陡倾构造节理发生、发展。拉裂的空间分布特点是上宽下窄，以至尖灭；由坡面向坡里逐渐减少。拉裂还有因岩体初始应力释放而发生的卸荷回弹所致，这种拉裂通常称为卸荷裂隙，如上节所述的一类浅表生结构面。拉裂的危害是斜坡岩土体的完整性受到破坏，强度降低；为风化营力深入到坡体内部以及地表水、雨水渗入和运移提供了通道。这些对斜坡稳定均是不利的。

3.3.2.2　蠕滑

斜坡岩土体沿局部滑移面向临空方向的缓慢剪切变形称为蠕滑。蠕滑可以在不同情况下受不同机制的作用而发生，一般有三种形式：

（1）受最大剪应力面（或迹线）控制的剪切蠕滑，这种情况在均质岩土体构成的斜坡中较为常见。

（2）受软弱结构面控制的滑移岩土体中常含有各种软弱结构面，如节理、断层、软弱夹层等，当这些结构面近水平或倾向坡外时，斜坡蠕动变形常易沿之发生。这类变形强弱取决于该结构面的特性与产状。一般来说，这种卸荷型的蠕动总是十分缓慢的，是一种减速蠕变。葛洲坝工程二江电厂基坑边坡蠕滑剖面及基坑边坡侧向位移长观曲线较典型地反映了受软弱结构面控制的滑移特征（图 3－23）。

（3）受软弱基座控制的蠕滑—塑流，由于斜坡基座具有较厚的软弱岩土体层，在上覆岩土体重力作用下，基座软岩受压，发生塑性变形，向临空方向或减压方向流动或挤出，从而引起斜坡变形，可称为深层蠕滑。基座软岩的挤出在侵蚀河谷和挖方地段最为常见。与前述蠕动形式不同的是，蠕滑—塑流不是沿一个统一的滑面，而是受整个软弱基座层控制。

坡体随蠕变的发展而不断松弛。当坡体内的局部蠕滑面贯通，并与坡顶拉裂缝贯通时即演变为滑坡。蠕滑往往不易被察觉。

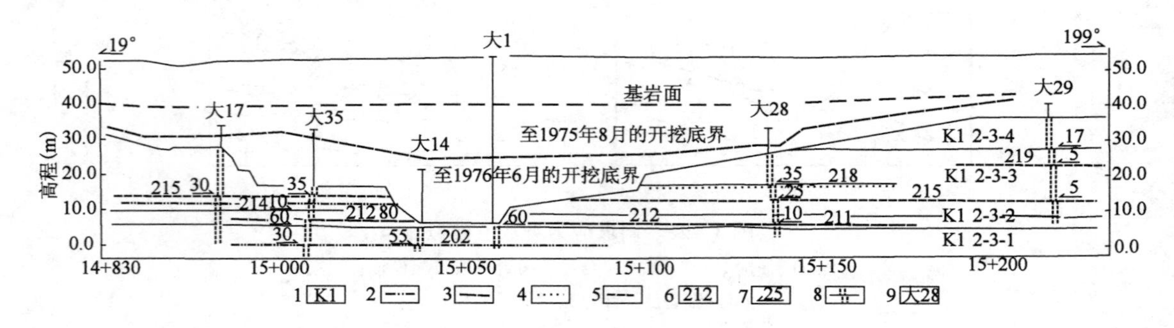

图3-23　葛洲坝工程二江电厂基坑边坡蠕滑剖面图

1—地层代号；2—粉砂岩；3—黏土质粉砂岩；4—黏土岩团块；5—黏土岩；6—软弱夹层编号；7—岩体错动方向及错距（mm）；8—实测及大口径钻孔；9—大口径钻孔编号

3.3.2.3　弯折倾倒

陡倾板（片）状岩土体的斜坡，当走向与坡面平行时，在重力作用下所发生的向临空方向同步弯曲的现象称为弯折倾倒。其形成机制相当于陡倾的板状岩体在自重产生的弯矩作用下向临空方向作悬臂梁式的弯曲、拉裂、错动或折裂。

这类变形主要有如下特征：岩层向临空方向弯曲，弯折角一般为20°～50°，弯折倾倒程度在坡脚高程之上由表及里逐渐减小，深度可达40m，但一般不低于坡脚高程；下部岩层常折断，张裂隙发育，岩层层面间位移明显，常沿岩层面产生反向陡坎。弯折倾倒常演变为崩塌、滑坡。

3.3.3　斜坡变形破坏的类型及特征

斜坡变形之后，当斜坡变形进一步发展，破裂面不断扩大并互相贯通，使斜坡岩土体的一部分因发生较大位移而分离，这就是斜坡的破坏。斜坡变形与破坏是斜坡演化过程中的两个不同的阶段，变形属于量变阶段，破坏属于质变阶段，它们是一个累进破坏过程。

斜坡变形破坏的类型主要有崩塌、滑坡等（图3-24），主要特征介绍如下。

3.3.3.1　崩塌

崩塌是指斜坡岩土体被陡倾的拉裂面破坏分割，突然脱离斜坡体而快速位移、翻滚、跳跃和坠落下来，堆积于斜坡下。

1. 崩塌的特征

崩塌的主要特征为：常发生在高陡斜坡的坡肩部位；突然发生、快速位移；崩塌体脱离母岩运动；下落过程中崩塌体自身的整体性遭到破坏；垂向位移比水平位移大得多；与滑坡的区别是没有依附面。

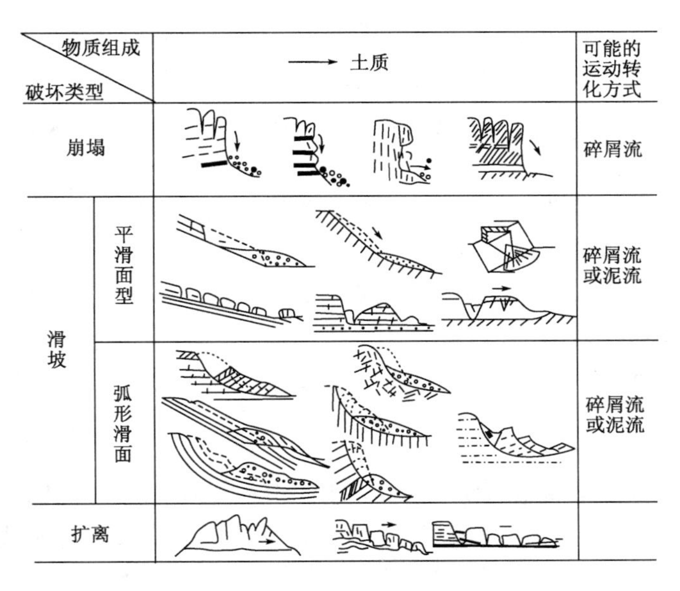

图 3－24　斜坡变形破坏的类型

2. 崩塌的力学机制

崩塌是岩体长期蠕变和不稳定因素不断积累的结果。崩塌体的大小、物质组成、结构构造、活动方式、运动途径、堆积情况、破坏能量等虽然千差万别，但崩塌的产生是遵循一定规律的，服从特定的力学机制，崩塌的力学机制可分为：

（1）倾倒崩塌：在河流峡谷、黄土冲沟或岩溶等的陡坡上，一些巨大而直立的岩体长期遭受风化剥蚀，与母岩间以垂直节理或裂隙分开，而坡脚不断被掏蚀，在重力或较大水平力作用下，因岩体的重心外移倾倒而崩塌。

（2）滑移崩塌：临近斜坡的岩体内存在软弱结构面时，若倾向与坡向相同，软弱结构面上的不稳定岩体在重力作用下具有向下滑移的趋势，一旦重心滑出斜坡就会产生崩塌。岩体裂缝中的水对软弱面的润湿是岩体滑移崩塌的主要诱因，地震等也可诱发滑移崩塌。

（3）鼓胀崩塌：若斜坡不稳定岩体为松软岩层或其下存在较厚的软弱岩层，当足够的水使松软岩层软化，同时上部岩体重力超过松软岩层的抗压强度，软岩层被挤出向外鼓胀，随着鼓胀的不断发展，斜坡不断下沉和外移，一旦重心移出斜坡即产生崩塌。

（4）拉裂崩塌：斜坡上的坚硬岩石常突悬出来，并发育构造节理或风化节理，长期应力作用使节理逐渐扩展，一旦超过岩石的抗拉强度，拉张裂缝迅速向下发展，导致突出的岩体突然崩塌。震动力、风化作用也会促进拉裂崩塌的发生。

3. 崩塌的类型

1）根据坡地物质组成划分

崩积物崩塌：山坡上已有的崩塌岩屑和沙土等物质，由于它们的质地很松散，当有雨水浸湿或受地震震动时，可再一次形成崩塌。

表层风化物崩塌：在地下水沿风化层下部的基岩面流动时，引起风化层沿基岩面崩塌。

沉积物崩塌：有些由厚层的冰积物、冲击物或火山碎屑物组成的陡坡，由于结构舒散，形成崩塌。

基岩崩塌：在基岩山坡面上，常沿节理面、地层面或断层面等发生崩塌。

2）根据崩塌体的移动形式和速度划分

散落型崩塌：在节理或断层发育的陡坡，或是软硬岩层相间的陡坡，或是由松散沉积物组成的陡坡，常形成散落型崩塌。

滑动型崩塌：沿某一滑动面发生崩塌，有时崩塌体保持了整体形态，和滑坡很相似，但垂直移动距离往往大于水平移动距离。

流动型崩塌：松散岩屑、砂、黏土，受水浸湿后产生流动崩塌。这种类型的崩塌和泥石流很相似，称为崩塌型泥石流。

4. 形成崩塌的内在条件与外界的诱发因素

1）形成崩塌的内在条件

岩土类型：岩土是产生崩塌的物质条件。不同类型、所形成崩塌的规模大小不同，通常岩性坚硬的各类岩浆岩（又称为火成岩）、变质岩及沉积岩（又称为水成岩）的碳酸盐岩（如石灰岩、白云岩等）、石英砂岩、砂砾岩、初具成岩性的石质黄土、结构密实的黄土等形成规模较大的岩崩，页岩、泥灰岩等互层岩石及松散土层等，往往以坠落和剥落为主。

地质构造：各种构造面，如节理、裂隙、层面、断层等，对坡体的切割、分离，为崩塌的形成提供脱离体（山体）的边界条件。坡体中的裂隙越发育、越易产生崩塌，与坡体延伸方向近乎平行的陡倾角构造面最有利于崩塌的形成。

地形地貌：江、河、湖（岸）、沟的岸坡，各种山坡、铁路、公路边坡，工程建筑物的边坡及各类人工边坡都是有利于崩塌产生的地貌部位，坡度大于45°的高陡边坡、孤立山嘴或凹形陡坡均为崩塌形成的有利地形。

岩土类型、地质构造、地形地貌三个条件，又通称为地质条件，它是形成崩塌的基本条件。

2）诱发崩塌的外界因素

地震：地震引起坡体晃动，破坏坡体平衡，从而诱发坡体崩塌，一般烈度大于Ⅶ度以上的地震都会诱发大量崩塌。

融雪、降雨：特别是大暴雨、暴雨和长时间的连续降雨，使地表水渗入坡体，软化岩土及其中软弱面，产生孔隙水压力等从而诱发崩塌。

地表冲刷、浸泡：河流等地表水体不断地冲刷边脚，也能诱发崩塌。

不合理的人类活动：如开挖坡脚、地下采空、水库蓄水、泄水等改变坡体原始平衡状态的人类活动，都会诱发崩塌活动。

还有一些其他因素，如冻胀、昼夜温度变化等也会诱发崩塌。

3.3.3.2 滑坡

斜坡岩土体沿贯通的剪切破坏面所发生的滑移现象称为滑坡。

1. 滑坡的形态要素

典型滑坡的基本形态要素如图3－25所示。

滑坡体（简称滑体）：指与母体脱离、经过滑动的岩土体。因整体性滑动，岩土体内部相对位置基本不变，故还能基本保持原来的层序和结构面网络，但在滑动动力作用下会产生

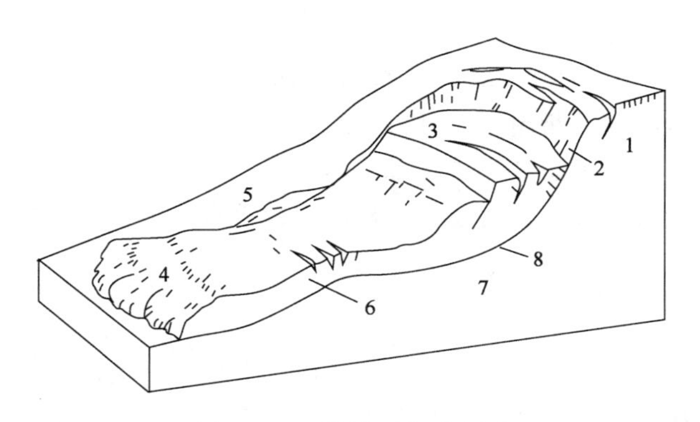

图 3－25　滑坡要素示意图

1—后缘拉裂缝；2—滑坡壁；3—拉张裂缝及滑坡台阶；
4—滑坡舌及鼓张裂隙；5—滑坡侧壁及羽状裂隙；6—滑坡体；
7—滑坡床；8—滑动面（带）

褶皱和裂隙等变形，与滑体外围的非动体比较，滑体中的岩土体明显松动或异常破碎。

滑坡床（简称滑床）：指滑坡体之下未经滑动的岩土体。它基本上未发生变形，完全保持原有结构。只有前缘部分因受滑体的挤压而产生一些挤压裂隙，在滑坡壁后缘部分出现弧形拉张裂隙，两侧有剪切裂隙发生。

滑动面（带）：滑体与滑床之间的分界面，也就是滑体沿之滑动、与滑床相触的面。由于滑动过程中滑体与滑床之间的摩擦，滑动面附近的土石受到揉皱、碾磨，发生片理或糜棱化，滑动面一般是较光滑的，有时还可看到擦痕。强烈的摩擦可形成厚度在数厘米至数米的破碎带，常称为滑动带。所以滑动面（带）是有一定厚度的三维空间。根据岩土性质和结构的不同，滑动面（带）的空间形状是多样的，大致可分为圆弧状、平面状和阶梯状。

滑坡周界：滑坡体与其周围不动体在平面上的分界线。它圈定了滑坡的范围。

滑坡壁：滑体后部滑下后形成的母岩陡壁。对新生滑坡而言，这实际上是滑动面的露出部分，常可以看到铅直方向的擦痕。平面呈圈椅状，其高度视滑体位移与滑坡规模而定，一般数米至数十米，有的达 200 多米，其坡度多为 35°～80°，形成陡壁。

滑坡台阶：滑体因各段下滑的速度和幅度不同而形成的一些错台，常出现数个陡坎和高程不同的平缓台面。

封闭洼地：滑体与滑坡壁之间常拉开成的沟槽或陷落成的洼坑，四周高中间低，地下水流或地表水汇集，依据规模的大小可形成水坑、水塘，甚至沼泽、湿地。老滑坡因滑坡壁坍塌，洼地可逐渐被填平而消失。

滑坡舌：滑坡体前缘伸出如舌状的部位，前端往往伸入沟谷河流，甚至对岸。最前端滑坡面出露地表的部位称为滑坡剪出口，滑坡舌根部隆起部分称为滑坡鼓丘。

滑坡裂隙：滑坡体在滑动过程中各部位受力性质、受力大小和滑动速率不同等差异而产生的裂隙。一般可分为拉张裂隙、剪切裂隙、鼓张裂隙、羽状裂隙、扇形裂隙等。拉张裂隙主要出现在滑体后缘，有时滑坡壁附近也有，受拉而形成，常呈弧形分布，延伸方向与滑坡滑动方向垂直。剪切裂隙分布于滑体中前部两侧，因滑体与其外侧的不动岩土体之间的相对位移而产生，它与滑动方向斜交，两边常伴生羽状裂隙。鼓张裂隙又称为隆张裂隙，分布在滑体前缘，由于滑体后部的推挤、受内部张力而形成，其延伸方向垂直于滑动方向。扇形裂隙也分布在滑坡体的前缘，尤以舌部为多见，因土石体扩散而形成的，呈放射状分布。

滑坡轴（主滑线）：滑坡在滑动时，滑体运动速度最快的纵向线。它代表整个滑坡滑动方向，位于滑床凹槽最深的纵断面上，可为直线或曲线。

值得注意的是，上述的形态要素在发育完全的新生滑坡才具备。自然界许多新、老滑坡，由于要素发育不全或经过长期剥蚀及堆积作用，常常会消失掉一种或多种形态要素，应注意观察。

2. 滑坡的发育阶段

滑坡的发育是一个缓慢而长期的演化过程，可将滑坡发育大体分为 3 个阶段。

蠕动变形阶段：从斜坡发生变形、坡面出现裂缝到斜坡滑动面贯通的发展阶段。因各种自然营力的影响，斜坡岩土体强度逐渐降低或斜坡内剪切应力不断增加使斜坡稳定性受到破坏。斜坡内软弱岩土体首先因抗剪强度小于剪切应力而变形，变形发展至坡面便形成断续的拉张裂隙，使得水的作用增强，进一步发展，裂隙加宽并错断，岩体两侧相继出现剪切裂缝，坡脚附近的岩土被挤出。变形继续发展，拉张裂缝进一步加宽，错距不断增大，剪切裂缝贯通，斜坡前缘的岩土受推挤而鼓起，并出现鼓胀裂缝，滑动面全部贯通，斜坡岩土体开始沿滑动面整体下滑移动。

滑动破坏阶段：滑动面贯通后，滑坡开始整体下滑的阶段。滑动后缘迅速下陷，滑壁明显出露，滑体分裂成数块，并在坡面上形成阶梯状地形，滑体上的树林倾倒成“醉汉林”，水管、渠道被剪断，建筑物严重变形以致倒塌，随滑体向前滑移，形成滑坡舌，并使前方的道路、建筑物等遭受破坏或被掩埋，河谷滑坡还使河流堵塞或转向。其速度取决于滑动面的形状和抗剪强度、滑体的体积及滑坡在斜坡上的位置。

压密稳定阶段：在滑面摩擦阻力的作用下，滑体最终要停下来。在重力作用下，滑坡体逐渐压密，地表裂缝被充填，滑动面附近的岩土强度因压密而使固结程度提高，整个滑体的稳定性提高。当滑坡坡面变缓、滑坡前缘无渗水、滑坡表面植被重新生长，则滑坡体已基本稳定。滑坡体的岩土结构和水文地质都将发生改变。该阶段可持续数年甚至更长时间。

滑坡的滑动过程是非常复杂的，并不完全遵循这三个发展阶段，须具体分析。

3. 滑坡的特征

变形破坏的岩土体以水平位移为主，除滑坡体边缘存在少数崩离碎块和翻转现象外，滑坡各部分的相对位置变化不大；滑动体始终沿着一个或几个软弱面滑动，岩土体中的各种成因的结构面均可成为滑动面，如古地形面、不整合面、断层面、岩土层面、贯通的裂隙等；滑坡过程可在瞬间完成，也可持续几年甚至更长时间；滑坡通常是较深层的破坏，滑移面深入到坡体内部以至坡脚以下。滑坡是斜坡破坏中分布最广、危害最重的一种。

4. 滑坡的类型

按滑面特征：无层滑坡、顺层滑坡、切层滑坡。

按滑动性质：牵引式滑坡、推动式滑坡、混合式滑坡。

按物质成分：土质滑坡、岩石滑坡。

按滑体规模：浅层滑坡（数米）、中层滑坡（<20m）、深层滑坡（<50m）、极深层滑坡（>50m）。

5. 产生滑坡的主要条件

1）地质条件与地貌条件

岩土类型：岩土体是产生滑坡的物质基础。一般来说，各类岩、土都有可能构成滑坡体，其中结构松散的岩土体，则抗剪强度和抗风化能力较低，在水的作用下其性质能发生变化的岩、土，如松散覆盖层、黄土、红黏土、页岩、泥岩、煤系地层、凝灰岩、片岩、板岩、千枚岩等及软硬相间的岩层所构成的斜坡易发生滑坡。

地质构造条件：组成斜坡的岩土体只有被各种构造面切割分离成不连续状态时，才可能有向下滑动的条件。同时，构造面又为降雨等水流进入斜坡提供了通道。故各种节理、裂隙、层面、断层发育的斜坡，特别是当平行和垂直斜坡的陡倾角构造面及顺坡缓倾的构造面发育时，最易发生滑坡。

地形地貌条件：只有处于一定的地貌部位，具备一定坡度的斜坡，才可能发生滑坡。一般江、河、湖（水库）、海、沟的斜坡，前缘开阔的山坡、铁路、公路和工程建筑物的边坡等都是易发生滑坡的地貌部位。坡度大于10°、小于45°，下陡中缓上陡、上部成环状的坡形是产生滑坡的有利地形。

水文地质条件：地下水活动在滑坡形成中起着主要作用。它的作用主要表现在软化岩、土，降低岩土体的强度，产生动水压力和孔隙水压力，潜蚀岩、土，增大岩、土容重，对透水岩层产生浮托力等。尤其是对滑面（带）的软化作用和降低强度的作用最突出。

2）内外营力（动力）和人为作用的影响

在现今地壳运动的地区和人类工程活动频繁的地区是滑坡多发区，外界因素和作用可以使产生滑坡的基本条件发生变化，从而诱发滑坡。主要的诱发因素有：地震、降雨和融雪，地表水的冲刷、浸泡，河流等地表水体对斜坡坡脚的不断冲刷；不合理的人类工程活动，如开挖坡脚、坡体上部堆载、爆破、水库蓄（泄）水、矿山开采等都可诱发滑坡，还有如海啸、风暴潮、冻融等作用也可诱发滑坡。

3.3.4 斜坡稳定性影响因素及评价

3.3.4.1 斜坡稳定性影响因素

影响斜坡稳定性的因素复杂多样，其中主要包括斜坡岩土类型、岩土体结构、地质构造、水文地质条件，此外还有风化作用、地表水和大气降水的作用、地震、人类工程活动等。正确分析各因素的作用是斜坡稳定性评价的基础工作之一，可以为预测斜坡变形和破坏、滑坡发展演化的趋势以及为制定有效防治措施提供依据。

各种因素从三个方面影响着斜坡的稳定性。一是影响斜坡岩土体的强度，如岩性、岩体结构、风化和水对岩土的软化作用等；二是影响斜坡的形状，如河流冲刷、地形和人工开挖斜坡、填土等；三是影响斜坡的内应力状态，如地震、地下水压力、堆载和人工爆破等。

这些影响因素可分为主导因素和触发因素两类。主导因素包括斜坡岩土的类型和性质、岩土体结构和地质构造、风化作用、地下水活动等；触发因素包括地表水和大气降水的作用、地震以及人为因素（如堆载、人工爆破）等。对斜坡稳定性有影响的最根本因素为主导因素，对斜坡的稳定性起着控制作用，对岩质斜坡的影响尤为显著。触发因素则只有通过主导因素才能对斜坡稳定性的变化起到作用，促使斜坡破坏的发生和发展。

1. 岩土类型与性质

斜坡岩土类型和性质是决定斜坡抗滑力、稳定性的根本因素。坚硬完整的岩石，如花岗岩、石灰岩等，能够形成很陡的高边坡而保持稳定；而软弱岩石或土体只能形成低缓的斜坡。

一般来说，岩石中泥质成分越高，其斜坡抵抗变形破坏的能力越低。我国的滑坡研究者将那些容易引起斜坡变形破坏的岩性组合称为易滑地层。

如砂泥岩互层、石灰岩与页岩互层、黏土岩、板岩、软弱片岩及凝灰岩等，尤其是当它们处于同向坡的条件下，滑坡往往成群分布。土体中的裂隙黏土和黄土类土也属于易滑地层。因此在斜坡稳定性研究中，应首先确定是否有易滑地层分布和出露，因为斜坡变形破坏常以这些地层出露地段最为强烈。

此外，岩性还制约着斜坡变形破坏的形式。如沉积岩中的软弱岩层常构成滑动面（带）而发生滑坡；由坚硬岩类构成的高陡斜坡因受结构面控制而常发生崩塌破坏；黄土因垂直节理发育，其斜坡破坏形式主要为崩塌。

2. 岩体结构和地质构造

岩质斜坡的边形破坏多数是受岩体中软弱结构面控制，所以研究结构面的成因、性质、延展性、密度以及不同结构面的组合关系等是重要的。其中，软弱结构面与斜坡临空面的关系对斜坡稳定性至关重要，可分为如下几种情况。

（1）平叠坡：主要软弱结构面为水平的。这种斜坡一般比较稳定。

（2）顺向坡：主要指软弱结构面的走向与斜坡面的走向平行或比较接近，且倾向一致的斜坡。当结构面倾角 α 小于斜坡坡角 β 时，斜坡稳定性最差，极易发生顺层滑坡。自然界中这种滑坡最为常见，人工斜坡也易遭破坏。当 α 大于 β 时，斜坡稳定性较好（图 3－26）。

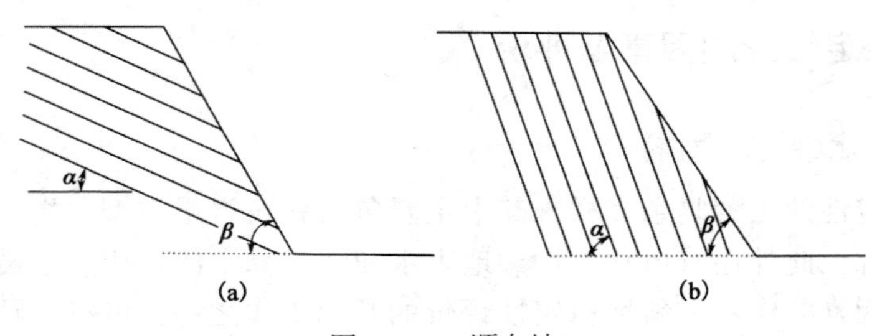

图 3－26　顺向坡

（a）$\alpha<\beta$；（b）$\alpha>\beta$

（3）逆向坡：主要软弱结构面的倾向与坡面倾向相反，即岩层倾向坡内。这种斜坡是最稳定的，虽有时有崩塌现象，但发生滑动的可能性较小。

（4）斜交坡：主要软弱结构面与坡面走向成斜交关系。其交角越小，稳定性就越差。

（5）横交坡：主要软弱结构面的走向与坡面走向近于正交。这类斜坡稳定性好，很少发生滑坡。

以上仅为一组结构面的情况。若有两组及以上结构面时，则视其组合与斜坡临空面的关系进行综合分析。

地质构造对斜坡的稳定性影响也较大，尤其是在近期强烈活动的断裂带，沿断裂带崩塌、滑坡多呈线性密集分布。据统计，滑坡集中分布区必然同时具备易滑地层、构造复杂和地形深切割的特征。我国西南地区的铁路沿线或山区公路沿线发生的滑坡，约有80%以上位于规模较大的断裂带上，尤其是发育密度与复活变形程度受控于断裂体系的分支复合部位，在构造交汇带滑坡多成带、成群分布。例如，岷江茂汶—汶川段的南新至文镇45km中发育17处滑坡与茂汶—汶川断裂构造有关。

3. 地表水和地下水

每到雨季，崩塌和滑坡频繁发生。很多滑坡都是发生在地下水比较丰富的斜坡地带。水库蓄水后，库岸斜坡因浸水而多有滑动。这些事实说明地表水、地下水对斜坡稳定性的影响十分明显。水的作用主要表现为如下几个方面。

1）软化作用

水的软化作用是指水使岩土强度降低的作用。对于岩质斜坡而言，当岩体或其中的软弱夹层亲水性较强、含有易溶性矿物时，浸水后发生崩解、泥化、溶解等作用，岩石和岩体结构遭受破坏，抗剪强度降低，斜坡稳定性降低。例如，页岩、凝灰岩、黏土岩等亲水性很强，水对其软化作用很显著，其斜坡浸水后，容易发生变形破坏。对于土质斜坡，浸水后的软化现象更为明显，尤其是黏性土和黄土斜坡。

2）冲刷作用

水的冲刷作用使河岸变高、变陡。水流冲刷作用使坡脚和滑动面临空，从而为滑坡的发生提供条件。水流冲刷也是岸坡坍塌的原因。

3）静水压力作用

作用于斜坡上的静水压力主要有三种不同的情况：

其一是当斜坡被水淹没时，作用在坡面上的静水压力。当斜坡表层为弱透水岩土体时，坡面就会承受来自水体的水压力，此静水压力指向坡面，且与坡面正交，所以对斜坡稳定性有利。在水库蓄水条件下，计算被淹没的库岸斜坡稳定性时需要考虑此静水压力。

其二是岩质斜坡中的张裂隙充水后，水柱对坡体的静水压力。在降雨和地下水活动作用下，岩质斜坡中部、后缘的拉张裂隙和陡倾张节理充水，裂隙两侧的岩土体将承受静水压力（图3－27）。由于此力是一个作用于滑体的指向临空面的侧向推力，对斜坡的稳定性是不利的。暴雨或者连续降雨时，一些斜坡产生崩塌和滑坡，往往和此类静水压力的作用相关。

其三是作用于滑体底部的静水压力。如果斜坡上部为相对不透水的岩土体，则当河流水位上涨或者库区蓄水时，地下水位上升，斜坡内不透水的岩土底面将受到静水压力的作用（图3－28）。此力作用在岩土底面上，降低了滑体的抗滑力，不利于斜坡的稳定。显然，地下水位越高，对斜坡的稳定性越不利。当河水位或者库水位迅速下落时，由于地下水的响应滞后效应，会有较大的静水压力作用在滑体结构面上，岸坡很容易破坏、失稳。

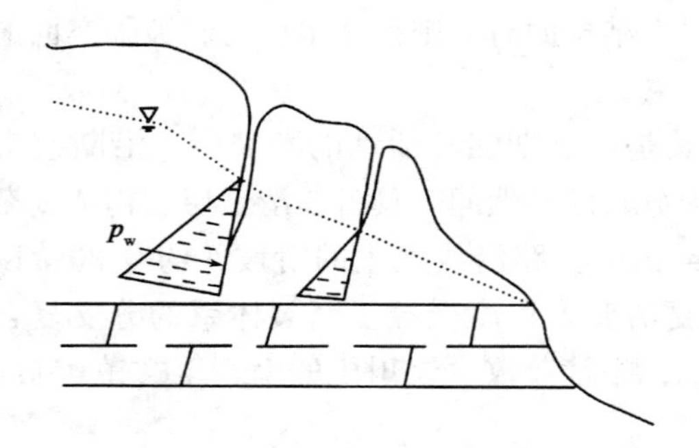

图 3－27　张裂隙中的静水压力（p_w）

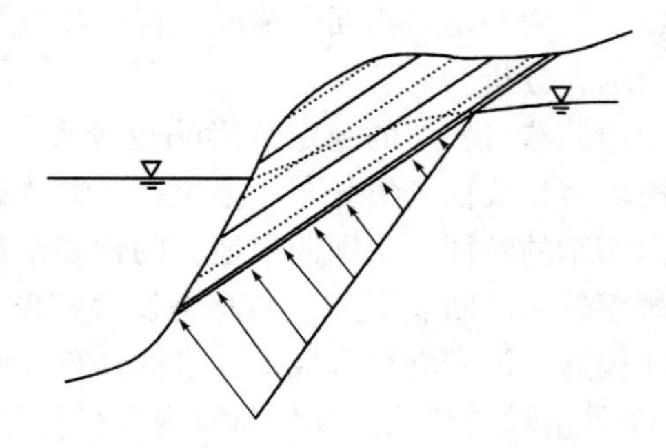
图 3－28　静水压力消减结构面上的有效应力

4）动水压力作用

动水压力又称为渗透压力。若斜坡岩土体是透水的，当地下水从斜坡岩土体中渗流排出时，由于水压力梯度作用，就会对斜坡产生动水压力，其方向与渗流方向一致，一般指向斜坡临空面，对斜坡稳定性是不利的。在河谷地带，当洪水过后，河水迅速回落时，岸坡内可产生较大的动水压力，往往会导致斜坡失稳。同样，当库区水位急剧下降时，库岸也会由于动水压力而导致滑坡。

5）浮托力作用

处于水下的透水斜坡将承受浮托力的作用，使坡体的有效重量减轻，抗滑力降低，对斜坡稳定不利。一些由松散堆积体组成的岸坡在水库蓄水后发生变形破坏，原因之一就是浮托力的作用。

4. 地震

地震是造成斜坡破坏的最重要的触发因素之一，许多大型崩塌或滑坡的发生与地震密切相关。1933 年 8 月 25 日，岷江上游的叠溪发生大地震，引起大滑坡和崩塌，摧毁了叠溪镇，滑坡和崩塌体将岷江堵塞，形成库容达（4～5）$\times 10^8 m^3$的堰塞湖。10 月 9 日堰塞湖溃决，造成下游 2500 余人死亡，是叠溪镇滑坡造成死亡人数的 5 倍。1965 年智利发生 8.5 级地震，造成数以千计的滑坡和崩塌。我国学者对西南松潘、平武一带的调查研究表明，在烈度为Ⅶ度以上的地区，坡度大于 25°的斜坡，地震触发破坏的现象十分普遍。

地震对斜坡稳定性的影响是因为水平地震力使得潜在滑体对滑面的法向压力削减，同时增强了坡体下滑力，从而对斜坡的稳定性十分不利。

此外，强烈地震的震动还易使受震斜坡的岩土体结构松动，对斜坡稳定性不利。

5. 人类活动

随着科学技术的不断进步，人类对地球的改造活动的规模和强度日益增大。因此，人类活动对斜坡稳定性的影响也越来越大。在交通工程建设中，大量开挖的人工边坡对自然斜坡稳定性造成巨大影响；在采矿工程中，由于采矿开挖坡脚引起坡体失稳的实例举不胜举。总之，人类对地质环境的改造越深刻，对斜坡变形破坏的影响也就越大。

3.3.4.2　斜坡稳定性评价

斜坡变形破坏研究的目的，就是要作出科学的稳定性评价。这包括两方面任务：一方面要对与工程活动有关的天然斜坡、已发生的滑坡、已建成的人工边坡的稳定性作出评价；另一方面要为设计出合理的人工边坡和治理滑坡的措施提供设计依据。

通过我国大量工程实践，总结出以工程地质分析为主的综合分析法，对斜坡均可以采用多种方法进行判断，并相互验证，达到正确判断的目的。概括地讲，斜坡稳定性评价方法可分为两大类，即定性评价和定量评价。定性评价方法包括成因历史分析法、工程地质类比法、赤平投影作图法等；定量评价方法包括极限平衡计算法、有限元分析法、破坏概率计算法等。

1. 定性评价

由于地质条件的复杂性和人们认识事物的局限性，工程地质定性评价在斜坡稳定性评价中仍然占有极其重要的地位。任何轻视工程地质定性评价的观点都是错误的。下面就几种常用的定性评价方法进行论述。

（1）成因历史分析法：通过研究斜坡形成的地质历史和所处的自然地质环境、斜坡外形和地质结构、变形破坏形迹、影响斜坡稳定性的各种因素的相互关系，从而对它的演变阶段和稳定状况作出宏观评价。这种方法实际上是通过追溯斜坡发生、发展演化的过程分析斜坡的稳定性，对于研究斜坡稳定性的区域性规律尤为适用。这是其他各种评价方法的基础。

（2）工程地质类比法：将所要研究的斜坡或拟设计的人工边坡与已经研究过的斜坡或人工边坡进行类比，以评价其稳定性及其可能的变形破坏方式，确定其坡角和坡高。类比时必须全面分析斜坡结构特征、所处工程地质条件以及影响斜坡稳定性的主导因素和斜坡发展阶段等，比较其相似性和差异性，只有相似程度较高者才能进行类比，即类比的原则是相似性。

2. 定量评价

定量评价是基于力学计算方法进行的。常用的斜坡稳定性定量评价方法有刚体极限平衡法、有限单元法和破坏概率法等。

1）刚体极限平衡法

刚体极限平衡法的基本前提和假设条件如下：只考虑破坏面（滑面）的极限平衡状态，不考虑滑体岩土体的变形和破坏；破坏面（滑面）的强度由黏聚力和摩擦角（C、φ 值）控制，其破坏遵循库仑判据；滑体中的应力以正应力和剪应力的方式集中作用于滑面上；将斜坡破坏问题简化为平面问题处理。

刚体极限平衡法是一种计算理论，包括许多具体的计算方法，如瑞典条分法、毕肖普条分法、简布条分法、萨玛法、摩根斯坦—普赖斯法等，在一般的《土力学》和《岩石力学》课程教材中都有详细介绍，这里不做介绍。

2）有限单元法

借助于有限单元法分析斜坡岩土体的应力、应变特征及评价斜坡稳定性的实例越来越多。在计算机技术和数值方法飞速进步的今天，有限元分析法取得了长足的发展。

斜坡稳定性评价中有限单元法的基本原理和步骤就是通过离散化，将坡体变换成离散的单元组合体，假定各单元为均匀、连续、各向同性的完全弹性体，各单元由节点相互连接，内力、外力由节点来传递，单元所受的力按静力等效原则移到节点，成为节点力。当按位移求解时，取各节点的位移作为基本未知数，按照一定的函数关系求出各节点位移后，即可进一步求得单元的应变和应力，分析斜坡的变形、破坏机制，进而对其稳定性作出合理评价。

3）破坏概率法

采用刚体极限平衡理论的斜坡稳定性分析方法，要引入稳定性系数的概念。稳定性系数就是各种参数的一个函数，即可表达为 $K=f\ (C,\varphi,\sigma,l,\cdots)$。对于计算参数，通过调查和试验取得确定值时，得出的稳定系数 K 也是一个确定值。但实际情况是，岩土物理力学属性的离散性、差异性，加之测试的各种误差，造成许多参数并不是一个确定值，而是具有某种分布的随机变量，所以，客观上的稳定性系数也为随机变量。因而采用概率方法来进行稳定性评价显得更合理。

例如，某斜坡的平面剪切破坏发生在结构面向指向坡外、结构面倾角大于摩擦角而小于斜坡坡角的斜坡岩体中（图 3－29）。对确定稳定性系数 K 的各参数进行多次随机抽样，可获得某一坡角情况下斜坡稳定性系数的概率图（图 3－30）。图中阴影部分为斜坡的破坏概率，即有

$$P_{\mathrm{f}} = P\{K < 1\}$$

该斜坡的稳定概率 $R=1-P_{\mathrm{f}}$。

图 3－31 是陶振宇等对鲁布革水电站某一岩石边坡进行概率分析得出的各组结构面破坏概率与坡角的关系。可见斜坡在 40°以下时，斜坡沿Ⅲ组、Ⅳ组结构面滑动的破坏概率仅为 1%～2%，即斜坡的稳定概率达 98%～99%。而该地的自然山坡角恰好在 40°～45°之间。该剖面中发生滑动破坏概率最高的Ⅳ组结构面，其次为Ⅰ、Ⅲ组。分析塌方原因，正是沿这三组结构面坡体被切割后顺第Ⅳ组结构面滑移而导致的。

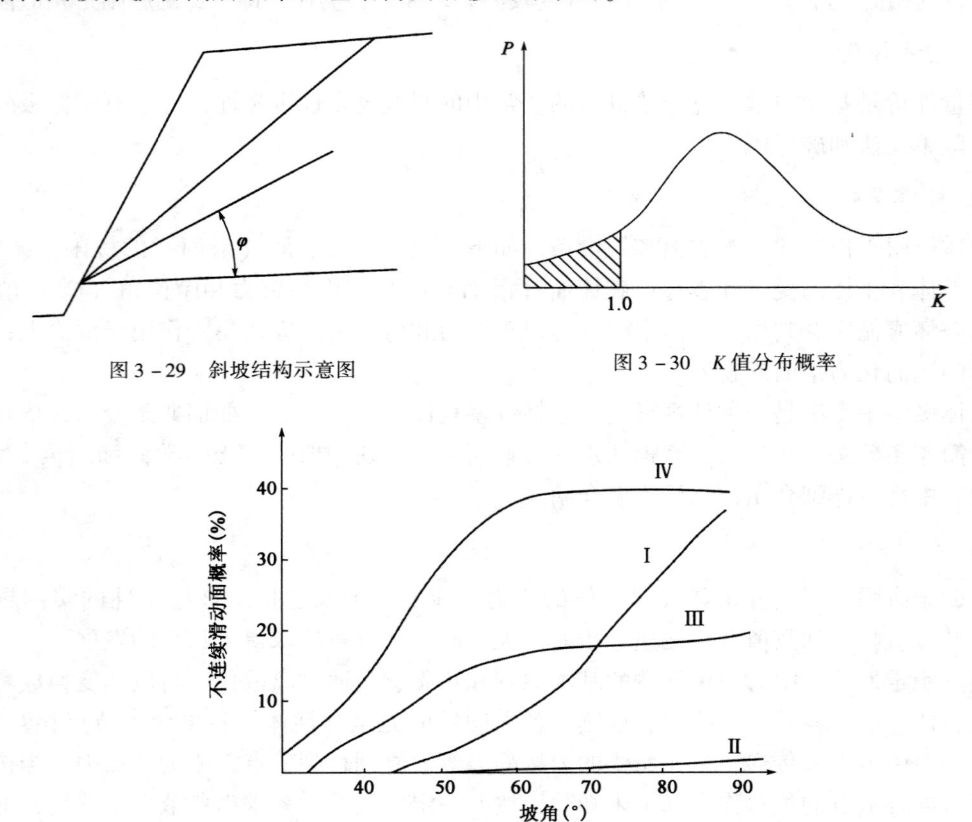

图 3－29　斜坡结构示意图

图 3－30　K 值分布概率

图 3－31　鲁布革水电站某岩石边坡各组结构面破坏概率分析图

3.3.5 斜坡变形破坏的预测预报与防治

3.3.5.1 斜坡变形破坏的危害

斜坡变形破坏常对城镇建设、工矿企业、山区农村、交通运输、水利水电工程及人类生命安全造成极大损害。1949—1990 年，我国至少发生了 432 次危害和影响重大的崩塌、滑坡事件，涉及 23 省市自治区，其中四川发生的次数最多，约占 1/4，其次为陕西、云南、甘肃、青海、贵州、湖北等省，死亡 3600 余人。

1. 对城镇的危害

城镇是地区的政治、经济和文化中心，人口、财富相对集中，建筑密集、工商发达，因此斜坡变形破坏对城镇危害严重。1949 年以来，重庆已发生数十次严重的崩塌、滑坡灾害，1998 年 8 月的特大滑坡，500 户房屋被毁，1000 余人无家可归，经济损失惨重。

2. 对交通运输的危害

斜坡变形破坏往往使山区铁路遭受毁灭性损害。宝成、成昆、川黔、黔桂等铁路的崩塌、滑坡事故发生频繁。1998 年 8 月刚通车 3 个月的达川至成都铁路的南充段发生 5 处滑坡，致使大通车站附近的桥堡坍塌，运输中断 90 多个小时。川藏、滇藏、川滇等国家级公路的崩塌、滑坡的危害严重，特别是川藏公路因崩塌、滑坡、泥石流的影响，全年通车时间不足半年。对水道航运的危害也非常严重，特别是峡谷地段多为滑坡、崩塌的密集发生段，长江是我国遭受滑坡、崩塌最严重的河运航道。

3. 对工矿企业的危害

我国汽车生产基地之一的第二汽车制造厂位于湖北十堰，一直处于滑坡、崩塌和泥石流灾害的不断侵扰中，1982 年 7 月因滑坡、崩塌物质冲入该厂，被迫停产数天。矿山也常遭受滑坡、崩塌的困扰，辽宁抚顺露天矿就是一个典型的例子。

4. 对水利水电的危害

斜坡变形破坏不仅使水库淤积加剧、降低水库的综合效益、缩短水库寿命，还可能毁坏电站，甚至威胁大坝及其下游的安全。1963 年因大暴雨诱发了意大利的 Vaiont 水库南侧发生快速的大规模坍塌滑动（图 3 - 32），滑体长 1.8km、宽 1.6km，体积超过 $2.4\times10^{8}m^{3}$，滑动时间不足 30s，速度 25 ~ 30m/s，滑体冲击地面，在欧洲的大部分地区都感觉到了地震，

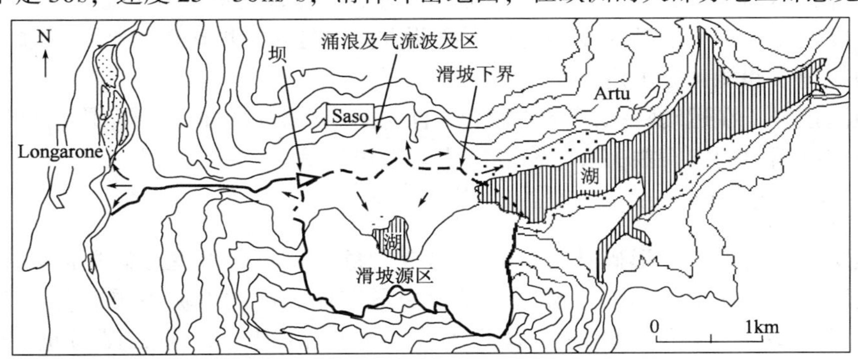

图 3 - 32 Vaiont 水库滑坡区平面图

滑体前锋形成的巨大气流掀翻了房屋，水柱高达240m，高出坝顶100m的涌浪冲出水库，并以70m高的水墙向下游冲去，仅6min就将下游的Longarone镇淹没，3000多人被淹死。该事件堪称世界上最大的水库灾难。

3.3.5.2 斜坡变形破坏的预测预报

1. 监测方法

斜坡变形破坏监测的目的是了解和掌握斜坡变形破坏的演变过程，及时捕捉崩塌、滑坡的特征信息，为崩塌、滑坡的分析评价，预测预报和防治提供可靠的资料和科学依据。它是获取崩塌、滑坡等斜坡变形破坏的预测预报信息的有效手段。

监测的内容：斜坡岩土表面及地下变形的二维或三维位移、倾斜变化的监测；应力、应变、地声等特征参数的监测；地震、降水量、气温、地下水、孔隙压力等环境因素及爆破、灌溉、渗水等人类活动的监测。

监测仪器：位移测量仪、倾斜测量仪、应力测量仪、各种环境监测仪。

监测方法：宏观地质观测法，通过常规地质调查对宏观变形形迹及其发展趋势进行调查、观测。简易观测法，在斜坡及建筑物的裂缝处设置简易观测标志，测量裂缝变化与时间的关系。设站观测法，在可能造成严重灾害的危岩、滑坡变形区设立线状、网状的变形观测点，并在稳定区设置固定观测站，定期监测变形区的三维位移变化。仪器仪表观测法，用各种仪器仪表监测危岩体滑坡的变形位移、应力应变和地声变化等。自动遥测法，利用自动遥测系统对危岩体滑坡区进行远距离、全天候连续观测。

2. 预测预报

斜坡变形破坏的预测预报的重点是崩塌、滑坡的预测预报。预测是指对崩塌、滑坡可能发生的空间位置、规模、类型、运动特征等的判定，预报是指对崩塌、滑坡可能发生时间的判断。预测预报是通过研究斜坡变形破坏的规律来对崩塌、滑坡等灾害发生的趋势作出判断和评价，但由于崩塌、滑坡等灾害的突发性，使得预测预报工作常比较困难。

崩塌滑坡时间的预报：由于崩塌滑坡的地质过程、形成条件、诱发因素的复杂性、多样性及其变化的随机性、非稳定性，导致崩塌滑坡的动态信息难以捕捉，加之监测技术的不成熟和斜坡变形破坏理论的不完善，对崩塌滑坡发生时间的预报一直被认为是十分困难的前沿课题，监测费用高、周期长，也是制约崩塌滑坡发生时间预报的因素。预报的方法很多，有滑坡变形前兆、位移—时间曲线变化趋势、斋藤法、统计模型、非线性力学模型、降水量参数、声发射等，总的来看，地质分析、经验判断仍是当前的主要预报研究方向。

活动强度预测：包括滑动速度和滑移距离两方面，是对滑坡运动学特征的预测，其理论基础是运动物理学和能量守恒定律。

危害预测预报：在运动特征研究基础上，首先圈定滑坡可能的危害范围，再根据直观经验对可能受灾范围内的灾害损失和社会经济影响做出评估。

3.3.5.3 斜坡变形破坏的防治

为了预防和控制斜坡变形破坏对建筑物造成的危害，对斜坡变形破坏需要采取防治措施。实践表明，要确保斜坡不发生破坏，发生变形破坏之后的滑坡不再恶化，必须加强防治。斜坡变形破坏的防治应贯彻“以防为主、及时治理、根据工程的重要性制定整治方案”。

1. 崩塌的防治

对崩塌而言，在整治过程中必须遵循标本兼治、分清主次、综合治理、生物措施与工程措施结合、治理危岩与保护自然生态环境相结合的原则。许多崩塌区都是山清水秀的自然风景区，是游人观赏自然的理想场所，危岩本身既是崩塌的祸根又是景观资源，整治必须兼顾艺术性和实用性，把治岩、治坡、治水与开发旅游资源结合，达到除害兴利的目的，同时应一次性根治不留后患。崩塌落石本身仅涉及少数不稳定岩块，通常不改变斜坡的整体稳定性，不会导致建筑物毁灭性破坏，因此防止落石造成道路中断、建筑破坏和人身伤亡是整治崩塌危岩的最终目的。崩塌防治可分为防止崩塌发生的主动防护和避免造成危害的被动防护（图 3－33）。崩塌的防治可归纳为“挡、固、除、避”。

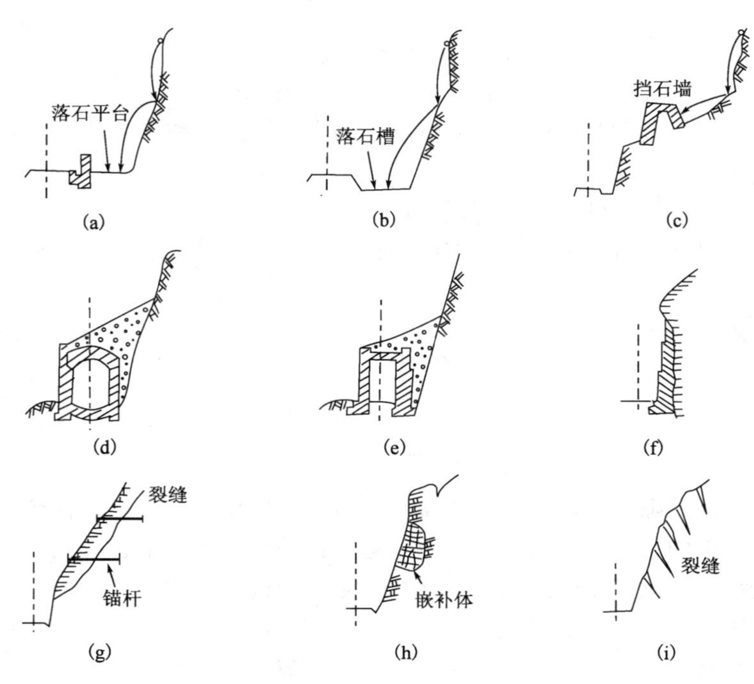

图 3－33　崩塌防治示意图

（a）落石平台；（b）落石槽；（c）挡石墙；（d）明洞；（e）棚洞；（f）支护墙；（g）锚固；（h）嵌补体；（i）灌浆、勾缝

挡：修建遮挡建筑或拦截建筑，如落石平台、落石槽、挡石墙、明洞、棚洞等。

固：采用支撑、锚固、灌浆加固、软基加固等措施对易发生崩塌的危岩进行加固。

除：通过修建排水系统、削坡等措施消除崩塌隐患。

避：对可能发生大型崩塌的地区尽量避免进行工程建筑。

2. 滑坡的防治

滑坡的防治较危岩更加复杂，必须查明工程地质条件，深入分析其稳定性和危害性，找出影响滑坡的因素及相互关系，综合考虑、全面规划，以长期防御为主，防御与应急抢险结合，合理安排治理重点，生物工程措施与工程措施结合，治理与管理、开发结合，因地制宜，讲求实效。滑坡防治可形象地用“砍头”“压脚”“捆腰”来描述，“砍头”就是消减滑坡上部的重量，“压脚”就是加大坡脚的抗滑阻力，“捆腰”就是加固可能下滑的岩土体。

滑坡的防治可归纳为“拦、排、稳、固”。

拦：修建拦挡工程（图3-34）。

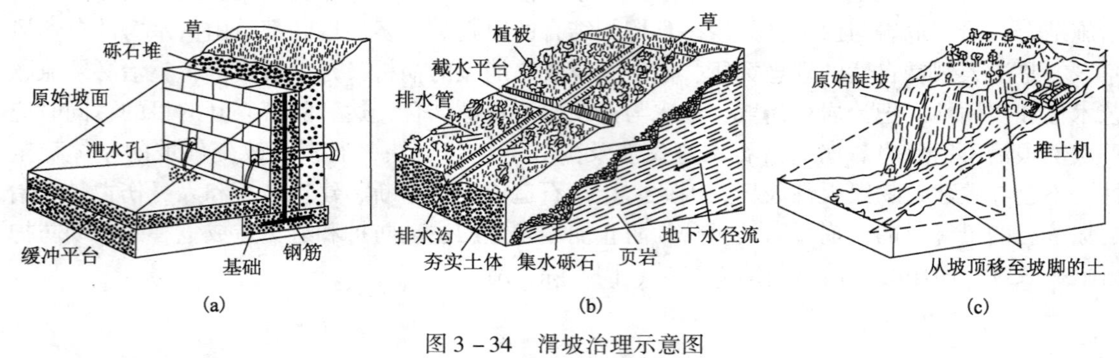

图3-34 滑坡治理示意图

（a）拦挡；（b）排水；（c）削坡

排：就是排水，拦截和旁引可能渗入滑坡体的水，排除滑坡体内的水，防止地表水对坡脚的冲刷等措施。

稳：稳定斜坡，包括降低坡度、削坡、护坡等。

固：对可能的滑坡进行加固，增大滑面的阻力，如抗滑桩、锚索、灌浆、焙烧等。

3.4 渗透变形

3.4.1 概述

地下水在岩土体空隙中的运动称为渗流，它对岩土体作用的力称为渗透力，当渗透力达到一定值时，岩土中的颗粒发生移动，甚至一定体积的岩土体发生悬浮或移动，这种作用和现象称为渗透变形，由此产生的工程地质问题即是渗透稳定问题。

渗透水流作用于岩土上的力称为渗透压力或动水压力，只要有渗流存在，就存在这种力。当此力达到一定大小时，岩土中的某些颗粒就会被渗透水流携带和搬运，从而引起岩土的结构变松、强度降低，甚至整体发生破坏。渗透变形往往是地下水渗流的机械作用和化学作用同时进行，互相促进，共同作用，使岩土体产生变形，最终导致岩土体的完整性破坏。渗透变形既能直接引起工程建筑物（主要水利工程）变形和破坏，又是地面沉降、地表塌陷、地裂缝和滑坡等地质灾害的诱发因素之一。

自然界中渗透破坏常见于疏松、无黏性、凝聚力较弱的岩土层。但更多的渗透破坏是由于工程活动而加强渗流的条件下产生，它不但在松散土中发生，在基岩的断裂破碎带、软弱夹层和风化带也可发生，渗透变形破坏现象在坝工建筑中尤为突出。

3.4.1.1 渗透变形的类型

松软土的颗粒组成和渗流场的地质结构十分复杂，在渗流作用下，渗透压力方向与土粒的重力方向和不同土层接触面的方向随地而异，松软土受力方式、渗透变形的类型和难易程度是不同的。因此，对不同类型的渗透变形的预测评价方法和防治措施也是不同的。渗透变形可分为如下类型。

（1）潜蚀：岩土体中的一部分小颗粒被渗流水流携出的现象称为潜蚀或管涌，它较普遍地发生在不均质的砂层或砂卵层中，细粒物质被带走，使得岩土层的孔隙增大、强度降低，甚至造成地面塌陷。它可分为机械潜蚀、化学潜蚀两种，但以机械潜蚀为主。潜蚀在自然条件下即可发生，人们习惯地把工程活动中发生的潜蚀称为管涌。

（2）流土：岩土体表层的一定体积的岩土在垂直岩土层的渗透水流作用下全部浮动或流走的现象称为流土或流砂。流土一般发生在均质岩土体中。其危害较大，它可使岩土体完全丧失强度。常发生在大坝下游坡脚有渗透水流的岩土层中。

（3）接触冲刷：渗流沿着渗透系数相差悬殊的两种土层接触面带走细颗粒的现象称为接触冲刷。这种现象主要发生在漂石和卵石等巨粒土与砂类土和粉土接触处，当地下水沿着颗粒组成相差悬殊的两层土的接触面方向运动时，因前者渗透系数和流速远大于后者，细粒土层的颗粒如同地表水对渠道、河床那样的侵蚀，被渗流冲刷带走（图 3－35）。

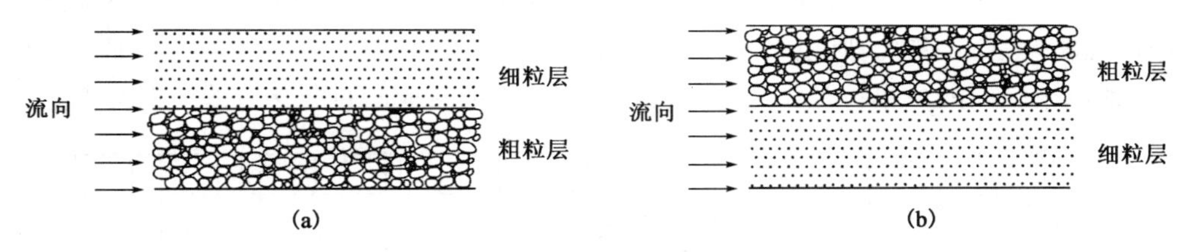

图 3－35　接触冲刷示意图

（4）接触流失：渗流垂直渗透系数相差悬殊的两种土层接触面运动时，将细粒土层的颗粒带到粗粒层中的现象称为接触流失（图 3－36）。当反滤层设计或施工不当时，在渗流作用下，被保护土层（常为砂类土）的颗粒被带到反滤层中，使反滤层失去设计功效。如抽水井的反滤层被堵而使流量减少；坝后减压井和排水沟的反滤层被保护土层的颗粒堵塞后，使渗流逸出处排泄不畅，达不到坝后排水减压的目的，严重时可能危及坝基和坝体的安全稳定。

上面划分的四种渗透变形中，从颗粒运动的方式看，接触冲刷和接触流失多以单个颗粒独立运动为主，因此管涌和流土两种类型是基本的。

管涌主要发生在颗粒组成不均匀且粗粒孔隙中的细粒较少、填充不密实的无黏性土中，一般来说对于这种土当水力坡度不大时，即能发生管涌；当水力坡度足够大时，土中粗细颗粒同时移动而转化成流土。可见松软土都可能发生流土，而管涌与土颗粒组成和紧密度密切相关。一般来说，在较小的渗透压力作用下即可能发生管涌，而发生流土的渗透压力比管涌时大，因此，流土对工程建筑物的危害更大。

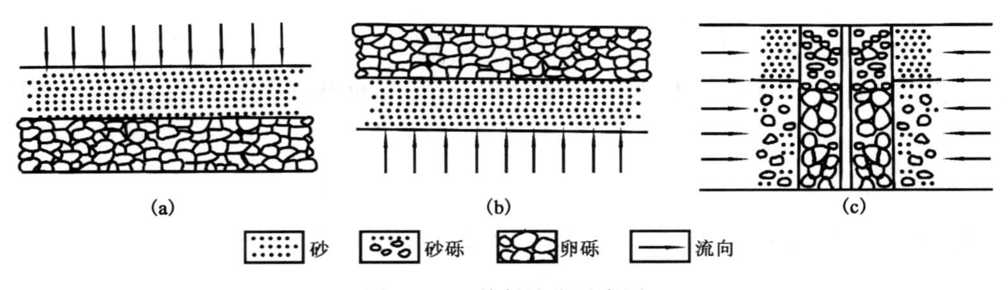

图 3－36　接触流失示意图

3.4.1.2　渗透变形类型的判别

渗透变形类型的判别方法较多，诸如通过现场正发生的现象观测，或通过室内外渗透变形试验实测，或通过渗透变形试验分析渗透变形类型与土的颗粒组成的关系所总结的经验。对于大型重要的工程，当场地的水文地质结构复杂时，应采用试验方法实测。这里介绍水利水电工程地质勘察规范中对无黏土渗透变形类型的判别方法。

1. 管涌和流土的判别

对于不均匀系数 C_u（d_{60}/d_{10}）大于 5 且缺乏某组（或一组以上）粒级的不连续级配土，当细颗粒含量 $p_c \geqslant 35\%$ 时，为流土；当 $p_c \leqslant 25\%$ 时，为管涌；当 p_c 在 25% ~35% 之间时，为过渡类型。渗透变形的类型取决于土的紧密程度、颗粒组成和形状，可能为管涌，也可能为流土。

粗细颗粒的界限粒径 d_f 及相应的百分含量 p_c 可从土的颗粒组成累积曲线的特点分别确定。对累积曲线为不连续级配缺乏某级粒组的土，至少有一个以上粒组的颗粒含量小于或等于 3% 的平缓段（图 3 - 37 中Ⅲ），则以平缓段粒组的最大和最小粒径的平均值区分粗细粒的粒径界限粒径；或以平缓段的最小粒径作为界限粒径。该粒径所对应的百分含量即为细粒含量。

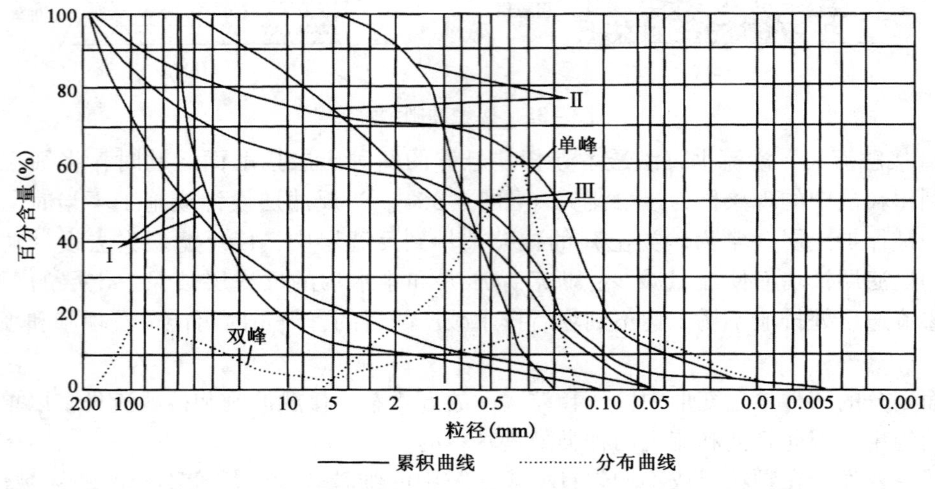

图 3 - 37　颗粒分布曲线形式与渗透变形类型

Ⅰ—管涌；Ⅱ—流土；Ⅲ—管涌或流土

对累积曲线为连续级配的土（图 3 - 37 中Ⅱ），区分粗细颗粒的界限粒径 d_f 可用下式计算：

$$d_f = \sqrt{d_{70} d_{10}}$$

式中，d_{70}、d_{10} 代表小于该粒径的含量分别占 70% 和 10% 的颗粒粒径，相应于 d_f 的含量为细粒含量 p_c。

2. 接触冲刷的判别

对于双层结构的地基，符合下列条件时将不会发生接触冲刷：

$$\frac{D_{10}}{d_{10}} \leqslant 10$$

同时两层土的不均匀系数满足：

$$C_u \leqslant 10$$

式中，D_{10}、d_{10}分别为粗粒和细粒土层的颗粒粒径，小于该粒径的土重占总土重的10%；C_u为土的不均匀系数。

3. 接触流失的判别

当渗流由下向上垂直粗细土层接触面运动，符合下列条件时将不会发生接触流失。

当土层的不均匀系数 $C_u \leqslant 5$ 时，满足

$$\frac{D_{15}}{d_{85}} \leqslant 5$$

式中，D_{15}为粗粒土层的颗粒粒径，mm，小于该粒径的土重占总土重的15%；d_{85}为细粒土层的颗粒粒径，mm，小于该粒径的土重占总土重的85%。

或当土层的不均匀系数 $C_u \leqslant 10$ 时，满足

$$\frac{D_{20}}{d_{70}} \leqslant 7$$

式中，D_{20}为粗粒土层的颗粒粒径，mm，小于该粒径的土重占总土重的20%；d_{70}为细粒土层的颗粒粒径，mm，小于该粒径的土重占总土重的70%。

3.4.2 渗透变形的形成条件

使岩土体产生渗透变形的营力是地下水流，但渗透变形需要具备一定的条件——一定的水动力条件、岩土结构特征、渗流出口条件、存在渗流出逸的临空条件。因其渗透变形的动力因素是动水压力，一旦渗流的动水压力达到岩土的抗渗强度就会产生渗透变形。

3.4.2.1 水动力条件

渗流的水动力条件是导致渗透变形的主要动力因素，渗流水动力强弱常用水力坡度和渗透速度来表示。在自然条件下因岩土介质阻力的影响，与地表水流比较，渗流的水动力一般较弱。但在山区因地壳强烈上升，河流侵蚀切割形成谷坡地带，或地下水滞后于洪水消落的岸坡地带，均可能形成较强的水动力条件。

地下水在松散岩土体中渗流时，由于水质点之间及水流与岩土颗粒之间摩擦阻力的作用，沿岩土颗粒周围渗流的水头损失，也就是渗流压力下降。每个岩土颗粒在水头差作用下承受了来自水流的渗透力，即动水压力。

假设渗透水流流经某一单元岩土体，其长度和横截面积分别为 $\mathrm{d}l$ 和 $\mathrm{d}\omega$，上下界面的水头差为 $\mathrm{d}h$，则由流体力学理论可知，该单元岩土体承受的水压力 $\mathrm{d}p$ 为

$$\mathrm{d}p = \rho_w \cdot g \cdot \mathrm{d}h \cdot \mathrm{d}\omega$$

在工程上习惯用单位体积岩土体上的水压力来表征动水压力，即

$$D = \mathrm{d}p/(\mathrm{d}\omega \cdot \mathrm{d}l) = \rho_w g I$$

$$I = \mathrm{d}h/\mathrm{d}l$$

式中，I 为水力坡度，也称水力梯度。

动水压力方向与渗流方向一致。

在水流由下往上渗流时，一旦动水压力与岩土体的水下重量相等时，岩土体将处于悬浮状态而发生流动，此时的水力梯度称为临界水力梯度 I_{cr}，即

$$I_{cr} = \rho'/\rho_w$$

式中，ρ'为岩土体的水下密度。

若ρ_w为1，根据土的物理性质指标的相互关系，则可利用土粒密度和孔隙率来计算临界水力梯度，即

$$I_{cr} = (\rho_s - 1)(1 - n)$$

由此可知，土粒密度越大，孔隙率越小，则临界水力梯度越大，岩土体越不易渗透变形。

这是应用于松散砂质土产生流土的临界水力梯度计算公式，该公式未考虑土体本身强度的影响，因此计算结果与实测结果往往相差较大。

3.4.2.2 岩土结构特征

众所周知，岩体因较高的黏聚力其强度远高于土体，除泥化夹层、断层破碎带、全风化带和洞穴裂隙中的松软填充物强度低，可能被渗流潜蚀携走外，是不会发生渗透变形的。不含或含黏粒少的卵砾类土和砂类土，无黏聚力或黏聚力极小，俗称无黏性土，其强度决定于颗粒组成和紧密度，抵抗渗流作用的能力较低。其中尤以颗粒较细的砂类土的抗渗强度更低。黏性土因颗粒及孔隙细小，粒间具水胶连接，除遇水易崩解、分散性强的黏性土（如黄土类土、低液限粉土）外，一般整体性较好，抗渗强度比砂类土高。实践证明，最易发生渗透变形的是砂类土中的粉细砂土和具分散性的粉土。因此，预测和评价渗透变形时，要在对松软岩土体勘察研究的同时，特别注意对粉细砂土和分散性粉土性质和空间分布的勘察研究。

岩土体的抗渗性取决于本身的结构。既然渗透水流可以携出孔隙中的细小颗粒，那么孔隙就必须大到足以使细小颗粒顺利通过。

粗细粒径的比例：只有当岩土中细颗粒的粒径d小于粗颗粒的骨架孔隙直径d_0时，才能发生潜蚀，据有关研究认为最佳比值为$d_0/d=8$，研究表明一般天然无黏性土为混粒结构，孔隙率为39.5%，大小颗粒之比为2.5，则有利于潜蚀的粗细粒径之比为20。同时岩土的颗粒粒径及孔隙率还与颗粒排列方式有关，立方体排列方式最疏松，四面体排列方式最密实。

细颗粒的含量：实验证实当细颗粒含量达20%～30%时，产生渗透变形所需的水力梯度急剧增大。但当细颗粒含量小于20%时，临界水力梯度小于0.5。

颗粒级配：可用不均粒系数C_u来表示，$C_u = d_{60}/d_{10}$，该值越大说明颗粒越不均匀，则水越不容易渗流。

3.4.2.3 渗流出口条件

渗流出口有无适当保护对渗流变形的产生和发展具有重要意义，若出口临空，则此处的水力梯度比整个渗径上的水力梯度高，水流方向也有利于岩土松动和悬浮，易于产生渗透变形。若在出口处有保护，则保护层的重量降低了岩土颗粒悬浮的可能，不易产生渗透变形。

此外宏观地质条件也对能否产生渗透变形起控制作用。如多层的地层结构不易产生渗透变形，高差较小的地区不易产生渗透变形等。

3.4.2.4 存在渗流出逸的临空条件

当渗透变形发生在土体内部，如坝基下部卵砾类土粗粒骨架中的细颗粒被渗流带走后，仍在土体孔隙中移动，难以造成细粒大量流失，不会形成空洞和管道而危及地基和上部建筑

物的安全稳定。当存在渗流出逸的临空条件时，在出逸段往往水力坡度较大，又会造成土粒不断流失的临空条件，只有这样才可能不断促进渗透变形向上游溯源发展的条件。

最典型的渗流出逸的临空条件是坝（堤）后河床、排水沟、人工取土坑、冲沟等低洼部位。此外，人工开挖的施工基坑的坑底和坑壁、人工开凿的抽水井和排水井、覆盖型岩溶的洞穴等，都可能造成渗流携带大量土颗粒流失的临空条件。

3.4.3 临界水力坡度的确定

确定松软土的临界水力坡度的方法较多，诸如理论或经验公式计算、室内外试验方法实测、据查明已发生渗透变形的场地条件的基础上进行反演分析和经验类比法等。对于大型重要工程，当水文地质结构复杂时应采用试验方法实测。这里仅介绍公式计算、试验法实测临界水力坡度和据土的颗粒组成和透水性确定临界水力坡度的方法。其他方法可参考有关文献和规范。

3.4.3.1 公式计算法

1. K. 太沙基（K. Terzaghi）公式

由下向上运动的渗流出逸处无盖重时，无黏性土的流土临界水力坡度（J_C）可用下式计算：

$$J_C = (\rho_s - 1)(1 - n) = G_w$$

式中，ρ_s 为土粒的密度；n 为土的孔隙度；G_w 为土体的浮重度。

此式已广泛用于渗透稳定性的初步评价，其原理是由下向上运动的渗流，当作用在单位体积土体上的渗透压力等于土的浮重度时处于极限平衡状态，土体开始发生移动和悬浮。此式对于疏松的砂类土其计算值与试验值比较一致。

2. E. A. 扎马林公式

因太沙基公式只考虑渗透压力与土体浮重度平衡，未计摩擦力和黏聚力对土体抗渗强度的影响。E. A. 扎马林通过砂土室内渗透变形试验，建议对太沙基公式给予修正。

$$J_C = (\rho_s - 1)(1 - n) + 0.5n$$

式中符号同太沙基公式。

3. 渗流沿斜坡出逸时流土公式

当渗流沿斜坡出逸时，可用下式计算流土临界水力坡度：

$$J_C = G_w(\cos\alpha\tan\varphi - \sin\alpha)/\gamma_w$$

式中，G_w 为土体的浮重度；φ 为土的内摩擦角；γ_w 为水的重度；α 为斜坡坡角。

由于土体的颗粒组成、颗粒形状、排列方式及其受力条件复杂，难以用理论公式确定管涌和其他变形类型的临界水力坡度。国内外曾有人试图以理想假设和试验求参数方法确定管涌临界水力坡度，但均与试验成果差别较大，且应用也不方便。因此除流土外，其他变形类型的临界水力坡度不宜用公式计算。

3.4.3.2 试验法实测临界水力坡度

试验法可分为室内和现场试验两大类。现场试验的最大优点是能保持土体的原状结构，其方法较多，当对试验土层埋藏较大时可采用钻孔压水试验法；当试验土层和地下水埋藏较浅，但下伏相对隔水层埋藏较深时可用围堰法；当试验土层、地下水位和相对隔水层埋藏较浅时可用堤坝法等。图 3－38 为封闭堤坝式现场渗透变形试验，试验层位和场地选择、试验设备和各项准备工作完成后，开始向注水坑缓慢加水时水头不应过大，其初始水力坡度应小。

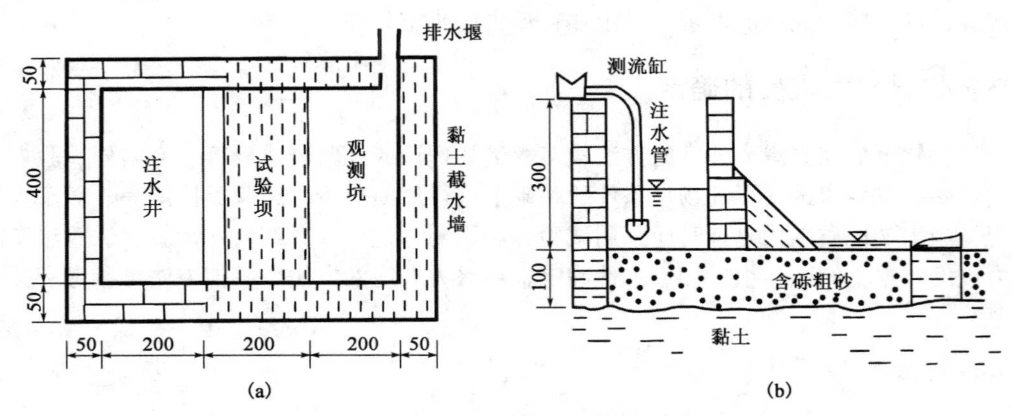

图 3－38　封闭堤坝式现场渗透变形试验装置图（单位：cm）

（a）平面图；（b）剖面图

于大坝设计控制或经验允许水力坡度。然后以 0.05 的水力坡度逐级升高注水坑的水位，每级水位应酌情稳定 1～4h，对各级水位作用下每 10min 观测一次注水和排水流量，随时察看观测坑中变形情况，计算渗透系数 K 和渗透速度 ν，并及时绘制水力坡度与渗透速度或流量关系曲线（图 3－39），通过对观测坑底渗透变形现象的宏观观察和图 3－39 中关系曲线的拐点（如 A 点）确定临界水力坡度。

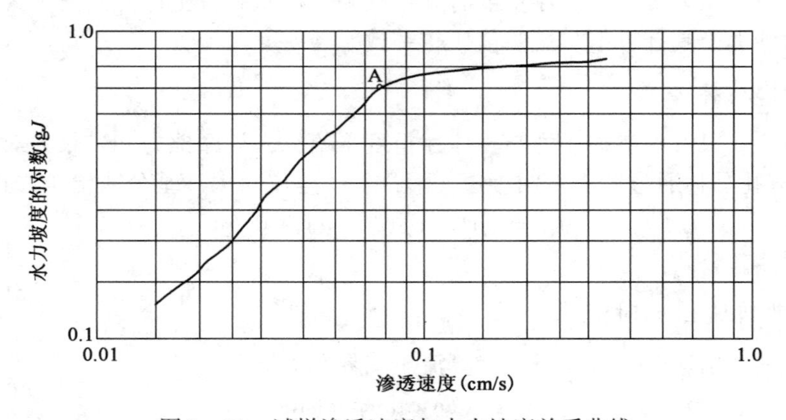

图 3－39　试样渗透速度与水力坡度关系曲线

各种类型渗透变形的临界水力坡度都可通过室内试验实测，其主要优点是经济简便，又能较好地反映现场试验土层的颗粒组成。试验方法有尺寸不同的垂直管涌仪、水平管涌仪和渗流槽试验等。上述试验所需设备、技术要求、试验成果整理分析及临界水力坡度的确定等，可参考《土工试验规程》（SDS01—79）及水利水电部门的相关文献资料。

3.4.3.3　据土的颗粒组成和透水性确定临界水力坡度

我国水利水电科学研究院对无黏性土在上升渗流作用下作了大量的室内渗透变形试验，通过分析整理，编制了细粒含量与临界水力坡度的关系曲线（图 3－40）和渗透系数与临界水力坡度的关系曲线（图3－41）。实用时不必进行复杂的渗透变形特殊试验，只需进行土颗粒组成和透水性等常规试验，即可方便地从图中查到相应的临界水力坡度。

由图3－40和图3－41可以看出，随着土中细粒含量的增加和渗透系数的变小，其临界水力坡度增大。

图中绘有上下限两条曲线，使用时可视试验成果可靠性、工程重要性和地质条件的复杂性等因素酌情考虑。

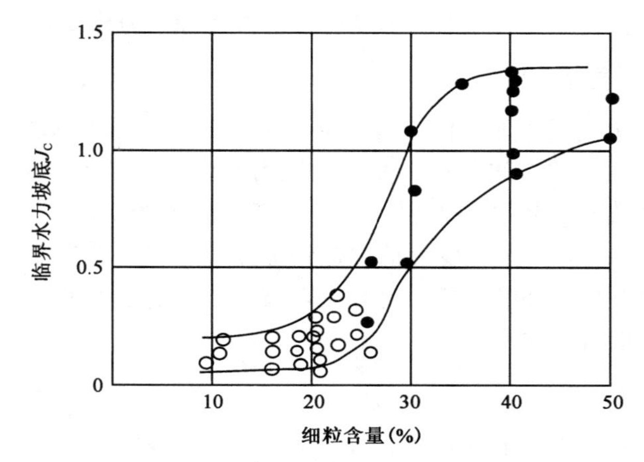

图3－40　临界水力坡度与细粒含量关系曲线

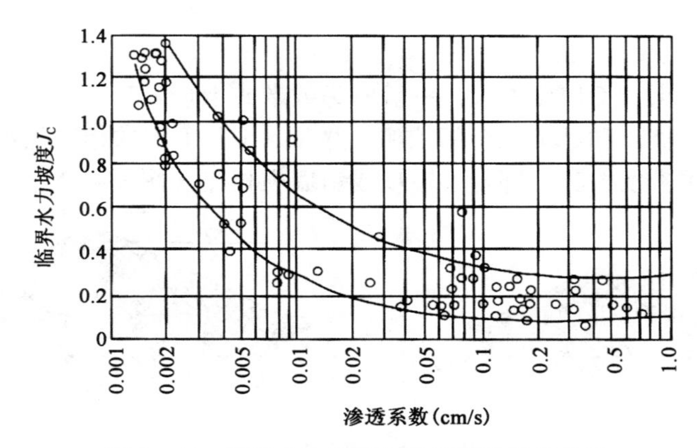

图3－41　临界水力坡度与渗透系数关系曲线

3.4.4　渗透变形的预测及防治

3.4.4.1　渗透变形的预测

在工程建筑兴建之前通过了解建筑场地的工程地质条件，结合工程的特点预测渗透变形的可能性，以便采取相应的防治措施，保障建筑物的安全。

预测的基本步骤是：根据岩土体的类型和性质，判定是否会产生渗透变形及其类型，随后确定坝基的水力梯度，确定临界水力梯度和允许水力梯度，圈定可能渗透变形范围。

渗透变形可能性判断：分析坝基地层结构和地形地貌条件，初步确定可能产生渗透变形的地段，根据级配分析结果，计算不均粒系数和细颗粒的含量，判别渗透变形的类型。

确定坝基各点的实际水力梯度：根据上、下游的水头差确定坝基各点的实际水力梯度，主要计算方法有理论计算、流网图图解法、水电比拟法、观测法等。

确定临界水力梯度和允许水力梯度：首先根据岩土颗粒分析资料判断渗透变形的类型和允许梯度的可能范围，然后采用理论计算、图表及试验测定等方法确定临界水力梯度和允许水力梯度。

确定允许水力梯度后，与实际水力梯度比较，若允许水力梯度较小，则是危险的。

3.4.4.2 渗透变形的防治

水坝（堤防）等水利工程地基渗透变形防治主要通过工程措施控制地基渗流，调整渗透压力（实际水力坡度）的空间分布，使渗透压力集中于不易发生渗透变形的坝前部位或抗渗强度（临界水力坡度）较高的土层中，使易产生渗透变形的坝后渗流出逸段或抗渗强度较低的土层分布处的实际水力坡度降低，达到确保坝（堤）体安全稳定的目的。

为此，在上游地下水的补给区和径流区应以防渗截流措施为主；在下游地下水出逸段应以排水减压和反滤盖重措施为主。

1. 防渗截流工程

防渗截流工程可分两类：垂直防渗工程（墙、灌浆帷幕及混凝土防渗墙等）和水平防渗铺盖。

1）垂直防渗工程

当坝基透水性较大，而厚度不大，一般厚为数米或十余米时，可用截水槽防渗，即将透水性大的土层如卵砾类土和砂类土全部挖除，并深入至其下部的相对隔水层中，然后再用透水性小的黏性土回填夯实，其上部与心墙坝或斜墙坝相连（图 3 - 42）。

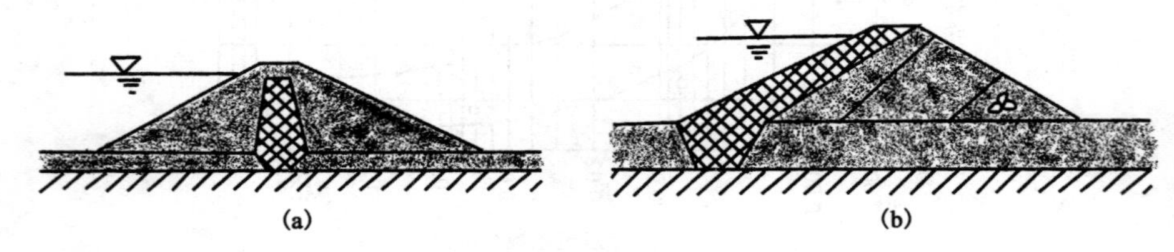

图 3 - 42 截水槽示意图

（a）心墙坝；（b）斜墙坝

当坝基透水层厚度较大，如厚度大于 20m，全部挖除强透水层在技术上存在困难时，可采用混凝土防渗墙或灌浆帷幕。

灌浆帷幕是钻探造孔至预计深度后，采用水泥浆液或水泥与黏土混合浆液或化学浆液（如丙凝等）灌入透水层中，形成一定厚度的防渗帷幕（图 3 - 43）。其灌浆材料和配比及灌浆孔间距可通过试验确定。

上述垂直防渗工程实质上是通过人工方法将强透水层改良成微弱透水的地下构筑物，使水头损失和渗透压力集中在垂直防渗工程上，而使坝后剩余水头和出逸段的水力坡度大大降低，达到防治渗透变形的目的。同时，又能显著降低坝基渗漏损失。

必须强调指出，为防治堤防工程地基渗透变形的垂直防渗措施应视江河性质特点而定。

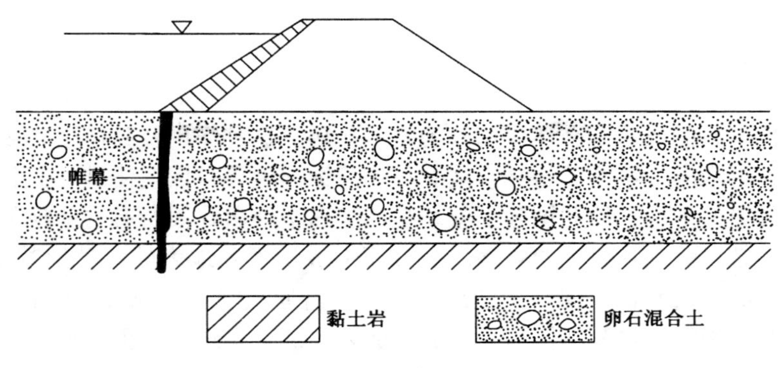

图 3-43　封闭式灌浆帷幕示意图

对于地上悬河（如黄河郑州以东）两岸的堤防工程，因河床高于两岸地面，河水补给两岸地下水，采用垂直防渗措施时可与水坝工程一样。但对于平水期地下水补给河水，而汛期河水补给两岸地下水的河流，如长江下游荆州至武汉河段，采用上述“全封闭”式的垂直防渗工程虽能防治堤基渗透变形，但平水期时地下水向河流的径流排泄受阻，使堤内地下水位上升，将对广大良田和城乡造成浸没灾害。在这种条件下，应采用深入到部分强透水层的悬挂式垂直防渗工程，如悬挂式灌浆帷幕，其深度可用数值模拟等方法确定。

2）水平防渗铺盖

当坝基透水层厚度过大，垂直防治工程在技术上十分困难，经济上不合理时，可采用水平防渗铺盖，即在坝前铺填黏性土将透水层覆盖，其长度一般为上下游水头差的 5～10 倍，其厚度由坝趾处向上游逐渐变薄，上游末端厚 0.5～1.0m，下游与坝体的斜墙或心墙连接。铺盖的功能是在给定上下游总水头差条件下，延长渗径，使整个坝基的平均水力坡降低，同时，又使水头损失和渗透压力集中于坝前铺盖，而使坝后剩余水头和出逸段水力坡度大大降低。

2. 排水减压和反滤盖重工程

当坝后微弱透水的黏性土层较薄时，可在坝脚附近开挖排水沟；当黏性土层较厚，开挖排水沟危及坝坡稳定时，或黏性土层下为透水性较弱的粉细砂土，排水沟的效果不好需排泄深部卵砾类土中的水时，宜采用钻探法开凿若干减压井，其井径、井距、深度和排水量由数值模拟和现场试验确定。必要时采用排水沟和减压井相结合的方法，共同作用达到排水减压的目的。

为保护坝后渗流出逸段土层不发生渗透变形，可直接用透水性较大土料覆盖设置反滤层，常沿渗流方向由细到粗设三层，每层厚视需要而定，一般 15～50cm，对反滤层材料应满足以下要求：每层内部的颗粒不应移动；细粒层的颗粒不应穿过相邻的粗粒层的孔隙；被保护土层的颗粒不应穿过反滤层；反滤层比被保护土层的透水性大，排水通畅，能起到减压盖重的作用。

关于反滤层设计可视被保护土层颗粒组成，采用试验或经验法确定。

必须指出，在排水沟、减压井和铺盖设计时，也要酌情设置反滤层，才能发挥其正常功能。

在水利工程实践中，拟定防治坝基渗透变形措施时，应考虑其他工程地质问题处理的综合利用，并应在方案论证的基础上择优。

3.5 岩溶

水对可溶性岩石的改造和破坏作用称为岩溶作用。这种作用及其产生诸多现象的总和为岩溶。如溶洞、落水洞、溶沟、石林、坡立谷、溶蚀洼地等，因斯洛维尼亚北部的喀斯特高原是这种现象的典型地区，因此国际上就用喀斯特这个地名代表所有这些现象。

岩溶作用的结果表现在以下两方面。一方面形成地下和地表的各种地貌形态，如石芽、溶沟、溶孔、溶隙、落水洞、漏斗、洼地、溶盆、溶原、峰林、孤峰、溶丘、干谷、溶洞、地下湖、暗河及各种洞穴堆积物。另一方面形成特殊的水文地质现象，如冲沟很少，地表水系不发育；喀斯特化岩体是溶隙—溶孔并存或管道—溶隙网—溶孔并存的高度非均质的介质，岩体的透水性增大，常构成良好的含水层，其中含有丰富的地下水，即喀斯特水；岩溶水空间分布极不均匀，动态变化大，流态复杂多变；地下水与地表水互相转化敏捷；地下水的埋深一般较大，山区地下水分水岭与地表分水岭常不一致等。

岩溶在世界上分布十分广泛，从海平面以下几千米的地壳深处，到海拔5000m以上的高山区均有发育。据估计，可溶岩在地球上的分布面积为：碳酸盐岩 $4\times10^7km^2$，石膏和硬石膏 $7\times10^6km^2$，盐岩 $4\times10^6km^2$。其中，碳酸盐岩分布最广，因此研究这类岩石的岩溶也就具有更为重要的理论和现实意义。据统计：我国碳酸盐岩分布面积约为 $2\times10^6km^2$，占国土总面积的1/5，其中裸露于地表的约 $1.3\times10^6km^2$，占国土总面积的1/7。碳酸盐岩分布的地理位置包括西南、华南、华东、华北等地以及西部的西藏、新疆等省区。在川、黔、滇、桂、湘、鄂诸省呈连续分布，面积达 $5\times10^5km^2$，是我国主要的岩溶区。

研究岩溶与工程建设的关系十分密切。水利水电建设中的库坝区岩溶渗漏问题，影响水库的效益和正常使用，它是水工建设中主要的工程地质问题；岩溶地区的采矿及隧道、地下洞室开挖的突水问题，有时挟有泥沙喷射，给施工带来严重困难，甚至淹没坑道，造成机毁人亡等事故。在地下洞室施工中遇到巨大溶洞时，洞中高填方或桥跨施工困难，造价昂贵，有时不得不另辟新道，因而延误工期。

必须指出，虽然在岩溶区进行工程建设时困难大、问题多，但并非所有岩溶区都必然产生上述问题。国内外大量工程实践证明，只要充分掌握岩溶的发育规律，查明影响岩溶发育的因素，预测岩溶对建筑物的危害，并采取有效的防治措施，在岩溶地区是能够进行各种工程建筑的。如在岩溶区修建水利水电工程时，因地制宜地采取“灌、铺、堵、截、导”等措施进行防渗处理；利用碳酸盐岩中所夹的页岩、泥质白云岩等相对隔水层作坝基；利用岩溶发育不均匀性的规律，进行工程选址及提出处理措施；利用溶蚀洼地、地下暗河修建水库；对于大型洞穴可以直接用作厂房和仓库；丰富的岩溶水，可以用作城镇工矿供水和农田灌溉的水源。总之，为了运用岩溶发育规律来指导岩溶区的工程建设，真正做到兴利除害；开展对岩溶的研究有着重要的理论和实际意义。

3.5.1 岩溶发育机理

自然界的岩溶作用十分复杂，并以溶蚀作用最为积极和常见，溶蚀作用不仅直接塑造了各种地表和地下岩溶地貌，也是其他岩溶作用的先导和条件。不同岩石的溶蚀过程和原理也是不同的，硫酸盐和氯化物的溶蚀是一种纯溶解过程，在一定的温度、压力下的溶解度为常数，只要达到饱和就不再溶解，因此这类岩石的溶蚀由地表向地下迅速减弱，在一定深度下消失。而碳酸盐为难溶性盐，在水中的溶解度较低，并且碳酸盐的溶蚀不是纯溶解问题而是复杂的多相体系化学平衡的溶解过程，同时还存在某些特殊效应使其溶解能力增强，这就使得碳酸盐的溶蚀不仅有由表及里的发育模式，也有由深部向浅部改造的趋势。因此有必要仔细分析和研究碳酸盐岩的溶蚀机理。

3.5.1.1 碳酸盐岩的溶蚀机理

在25℃的条件下，碳酸钙在纯水中的溶解度仅为14.2mg/L，而在天然水中的碳酸盐含量远远高于其溶解度，这是因为水中总含有溶解的CO_2，水中含有CO_2能大大增加碳酸盐的溶解量，过去一直用$Ca(HCO_3)_2$的溶解度大大高于$CaCO_3$来解释，即：

$$CaCO_3 + H_2O + CO_2 \longleftrightarrow Ca(HCO_3)_2$$

但化学家们从未在水中发现过$Ca(HCO_3)_2$分子，因此上式与实际不符，为了描述碳酸盐溶蚀的复杂性，很多学者建议用一系列反应式来描述。首先纯水中的碳酸钙的溶解为：

$$CaCO_3 \xleftrightarrow{慢} Ca^{2+} + CO_3^{2-} \tag{1}$$

溶解的Ca^{2+}可以水解，但重要的是$CO_3{}^{2-}$可与水反应：

$$\begin{aligned} CO_3^{2-} + H_2O &\xleftrightarrow{快} HCO_3^- + OH^- \\ HCO_3^- + H_2O &\xleftrightarrow{快} H_2CO_3 + OH^- \end{aligned} \tag{2}$$

同时CO_2会溶解于水中，即：

$$CO_2 + H_2O \xleftrightarrow{慢} H_2CO_3$$

此时任何酸解离出来的H^+都会减少方程右侧的OH^-从而使得该反应不断向右侧进行，即不断减少水中的$CO_3{}^{2-}$和$HCO_3{}^-$，必然导致式（1）不断进行，使得碳酸钙的溶解度大大增加。这就是水中任何酸类都会增大碳酸钙溶解度的原因。因此式（2）可改写为：

$$\begin{aligned} H_2CO_3 &\xleftrightarrow{快} H^+ + HCO_3^- \\ HCO_3^- &\xleftrightarrow{快} H^+ + CO_3^{2-} \end{aligned} \tag{3}$$

由此可以看出，CO_2在天然水中的溶解所形成的碳酸与其他酸不同，首先在解离过程中除生成使碳酸钙溶解的H^+，也会产生碳酸钙溶解过程中会产生的$CO_3{}^{2-}$和$HCO_3{}^-$，因此当$CO_3{}^{2-}$和$HCO_3{}^-$达到一定浓度后，碳酸钙的溶解实际上停止；其次CO_2来源于大气，当其溶解达到一定量之后，CO_2的溶解也不再进行。因此碳酸钙的溶蚀是一个复杂的化学平衡，该平衡涉及固、液、气三相，包括CO_2、H_2CO_3、$HCO_3{}^-$、$CO_3{}^{2-}$、Ca^{2+}、$CaHCO_3{}^+$、$CaCO_3$、H^+、OH^-等9种离子和分子。

由于自然界是开放系统，水中的CO_2因溶解碳酸钙而减少后可由外界不断补充，使得碳酸钙不断溶解并形成喀斯特。

3.5.1.2 混合溶蚀效应

不同成分或不同温度的水混合后，其溶蚀性有所增强，这种增强的溶蚀效应称为混合溶蚀效应。它是地下洞穴发育不均匀的重要原因。

1. 饱和溶液的混合溶蚀效应

饱和溶液的混合溶蚀效应是指两种或两种以上已失去溶蚀能力的饱和水溶液，在碳酸盐岩体内相遇，并发生混合作用，混合后的溶液由原先的饱和状态变成不饱和状态，从而产生新生溶蚀作用，继续溶解碳酸盐岩石。据实验研究：当溶蚀达饱和状态时，被溶解的 $CaCO_3$ 与平衡的 CO_2 的关系为一非线性函数曲线（图 3－44）。曲线上任意一点表示溶解的 $CaCO_3$ 与水中 CO_2 恰处于的平衡状态；曲线的右下方表明水中 CO_2 含量多于平衡所需的含量，对 $CaCO_3$ 有侵蚀性；曲线左上方代表水中溶解的 $CaCO_3$ 已达过饱和，必须沉淀出一定数量的碳酸盐才能重新达到平衡。如图上 A、B 两点都恰位于曲线上，表明两种溶液都处于平衡状态，但两者的成分各不相同，其成分分别为：溶液中 CO_2 总量，溶液 A 为 100mg/L，溶液 B 为 700mg/L；溶液中溶解的 $CaCO_3$ 总量，溶液 A 为 110mg/L，溶液 B 为 510mg/L。如果两者以相等体积相混合，则每升含 CO_2 为 400mg，含 $CaCO_3$ 为 310mg，即相当于图上 A、B 点连线的中点 C。由于平衡曲线为上凸曲线，所以 A、B 连线上任一点均位于平衡曲线之下，因此混合后的溶液对碳酸盐岩又重新有了侵蚀性。如图 3－44 中 C 点的情况可以再多溶 20% 的碳酸钙。当饱和溶液与非饱和溶液互相混合后，侵蚀性 CO_2 也有所增加，如图 3－44 上的 B 与 D 点以等体积混合而形成的 E 点溶液。

凡有利于水混合的地带，岩溶发育总是比其他地带强烈。这些地带包括：垂直渗入水与地下水相混合的地下水面附近；地下水面以下能使不同成分的水向它汇集的强径流带，如大的溶蚀裂隙或溶蚀管道；不同方向的溶蚀裂隙交汇带；石灰岩区地下水的排泄区，如河谷边岸地下水与地表水的混合带等处。

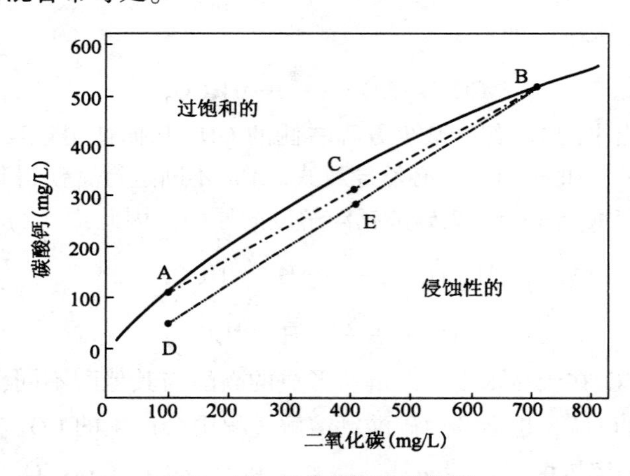

图 3－44　混合溶蚀效应图解

2. 不同温度溶液的混合溶蚀效应

如果有两股温度不同而饱和度相同的水互相混合，或一股水的温度由高温变为低温时，都可产生新的侵蚀性 CO_2，继续加强溶蚀作用，这种温度和碳酸钙之间的反比关系，称为不同温度溶液的混合溶蚀效应。前者由实验可知，当温度降低（T_2 ~ T_1）℃时，补充溶解 $CaCO_3$ 的量如表 3－4 所示。

表 3－4　温度降低（T_2 ~ T_1）℃时，补充溶解 $CaCO_3$ 的量

$CaCO_3$ (mg/L)	在下列温度冷却时补充溶解 $CaCO_3$ 的量						
	6 ~ 0℃	10 ~ 6℃	15 ~ 10℃	20 ~ 15℃	24 ~ 20℃	24 ~ 15℃	15 ~ 6℃
120	1.0	0.9	1.2	1.5	1.4	2.8	2.1
160	2.3	1.9	2.7	2.2	3.0	6.3	6.4

续表

$CaCO_3$ (mg/L)	在下列温度冷却时补充溶解 $CaCO_3$ 的量						
	6～0℃	10～6℃	15～10℃	20～15℃	24～20℃	24～15℃	15～6℃
200	4.2	3.5	5.0	5.9	5.5	11.4	8.5
240	6.9	5.7	8.1	9.6	8.8	19.2	12.8
280	10.3	8.5	12.0	14.3	12.9	27.1	20.7

实际观察证明，在一般情况下，温度混合溶蚀主要表现在恒温层以上的包气带内。该带内温度的昼夜变化及季节性变化都较大，在一定地质条件下，降水渗入包气带后，在潜水面附近冷却，可促进潜水面附近的洞穴发育。

在温泉地区，从地下深处上升的饱和高温地下水，因温度降低产生大量的游离 CO_2，其中一部分 CO_2 则产生补充溶蚀作用。由表 3－5 可知：温泉上升过程中温度不断降低，则溶蚀作用不断加强。温泉的温度越高，补充溶蚀量也越大。

表 3－5　热水冷却时补充溶解 $CaCO_3$ 量

$CaCO_3$（mg/L）	在下列温度冷却时补充溶解 $CaCO_3$ 的量			
	30～20℃	40～20℃	50～20℃	50～10℃
120	1.60	4.04	7.49	8.7
160	3.36	9.17	16.91	19.65
200	7.35	17.78	32.32	37.05
240	11.40	27.90	53.20	61.80
280	17.60	44.50	82.10	95.50

3. 其他离子的作用

（1）酸效应：任何酸所解离出的 H^+ 都能与碳酸钙溶解后所形成的 CO_3^{2-} 结合成 HCO_3^-，从而增加碳酸钙的溶解度。在自然界中，除了 CO_2 溶于水所形成的碳酸对碳酸盐岩的溶蚀有强烈影响外，其次为硫酸的作用，特别是在硫化矿床氧化带中，这种效应最为显著。这是因为在某些铁细菌的作用下，黄铁矿通过以下反应而生成硫酸，即

$$4FeS_2 + 15O_2 + 14H_2O \longrightarrow 4Fe(OH)_3 + 8H_2SO_4$$

所生成的硫酸与碳酸钙相互作用，一方面加强碳酸钙的溶蚀，另一方面生成新的 CO_2，使水中侵蚀性 CO_2 大为增加。其反应如下：

$$CaCO_3 + H_2SO_4 \longrightarrow CaSO_4 + H_2CO_3$$

$$H_2CO_3 \longrightarrow H_2O + CO_2$$

与硫化矿床氧化带类似，在石灰岩与黑色页岩接触带，岩溶发育往往较强烈，其原因是页岩隔水底板造成渗透水流沿接触带集中，更重要的是黑色页岩中往往含有分散状的黄铁矿颗粒，因其氧化形成硫酸，从而加强碳酸盐的溶蚀。

（2）同离子效应：水中如溶有与碳酸盐相同的某种离子的物质，如 $CaCl_2$，则 Ca^{2+} 浓度增加，会使碳酸钙的溶解度按质量作用定律而有所减小，从而抑制了碳酸钙的溶蚀。

（3）离子强度效应：当溶液中有与碳酸盐不相关的强电解质离子时，这些离子就会以较强的吸引力吸引 Ca^{2+} 和 CO_3^{2-}，实质上也就使 Ca^{2+} 与 CO_3^{2-} 之间的引力有所降低。这时，Ca^{2+} 与 CO_3^{2-} 的实际浓度超过其在纯水中的浓度积时仍不沉淀出来，也即其溶解度有所增

大，故可溶解更多的碳酸钙。

3.5.2 岩溶发育的影响因素

岩溶形成的基本条件主要有：可溶性岩石；可溶性岩石具有透水性；存在具有一定溶解能力的水；水在可溶性岩石中是不断流动的。这4个基本条件中可溶性岩石是形成喀斯特的内因，有溶蚀能力的水是喀斯特发育的外因。岩溶不仅受这4个条件的制约，还受以下因素影响。

3.5.2.1 碳酸盐岩岩性的影响

可溶性岩石是岩溶发育的物质基础，这里仅讨论意义最大的碳酸盐岩的化学成分、矿物成分和结构等方面对岩溶发育的影响。

1. 碳酸盐岩化学成分与岩溶发育的关系

碳酸盐岩是碳酸盐矿物含量超过50%的沉积岩。其成分比较复杂，主要由方解石、白云石和酸不溶物（泥质、硅质等）组成。

不同类型的碳酸盐岩，其溶解度相差很大。因此，直接影响岩体的溶蚀强度和溶蚀速度。为了阐明这个问题，在岩溶研究中，可用比溶蚀度和比溶解度这两个指标来表征碳酸盐岩类相对溶蚀的强度和速度。这两个指标的含义是：

比溶蚀度 K_v = 试样溶蚀量（试样试验前后的质量差）/标准试样溶蚀量（标准试样试验前后的质量差）

比溶解度 K_{ev} = 试样溶解速度（试样单位时间内被溶蚀的量）/标准试样溶解速度（标准试样单位时间内被溶蚀的量）

以上指标的应用条件是：标准试样为方解石或轻微大理岩化的亮晶灰岩；所有试样块件的尺寸相同，或粉碎到相同的粒度；循环水为高浓度 CO_2 的蒸馏水；在求 K_v 时，作用的时间一样。

很显然，比溶蚀度 K_v 及比溶解度 K_{ev} 越大，则岩石的溶蚀强度和溶蚀速度也越大。比溶蚀度由大到小所对应的碳酸盐岩岩性依次为：石灰岩—云灰岩—泥质云灰岩—方解石—大理岩—泥质灰岩—灰云岩—泥质灰云岩—白云岩—泥质白云岩。其他学者也有类似的研究成果。中国地质科学院岩溶地质研究所还做过不同岩性、不同结构、不同环境下碳酸盐岩的野外溶蚀试验。这些研究成果的共同认识是：（1）方解石含量越多的岩石，其值越高，岩溶发育越强烈；相反，白云石含量越多的岩石，其岩溶发育越弱。（2）酸不溶物含量越大，K_v 值越小，特别是硅质含量越高时，岩石越不易溶蚀。（3）含有石膏、黄铁矿等的碳酸盐岩，值增大，对岩溶发育有利；含有机质、沥青等杂质的碳酸盐岩，其值降低，不利于岩溶发育。

2. 岩石结构与岩溶发育的关系

实践中发现，有些地区的白云岩、白云质灰岩的岩溶比纯石灰岩中的岩溶更发育。此外，有的地区石灰岩的成分相近，其他条件也相近，但岩溶发育的层位也有选择性。说明仅用岩石成分来解释碳酸盐岩的溶蚀性有一定的片面性。

3.5.2.2 气候对岩溶发育的影响

气候是岩溶发育的一个重要因素，它直接影响着参与岩溶作用的水的溶蚀能力和速度，控制着岩溶发育的规模和速度。因此，各气候带内岩溶发育的规模和速度、岩溶形态及其组合特征是大不相同的。气候类型的特征表现在气温、降水量、降水性质、降水的季节分配及蒸发量的大小和变化。其中以降水量大小及温度高低对岩溶发育的影响最大。

水是生物新陈代谢过程中必需的物质，也是岩溶作用中各种化学反应的介质。降水（主要是降雨）量影响地下水补给，进而影响地下水的循环交替条件。降水通过空气，尤其是通过土壤渗透补给地下水的过程中所获得的游离 CO_2，能够大大加强水对碳酸盐岩的溶蚀能力。因此，降水最大的地区比降水量小的地区岩溶发育强烈。

温度高低直接影响各种化学反应速度和生物新陈代谢的快慢，因而对岩溶的发育起着十分重要的作用。据研究，在一个大气压时，溶解于雨水中的 CO_2 随气温升高而减少。如在1℃时为2.92%，10℃时为2.46%，20℃时为2.14%。这种现象符合亨利—多尔顿定律，似乎与热带区域岩溶发育比温带、寒带区域强烈的事实有矛盾。实际并非如此。从水对碳酸盐岩溶蚀能力的成因来看，除了来自大气中的 CO_2 外，还有生物成因和无机成因的 CO_2，同时还有无机酸和有机酸的参与。从碳酸盐岩的溶蚀速度来看，它不仅决定于水中所含游离 CO_2 的数量，同时还决定于水中化学反应的速度。据实验，温度每增加20～30℃时，水中所含溶解 CO_2 的数量将减少一半。但温度每增10℃，化学反应的速度却增加一倍或一倍以上。因此温度增高时，碳酸盐岩的溶蚀量总是增加的。

我国不同气候带岩溶发育程度及形态类型各具特点。在以广西为代表的副热带地区，溶蚀、侵蚀—溶蚀起主导作用，岩溶作用充分而强烈，地表为峰林、丘峰与溶洼、溶原，地下溶洞系统及暗河发育，岩溶泉数量多，水量大。四川、湖南、湖北、浙江、安徽南部等地的岩溶也很发育，而以溶丘与溶洼、溶斗为特征，属于亚热带岩溶。河北、山东、山西等省地表岩溶一般不太发育，为常态侵蚀地形，几乎无岩溶封闭负地形，以地下隐伏岩溶为主，岩溶泉数量少，但流量较大而稳定，本区以干谷和岩溶泉为其特征，属于温带岩溶。青藏高原湿润气候区，主要为深切割的高山和极高山，既有冰川、霜冻、泥石流作用，也有岩溶作用，流水侵蚀作用强烈。在剥蚀面上有封闭的岩溶负地形残留，尤其在较低的剥蚀面上残留早期岩溶现象，并进一步发育现代岩溶。温带干旱气候区包括新、藏、青、蒙、川、甘、宁等省全部或一部分，现代溶蚀作用占极次要的地位。早期形成的石芽、溶沟、溶洞、溶斗等逐渐受到破坏。

总之，降水量大、气温高的地区，植物繁茂，死亡的植物在土壤中微生物的作用下，能产生大量的 CO_2 及各种有机酸。同时，各种化学反应速度快，故本区岩溶发育规模和速度比其余气候区要大。

必须指出，气候对岩溶发育的影响是区域性的因素。因此，气候带可以作为岩溶区划中一级单元考虑的主要因素。但对某一确定地区，甚至某一工程建筑场地内，气候对岩溶发育差异性的影响就不明显了。

3.5.2.3 地形地貌的影响

地形地貌条件是影响地下水的循环交替条件的重要因素，间接影响岩溶发育的规模、速度、类型及空间分布。区域地貌表征着地表水文网的发育特点，反映了局部的和区域性的侵蚀基准面和地下水排泄基准面的性质和分布，控制了地下水的运动趋势和方向，从而也控制了岩溶发育的总趋势。

地面坡度的大小直接影响降水渗入量的大小。在比较平缓的地段，降水所形成的地表径流缓慢，则渗入量就较大，有利于岩溶发育。相反，在地面坡度较陡的地段，地表径流较快，渗入量小，岩溶发育较差。如谷坡地段的地面坡度大于分水岭地段，垂直渗入带内的岩溶发育较分水岭地段要弱。

不同地貌部位上发育的岩溶形态也不相同。在岩溶平原区，垂直渗入带较薄，在地下较浅处就是水平流动带，因此容易形成埋深较浅的溶洞和暗河。在宽平微切割的分水岭地带，垂直渗入带也较薄，可在较浅处发育水平洞穴。在深切的山地、高原或高原边缘地区，垂直渗入带很厚，地下水埋藏很深，以垂直岩溶形态为主，只在很深的地下水面附近才发育水平岩溶形态。

在平坦的岩溶化地面或分水岭地段，若有细沟或坳沟发育，由于沟底低洼，容易集水下渗。因此，在沟底发育的岩溶形态远比沟间地段要多。

在地层岩性、地质构造等条件相同时，岩溶水的补给区与排泄区高差越大，则地下水的循环交替条件越好，岩溶发育越强烈，深度也越大。

地形地貌条件还影响地区小气候及区域气候的变化。在低纬度的高山区，这种现象比较显著。

3.5.2.4 地质构造的影响

1. 断裂的影响

在可溶性岩石中，由于成岩、构造、风化、卸荷等作用所形成的各种破裂面，是地下水运动的主要通道。它使得岩石中原生孔隙互相沟通，使具有侵蚀能力的水深入可溶岩内部，为岩溶发育提供有利的条件。在各种成因的破裂面中，以构造作用所形成的断裂（断层和节理裂隙）意义最大。断裂系统的位置、产状、性质、密度、规模及相互组合特点，决定着岩溶的形态、规模、发育速度及空间分布，如沿一组优势裂隙可发育成溶沟、溶槽；沿两组或两组以上裂隙可发育成石芽及落水洞。大型溶蚀洼地的长轴、落水洞与溶斗的平面分带、溶洞和暗河的延伸方向，常与断层或某组优势节理裂隙的走向一致。大型地下溶洞及暗河系，其主、支洞的形态和延伸方向主要受控于断裂的产状及组合特点。规模较大的断层常可构成小型或次级断裂的集水通道，其水源补给充沛，岩溶作用得以不断进行。同时，又能接受不同成分地下水的混合。混合溶蚀加剧了断层带附近的岩溶作用，易于形成规模巨大的洞穴。这就是岩溶作用的差异性和岩溶空间分布不均匀的重要原因。在有利条件下，当具有溶蚀能力的地下水沿断层面向下运动时，可加强深循环带中岩溶的发育。

2. 褶皱的影响

不同构造部位断裂的发育程度是不同的，一般来说，褶皱核部的断裂比翼部的发育强烈。因此，核部的岩溶比翼部的发育强烈，这一结论已为大量的勘探和试验资料所证实。

褶皱的形态、性质及展布方向控制着可溶盐岩的空间分布。因此，也控制了岩溶发育的形态、规模、速度及空间分布。溶蚀洼地的长轴、溶洞和暗河的延伸方向常与褶皱轴向或翼部岩层的走向一致。

褶皱开阔平缓时，碳酸盐岩在地表的分布较广泛，岩溶的分布也较广泛；在紧密褶皱区，可溶盐岩与非可溶盐岩相间分布，地表侵蚀与溶蚀地貌景观也呈相间分布，地下洞穴系统横向发展受限，岩溶主要沿岩层走向发育。

3. 岩层组合特征的影响

碳酸岩盐与非可溶盐岩组合特点不同，就会形成各具特色的水文地质结构，从而控制着岩溶的发育和空间分布。自然界中，碳酸盐岩与非碳酸盐岩的组合关系十分复杂，大致可分为以下四种。

1）厚而纯的碳酸盐岩

当碳酸盐岩厚百米至数百米，这时对岩溶发育最为有利。索科洛夫将这种条件下按地下水的动力特征分为四个带，各带岩溶发育的类型、规模和速度是不同的，在剖面上形成岩溶发育的垂直分带现象（图3－45）。

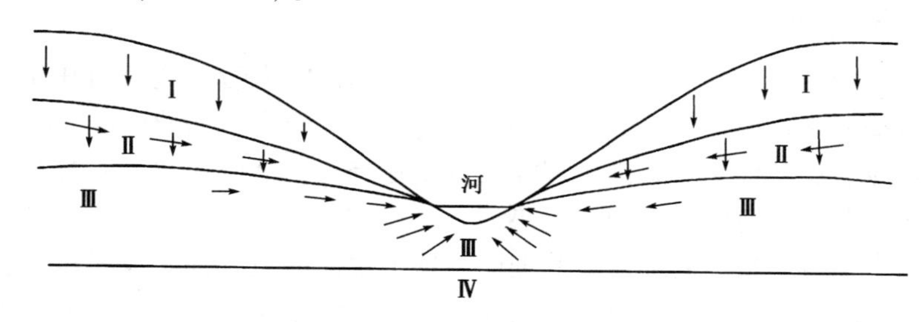

图3－45　厚而纯的碳酸盐岩区岩溶地下水分带

Ⅰ—包气带；Ⅱ—地下水位季节变化带；Ⅲ—饱水带；Ⅳ—深循环带；箭头表示地下水运动方向

包气带（Ⅰ）：也称垂直循环带，在地表至地下水高水位之间，降水沿裂隙垂直间歇下渗，常形成溶隙、落水洞、溶斗等垂直岩溶，各溶蚀通道间的连通性一般较差。本带厚度取决于当地气候与地形条件，最厚可达数百米。

地下水位季节变化带（Ⅱ）：在地下水的高水位与低水位之间。地下水作周期性水平与垂直运动，低水位时本带地下水作垂直运动，高水位时地下水大致呈水平运动。因此，本带水平和垂直方向的岩溶均较发育。其厚度取决于当地潜水位的变幅，由数米到数十米。

饱水带（Ⅲ）：在最低地下水位以下，经常饱水，常年受当地水文网排泄影响。在河谷两岸的地下水大致呈水平运动，常形成规模较大、连通性较好的水平洞穴；在河谷底部地下水呈收敛状曲线运动，可形成低于河床以下的深岩溶，其发育深度随水力坡度加大而增加。尤其是当河谷底部有较大的断裂破碎带存在的条件下，在谷底以下数十米甚至上百米仍发育有大型溶洞。

深循环带（Ⅳ）：在当地排泄基准面以下一定深度，地下水不受当地水文网的影响，而受区域地貌和地质构造的控制，向更远更低的区域排泄基准面运动。本带位置较深，水的循环交替迟缓，除局部构造断裂等径流特别有利的部位外，岩溶发育很弱。

2）非可溶岩夹碳酸盐岩

砂页岩中夹少量碳酸盐岩属于这一类型。如我国北方石炭系本溪组（C_2b）的砂页岩中夹有1～3层石灰岩，每层厚仅数米。因砂页岩透水性差，构成相对隔水层。所夹石灰岩中地下水的循环交替条件很差，因而岩溶发育极弱。

3）碳酸盐岩夹非可溶岩

以碳酸盐岩为主，其中所夹非可溶岩的层次少，厚度很薄，一般厚数十厘米至数米。由于非可溶岩的存在影响了地下水的运动，不一定像厚而纯的碳酸盐岩那样在剖面上同时形成四个水动力分带现象，岩溶发育不如厚而纯的碳酸盐岩充分。当碳酸盐岩厚度较大，所夹非可溶岩埋藏较深时，则对岩溶发育的抑制作用不大。总之，这种组合类型中的岩溶虽不及厚而纯的碳酸盐岩，但较其他各类型的岩溶发育。这种类型在自然界较为常见。

4）*碳酸盐岩与非可溶岩互层*

由于非可溶岩岩层较多，可形成多层含水层的水动力剖面。每一稳定的非可溶岩层构成相对隔水层，并起局部溶蚀基准面的作用，因而在平缓岩层地区同一地质历史时期中可形成多层岩溶。这时将成层分布的洞穴与侵蚀地貌进行高程对比时应予注意。

3.5.2.5 新构造运动的影响

新构造运动的性质是十分复杂的，从对岩溶发育的影响来看，地壳的升降运动关系最为重要。其运动的基本形式有上升、下降、相对稳定3种。地壳运动的性质、幅度、速度和波及范围，控制着地下水循环交替条件的好坏及其变化趋势，从而控制了岩溶发育的类型、规模、速度、空间分布及岩溶作用的变化趋势。

当地壳相对稳定时，当地局部排泄基准面与地下水面的位置都比较固定，水对碳酸盐岩长时间进行溶蚀作用，地下水动力分带现象及剖面上岩溶垂直分带现象都十分明显，有利于侧向岩溶作用，岩溶形态的规模较大。在地表形成溶盆、溶原、溶洼及峰林地形；在地下各种岩溶通道十分发育，尤其在地下水面附近，可形成连通性较好、规模巨大的水平溶洞和暗河。当地壳相对稳定的时间越长，则地表与地下岩溶越强烈。

当地壳上升时，控制碳酸盐岩地区的侵蚀基准面，如流经碳酸盐岩分布区的河流的河水位相对下降，则地下水位也相应下降。这时，虽然地下水的径流排泄条件较好，但因地下水位不断下降，侧向岩溶作用时间短暂；同时，地下水动力分带现象不明显。因此，岩溶不如前者发育，水平溶洞和暗河规模小而少见，而以垂直形态的岩溶（如溶隙、垂直管道）为主，岩溶作用的深度大，岩溶作用的差异性和岩溶空间分布的不均匀性都不显著。当地壳上升越快时，岩溶发育的不均匀性越不显著。

处于上升运动的石灰岩山区，有时发现河谷中的地下水位低于河水位，甚至有的地方地下水位在河床以下数十米至数百米。这种河流称为悬托河，它对水工建筑物渗漏的影响极大，在这种河谷中修建水库时必须谨慎从事。事实证明，并非岩溶发育的上升山区，一定存在悬托河，它是在特殊条件下岩溶作用的结果。据研究，形成悬托河的基本条件有三个：（1）具有深厚的碳酸盐岩；（2）地下水向排泄区运动过程中径流通畅，这两个条件是形成悬托河的必要条件，二者反映了一个地区碳酸盐岩的地层岩性和地质构造特点；（3）地下水排泄基准面不断下降。这是形成悬托河的充分条件。悬托河谷区地下水的排泄基准面可能包括海平面、内陆盆地或山前平原的河水位或湖水位、山区的干流河水位等。其下降原因可能是干流河水的垂直侵蚀速度大于支流，它与水文气象因素的变化有关；此外，新构造断陷或大陆区地壳不均衡上升，地下水的排泄区位于断陷的下降盘或相对上升微弱的地区，在断陷的上升盘或相对上升强烈的地区可能形成悬托河。

当地壳下降时，研究区与地下水排泄区之间，水的循环交替条件减弱，岩溶发育较弱。当地壳下降幅度较大时，地下水的活动变得十分迟缓。地表可能为古近—新近纪或第四纪的沉积物所覆盖，覆盖层厚为数米至数十米者为覆盖型岩溶；覆盖层厚度为数十至数百米以上者为掩埋型岩溶。这时已形成的岩溶被深埋于地下，新岩溶作用微弱以至于停止发育。从更长的地质历史时期来看，与岩溶发育有关的地壳升降运动的三种基本形式，可以构成各种复杂的组合运动形式，如间歇性上升、间歇性下降、振荡性升降等。

当新构造运动处于间歇性上升，即上升—稳定—再上升—再稳定的地区，就会形成水平溶洞成层分布。各层溶洞间高差越大，则地壳相对上升的幅度越大；水平溶洞的规模越大，则地壳相对稳定的时间越长。同时，这种成层分布的溶洞还可与当地相应的侵蚀地貌，如河流阶地进行对比，以了解岩溶的演变历史。经历振荡性升降运动的地区，岩溶作用由弱到强、由强到弱反复进行，以垂直形态的岩溶为主，水平溶洞规模不大，且其成层性不明显。处于间歇性下降的地区，岩溶多被埋藏于地下，其规模虽不大，但具有成层性，洞穴中有松散物填充，从层状洞穴的分布情况及填充物的性质，可以查明岩溶发育特点及形成的相对时代，进而了解岩溶的演变历史。这种类型多见于平原或大型盆地区，并能形成覆盖型岩溶或掩埋型岩溶。

3.5.3　岩溶对工程的影响

岩溶有其特有的工程地质问题，最突出的是由于地下溶洞发育、溶蚀缝隙发育，修建水工建筑会遇到强烈渗漏问题，再者岩溶还会造成地面塌陷影响地基稳定。

3.5.3.1　岩溶发育类型

按其发育演化，岩溶可分出以下 6 种。

（1）地表水沿石灰岩内的节理面或裂隙面等发生溶蚀，形成溶沟（或溶槽），原先成层分布的石灰岩被溶沟分开成石柱或石笋。

（2）地表水沿石灰岩裂缝向下渗流和溶蚀，超过 100m 深后形成落水洞。

（3）从落水洞下落的地下水到含水层后发生横向流动，形成溶洞。

（4）随地下洞穴的形成，地表发生塌陷，塌陷的深度大、面积小，称为塌陷漏斗；深度小、面积大则称为陷塘。

（5）地下水的溶蚀与塌陷作用长期相结合地作用，形成坡立谷和天生桥。

（6）地面上升，原溶洞和地下河等被抬出地表成干谷和石林，地下水的溶蚀作用在旧的溶洞和地下河之下继续进行。

云南路南的石林是上述第一阶段（溶沟阶段）的产物，这里的自然风光因阿诗玛姑娘的动人传说而变得格外旖旎。桂林的象鼻山，则是原地下河道出露地表形成的。在广西境内，经常可看到这种抬升到地表以上的溶洞，俗称“神女镜”或“仙女镜”。

3.5.3.2　岩溶区水库渗漏

1. *渗漏的形式*

（1）按渗漏通道分类，可分为裂隙分散渗漏和管道集中渗漏。裂隙分散渗漏岩溶作用的分异性不明显，以溶隙为主。库水通过溶隙或顺层面渗漏，为裂隙脉状分散型渗漏，其分布范围常较大。地下水既有层流也有紊流运动，从宏观上可近似认为是均匀裂隙中的层流运动。管道集中渗漏在岩溶发育强烈的地段，岩溶作用分异性明显，库水通过岩溶管道系统集中渗漏，渗漏量较大。地下水以紊流运动为主。

（2）按库水漏失的特点分类，可分为暂时性渗漏和永久性渗漏。暂时性渗漏，库水饱和库底包气带的岩溶洞穴和裂隙所消耗水量，待洞穴裂隙饱水后，渗漏即停止。库水储于岩体空隙中，不会造成水量的损失。永久性渗漏，库水通过岩溶化岩体向本河下游、邻谷、低地及干谷等处，造成库水的损失。它是工程地质研究的重点。例如，在坝区，库水通过坝基及绕坝肩向本河坝后渗漏；在库区，通过库岸经河间地块向邻谷、低地或干流渗漏，或通过库岸经河弯地段向本河下游渗漏；在悬托河谷区，库水通过库底垂直渗透，至地下水面后向本河下游或更远的区域性排泄区（如干谷）渗漏。

2. 影响渗漏的因素

1）岩溶的影响

碳酸盐岩经岩溶作用后，形成各种地下岩溶，如溶隙、溶洞、暗河等，使岩体的透水性加大，常构成水库渗漏的主要通道。岩溶发育程度是决定渗漏通道大小的根本因素。当以溶孔、溶隙为主时，对渗漏的影响不大；当岩溶发育强烈，分布广泛，深度较大，又有大型溶洞及地下暗河存在时，一旦渗漏，其量很大，常常影响工程的正常使用。

此外，岩溶发育程度又是影响渗漏通道连通性的重要因素。岩溶作用初期，以孤立的溶隙和管道为主，不易形成通向渗漏排泄区（如邻谷）的通道，即不易形成永久性渗漏。当碳酸盐岩经长期岩溶作用后，形成各种强烈发育的岩溶；同时，存在通向邻谷的水平洞穴，其高程又在库水位以下时，可能造成向邻谷的永久性渗漏。

一个地区的岩溶在平面分布上常具分带性规律，即在平面上呈现非岩溶区和不同程度的岩溶区（如弱岩溶区、中等岩溶区、强岩溶区等）的带状分布。这种现象受控于地层岩性、地质构造、地形地貌和水文地质条件的综合因素。因此，质纯易溶的石灰岩、褶皱核部、断层和裂隙密集带、可溶岩与非可溶岩接触带和碳酸盐岩硫化矿床的氧化带等的位置和分布处，就可能是岩溶发育较其他地带更为强烈的地带，一旦渗漏，其量可能较其他地带大。

在新构造运动影响下，山区岩溶在剖面上具有成层性，即多层水平溶洞（或暗河）分布在剖面的不同高程上，各层溶洞之间多为溶隙或规模不大的垂直洞穴所沟通。水平溶洞是一定的地质时期中岩溶分异作用的优胜者，其规模在该地质时期所形成的洞穴中最大，故对渗漏的意义最大。当水平溶洞低于库水位，其连通性又较好时，对水库渗漏影响较大。当最低一层溶洞在库水位以上时，则对水库渗漏影响不大。

2）地质构造的影响

如果说渗漏通道的大小主要受控于岩溶规模，那么渗漏通道的连通性主要决定于地质构造的特点。讨论了褶皱和断层对岩溶发育规模、速度和空间分布规律的影响，这里着重介绍褶皱和断层对碳酸盐岩空间分布的影响，便于从宏观上分析地质构造对岩溶渗漏通道连通性的影响。褶皱和断层对岩溶渗漏通道的影响是十分复杂的，主要表现在以下几个方面：

厚而纯的平缓碳酸盐岩分布区，无相对隔水层，或隔水层深埋于河床以下时，岩溶发育深度较大，地下水埋藏较深，尤其是在山区常构成严重的水库渗漏。

在夹有相对隔水层的纵向谷（河流流向与岩层走向一致）中，河流所处构造部位不同，褶皱对岩溶通道连通性及渗漏的严重性的影响是不同的。在向斜河谷两岸，岩溶虽较发育，当隔水层能起到较好的封闭作用时，则库水不会向邻谷渗漏。在背斜河谷中，当碳酸盐岩分布在库水位以下而岩层倾角较缓时，碳酸盐岩可能在邻谷出露，这时可能产生向邻谷渗漏；当岩层倾角较陡时，碳酸盐岩可能深埋于邻谷谷底以下，即便岩溶发育也不会产生向邻谷渗漏(图3－46)。在单斜河谷中修建水库时，渗漏问题将主要存在于岩层倾向库外的一岸。

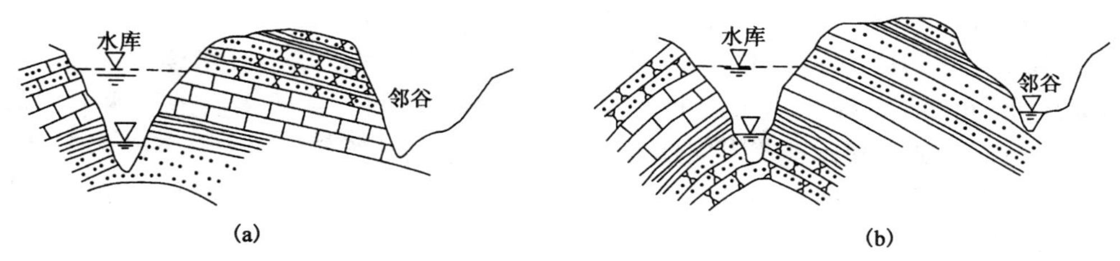

图 3－46　背斜谷隔水层的阻水作用

（a）岩层倾角平缓可能渗漏；（b）岩层倾角陡倾不可能渗漏

在横向谷（河流流向与岩层走向垂直）中修建水库常是不利的，因为在这种条件下，库区的碳酸盐岩与邻谷联系起来，容易产生向邻谷渗漏。但是在坝址区，只要充分利用相对隔水层，坝基和绕坝肩的渗漏是可以避免或减少的，见图 3－47。

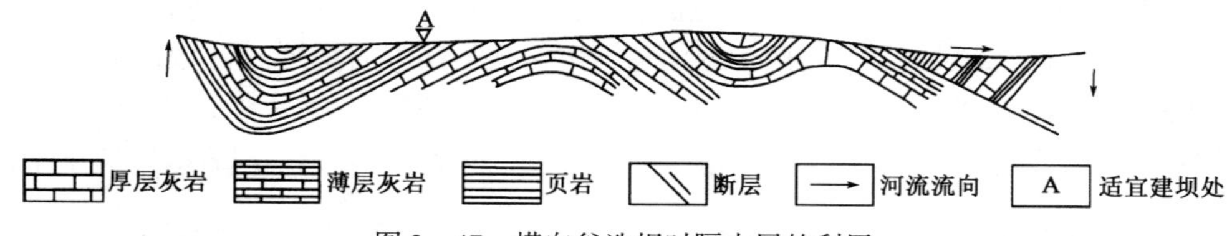

图 3－47　横向谷选坝时隔水层的利用

断层对碳酸盐岩空间分布的影响是十分复杂的。由于断层错动，可以沟通或切断库区碳酸盐岩与邻谷的联系，造成复杂的渗漏条件。图 3－48（a）为断层切断向邻谷的渗漏通道，这时不会产生向邻谷渗漏。图 3－48（b）为断层使碳酸盐向邻谷渗漏的通道沟通。

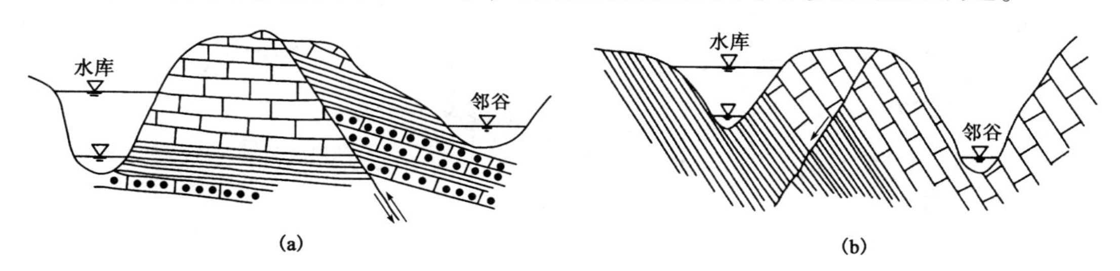

图 3－48　断层与可能渗漏通道的关系

在河间地块中，相对隔水层虽未出露地表，但其分布在库水位以上，如碳酸盐岩中有侵入的岩浆岩；或因褶皱使碳酸盐岩下部的砂页岩隆起并高于库水位时，均不会产生向邻谷渗漏（图 3－49）。

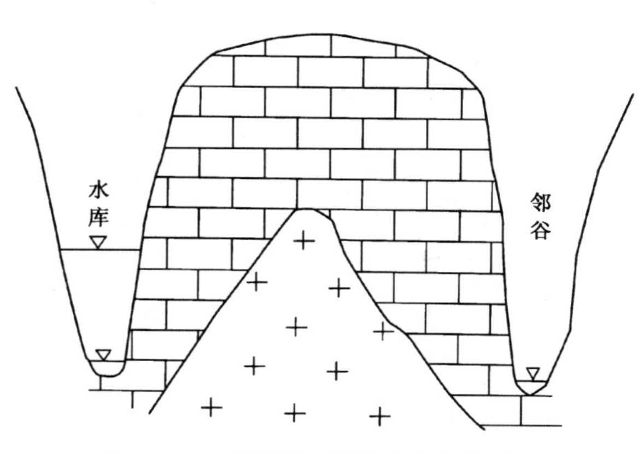

图 3－49　岩浆岩切断可能向邻谷的渗漏通道

3）河谷区水文地质特征的影响

建库河流的河水及库水位与河谷两岸地下水位及邻谷河水位的组合关系不同，可构成水文地质特征各异的河谷类型，据此可将河谷分为补给型、排泄型和悬托型三种。其中排泄型及悬托型为岩溶发育区所特有。各种类型的河谷对水库渗漏的影响是不同的(图3－50)。

(1) 补给型。建库前两岸地下水或两岸地下水及邻谷河水均匀补给建库河流。这时仅当河间地下水分水岭高程在建库河的河水位与库水位之间，且回水后地下水分水岭消失[图3－50（c）]；或当建库前，河间地下水及邻谷河水均补给建库河流，因设计库水位高于邻谷河水位而形成反补给时［图3－50（e）]，则库水将向邻谷渗漏，其余情况下不会产生渗漏［图3－50（b）、(d)]。

(2) 排泄型。建库前河水补给地下水，建库后肯定会产生库水向邻谷永久渗漏。图3－50（f)所示为建库河系小河或支流，而邻谷系大河或干流，河间地块岩溶发育，其地下水位低于建库河水位。这常是岩溶区库水向邻谷渗漏最严重的情况之一。一般经地表调查分析后，即可作出是否渗漏的结论。有时河谷纵向断裂发育，因边岸带混合溶蚀效应使得岩溶洞穴异常发育，形成平行河流的纵向强径流带，在河岸附近局部地下水位低于河水位及河间地下水位，这时虽不会向邻谷渗漏，但极易产生强烈的坝肩渗漏［图3－50（g)]。

(3) 悬托型。在碳酸盐岩分布的山区河流，因深成岩溶发育而形成区域性地下水位不断下降，有的在河床以下数十至数百米，在这种河谷中修建水库时，将沿整个库底产生垂直渗漏[图3－50（h)]，然后向远处区域性基准面排泄。应尽量避免在悬托型河谷段修坝建库。

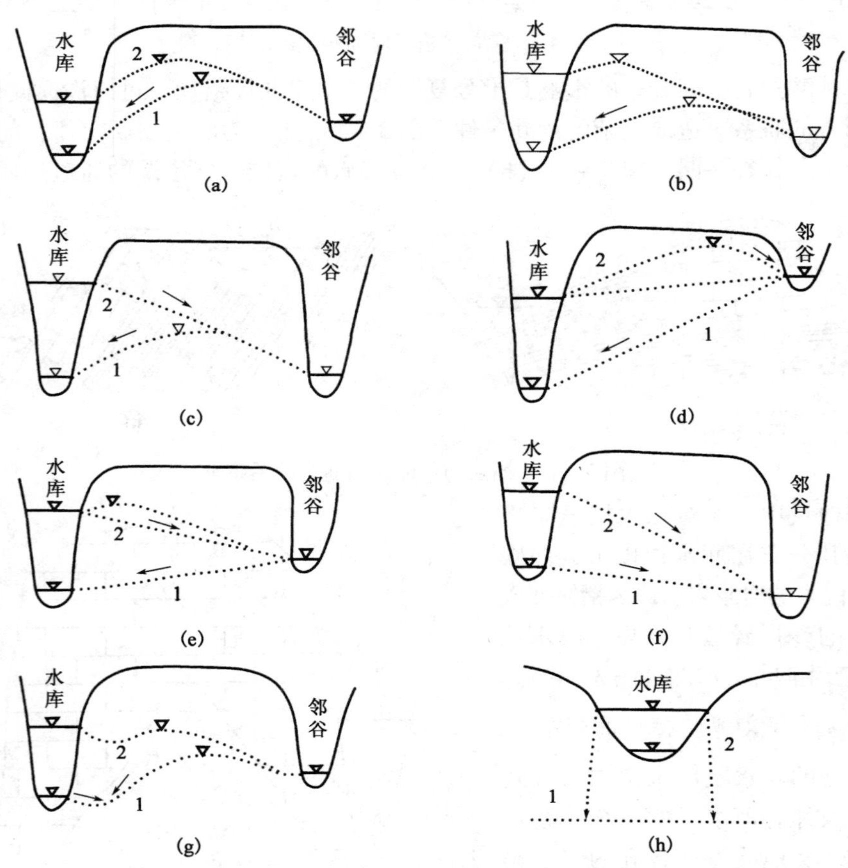

图3－50　地下水位对水库渗漏的影响

1—建水库前地下水位；2—建水库后地下水位

关于渗漏量的精确预测问题，因岩溶位置、形态、规模等不易查明；加之岩溶水的流态又很复杂，所以目前尚很困难。

3. *岩溶渗漏的防治措施*

在水利水电建设中，防治岩溶渗漏的具体措施较多，归纳起来主要包括两个方面：一是降低岩体的透水性，截断渗漏的通道；二是合理导水导气。前一点是容易理解的。但是，大量实践证明，不顾具体条件一概堵截，有时反而事与愿违，其关键是处理措施与具体的地质条件是否适应。在我国水利建设实践中，采用灌、铺、堵、截、导等方法处理岩溶渗漏问题，已总结了行之有效的经验，并取得了良好效果。

3.6 泥石流

3.6.1 概述

泥石流是发生在山区的一种含有大量泥沙和石块的突发性急水流，常发生于山区小流域，是地质、地貌、水文、气象、植被等自然和人为因素综合作用的结果，是土、松散碎石等在水的掺和下的泥浆在振动、暴雨、冰雪融化等条件激发下，沿坡面或沟槽作突然流动的现象。泥石流的破坏力很强，往往在短时间内造成工程设施、农田和生命财产的严重损失。

泥石流活动过程与一般山洪活动的根本区别，在于这种固体和液体（即土石和水）两相物质组成的液体中固体物质的含量很大，有时可超过水体量。它的活动特点是：在一个地段上往往突然爆发，能量巨大，来势凶猛，历时短暂，复发频繁，破坏力强大。

泥石流的地理分布广泛。据不完全统计，全世界有近 70 个国家不同程度地遭受过泥石流袭击，主要分布在亚洲、欧洲、南美洲、北美洲。我国山地面积占国土面积的 2/3，在广大的高、中山区，广泛分布着数以万计的泥石流沟和潜在泥石流沟。每年 6 ~ 8 月的暴雨季节，泥石流灾害频繁发生。特别是我国西部地区，近年来泥石流灾害造成的人民生命财产损失相当严重。

鉴于泥石流的严重危害性，所以对这一工程动力地质作用的形成条件、时空分布规律、特征和防治措施等加以研究，具有重要的实际意义。我国自 20 世纪 50 年代起就开展了泥石流研究，目前已经在一些科研、生产部门建立了专门的泥石流研究机构，开展对泥石流的科学考察、定位观测和模型试验研究等工作，初步查明了我国泥石流分布、形成和发展的基本特征，并采取了一些行之有效的防治措施，取得了重大的经济效益和社会效益。

早期的泥石流研究，侧重于发生过程的观察、地貌现象的描述和形成环境的分析，这也是泥石流研究和认识过程的必由之路。1970 年，Johnson 提出了世界上第一个泥石流运动模型——宾汉黏性流模型。这一模型的提出，标志着泥石流机理研究的重要进展，已在欧美形成学派，并一直影响至今。1980 年，Takahashi 提出了另一个泥石流运动模型——拜格诺膨胀流模型。这一模型的提出，标志着泥石流机理研究的又一重要进展，形成了新的学派，在国际上有较大影响。1986 年，Cheng 将宾汉黏性流模型和拜格诺膨胀流模型结合，提出了黏塑流模型，认为是通用于黏性和稀性泥石流的运动模型。1993 年，O′Brien 对宾汉黏性流模型和拜格诺膨胀流模型的结合作了新的尝试，提出了膨胀塑流模型。这一模型有一定的实用性，被认为是与 Johnson 模型和 Takahashi 模型相提并论的成果。1995 年，周必凡采用颗粒散体流理论，建立了黏性泥石流运动模型。这一模型得到了实验和原型观测数据的验证。1998 年，Huang 提出了泥石流的赫谢尔—伯克利模型（Herschel－Bulkley Model）。这一新的模型，已开始被泥石流界同行们所引用，具有一定影响。同年，倪晋仁和王光谦将固液两相流理论与颗粒流理论相结合，建立了泥石流的结构两相流模型，在方法上取得了新的突破，这一模型提供了描述泥石流运动的守恒方程，还可据此在一定条件下求得泥石流的速度分布、浓度分布、脉动速度分布、阻力特性、输移率、侵蚀率、堆积率，并模化非稳定泥石流的运动特征。2000 年，Chen 采用拉格朗日(Lagrange)计算方法，模拟泥石流流速和流深。同年，倪晋仁等采用欧拉与拉格朗日（Euler－Lagrange）相结合的方法，求解泥石流的结构两相流模型。应用数学方法求解泥石流基本方程，并解释泥石流的各种现象，是现代动力地貌过程的研究从定性描述转向定量分析的一个显著标志。

地学为基础，以数学理论、力学机制研究为核心，以现代高新技术为依托，并与上述诸学科相辅相成，集成研究，是我国泥石流学科在 21 世纪再攀高峰的必由之路。泥石流危险性评价能够准确、快捷反映区域泥石流活动现状和发展趋势，能够高度概括和预测泥石流对人类生命和财产可能造成的危害程度，是泥石流防治工作中一项重要的非工程措施，危险性评价是泥石流危害预测的重要内容之一。

3.6.2 泥石流的基本特征

3.6.2.1 泥石流的密度

泥石流中含有大量的固体物质，所以它的密度较大，达 1.2～2.4t/m^3。泥石流密度大小取决于其中水体与固体物质含量的相对比例以及固体物质中细颗粒成分的多少。固体物质的百分含量越高和细颗粒成分越多，泥石流的密度则越大。此外，沟谷纵坡降的大小与泥石流密度也有一定的关系。这是因为沟谷纵坡降越大，冲刷力越强，可促使更多的固体物质加入。

泥石流有较大的密度，因此它的浮托力大，搬运能力强，巨大的石块可像航船一样在泥石流中漂浮而下，甚至重达数百吨的巨石也能被搬出山口。所以，泥石流能以惊人的破坏力摧毁前进道路上的障碍物，使各种工程设施和人民的生命财产毁于一旦。

3.6.2.2 泥石流的结构

泥石流最主要的结构是由石块、砂粒、泥浆体所组成的格架结构。石块在泥浆体中可有悬浮、支撑和沉底三种状态。并伴随石块含量的增加和粒径的变化，还可分为星悬型、支撑型、叠置型和镶嵌型四种类型（图 3－51）。它们的冲击力依次增加，尤其是镶嵌型格架结构，运动时整体性强，石块间不会发生猛烈的撞击，普遍发生力的传递，所以它的冲击力最大，危害最为严重。

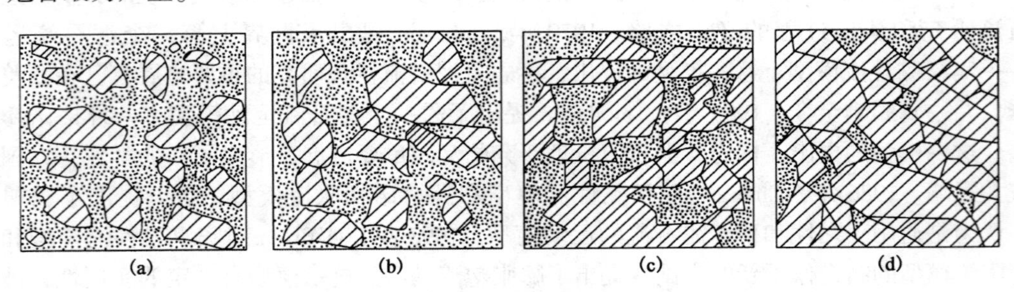

图 3－51　格架结构的四种类型

(a) 星悬型；(b) 支撑型；(c) 叠置型；(d) 镶嵌型

3.6.2.3　泥石流的流态

泥石流流态主要受水体量与固体物质的比值以及固体物质的粒径级配所制约。泥石流体大多属于似宾汉体（泥浆体系宾汉体），所以其流动理论多以宾汉体流变方程为基础。但是，当泥石流中固体物质较少，且以粗砂砾石为主时，则与牛顿体紊流流变方程类似。

泥石流流态主要有紊动流、扰动流和蠕动流三种。紊动流与挟砂水流的紊流大体相同。尤其是稀性泥石流浆体的结构十分脆弱，一旦起动，结构便遭破坏。扰动流是黏性泥石流最常见的一种流态。黏性泥浆体的结构强度大，流体运动时，结构只遭部分破坏。当黏性泥石流流速较小、流速梯度也较小、流体中的石块移动和转动缓慢时，其流态为蠕动流。蠕动流是一种似层流，流线大致平行。

3.6.2.4　泥石流的直进性

由于泥石流体携带了大量固体物质，在流途上遇沟谷转弯处或障碍物时，受阻而将部分物质堆积下来，使沟床迅速抬高，产生弯道超高或冲起爬高，猛烈冲击而越过沟岸或摧毁障碍物，甚至截弯取直，冲出新道而向下游奔泻，这就是泥石流的直进性。一般的情况是：流体越黏稠，直进性越强，冲击力就越大。

3.6.2.5　泥石流的脉动性

由于泥石流具有宾汉体的性质和运动阻塞特性，故流动不均匀，往往形成阵流，这就是泥石流的脉动性。

脉动性是泥石流运动过程区别于山洪过程的又一特性。一般的洪流过程线是单峰（少数为双峰）型涨落曲线；而泥石流爆发时，过程线则如图 3－52 所示的似正弦曲线，上涨曲线较下落曲线要陡峻些，整个过程线几乎以相等的时间间隔一阵一阵地流动，这种脉动性运动又称为阵性运动或波状运动。有时一场泥石流出现几阵、几十阵至上百阵，阵的前锋表现为大的泥石流龙头，高达几米至几十米，具有极大的冲击力。

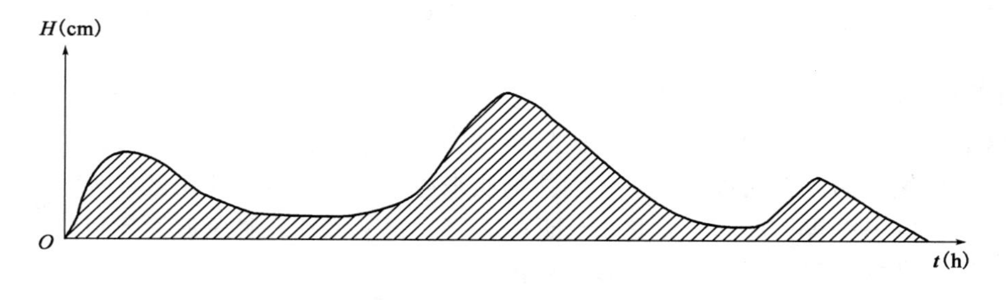

图 3－52　泥石流过程线

3.6.3　泥石流的形成条件

泥石流现象几乎在世界所有山地都有可能发生，我国是一个多山的国家，山地面积广阔，是世界上泥石流最发育、分布最广、数量最多、危害最重的国家之一。泥石流的形成条件概括起来有三方面。

3.6.3.1　物源条件

物源区土石体的分布、类型、结构、性状、数量等，与地区的地质构造、地层岩性、地震活动强度、山坡高陡程度、滑坡、崩塌等地质现象发育程度以及人类工程活动强度等有直接关系。泥石流常发生于地质构造复杂、断裂褶皱发育、新构造活动强烈、地震烈度较高的地区。泥石流的固体物质来源主要有：构造活动强烈、复杂地区的岩石破碎和风化强烈，滑坡、崩塌发育及山坡上的松散堆积物多，特别是规模大、现今活动性强的断层带，岩体破碎十分发育，宽度可达数十条数百米，常成为泥石流丰富的固体物源；岩层疏松软弱、节理发育或软硬岩性互层为泥石流的形成提供了碎屑物质，一般软弱岩性层、胶结成岩作用差的岩性层和软硬相间的岩性层比岩性均一和坚硬的岩性层易遭受破坏，提供的松散物质也多；人为因素造成水土流失，开山采矿、采石弃渣等也可提供泥石流的物质来源。

3.6.3.2 水源条件

泥石流形成必须有强烈的暂时性地表径流，它为爆发泥石流提供动力条件。暂时性地表径流来源于暴雨、冰雪融化和水体溃决等。由此可将它划分为暴雨型、冰雪融化型和水体溃决型等类型。

我国除西北、内蒙古地区外，大部分地区受热带、亚热带湿热气团的影响，由季风气候控制，降水季节集中。在云南、四川山区，受孟加拉国湿热气流影响较强烈，在西南季候风控制下，夏秋多暴雨，降雨历时短，强度大。如云南东川地区一次暴雨 6h 降水量 180mm，最大降雨强度达 55mm/h，形成了历史上罕见的特大暴雨型泥石流。在东部地区则受太平洋暖湿气团影响，夏秋多热带风暴。如 1981 年 8 号强热带风暴侵袭东北，使辽宁老帽山地区下了特大暴雨，6h 降水量 395mm，其中最大降雨强度为 116.5mm/h，爆发了一场巨大的泥石流。暴雨型泥石流是我国最主要的泥石流类型。

有冰川分布和大量积雪的高山区，当夏天冰雪强烈消融时，可为泥石流提供丰富的地表径流。西藏波密地区、新疆的天山山区即属于这种情况。在这些地区，泥石流形成有时还与冰川湖的突出溃决有关。

由上述可知，泥石流的发生有一定的时空分布规律。在时间上，多发生在降雨集中的雨汛期或高山冰雪强烈消融的季节，主要是每年的夏季。在空间上，多分布于新构造活动强烈的陡峻山区。

在自然条件作用下，由于人类活动导致地质和生态环境的恶化，更促使泥石流活动加剧。山区滥伐森林，不合理开垦土地，破坏植被和生态平衡，造成水土流失，并产生大面积山体崩塌和滑坡，为泥石流爆发提供了固体物质来源。川西和滇东北山区成为我国最严重的泥石流活动区的另一重要原因，就是由于近一个多世纪来滥伐森林资源而导致植被退化。此外，采矿堆渣和水库溃决等，也可导致泥石流发生。

3.6.3.3 地形地貌条件

地形地貌对泥石流的发生、发展主要有两方面的作用：一方面是通过沟床地势条件为泥石流提供位能，赋予泥石流一定的侵蚀、搬运和堆积能量。另一方面可提供足够数量的水体和土石体，沟谷的流域面积、沟床的比降、山坡坡度及植被等都控制泥石流的形成和发展。

地形条件制约着泥石流形成、运动、规模等特征，主要包括泥石流的沟谷形态、集水面积、沟坡坡度与坡向和沟床纵坡降等。沟床纵坡降是影响泥石流形成、运动特征的主要因素。一般来讲，沟床纵坡降越大，越有利于泥石流的发生，但比降在 10% ~30% 的发生频率最高，5% ~10% 和 30% ~40% 的其次，其余发生频率较低。沟坡坡度是影响泥石流的固体物质的补给方式、数量和泥石流规模的主要因素。一般有利于提供固体物质的沟谷坡度，在中国东部中低山区为10°～30°，固体物质的补给方式主要是滑坡和坡洪堆积土层，在中国西部高中山区多为30°～70°，固体物质和补给方式主要是滑坡、崩塌和岩屑流。

3.6.4 泥石流的运动特征和模式

3.6.4.1 泥石流的运动特征

从运动学角度来看，泥石流是水和泥沙、石块组成的特殊流体，属于一种块体滑动与携沙水流运动之间的颗粒剪切流，泥石流具有特殊的流态、流速、流量及运动特征。

流态：泥石流是固液混合流体，随着物质组成及稠度不同，流态也发生变化。细颗粒物质少的稀性泥石流，流体容重低、黏度小、浮力弱，呈多相不等速紊流运动的石块流速比泥沙流速低，石块呈翻滚、跳跃运动，这种泥石流的流向不稳定，易改道，有散流、潜流现象。含细颗粒多的黏性泥石流具有容重大、黏度高、浮力强，呈等速整体运动和阵流运动特征，石块呈悬浮或滚动状态运动，泥石流流路集中，堆积物无分选性，保持流动时的整体结构。

流速、流量：泥石流的流速不仅受地形控制，还受流体内外阻力的影响，由于泥石流夹带较多的固体物质，本身消耗的动能大，其流速小于洪水流速，一般稀性泥石流的流速较黏性泥石流的流速小。泥石流的流量与降水相对应，暴雨强度大、降雨时间长，流量大，且崩溃后的阵流流量大。流量随流程变化，形成区流量增大，流通区稳定，堆积区流量逐渐减少。

直进性、爬高性：泥石流具有较强的直进性和冲击力，泥石流黏稠度越大，则惯性越大，直进性越强，颗粒越粗，冲击力越强。泥石流在急转弯的沟岸或遇到阻碍物时，常出现冲击爬高现象，有时摧毁障碍物，甚至截弯取直。

漫流改道：泥石流冲出沟口后，由于地形平坦开阔，坡度变缓，流速降低，携带物逐渐堆积下来，但由于泥石流的直进性，首先形成正对沟口的堆积扇，从轴部逐渐向两翼漫流堆积，两翼淤高后，主流又回到轴部，如此反复。

周期性：同一地区由于暴雨季节性变化及地震活动等周期性变化，泥石流的发生、发展也呈现周期性变化。

3.6.4.2 泥石流的运动模式

泥石流的运动模式取决于物质组成，黏粒的性质和含量决定泥石流的结构、浓度、强度、黏性和运动状态，按黏粒的变化可将泥石流运动模式分为：

（1）塑性蠕动流：土水比大于0.8，石土比大于4，相对密度大于2.3，黏滞力极高，运动缓慢，可认为石土体颗粒被水饱和并具有一定流动性的滑坡体，它是直接由滑坡体演变而来的。

（2）黏性阵流：土水比为0.8～0.6，石土比为4～1，相对密度为2.3～1.9，流速快，呈蜂窝状或聚合状结构，水充填在结构体中，石块悬浮在结构体内。

（3）阵性连续流：土水比为0.6～0.35，石土比为1～0.2，相对密度为1.9～1.6，黏滞力减小，启动条件下降，搬运力降低，石块自由度增大，易碰撞，具有紊动特征。

（4）稀性连续流：土水比为0.35，石土比为0.2～0.001，相对密度为1.6～1.3，黏滞力很小，接近水流特征，石块翻滚并相互碰撞。

3.6.4.3 泥石流发育的时间规律

(1) 季节性：泥石流的暴发主要是受连续降雨、暴雨，尤其是特大暴雨集中降雨的激发。因此，泥石流发生的时间规律是与集中降雨时间规律相一致，具有明显的季节性。一般发生在多雨的夏秋季节。

(2) 周期性：泥石流的发生受暴雨、洪水、地震的影响，而暴雨、洪水、地震总是周期性地出现。因此，泥石流的发生和发展也具有一定的周期性，且其活动周期与暴雨、洪水、地震的活动周期大体相一致。当暴雨、洪水两者的活动周期相叠加时，常常形成泥石流活动的一个高潮。

泥石流的发生，一般是在一次降雨的高峰期，或是在连续降雨稍后。

3.6.5 泥石流的类型

泥石流的分类是对泥石流本质的概括。为研究和防治的需要，国内外学者先后提出了多种泥石流分类方案，它们一般是按某一特征或标志，下面介绍三种常用的分类方案。

3.6.5.1 按泥石流流域形态分类

(1) 标准型泥石流：流域呈扇形，其面积较大，能明显地划分出形成区、流通区和堆积区。

(2) 河谷型泥石流：流域呈狭长条形，形成区多为河流上游的沟谷，固体物质来源于沟谷中分散的坍滑体。沟谷中一般常年有水，故水源较丰富。流通区与堆积区往往不能明显分开，在流通区内既有冲刷，又有堆积。

(3) 山坡型泥石流：流域呈斗状，流域面积较小，无明显流通区，形成区与堆积区直接相连。

3.6.5.2 按泥石流物质组成分类

(1) 水石流：一般含有非常不均匀的石块和砂砾，黏土质细粒物质含量少，且在泥石流运动过程中极易被冲洗掉。所以水石流型泥石流的堆积物常常是很粗大的碎屑物质。

(2) 泥石流：既含有很不均一的粗碎屑物质，又含有相当多的黏土质细粒物质。因具有一定的黏结性，所以泥石流型泥石流的堆积物常形成黏结较牢固的土石混合物。

(3) 泥水流：固体物质基本上由细碎屑和黏土物质所组成，粗碎屑物含量很少，甚至没有。此类泥石流主要分布我国黄土高原地区。

3.6.5.3 按泥石流流体性质分类

1. *黏性泥石流*

这类泥石流含有大量的细粒黏土物质，固体物质含量占40% ~60%，最高可达80%。水和泥砂、石块凝聚成一个黏稠的整体，黏性很大。它的密度大（1.6 ~2.4t/m^3），浮托力强。当它在流途上经过弯道或遇障碍物时，有明显的爬高和截弯取直作用，并不一定循沟床运动。

黏性泥石流在堆积区不发生散流，而是以狭窄带状如长舌一样向下奔泻和堆积。堆积物地面坎坷不平，停积时堆积物无分选性；且结构往往与运动相同，较密实。

2. 稀性泥石流

在这类泥石流中，水是主要成分，固体物质占10%～40%，且细粒物质少，因而不能形成黏稠的整体。在运动过程中，水泥浆速度远远大于石块的运动速度；石块以滚动或跃移方式下泄。它具有极强的冲刷力，常在短时间内将原先填满堆积物的沟床下切成几米至十几米的深槽。

稀性泥石流在堆积区呈扇状散流，将原来的堆积扇切割成条条深沟。堆积后水泥浆逐渐流失。堆积物地面较平坦，结构较松散，层次不明显。沿流途的停积物有一定的分选性。

3.6.6 泥石流的危害与防治

3.6.6.1 灾害性泥石流的主要特征

（1）暴发突然：从强降雨过程开始到泥石流爆发的间隔时间仅十几分钟至几十分钟。

（2）来势凶猛：泥石流的规模大、流速快。

（3）冲击力强：灾害性泥石流可挟带巨大的石块快速运动，冲击力十分可观，冲毁铁路。

（4）冲淤变幅大：强烈冲淤可使桥涵遭到严重破坏，大片农田沦为沙滩，村庄变成废墟。

（5）主流摆动幅度大、速度快。

3.6.6.2 泥石流的危害方式

（1）冲刷：在沟道的上游坡度大、沟槽窄，以下切侵蚀为主，随着沟道的不断刷深，两侧坡度加大、临空面增高，沟槽两侧不稳定岩土体发生崩塌或滑坡而进入沟道，成为堵塞沟槽的堆积体，而后泥石流冲刷堆积体，刷深沟道，如此往复；中游坡度缓，多属流通段，有冲有刷，冲淤交替，以冲刷旁蚀为主，主流可来回摆动；下游以堆积作用为主，在堆积过程中局部冲刷。

（2）冲击：由于泥石流的密度大、携带的石块大、流速快，泥石流常具有较大的冲击力，主要包括动压力、撞击力、泥石流的爬高和弯道超高能力。

（3）堆积：主要出现于下游，尤其发生在沟口堆积扇区，某些条件下在中、上游也可发生。

泥石流还具有磨蚀、振动、气浪和砸击等次要危害。

3.6.6.3 泥石流的危害

城镇：山区地形以斜坡为主，平地面积狭小，平缓的泥石流堆积扇往往成为山区城镇的建筑场地，当泥石流处于间歇期或潜伏期时，城镇安然无恙，一旦泥石流爆发或复发，这些城镇将遭受严重危害，我国有近100个县级城市曾发生过泥石流，并以四川最多，约占40%，四川西昌市就是一个典型的坐落在泥石流堆积扇上的城市，近100年来多次遭受泥石流，累计死亡1000余人。

交通：我国遭受泥石流危害的铁路路段近千处，跨越泥石流的铁路桥涵1400余处。1949—1985年遭受较大的泥石流灾害29次，一般灾害1000余次，19个火车站被淤埋23次。1981年7月9日四川甘洛利子依达沟泥石流冲毁跨沟大桥，颠覆一列火车，致使2个火车头、3 节车厢坠入沟中，死亡 300 余人。山区公路在每年雨季常因泥石流冲毁或淤埋桥涵、路基而断道阻车，1985 年四川培龙沟特大泥石流一次冲毁汽车 80 余辆，断道阻车达半年多。泥石流汇入河道，泥沙石块堵塞航道或形成险滩，直接或间接影响水道。

厂矿：山区的厂矿建筑于泥石流沟道两侧，一旦泥石流爆发造成厂毁人亡，并且厂矿在建设和生产过程中，因开矿弃渣、破坏植被、切坡不当等原因使得沟谷的松散土层剧增，在山洪的冲刷下极易发生泥石流。

农田：泥石流对农田的危害有冲刷和淤埋两种方式。

次生灾害：堵断河水、堤坝溃决、水库报废、植被破坏、水土流失、洪旱加剧。

3.6.6.4 泥石流的诱发因素

可能诱发泥石流的人类工程经济活动主要有以下几个方面：

（1）不合理开挖：修建铁路、公路、水渠以及其他工程建筑的不合理开挖。有些泥石流就是在修建公路、水渠、铁路以及其他建筑活动，破坏了山坡表面而形成的。

（2）不合理的弃土、弃渣、采石：这种行为形成泥石流的事例很多。如四川省冕宁县泸沽铁矿汉罗沟，因不合理堆放弃土、矿渣，1972 年一场大雨暴发了矿山泥石流，冲出松散固体物质约 $1 \times 10^5 m^3$，淤埋成昆铁路 300m 和喜（德）—西（昌）公路 250m，中断行车，给交通运输带来严重损失。

（3）滥伐乱垦：滥伐乱垦会使植被消失，山坡失去保护、土体疏松、冲沟发育，大大加重水土流失，进而山坡的稳定性被破坏，崩塌、滑坡等不良地质现象发育，结果就很容易产生泥石流。

3.6.6.5 泥石流的防治原则

（1）全面规划、突出重点：上、中、下游全面规划，各沟段有所侧重。上游可通过植树造林、修筑水库抑制形成泥石流的水动力；中游修建拦沙坝、护坡、挡土墙等稳定边坡，减少松散土体来源；下游修建排导沟、急流槽、停淤场等以控制灾害的蔓延。

（2）分清类别、因害设防：泥石流的形成机理不同，造成的危害也不同，治理的主次也应有所不同，对土力类泥石流应以治土、治山为主，对水力类泥石流则应以治水为主。

（3）因地制宜、合理设计：泥石流的防治取决于对泥石流性质、形成过程、冲淤规律、流态和冲击过程的研究，对稀性泥石流的导流堤须采用浆砌块石护面的土堤。

（4）工程与生物措施结合：工程措施工期短、见效快，但超过使用年限或出现超标流量时，工程措施将失效甚至遭受破坏。生物措施见效慢、稳定土层厚度浅，但时间越长效果越好，且可恢复生态平衡。前期可以工程措施为主，后期以生物措施为主。

3.6.6.6 泥石流的防治措施

1. 工程措施

（1）蓄水、引水工程：这类工程包括调洪水库、截水沟和引水渠等。工程建于形成区内，其作用是拦截部分或大部分洪水、削减洪峰，以控制暴发泥石流的水动力条件。大型引水渠修建稳固而矮小的截流坝作为渠首，避免经过崩滑地段而应在它的后缘外侧通过，并严防渗漏、溃决和失排。

（2）支挡工程：这类工程包括挡土墙、护坡等。在形成区内崩塌、滑坡严重地段，可在坡脚处修建挡墙和护坡，以保护坡面及坡脚，稳定斜坡。此外，当流域内某段因山体不稳，树木难以“定居”时，应先辅以支挡建筑物以稳定山体，生物措施才能奏效。

（3）拦挡工程：这类工程多布置在流通区内，修建拦挡泥石流的坝体，也称谷坊坝。它的作用主要是拦泥滞流和护床固坡。目前国内外挡坝的种类繁多。从结构来看，可分为实体坝和格栅坝。从坝高和保护对象的作用来看，可分为低矮的挡坝群和单独高坝。挡坝群是国内外广泛采用的防治工程，沿沟修筑一系列高 5～10m 的低坝或石墙，坝（墙）身上应留有水孔以宣泄水流，坝顶留有溢流口可宣泄洪水。我国这种坝一般采用圬工砌筑。为了能使较多的泥砂、石块停积下来，必须选择合适的坝（墙）间距 L，可按下式计算：

$$L = \frac{H}{I - I_0}$$

式中，H 为坝（墙）高；I 为沟床纵坡降；I_0 为泥石流堆积物表面纵坡降，一般经验值为原始沟床纵坡降的 40%～80%，也可用经验公式计算。

（4）排导工程：这类工程包括排导沟、渡槽、急流槽、导流堤等，多数建在流通区和堆积区。最常见的排导工程是设有导流堤的排导沟（泄洪道）。它们的作用是调整流向，防止漫流，以保护附近的居民点、工矿点和交通线路。

（5）储淤工程：这类工程包括拦淤库和储淤场。前者设置于流通区内，就是修筑拦挡坝，形成泥石流库，后者一般设置于堆积区的后沿，工程通常由导流堤、拦淤堤和溢流堰组成。储淤工程的主要作用是在一定期限内、一定程度上将泥石流物质在指定地段停淤，从而削减下泄的固体物质总量及洪峰流量。

2. 生物措施

（1）林业措施：水源涵养林、水土保持林、护床防冲林、护堤固滩林等。

（2）农业措施：等高线耕作、立体耕作、免耕种植，合理规划山区农田的引排水和交通网。

（3）牧业措施：适度放牧、改良牧草、分区轮牧。

3.6.6.7 泥石流的应急避险措施

遭遇泥石流时，应采取的避险措施主要有：

（1）应立即逃逸，选择最短最安全的路径向沟谷两侧山坡或高地跑，切忌顺着泥石流前进方向奔跑；

（2）不要停留在坡度大、土层厚的凹处；

（3）不要上树躲避，因泥石流可扫除沿途一切障碍；

（4）避开河（沟）道弯曲的凹岸或地方狭小高度又低的凸岸；

（5）不要躲在陡峻山体下，防止坡面泥石流或崩塌的发生；

（6）长时间降雨、暴雨渐小之后或雨刚停不能马上返回危险区，泥石流常滞后于降雨暴发；

（7）白天降雨较多后，晚上或夜间密切注意雨情，最好提前转移、撤离；

（8）人们在山区沟谷中游玩时，切忌在沟道处或沟内的低平处搭建宿营棚，游客切忌在危岩附近停留，不能在凹形陡坡危岩突出的地方避雨、休息和穿行，不能攀登危岩。

3.7 地面升降与滑移

3.7.1 基本概念

地面升降是指在自然因素和人为因素影响下的地表垂直上升或下降现象，地面沉降是某一地区由于开采地下水或其他流体导致的地表松散沉积物压实或压密引起的地面标高下降的现象，也称为地面下沉或地陷。导致地面升降的自然因素主要是构造升降运动、地震、火山活动等，所形成的地面升降范围大、速率小；人为因素主要是开采地下流体或局部增加、减少载荷，地面升降的范围小，但速率和幅度大。

从世界范围看，地面升降现象发生在未固结或半固结的沉积层分布区，是因过量抽汲沉积层中的流体而产生的。由于分布范围广泛，发展迅速，地面升降已成为重要的公害问题，对工业生产、城市建设、交通、人类生活都有很大影响。

英国伦敦、俄罗斯莫斯科、匈牙利德波勒斯、泰国曼谷、委内瑞拉马拉开波湖、德国沿海、新西兰、丹麦等国家和地区都发生了不同程度的地面沉降（表3－6）。

表3－6　世界部分城市或地区地面沉降统计表

国家及地区	沉降面积（km^2）	最大沉降速率（cm/a）	最大沉降量（m）	沉降时间	原因
日本					
东京	1000	19.5	4.60	1892—1986	开发地下水
大阪	1635	16.3	2.80	1925—1968	
新潟	2070	57.0	17	1898—1961	
美国					
加州圣华金流域	9000	46.0	8.55	1935—1968	开采石油
加州洛斯贝诺斯—开脱尔曼市	2330	40.0	4.88	？—1955	
加州长滩威明顿油田	32	71.0	9.00	1926—1968	
内华达州拉斯韦加斯	500		1.00	1935—1963	
亚利桑那州凤凰城	310		3.00	1952—1970	
得克萨斯州休斯敦—加尔韦斯顿	10000	17	1.50	1943—1969	
墨西哥					
墨西哥城	7560	42	7.50	1890—1957	
意大利					
波河三角洲	800	30.0	>0.25	1953—1960	开采石油
中国					
上海		10.1	2.67	1921—1987	抽取地下水
天津	8000	21.6	1.76	1959—1983	
宁波	91		0.30	1965—1986	
台北	100	2.0	1.70	1955—1971	
大庆油田		2.6	2.6	1959—1987	开采石油

3.7.2 地面沉降的危害和分布规律

3.7.2.1 地面沉降的危害

地面沉降造成的破坏和影响是多方面的，主要危害表现为标高损失，并造成季节性地表积水，防、泄洪能力下降，海堤高度下降并可能引起海水倒灌，港口建筑破坏，地面运输线和管线扭曲断裂，城市建筑基础下沉脱空开裂，桥梁净空减小，深井井管上升，城市供、排水系统失效，低洼地洪涝积水等。

滨海城市海水侵袭：由于地面沉降使地面标高降低，甚至低于海平面，滨海城市经常遭受海水的侵袭，严重危害生产和生活，为防止海潮的威胁，不得不投入巨资加高地面或修筑防洪墙、护岸堤。1992 年 9 月，特大风暴潮袭击天津，潮位高达 5.93m，有近 100km 海堤漫水，40 余处溃决，直接经济损失 3 亿元。

港口设施失效：地面下沉使码头失效，港口装卸能力下降。美国长滩市的港口因地面下降而报废。

桥墩下沉，桥下净空减小，导致水上交通受阻。上海的苏州河原先每天可通过大小船只 2000 余条，因地面下沉大船无法通航，中小船的通航也受到影响。

地基不均匀下沉，建筑物开裂倒塌。

3.7.2.2 我国地面沉降的分布规律

我国目前已有上海、天津、江苏、浙江、陕西等省市出现了地面沉降问题。从成因上看，绝大多数是因地下水超量开采，石油开采造成地面升降也已越来越受到重视。我国的地面沉降具有明显的地带性，主要位于厚层松散堆积物分布地区。

大型河流三角洲及沿海平原区：长江、黄河、海河、辽河下游平原及河口三角洲的第四纪沉积厚度大、固结程度差、颗粒细、压缩性强，地下含水层多、补给条件差，开采时间长、强度大，城镇密集、人口多，工农业发达，形成以城镇为中心的大面积沉降区。

小型河流三角洲：东南沿海，第四纪沉积厚度不大，以海陆交互的黏土和砂层为主，压缩性相对较小，地面沉降范围较小，集中于地下水降落漏斗中心附近。

山前冲积扇、洪积扇及倾斜平原区：燕山和太行山山前倾斜平原区，以北京、保定、邯郸、郑州等大、中城市最为严重。城市人口多、城镇密集，工农业生产集中，地下水开采强度大、地下水水位下降幅度大，沉降范围由开采范围决定。

山间盆地和河谷地区：主要集中在陕西的渭河盆地、山西的汾河谷地及一些小型山间盆地，如西安、咸阳、太原等城市。第四纪沉积物沿河流两侧呈条带分布，厚度变化大，地下水补给条件好，沉降主要发生在地下水降落漏斗区。

3.7.3 地面升降的成因机制和形成条件

3.7.3.1 地面升降的成因机制

对地面升降的成因有不同的解释：新构造运动说、地层收缩说、自然压缩说、地面动静载荷说、区域性海平面升降说。大量研究表明，地面升降的外部原因是地下流体的开发利用，内部原因是存在中等、高压缩性黏土层和承压含水层存在。因此多数人认为，地面升降是开采地下流体、抽注流体及大型建筑的超量载荷等所引起的。

在孔隙流体承压层中，抽取地下流体引起承压流体势降低，使得含流体层本身及其上、下层的孔隙流体压力减小。根据有效应力原理，岩土中由覆盖层荷载引起的总应力是由孔隙中的流体和岩土颗粒骨架共同承担的。由流体承担的部分称为孔隙流体压力，它不能引起岩土的压实，也称为中性压力；由颗粒骨架承担的部分能够直接造成岩土的压实，也称为有效应力。假定抽取流体过程中岩土内的应力不变，则孔隙流体压力的减小必然导致有效应力增加，结果就会引起孔隙体积减小，从而使岩土压缩。

由于渗透流体性能的差异，在砂层和土层中的孔隙流体压力减小、有效应力增加的过程是截然不同的。在砂层中随着承压流体势降低和多余流体的排出，有效应力迅速增加并快速抵消孔隙流体压力的降低，因此压实在短时间内完成。在土层中的压密过程常进行缓慢，直到应力转变过程完成之前，土层中始终存在剩余孔隙流体压力，它是衡量土层在现存应力条件下最终固结压密程度的重要指标。

相对而言，在较低应力下砂层的压缩性小且主要是弹性、可逆的，土层的压缩性大且主要是非弹性的永久变形。因此在较低的有效应力增长条件下，黏性土层的压密在地面沉降中起主要作用，而在水位回升过程中，砂层的膨胀回弹则具有决定意义。

3.7.3.2 产生条件

从地质条件，尤其是水文地质条件来看，疏松的多层含流体体系、流体量丰富的承压流体层、开发层影响范围内正常固结或欠固结的可压缩性厚层黏性土层的存在都有助于地面升降的形成，从应力转变条件来看，承压流体势的大幅度波动式的持续降低或升高是造成范围不断扩大累进性应力转变的必要前提。

厚层松散细粒岩土层的存在是构成地面升降的物质基础。长期过量开发地下流体是导致地面升降的外部条件。新构造运动对地面升降的持续发展起着推波助澜的作用。城镇建设对地面升降有着不可忽视的影响。

3.7.4 地面升降的监测和预测

地面升降的危害十分严重，影响范围越来越大。尽管地面升降往往不明显、不易引人注目，但却会给城镇建设、生产和生活带来极大的损失，因此对地面升降进行监测和预测就显得越来越重要。

3.7.4.1 地面升降的监测

地面升降监测的方法主要有大地水准测量、地下流体动态监测、地表及地下建筑物设施破坏现象的监测等。

可通过设置分层标、基岩标、孔隙流体压力标、水准点、水动态监测网、水文观测点、海平面观测点等，定期进行水准测量和地下流体开采量、地下水位、地下流体压力、地下水水质监测、地下水回灌检测，并开展建筑物和其他设施因地面升降而破坏的定期监测等，从而根据地面升降的活动条件和发展趋势，预测地面升降的速度、幅度、范围和可能的危害。

3.7.4.2 地面升降趋势的预测

地面升降的发生、发展过程缓慢，因此只能预测其发展趋势。目前主要有两大类方法。

土水模型：由水位预测和土力学模型两部分组成，水位预测可利用相关法、解析法和数值法进行，土力学模型包括含水层弹性计算模型、黏土层最终沉降、太沙基固结、流变固结、比奥固结、弹性固结、回归计算、半经验和最优化模型等。

生命旋回模型：从地面升降的整个发展过程来考虑，直接由升降量与时间之间的关系构成，Verhulst 生物模型和灰色预测模型等。

3.7.5 地面升降的防治

地面升降一旦出现很难治理，因此重在预防。目前国内外预防地面升降的措施主要包括建立健全地面升降监测网，加强地下流体动态和地面升降监测；开辟新的替代资源、推广节水技术；调整地下流体开采布局、控制地下流体开采量；对地下流体开采层位进行人工回灌；实行地下流体开采总量控制、计划开采和目标管理。还应查清地下地质构造，并对工程建筑进行防升降处理。

第4章 水文地质条件

本章摘要

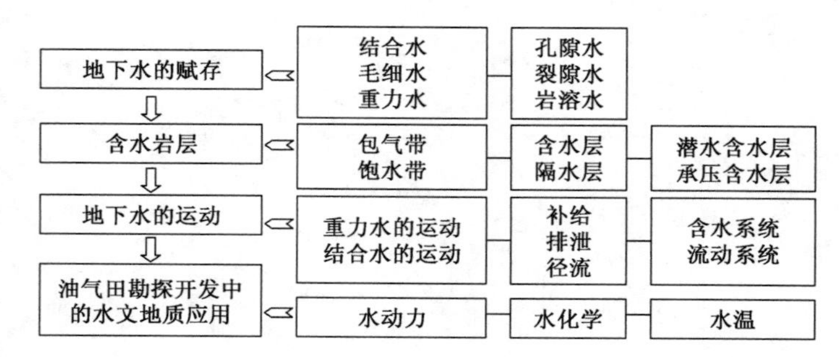

阅读指南

地下水广泛赋存于岩土体的各类孔隙中，与岩土构成统一的力学平衡系统。地下水的活动性很强，一定程度上会破坏岩土体原有平衡，危害建筑体安全。因此，工程建设必须考虑水文地质条件；油气田勘探和开发中的许多问题也要从水文地质的角度去考虑。本章内容就从岩土工程水文地质条件和油气田水文地质应用两个方面进行设计。

本章重点

潜水与承压水、包气带与饱水带、含水层与隔水层、地下水的渗流、越流、含水系统与流动系统、流体势的应用、水化学的应用。

4.1 地下水的赋存

地球上的水在太阳热和重力作用下，由水圈进入大气圈，经过生物圈和岩石圈表层，再返回水圈，如此循环不已。其中，存在于地面以下地壳中的水称为地下水，其中约有50%以上分布于地面以下1000m的范围内，另一半分布于更深部位。

4.1.1 地下水的循环和来源

4.1.1.1 水循环

地球是富水行星，不同圈层中的水分彼此密切相关，不断相互转化，称为水循环。

在太阳热能作用下，海洋、湖泊、河流等地表水分蒸发形成水汽，进入大气圈；水汽随气流运移至陆地或海洋上空，在适宜条件下，形成雨雪等重新凝结下降；降落的水分，一部分沿地面汇集于低处，成为河流、湖泊等地表水，另一部分渗入土壤岩石，成为地下水。形成地表水的那部分，有的重新蒸发返回大气圈，有的渗入地下形成地下水，其余部分则汇入海洋。渗入地下的水，有的通过土面蒸发返回大气圈，有的被植物吸收，通过植物叶面蒸腾返回大气，其余部分则形成地下径流；地下径流或者直接流入海洋，或者在流动过程中多次与地表水相互转化，最后返回海洋，也可能由一个地下水体转移到另一个地下水体中(图4-1)。

地壳浅部的水如此往复不已地循环转化，是维持生命繁衍和人类社会发展的必要前提。一方面，水通过不断循环转化使水质得以净化；另一方面，通过不断循环使水量得以更新再生。地下水沿岩土的空隙运动，受流动介质阻滞，运动不像在地面那样顺畅，运移十分缓慢。根据不同埋藏条件，地下水更新的周期由几个月到几万年不等。

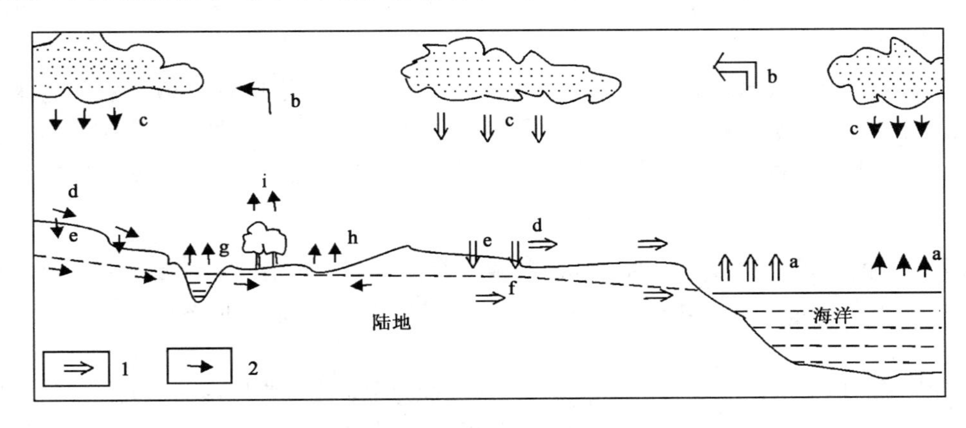

图4-1　自然界水循环示意图

1—大循环各环节；2—小循环各环节；a—海洋蒸发；b—大气中水汽转移；
c—降水；d—地表径流；e—入渗；f—地下径流；g—水面蒸发；
h—土面蒸发；i—叶面蒸发（蒸腾）

4.1.1.2　水来源

一般认为，地下水的来源主要包括渗入水、沉积水、再生水、初生水及有机成因水等。

1. 渗入水

由大气降水、地表水及凝结水向下渗入而形成的地下水称为渗入水。

大气降水可通过渗透性岩土补给地下水，渗入量与降雨强度、岩土渗透性及地形坡度等因素有关。大气降水越多，岩石渗透性越好，地形越平缓，则有更多的大气降水补给地下水。

当湖泊、河流及海洋等地表水与地下水存在水头差和渗流通道时，便会相互转化、相互补充。例如，河流下游往往淤积了大量沉积物而抬高了河床，河水就会通过河床向两侧渗透补给地下水。

当岩土中的水汽浓度小于大气中时，水汽就从大气进入地下，当温度降低时，发生凝结向下渗入形成地下水。这种凝结水补给地下水的现象在炎热的沙漠中较为明显。这里昼夜温差达30~35℃或更大，白昼高温，大气中的水汽流向沙土，夜里气温快速冷却，土壤里的水汽凝结渗入形成地下水；沙土透水性良好，它保证了水汽容易进入深处凝结，使凝结水不易挥发而保存下来。

2. 沉积水

沉积水又称为埋藏水，是在沉积物堆积过程中埋藏并保存下来的。沉积水实际上为古海水、古湖水及古河水等古地表水。例如，现今海底松散沉积物中的含水体积比约为40%～50%，甚至可高达90%，这些沉积物成岩后仍可保留15%～30%的含水量。沉积水埋藏在地下后，常常会经历复杂的水岩相互作用而改变其原始化学成分。

3. 再生水

地层埋深较大或位于侵入岩附近时，温度和压力较高，一些含水矿物便会脱出其中的结晶水，如石膏转化为硬石膏。一些黏土矿物也会释放出晶格层间水，如蒙脱石转化为伊利石。这部分水就是再生水，它对油气的初次运移具有重要意义。

4. 初生水

初生水又称为深成水，有研究者认为深层地下水中应该有10%～30%来自地球深部圈层的高热流体。但关于初生水的研究至今还很不成熟，有人认为某些深部高矿化卤水的化学特征显示了初生水的特征，例如某些花岗岩包裹体溶液为矿化度100～200g/L的氯化钠水。

5. 有机成因水

沉积物中的有机物在转变为油气的过程中，会释放出一些水分。这些水分中普遍见到了I、Br、B等元素，大都是有机物分解时进入水中的。有时也将有机成因水并入再生水中而不单独分出。

不同地区的地下水往往以上述来源的一种或几种为主。渗入水作用面积大，往往是地下水的主要来源之一；沉积盆地中的沉积岩分布广泛，沉积水的保存时间长；凝结水在炎热沙漠中可能是地下水的重要来源；油田水的来源中，沉积水、再生水与有机成因水占有重要地位；初生水可单独产出，但更多的情况下是在其上升和运动的道路上逐渐与其他成因的地下水相互混合。

4.1.2 地下水的状态

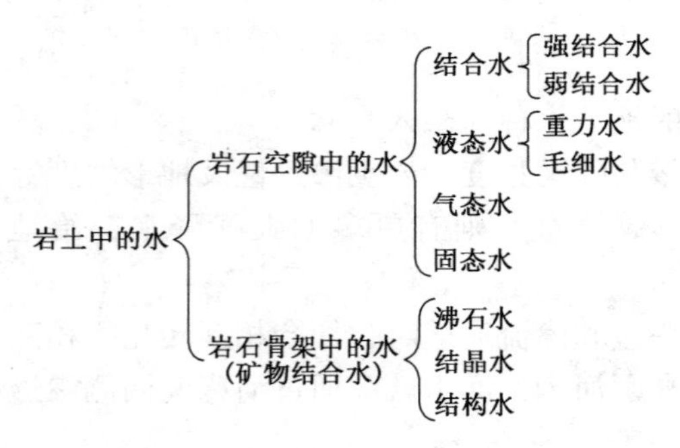

图4－2　岩土中水的存在形式

地下水以多种状态赋存于岩土空隙中，形式主要包括结合水、液态水，此外还有少部分气态水、固态水及矿物结合水（图4－2）。

4.1.2.1 岩石空隙中的水

1. 结合水

岩石颗粒表面或空隙壁面等固体表面由于静电吸引作用会吸附水分子，吸附力与距离的平方成反比。离固体表面近的水分子受力强大而排列紧密，距离较远则吸附力逐渐减弱，水分子排列较稀疏（图4－3）。被固相表面吸附的力大于其自身重力的那部分水便是结合水，结合水束缚于颗粒表面，不能在重力作用下自由流动。

随着固相表面对水分子的吸附力自内向外逐渐减弱，结合水的物理性质也随之发生变化。最接近固相表面的结合水称为强结合水，其外层称为弱结合水。

强结合水的厚度相当于几个水分子直径，排列紧密，密度平均达到2g/cm³左右，在－78℃时仍不冻结。强结合水不受重力作用的影响，不能流动，但可转化为气态而移动。在岩石被加热到105～110℃时可转化为气态排出。强结合水不导电，没有溶解能力。

弱结合水的厚度相当于几百个水分子直径，固体表面对它的吸附力减弱。弱结合水密度约1.3～1.8 g/cm³，呈薄膜状包裹在固体颗粒表面，不受重力的影响，也不传递压力，溶解盐类的能力较低，其外层能被植物吸收利用。弱结合水的抗剪强度和黏滞性由内向外逐渐减弱（图4－4）。

结合水区别于重力水的重要特征之一是具有抗剪强度，只有当施加的外力超过其抗剪强度时才能发生流动。外力越大，参与流动的水层厚度也随之加大。

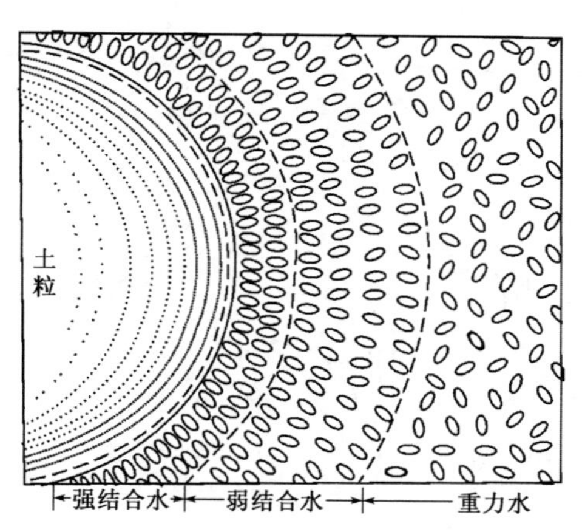

图4－3　岩土颗粒表面结合水与重力水分布示意图

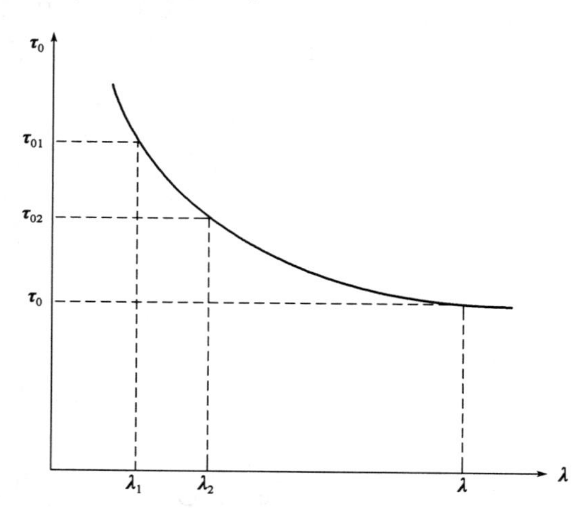

图4－4　结合水抗剪强度 τ_0 与距颗粒表面距离 λ 的关系

2. 液态水

1）重力水

重力水是距离固体表面更远的那部分液态水，重力对它的影响大于固体表面对它的吸附力，因而能够在重力作用下自由流动。重力水能充满岩石中所有的大小孔隙并连续流动。重力水能形成地下径流，能从泉眼中自溢出地面，也能从井孔中被抽采出地面，是重要的供水水源。重力水在地下运动时服从达西定律。

从空隙壁向空隙中依次分布着强结合水、弱结合水及重力水。当空隙直径足够大，则空隙中大部分充满了重力水，结合水所占的比例微不足道，例如砂砾石中的孔隙和碳酸盐岩中的溶穴。当空隙细小，直径小于两倍结合水厚度时，空隙中便全部充满结合水，如黏土岩中的微细孔隙（图4－5）。

2）毛细水

毛细水是存在于岩土毛细孔隙（孔隙直径0.5～0.0002mm，裂缝宽度0.25～0.0001mm）中的水，水在其中产生毛细运动。在地下水面以上常常形成一个普遍的毛细上

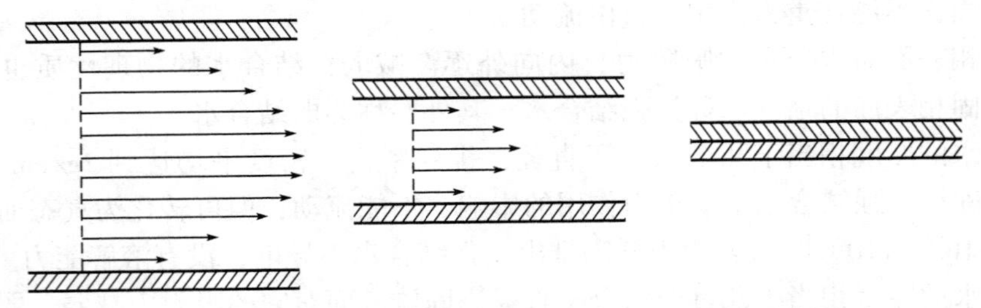

图4－5 理想管状空隙中结合水与重力水的分布示意图

阴影线部分代表结合水，箭头长度代表重力水质点实际流速

升带。毛细上升现象是地下水的表面张力、对孔壁的吸附力及重力产生平衡作用的结果。毛细水能够传递静水压力，具有溶解能力，但其运动不服从达西定律。

毛细水多分布在重力水面之上，与重力水直接相连，称为支持毛细水。毛细水还会随重力水面的升降而升降。细粒层与粗粒层交互成层时，在一定条件下，细土层中会保留与地下水面不相连接的毛细水，这种毛细水称为悬挂毛细水（图4－6）。

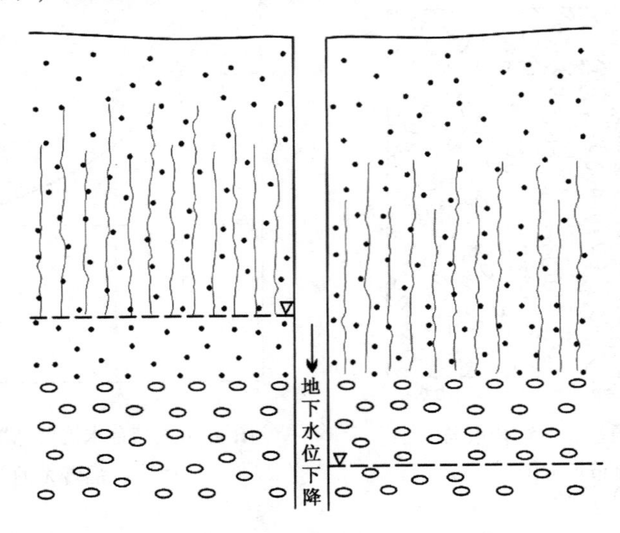

图4－6 支持毛细水和悬挂毛细水

3. 气态水

在不饱水的岩土空隙中存在着气态水，它和大气中所含的水蒸气完全一样，活动性很大，可以随着空气一起在岩石空隙中运动。即使空气不流动，它也能从湿度大的地方向湿度小的地方迁移。气态水在一定温压条件下与液态水相互转化，二者保持动态平衡。

4. 固态水

岩土的温度低于0℃时，空隙中的液态水便转为固态水。在我国北方的冬季常常形成冻土。在东北及青藏高原地区，一部分地下水多年保持固态，这就是多年冻土。

4.1.2.2 岩石骨架中的水

岩石骨架中的水保存于矿物结晶格架中，已成为矿物的组成部分。当矿物中水的组成比例固定不变时称为结晶水，如石膏（$CaSO_4 \cdot 2H_2O$）、芒硝（$Na_2SO_4 \cdot 10H_2O$）等。当所含水的比例可变且较易脱出时称为沸石水，如蛋白石（$SiO_2 \cdot nH_2O$）、方沸石（$NaAl_2Si_4O_2 \cdot nH_2O$）

等。一些水以（OH^-）或（H^+）的形式参与矿物组分，互相结合紧密，只有当矿物结构破坏且加热到400℃至500℃时才能分离出来，称为结构水，如水铝石（AlO·OH）、白云母（$[K·H]_2Al_2Si_2O_3$）等。

4.1.3 不同空隙中的地下水

岩土中的空隙是地下水的储存场所和运动通道，空隙的多少、大小、形状、连通情况及分布规律对地下水的分布和运动具有重要影响。一般将岩石空隙分为三类——孔隙、裂隙及溶穴（图4-7）。它们的基本特点见表4-1。

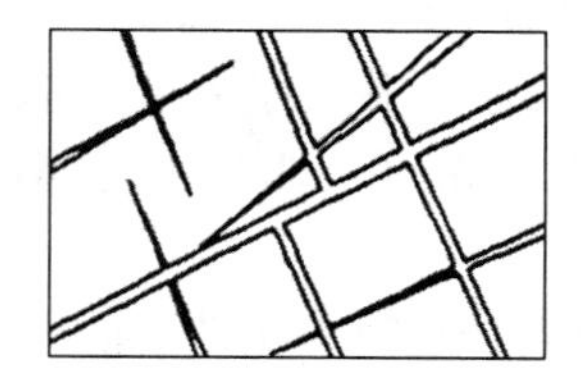

图4-7 岩土中的孔隙、裂隙及溶穴示意图

表4-1 岩土中的孔隙、裂隙及溶穴特点

类型	基本特点
孔隙	分布均匀，连通良好；不同方向上孔隙喉道大小和多少接近；赋存其中的地下水分布与流动较均匀
裂隙	线状展布，宽窄不等，长度有限，具方向性；连通性较孔隙为差；赋存其中的地下水相互联系较差，分布与流动不均匀
溶穴	大小悬殊，分布不均匀；赋存其中的地下水分布与流动极不均匀

4.1.3.1 孔隙水

孔隙水赋存于岩土颗粒之间的孔隙网络中，连通性好，呈层状均匀分布，多以层流形式连续运动，服从达西定律。松散沉积物和深部岩石中都可赋存孔隙水。

孔隙水主要储集在碎屑岩中。我国陆相沉积盆地中，孔隙型地下水占较大比重。各种砂砾岩体，如洪积扇、冲积平原、湖积物、三角洲及沙漠等环境形成的沉积体均是孔隙型含水层。沉积体的不同部位孔隙水赋存特征呈规律性变化，例如，洪积扇由山口向盆地方向，地貌坡度由陡变缓、岩性由粗变细，这决定了岩层透水性由好变差、地下水位埋深由深变浅、地下水矿化度由小变大的规律，体现出明显的沉积环境分带—地貌岩性分带—水动力条件分带—水化学组分分带之间的对应关系。再比如河流的河床砂层透水性较好，不仅接受较多的降水入渗，更能经常获得河水的大量补给，水量较为丰富且水质良好；远离河床岩性变细，径流变弱，在干旱、半干旱气候下蒸发强烈，可造成土壤盐碱化。

碎屑沉积物在成岩过程中，随着粒间孔隙被压缩、胶结或溶蚀，孔隙水也会发生相应变化。如鄂尔多斯盆地上三叠统延长组砂岩，由于胶结物的充填使含水层孔隙度和渗透率大大降低，使得孔隙水排出，含水量减少；而松辽盆地下白垩统砂岩中地下水循环交替条件良好，地下水的持续流动不断溶滤岩石组分，使得孔隙变大、含水量增加。

4.1.3.2 裂隙水

脆性岩层易产生裂隙，在裂隙中储存、运动的地下水称为裂隙水。裂隙的张开程度、连通程度、密集程度及其延伸方向都影响着地下水的分布和流动。例如，裂隙胶结、闭合的岩层多构成隔水层，裂隙发育密集且连通的岩层可以构成良好的透水层。

裂隙水的埋藏、分布和运动规律受岩石裂隙发育特点的制约，水动力性质极不均一。某些情况下，同一岩层中相距很近的钻孔水量悬殊，甚至一孔有水而邻孔无水；有时相距很近的井孔测得的地下水位差别很大，水质与动态也有明显不同；在裂隙岩层中开挖矿井时，常常会在局部出现大量涌水。可见，与孔隙水相比，裂隙水表现出很强的不均匀性和各向异性。孔隙水分布连续均匀，多构成具有统一水力联系、水量分布均匀的层状含水系统。裂隙岩层在一些特殊的条件下也能形成水量分布比较均匀的层状含水系统。例如，夹于厚层塑性岩层中的薄层脆性岩层、规模较大的风化裂隙岩层等，这些岩层中裂隙往往密集均匀，使整个含水层具有统一的水力联系，在其中布井几乎处处可取到水。由一条或几条大的导水通道（如断层、大裂隙、侵入岩与围岩接触带等）为骨干汇同周围的中小裂隙可形成方向性明显的带状或脉状裂隙含水系统。

岩层中的裂隙按照成因可分为成岩裂隙、构造裂隙及风化裂隙等。

成岩裂隙是岩石在成岩过程中受内部应力作用而产生的原生裂隙。沉积岩固结脱水、岩浆岩冷凝收缩等均可产生成岩裂隙。沉积岩及深成岩浆岩的成岩裂隙多是闭合的，含水意义不大；陆地喷发的岩浆冷凝收缩时产生大量柱状节理和层面节理，这类成岩裂隙大多张开且密集均匀，连通良好，能构成储水丰富、导水通畅的层状裂隙含水系统。

构造裂隙是地壳运动过程中岩石在构造应力作用下产生的，它是所有裂隙成因类型中最常见、分布范围最广、与各种水文地质、工程地质问题关系最密切的类型。通常所说的裂隙水区别于孔隙水，具有强烈的非均匀性，各向异性、随机性等特点也主要是针对构造裂隙水而言的。构造裂隙具有明显而又比较稳定的方向性，这种方向性由构造应力场控制。一般在一个地区岩层中的主要裂隙可划分为3～5组，包括纵裂隙、横裂隙、斜裂隙及层面裂隙等。随着埋深加大，围压增加，地温上升，岩石的塑性加强，裂隙张开性变差，构造裂隙的透水性也相应减弱。

风化裂隙是暴露于地表的岩石在温度变化和水、空气、生物等风化营力作用下而产生的。风化裂隙常在成岩裂隙与构造裂隙的基础上进一步发育，分布密集均匀、无明显方向性、连通良好。风化裂隙层常呈壳状包裹于地面，一般厚度数米到数十米。未风化的母岩往往构成相对隔水底板，因此风化裂隙水一般为潜水，而被后期沉积物覆盖的古风化壳可赋存承压水。

沉积盆地中孔隙水和裂隙水常常组合在一起，形成孔隙—裂隙型地下水或裂隙—孔隙型地下水。

4.1.3.3 岩溶水

储存在碳酸盐岩体的溶孔、溶洞、溶缝中的地下水称为岩溶水。岩溶水通常水量丰富，可作为大型供水水源。但岩溶水分布极不均匀，水位埋藏深且规律不易掌握。在岩溶地区进行水利工程建设或采矿时，若不仔细研究岩溶发育规律，就会出现严重漏水等事故而使工程失败。若能摸清规律，就可以利用地下河建立地下水库，不仅工程量小而且不占地。

储存于溶蚀孔洞中的地下水还是一种活跃的地质营力，在其运动过程中会不断对围岩进行改造，以使岩层透水性更好，使细微裂隙逐渐扩大为连通管道。岩溶水动态变化很大，储集空间复杂（图4－8）。

岩性、地形、气候及构造等因素影响了岩溶的发育和岩溶水的分布。可溶岩层包括卤化物类岩石（食盐、钾盐、镁盐等）、硫酸盐类岩石（石膏等）及碳酸盐类岩石（石灰岩、白云岩、大理岩等），其中以卤化物类溶解度最大，碳酸盐类溶解度最小。但是，碳酸岩类岩石的分布最为广泛，绝大部分岩溶均发育于此类岩石中。地形决定着补给区与排泄区的分布，这也就决定了水流趋向，从而控制岩溶管道以及地下河系的主要发育方向。岩溶水的发育受构造的控制也很明显，断裂带、褶皱轴部等裂隙发育的部位岩溶常较发育，断层带岩体破碎，有利于地下水汇流，常成为骨干地下河的前身，地下暗河的支流多与背斜轴垂直，沿着横节理方向发育。

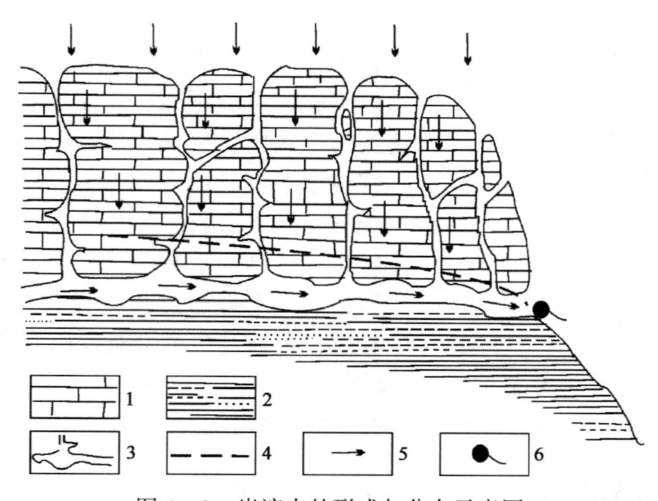

图4－8　岩溶水的形成与分布示意图

1—石灰岩；2—砂页岩；3—溶洞；4—地下水位；5—水流方向；6—泉

4.2　岩土中的含水层类型

地面以下的岩土中的含水层依据其饱水程度可划分为包气带和饱水带；依据岩层透过和给出水的能力划分为含水层和隔水层等；依据地下水的埋藏条件分为潜水含水层和承压含水层等。

4.2.1　包气带与饱水带

从地面向下挖井时可以看到，浅部岩土往往是干燥的，含水很少，向下逐渐变湿，但井中无水，再向下挖，可见井壁和井底有水渗出，井中出现一个水面，这就是地下水面。地下水面存在于地表下一定深度，水面以上的岩土空隙包含着空气和气态水，未被液态水充满，称为包气带或非饱和带；水面以下岩石中的空隙被重力水所充满，称为饱水带（图4－9）。

包气带中水的存在形式多样，包括空隙壁面吸附的结合水，细小空隙中的毛细水，未被液态水占据的空隙中包含空气及气态水等。这些水分布不连续，不能发生连续流动，无法形成连续水面。

包气带自上而下分为土壤水带、中间带和毛细水带（图4－9）。地表附近植物根系发育的带能以毛细水的形式保持大量水分，称为土壤水带。包气带底部在地下水面的支持下形成

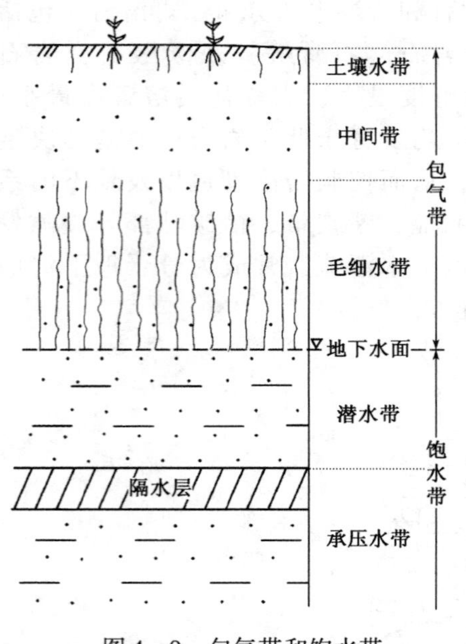

图4－9　包气带和饱水带

毛细上升带，构成毛细水带。毛细水带的高度与岩性有关，其下部也是饱水的，但因受毛细负压的作用，水不能进入井中。包气带厚度较大时，在土壤水带与毛细水带之间还存在中间带。若中间带由粗细不同的岩性构成时，在细粒层中可能含有悬挂毛细水，细粒层之上局部还可滞留重力水。

包气带水的赋存与运移受重力与毛细力的共同影响，重力使水分下移，毛细力则将水分输向空隙细小与含水量较低的部位。蒸发作用下，毛细力常常将水分由包气带下部输向上部。在雨季，包气带水以下渗为主；雨后，浅表的包气带水以蒸发和植物蒸腾形式向大气圈排泄，一定深度以下的包气带水则继续下渗补给饱水带。包气带的含水量和含盐量受气象因素影响显著。

包气带是饱水带与大气圈、地表水圈联系的必经通道。饱水带通过包气带获得大气降水和地表水的补给，也通过包气带蒸发排泄到大气圈。

饱水带岩石空隙全部为液态水充满，既有重力水，又有结合水。饱水带中的地下水连续分布，能够传递静水压力，在水头差的作用下可以发生连续运动。

4.2.2　含水层与隔水层

饱水带的岩层按其透过和给出水的能力划分为含水层和隔水层。含水层是指能够透过并给出相当数量水的岩层，例如砂岩等具有较大孔隙的岩层，在水头差作用下能够透过并给出水。隔水层是不能透过并给出水，或透过和给出水的数量微不足道的岩层，例如泥岩等孔隙微小的岩层，孔隙中所含的大多是结合水，在一般条件下难以流动，常常起着阻隔水透过的作用。

对含水层和隔水层含义的理解应当注意几个问题。

首先，含水层与隔水层的划分是相对的，并不存在截然的界限或绝对的定量标志。例如，粗砂层中的泥质粉砂岩夹层，由于粗砂的透水和给水能力比泥质粉砂强得多，相对来说，泥质粉砂岩层就可视为隔水层；同样的泥质粉砂层夹在黏土层中，由于其透水和给水能力比黏土强，就视为含水层了。由此可见，岩性相同、渗透性完全一样的岩层，很可能在有些地方被当作含水层，而在另一些地方却被当作隔水层。即使在同一个地方，渗透性相同的某一岩层，在涉及某些问题时被看作透水层，在涉及另一些问题时则可能被看作隔水层。含水层与隔水层的定义取决于运用它们时的具体条件。同一岩层在不同条件下可能具有不同的水文地质意义，实际工作中还常要考虑岩层所能给出水的数量大小是否具有实际意义。例如，利用地下水供水时，某一岩层能够给出的水量较小，对于水源丰沛、需水量很大的地区，由于远不能满足供水需求，被视作隔水层；但在水源匮乏、需水量又小的地区，同一岩层便能在一定程度上满足实际需要，这种岩层便可看作含水层。再如，某种岩层的渗透性较小，从供水的角度看它可能被当作隔水层，而从水库渗漏的角度看，由于水库的周界长、渗漏时间长，此类岩层的渗漏水量不能忽视，这时又必须将它看作含水层。

其次，含水层和隔水层在一定条件下可相互转化。例如，致密黏土岩透水和给水能力都很弱，通常是隔水层；但在较大水头差下也能透过和给出一定数量的水。在相当长一个时期内，人们把隔水层看作是绝对不透水与不释水的。20 世纪 40 年代以来，雅可布提出越流概念后人们才开始认识到，在原先划入隔水层中的岩层中有一类是弱透水层。弱透水层是那些渗透性较差的岩层，在一般的供排水中它们所能提供的水量微不足道，似乎可看作隔水层；但在发生越流时，由于驱动水流的水力梯度大且发生渗透的过水断面很大，因此相邻含水层通过弱透水层交换的水量就相当大了，这时把它称作隔水层就不合适了。如泥质粉砂岩、砂质页岩等都可归为弱透水层。

严格地说，自然界中并不存在绝对不发生渗透的岩层，只不过某些岩层的渗透性特别低罢了。地下水在岩层中是否发生具有实际意义的运移还取决于时间尺度。当研究的某些地质过程涉及时间尺度相当长时，任何岩层都可视为可渗透的。正如托斯所指出的，在讨论时间尺度很大的地质过程时，流体能够穿越所有的地层。

岩层的透水性往往具有各向异性，例如，薄层页岩和石灰岩互层时，页岩中裂隙闭合，而石灰岩中裂隙张开，则顺层方向透水而垂直层面方向隔水。在一些情况下用“含水带”“含水系统”等代替“含水层”来表示可能更合适。例如，一条张性断层垂向上穿越多套岩性不同的地层，断裂带中的水分布连续且较均匀，应用含水带表征；溶蚀发育的岩层地下水分布极不均匀，只在某些部位富集，并非整层含水，此时称为岩溶含水系统更恰当。

4.2.3 潜水含水层与承压含水层

根据地下水的埋藏条件，即含水层在地质剖面中的位置及其与隔水层的关系，将地下水分为上层滞水、潜水及承压水（图 4－10）。

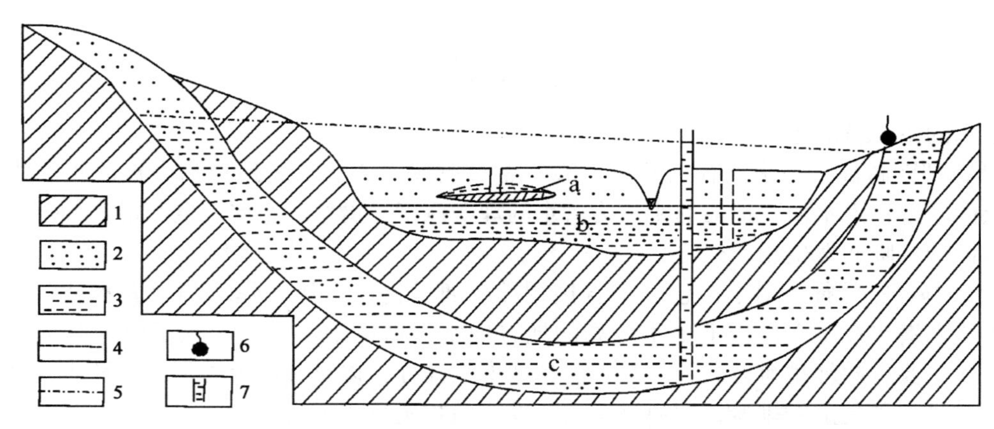

图 4－10　上层滞水、潜水、承压水（据王大纯等，2001）
1—隔水层；2—透水层；3—饱水部分；4—潜水位；5—承压水测压水位；
6—泉（上升泉）；7—水井，实线表示井壁不进水；
a—上层滞水；b—潜水；c—承压水

4.2.3.1　上层滞水

当包气带中存在局部隔水层时，在局部隔水层上可能积聚具有自由水面的重力水，这便是上层滞水。

上层滞水最接近地表，接受大气降水补给，以蒸发形式或向隔水底板边缘流动排泄。上层滞水水量一般不大，动态变化比较显著，雨季获得补充，积存一定水量，旱季水量耗失。当局部隔水层分布范围较小而补给不很经常时，不能终年保持有水，只在缺水地区才能成为供水水源。由于地表水补给上层滞水的途径很短，因此容易受到污染。

4.2.3.2 潜水

饱水带中第一个具有自由水面的含水层称为潜水含水层，充满于潜水含水层中的水称为潜水，这个自由水面就是潜水面，用海拔高度表示潜水面就是潜水位。一般情况下，潜水面不是水平的，而是向排泄区倾斜的曲面，起伏大体与地形一致，但常较地形起伏缓和(图 4－11)。

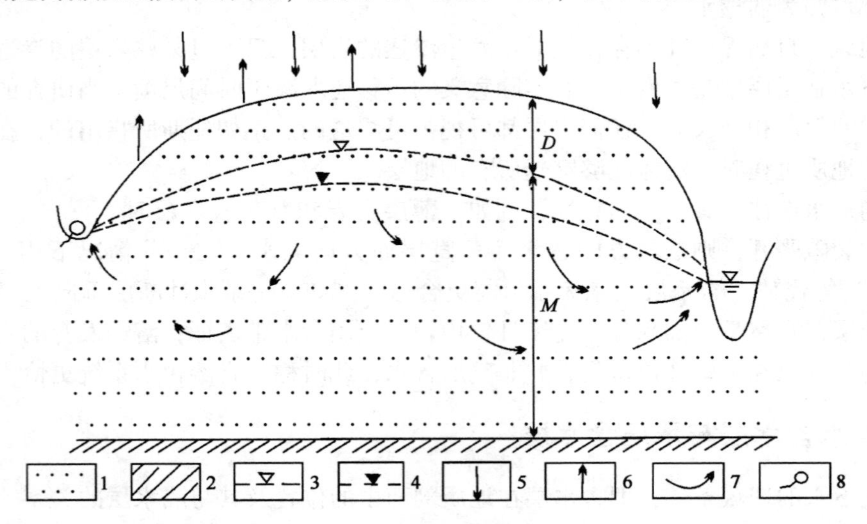

图 4－11　潜水面的形态和升降

1—含水层；2—隔水层；3—高水位期潜水面；4—低水位期潜水面；
5—大气降水入渗；6—蒸发；7—潜水流向；8—泉；
D—高水位期潜水面埋深；*M*—高水位期潜水含水层厚度

潜水的主要特点包括：

(1) 埋藏特征：潜水没有或只有局部的隔水顶板。从潜水面到隔水底板的距离为潜水含水层的厚度；潜水面到地面的距离为潜水的埋藏深度。潜水含水层厚度与潜水面埋藏深度随潜水面的升降而发生相应变化。

(2) 补径排特征：潜水与包气带直接相接，通过包气带接受降水和地表水补给。潜水面不承压，潜水在重力作用下由水位高的地方向水位低的地方径流。除了流入其他含水层外，潜水主要有两种排泄方式：一是径流到地形低洼处，以泉和泄流等形式向地表或地表水体排泄；另一种是蒸发排泄，即通过土面蒸发或植物蒸腾进入大气。

(3) 动态特征：潜水直接通过包气带与大气圈和地表水发生联系，气象和水文因素的变动对它影响显著。丰水季节或年份，潜水接受的补给量大于排泄量，潜水面上升，含水层厚度增大，埋藏深度变小；干旱季节排泄量大于补给量，潜水面下降，含水层厚度减小，埋藏深度变大。

(4) 可调节性：潜水积极参与水循环，资源易于补充恢复，但季节性变化大，通常缺乏多年调节性。

(5) 水质：潜水水质主要取决于气候、地形及岩性条件。在湿润气候和地形高差大的地区潜水以径流排泄为主，往往形成含盐量不高的淡水；干旱气候与低平地形的地区则以蒸发排泄为主，常形成含盐高的咸水。潜水较容易受到污染。

4.2.3.3 承压水

两个隔水层之间的含水层称为承压含水层，充满于承压含水层中的水称为承压水。

承压水的主要特点包括：

（1）埋藏条件：承压含水层上部的隔水层称作隔水顶板，下部的隔水层称为隔水底板。顶底板之间的距离为含水层厚度。承压性是承压水的一个重要特征。如图4－12所示，盆地含水层分布范围大部分被隔水顶板和底板所限，仅在周缘出露于地表。含水层从出露位置较高的部位获得补给，向另一侧排泄。水由补给区进入盆内使含水层充满水，但受隔水顶底板的限制，水面不能自由上升，含水层中的水以一定压力作用于隔水顶板，表现出承压性。用钻孔揭露承压含水层时，井中水面将上升到含水层顶板以上一定高度才静止下来。此时静止水位高出含水层顶板的距离便是承压水头。井中静止水位的高程就是该点的测压水位。测压水位高于地表时，钻孔能够自喷出水。

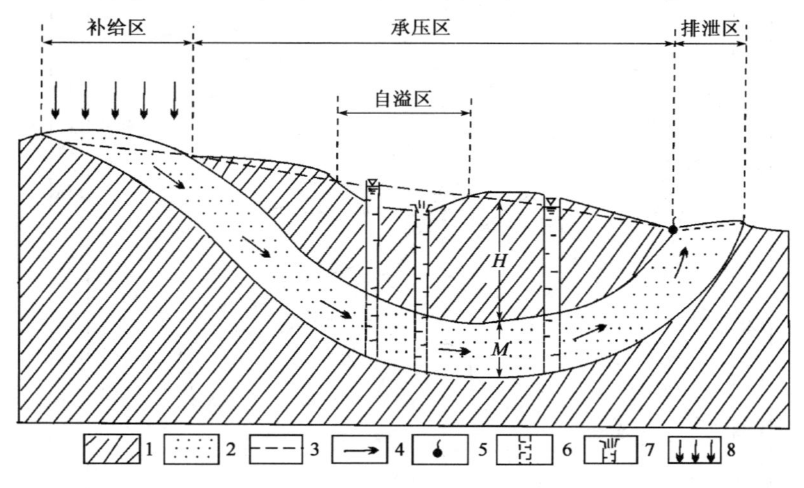

图4－12 承压水的埋藏条件

1—隔水层；2—含水层；3—地下水测势面；4—地下水流向；
5—泉（上升泉）；6—钻孔，虚线为进水部分；7—自喷孔；8—大气降水补给；
H—承压高度；*M*—含水层厚度

（2）补径排特征：受隔水层的限制，承压水与大气圈、地表水圈联系较弱。当顶底板隔水性能良好时，它主要通过含水层出露地表的补给区（这里实际上已转化为潜水）获得补给，并通过范围有限的排泄区排泄。当顶底板为半隔水层时，它还可从上部或下部的含水层获得补给，或向上部或向下部含水层排泄。

（3）动态特征：承压水参与水循环不如潜水那样积极，气候和水文因素的变化对承压水的影响较小。承压水不像潜水那样容易污染，但一旦污染后则很难使其净化。

（4）可调节性：承压含水层与外界的联系有限，不像潜水资源那样容易得到恢复和补充，但含有的水量较稳定，可以保留较长时间，因此往往具有良好的多年调节性能。

（5）水质：承压水水质变化较大，从淡水到卤水都有。补径排条件越好，参与水循环越积极，水质就越接近于地表淡水。相反，水循环越缓慢，水与岩层接触时间越长，水的含盐量就越高。有的承压水与外界几乎不发生联系，保留着高盐度地下水。

（6）水量增减：承压含水层对水量增减的反应与潜水含水层不同。潜水获得补给或进行排泄时，随着水量增加或减少，潜水面抬高或降低，含水层厚度加大或变薄。承压含水层接受补给时，受隔水顶板限制，无法通过增加含水层厚度来容纳增加的水量，而是表现为流体压力或水头（势）的增加。流体压力增加，分担一部分上覆岩层压力，含水层骨架发生少量回弹，空隙度增大，而地下水轻微增加，从而可容纳增加的水量。相反的，承压含水层排泄时，水量减少则主要表现为孔隙变小和水密度变小。当承压含水层的补给与排泄处于平衡状态时，则其水头将保持稳定不变。

和潜水一样，根据承压水等水头线图可以确定承压水流向和水力梯度。但对于潜水，等水头面既代表地下潜水面，又代表潜水含水层的顶面。而承压含水层的等水头面是一个虚构的面，在水头高度位置并不存在实际的地下水面，钻孔打到这个高度是取不到水的，必须打穿含水层的顶面才能见水。因此，表征承压含水层时除了要有等水头线图外，通常要附以含水层顶板等高线图（图4-13）。

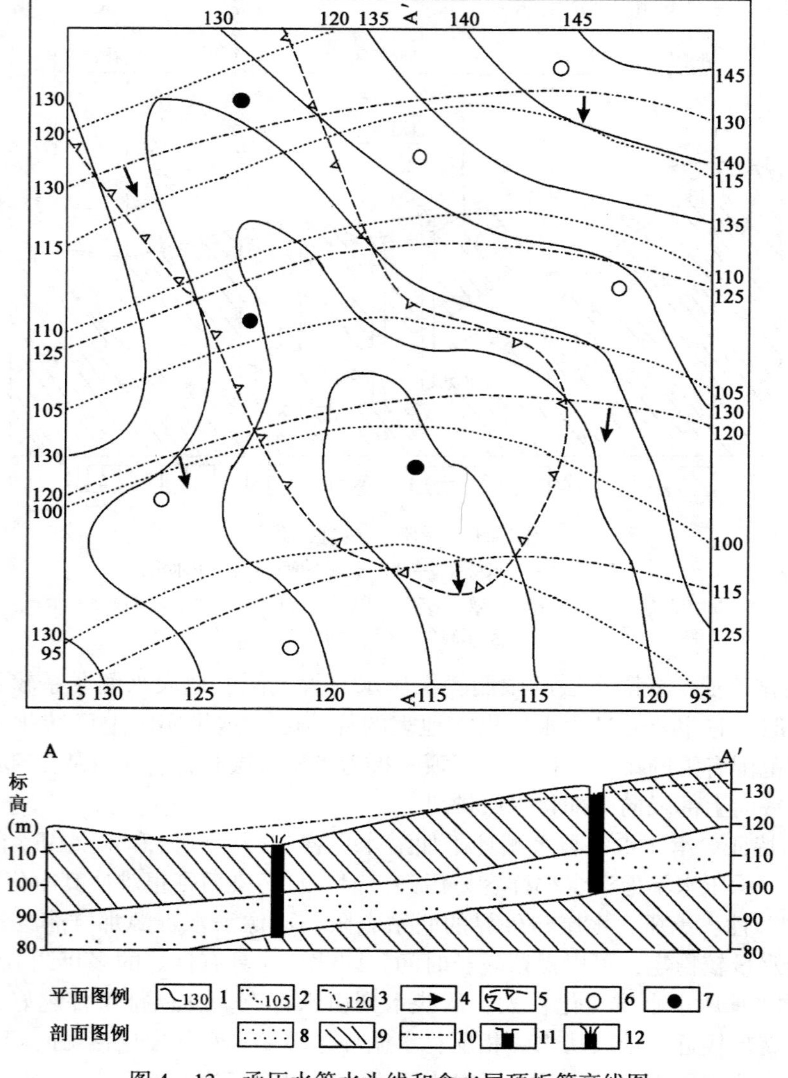

图4-13　承压水等水头线和含水层顶板等高线图

1—地形等高线（m）；2—含水层顶板等高线（m）；3—等水头线（m）；4—地下水流向；5—承压水自溢区；6—钻孔；7—自喷孔；8—含水层；9—隔水层；10—测势面；11—钻孔；12—自喷孔

对承压水来说，仅根据等水头线图无法判断其与其他水体（地表水、潜水或其他承压水）的补排关系。承压含水层要与其他水体产生水力联系必须同时具备两个条件，一是二者之间必须存在水头差，二是它们之间必须存在联系通道，包括断层、半隔水层、露头等。

自然或人为条件下，潜水与承压水经常相互转化。天然条件下，例如，承压含水层在露头区接受补给时实际上表现为潜水含水层、承压水可通过弱透水层与潜水相互补充或排泄、山前潜水向前流动过程中转化为平原承压水等情况；人为条件下，例如在承压含水层打井取水，则会降低承压水头，潜水便会转化为承压水从开采井中排泄。由此可见，从定义上来看，潜水和承压水的区别是明确的，但实际情况下往往存在着各种过渡与转化的状态。

4.3 地下水的运动

地下水以不同形式存在于岩石空隙中，并在岩石的空隙中运动。不同赋存形式的水在不同条件下的运动规律各不相同。

4.3.1 渗流与越流

地下水在岩石空隙中的运动称为渗流，参与渗流的主要是重力水。由于受到介质的阻滞，地下水的流动远比地表水缓慢。渗流时若水质点做有秩序的、互不混杂的流动称作层流运动，如地下水在砂岩孔隙中的运动。水质点做无秩序地、互相混杂的流动称为紊流运动，如地下水在溶蚀孔洞中或在流速较大时的运动。

4.3.1.1 重力水的运动

重力水的运动服从达西定律。达西定律是法国水力学家达西在1856年通过大量实验得到的。

1. 达西定律

实验是在装有砂的圆筒中进行的（图4－14）。水由筒的上端加入，流经砂柱，由下端流出。上游用溢水设备控制水位，使实验过程中水头始终保持不变。在圆筒的上下端各设一根测压管，分别测定上下两个过水断面的水头。下端出口处设管嘴以测定流量。H_1、H_2 为上、下游过水断面的水头。

根据实验结果，得到下列关系式：

$$Q = K\omega h/L = K\omega I \qquad (4-1)$$

式中 Q——渗透流量（出口处流量，即为通过砂柱各断面的流量）；

K——渗透系数；

ω——过水断面（在实验中相当于砂柱横断面积）；

h——水头损失，即上下游过水断面的水头差；

L——渗透途径（上下游过水断面的距离）；

I——水力梯度（水头差除以渗透途径）。

此公式为达西公式。

从水力学知，通过某一断面的流量 Q 等于流速 v 与过水断面 ω 的乘积，即

$$Q = \omega v \qquad (4-2)$$

即 $v = Q/\omega$。据此及公式（4－1），达西定律也可以用另一种形式表达：

$$v = KI \tag{4-3}$$

v 称作渗透流速，其余各项意义同前。

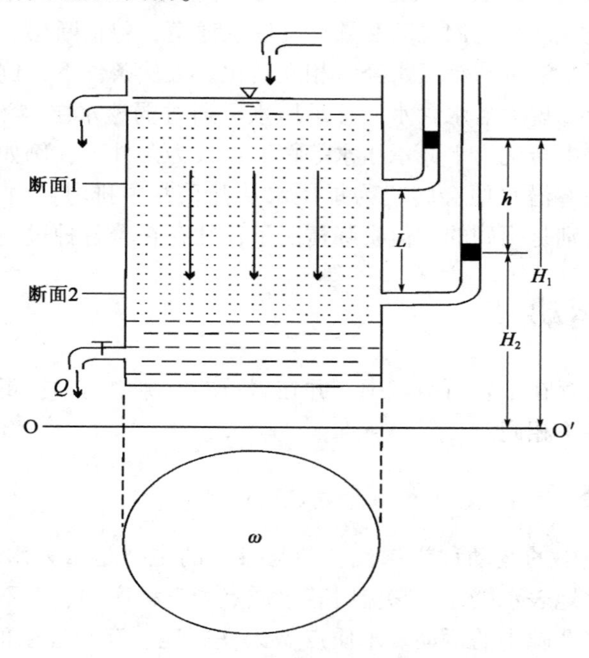

图 4-14　达西渗流实验示意图

2. 相关参数

1）水头

水头（h 或 H）是水动力研究中的一个基本概念，它是与测点压力相当的静水面的标高。其值为测点高程与测点“压头”（测点以上水柱高）之和（图 4-15）。

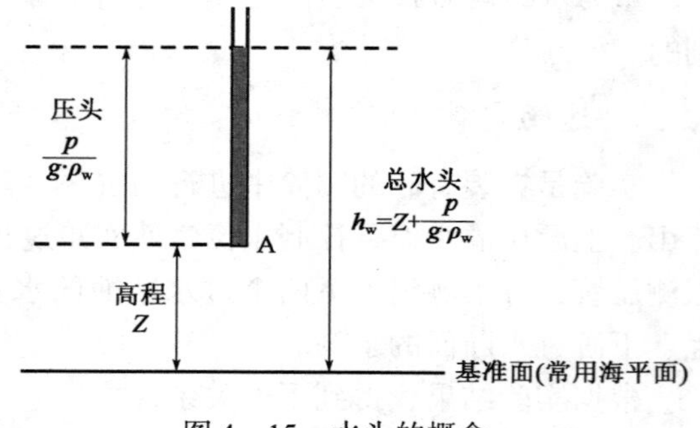

图 4-15　水头的概念

水头与水势成正比，二者只相差一个常数倍数 g，因此水头与水势基本等价，可以反映地下水流向。只要知道了含水层中测点的高程、压力和地层水的密度，便可求得水头和水势。

2）水力梯度

水力梯度（I）是指沿渗透途径的水头损失与相应渗透途径长度的比值，无因次。

水在空隙运动须克服水与孔壁及水质点之间的摩擦阻力，从而消耗机械能，造成水头损失。水力梯度可理解为水流通过单位长度渗透途径所消耗的机械能，也可理解为驱动地下水克服摩擦阻力而以一定速度流动的力量。由于机械能消耗于渗透途径上，因此求算水力梯度时，水头差必须与相应的渗透途径相对应。

3）渗透流速和实际流速

式（4-1）中的过水断面 ω 指砂柱的横断面积。在该面积中，包括砂颗粒所占据的面积和孔隙所占据的面积，而水流实际通过的是孔隙所占据的面积 ω'（图4－16）。

$$\omega' = \omega\phi_e \quad (4-4)$$

式中，ϕ_e 为有效孔隙度。

有效孔隙度 ϕ_e 为重力水流动的孔隙体积（不包括结合水占据的空间）与岩石体积之比。有效孔隙度 ϕ_e < 孔隙度 ϕ。

既然达西定律中的 ω 不是实际的过水断面，可知渗流速度（v）也并非真实的流速，而是假设水流通过包括骨架与空隙在内的断面（ω）时所具有的虚拟流速。

令通过实际过水断面 ω' 的实际流速为 u，则

$$Q = \omega' u \quad (4-5)$$

$$\omega v = \omega' u \quad (4-6)$$

由式（4－4），故得

$$v = \phi_e u \quad (4-7)$$

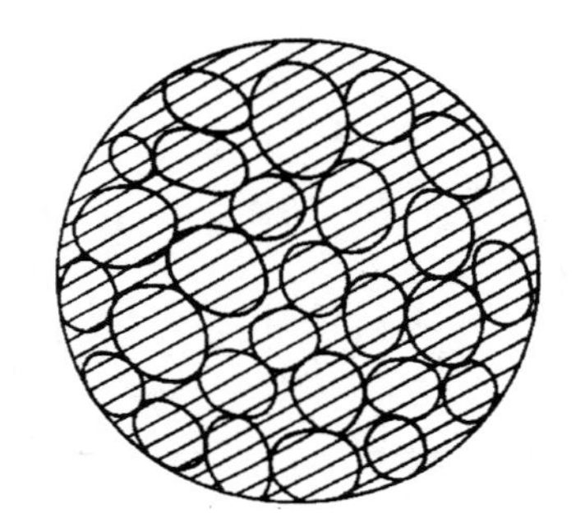
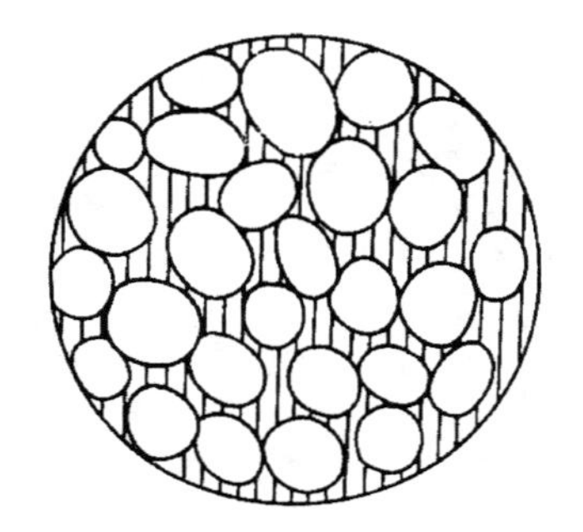

图4－16　过水断面 ω（斜阴线部分）与实际过水断面 ω'（直阴线部分）

4）渗透系数

渗透系数（K）的因次与渗透流速 v 相同，一般采用 m/d 或 cm/s 为单位。渗透系数为水力梯度等于1时的渗透流速。水力梯度为定值时，渗透系数越大，渗透流速就越大；渗透流速为一定值时，渗透系数越大，水力梯度越小。由此可见，渗透系数可定量说明岩石的渗透性能。渗透系数越大，岩石的透水能力越强。

渗透系数不仅与岩石的透水能力有关，还与流体的物理性质有关。若黏滞性不同的液体在同一岩石中运动，则黏滞性大的液体渗透系数小于黏滞性小的液体。研究地下水运动时，由于水的物理性质通常变化不大，可以忽略，因而常把渗透系数看作表征岩石渗透性能的参数。但在特殊条件下，如在研究热水运动时，温度增加使水的黏滞性显著降低，此时就不能忽略不计了。

3. 非线性渗透定律

在达西定律中，渗透流速 v 与水力梯度 I 成正比，因此又被称为线性渗透定律。实验表明，达西定律有其适用范围，只有雷诺数（Re，流体惯性力与黏性力之比）小于1～10之间某一数值的层流运动才服从达西定律，超过此范围，v 与 I 不是线性关系。

绝大多数情况下，地下水的运动都符合线性渗透定律，因此达西定律适用范围很广。它不仅是水文地质定量计算的基础，还是定性分析各种水文地质过程的重要依据。

当地下水在较大的空隙中运动且流速相当大时往往呈紊流运动，服从紊流运动规律，即

$$v = KI^{\frac{1}{2}} \tag{4-8}$$

此时渗透流速与水力梯度的平方根成正比。

有时，即使在宽大的裂隙与溶穴中，水流仍然呈层流状态。这是因为岩层中宽大空隙与细小空隙交替出现，细小空隙限制了水的流速，使其呈层流运动。

4.3.1.2 结合水的运动

结合水的性质介于固体和液体之间。强结合水的力学性质更近于固体，不能流动，在这里讨论的主要是弱结合水。结合水的移动为层流运动，但不服从牛顿内摩擦定律，必须有外力克服其抗剪强度后才能产生流动。

1. 饱水黏性土中水的运动

前人采用饱水黏性土进行室内渗透实验，试图了解结合水的运动规律。这些实验的结果显示，黏性土中地下水的渗透流速 v 与水力梯度 I 主要存在三种关系（图 4－17）：

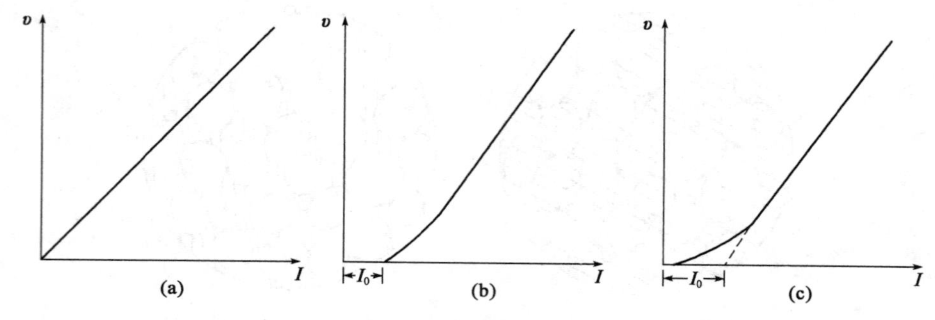

图 4－17 饱水黏性土渗透试验的三种 $v-I$ 关系曲线

（1）$v-I$ 关系为通过原点的直线，服从达西定律。

（2）$v-I$ 曲线不通过原点，水力梯度小于某一值 I_0 时无渗透；大于 I_0 时，起初为一向 I 轴凸出的曲线，然后转为直线。

（3）$v-I$ 曲线通过原点，I 值较小时曲线向 I 轴凸出，I 值增大后转为直线。

大多数的实验结果为图 4－17（c）所表征的关系，$v-I$ 关系是一条通过原点的向 I 轴凸出的曲线，从直线部分引一切线交于 I 轴，截距 I_0 称为起始水力梯度。$v-I$ 曲线的直线部分可用罗查公式表示：

$$v = K(I - I_0) \tag{4-9}$$

曲线通过原点，说明只要施加微小的水力梯度，结合水就会流动，但此时的渗透流速 v 十分微小。随着水力梯度的加大，曲线斜率（表征渗透系数 K）逐渐增大，然后趋于定值。起始水力梯度 I_0 是结合水开始发生明显渗流的界限。距颗粒表面近的结合水所受吸引力大，抗剪强度大；距颗粒表面较远的抗剪强度较小。当水力坡度较小时，只有外层抗剪强度较小的那部分结合水发生运动，随着水力坡度加大，则有更多的结合水参与到流动中来。黏性土岩性组分不同，起始水力梯度有差异。碎屑组分含量越高，I_0 值越小（图 4－18）。

对于黏性土中水的渗流仍然服从达西定律，$v-I$ 关系为一通过原点的直线，有解释认为，这是因为高岭土颗粒表面的结合水层厚度相当于 20～40 个水分子，仅占孔隙平均直径的2.5%～3.5%，对渗透实际影响并不大。对于颗粒极其细小的黏土，如膨润土，则结合水有可能占据全部或大部分孔隙从而呈现非达西渗透。

饱水黏性土渗透试验要求比较高，容易产生各种实验误差。因此，还不能认为黏性土的渗透特性和结合水的运动规律已有定论。

2. 越流

相邻含水层在水头差作用下，通过半透水层发生的水的流动称为越流。越流实际上是黏性土中水的渗透问题。两个相邻含水层之间存在黏性土“隔水层”时，垂直层面单位面积上的渗透量，可以用罗查公式近似求出。

水由 A 点向 B 点越流（图 4－19），黏性土层厚度 L 即为渗透途径长度，A 点的水头为 H_1，B 点的水头为 H_2，黏性土垂直层面方向的渗透系数为 K，则越流流速为

$$v = K\left(\frac{H_1 - H_2}{L} - I_0\right) \tag{4-10}$$

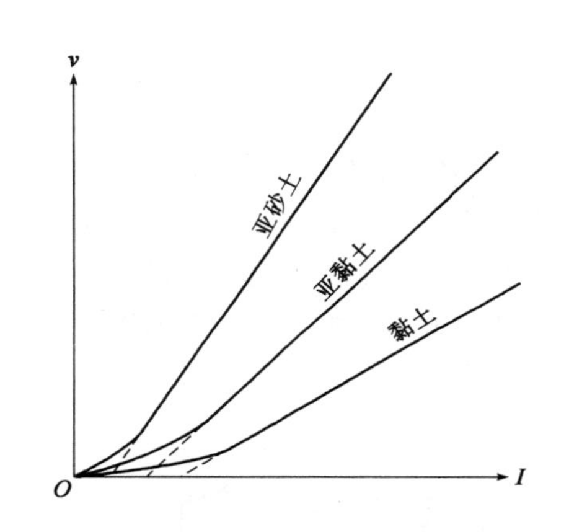

图 4－18　不同黏性土中结合水的 $I-v$ 曲线

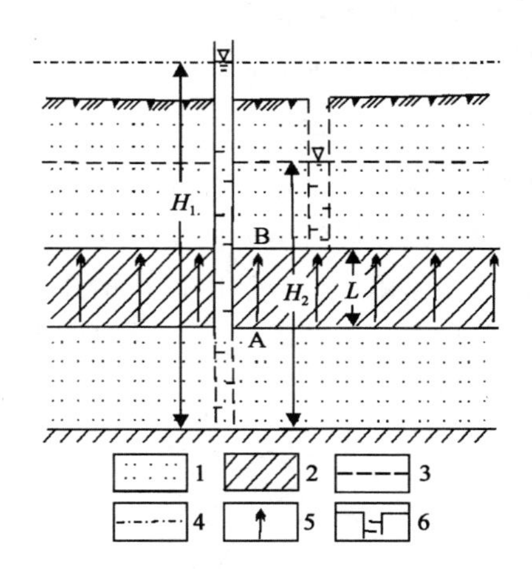

图 4－19　黏性土的越流渗透

1—砂（透水层）；2—黏性土（半隔水层）；
3—潜水面；4—承压含水层测压水面；
5—越流渗透；6—井，虚线部分为滤水管

当黏性土层厚度较大、两侧水头差较小时，$I < I_0$，$v = 0$ 不发生渗透；两含水层水头差较大、黏性土层厚度较小时，$I > I_0$，则 $v > 0$ 开始发生渗透。越流渗透可以在任意两个相邻的含水层以及含水层与地表水体之间发生。

4.3.2　补给、排泄及径流

补给与排泄是含水层与外界发生联系的作用过程，补给与排泄的方式和强度，决定着含水层内部的径流、水量及水质的变化。

4.3.2.1　补给

含水层或含水系统从外界获得水量的作用过程为补给。补给来源主要有大气降水、地表水、凝结水和其他含水层的水。

1. 大气降水补给

大气降水补给含水层的量一般仅占降水量的 20% ~50%，其余的降水通过各种途径耗失了。

降雨初期，如果土壤较干燥，则其吸收降水的能力很强。重力、颗粒表面的吸引力及细小孔隙中的毛细力都促使水分渗入土层。渗入的水分主要形成结合水、悬挂毛细水等。因此，初期的降水几乎全部保留在包气带中，很少甚至不能补给地下水。包气带中结合水和悬挂毛细水达到极限后，土壤吸收降水的能力便显著下降。若继续降雨，雨水在重力作用下将快速渗入，很快引起地下水位抬高。

降水强度（单位时间内的降水量）若超出包气带的入渗速率，部分降水便形成地表径流，补给地下水的部分相应减少。若降水强度小且持续时间短，入渗的水仅能湿润包气带，雨后又蒸发返回大气，也不利于补给地下水。因此，绵绵细雨对地下水的补给最为有利。包气带的透水性越好，降水转为地下水的份额便越大。降水强度超过包气带入渗速率时，地形坡度越大，转为地表径流的降水越多。若地形平缓，降水流动较缓慢，入渗时段延长，转为地下水的部分就多。植被的发育有利于降水补给地下水。植物不仅阻滞了地表坡流，其根系也能使表土透水性加强。

2. 地表水补给

地表水体包括河流、湖泊、海洋、水库等，它们都可补给地下水。这里以河流为例说明。

一般来说，河流上游的山区河谷深切，河水位常年低于地下水位，接受地下水的排泄；山前，堆积作用加强，河床位置抬高，河水经常补给地下水；河流中游进入冲积平原，河水位与地下水位接近，汛期河水补给地下水，非汛期地下水补给河水；河流中下游，沉积物堆积抬高了河床，多形成“地上河”，河水多半补给地下水（图 4－20）。

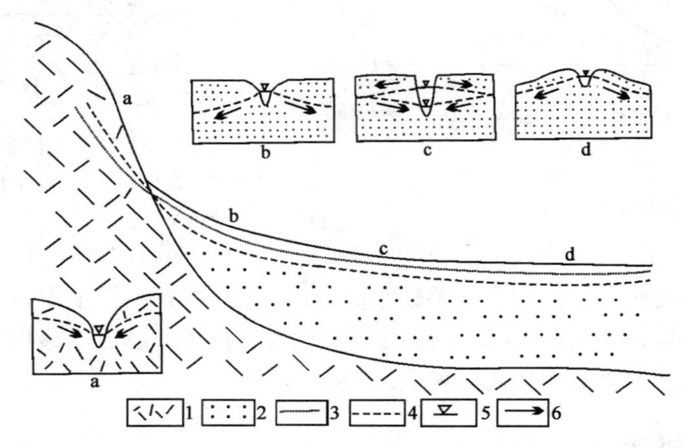

图 4－20　河水与地下水的补给关系

1—岩石；2—松散沉积物；3—河水水面（纵剖面）；4—地下水面；5—河水水面（横剖面）；6—补给方向

潜水含水层和承压含水层接受补给的条件不同。整个潜水含水层分布面积上都能直接接受补给，而承压含水层仅能在露头区或开启断裂带等有限区域获得补给。地质构造与地形的配合关系对承压含水层的补给影响很大。

3. 凝结水补给

气温越高，空气中所能容纳的气态水越多；温度降低时，饱和湿度随之降低；温度降到一定程度，超过饱和湿度的那部分水汽便凝结成水。这种由气态水转化为液态水的过程就是凝结作用。

夏季的白天，大气和土壤都吸热增温；夜晚，土壤散热快而大气散热慢。地温降到一定程度，土壤孔隙中水汽达到饱和，凝结成水滴，绝对湿度随之降低。由于此时气温较高，大气的绝对湿度比土中的大，水汽由大气向土壤孔隙运动。如此不断补充，不断凝结，当形成足够的液滴状水时，便下渗补给地下水。

一般情况下，凝结形成的水相当有限。但在高山、沙漠等昼夜温差大的地方凝结作用对地下水补给的作用不能忽视。

4. 含水层之间的补给

两个含水层之间存在水头差且有联系的通道时，则水头较高的含水层便补给水头较低者。

隔水层分布不稳定时，相邻含水层便在其缺失部位通过“天窗”发生水力联系（图4－21），切穿隔水层的开启断层往往成为含水层之间的联系通路（图4－22）。穿过数个含水层的采水孔，可以人为地使水头较高的含水层补给水头较低的一层。

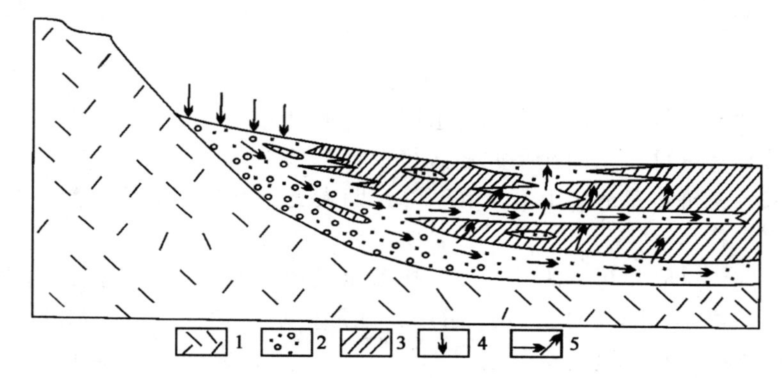

图4－21　松散沉积物中含水层通过“天窗”及越流发生水力联系

1—岩石；2—含水层；3—半隔水层（弱透水层）；4—降水补给；5—地下水流向

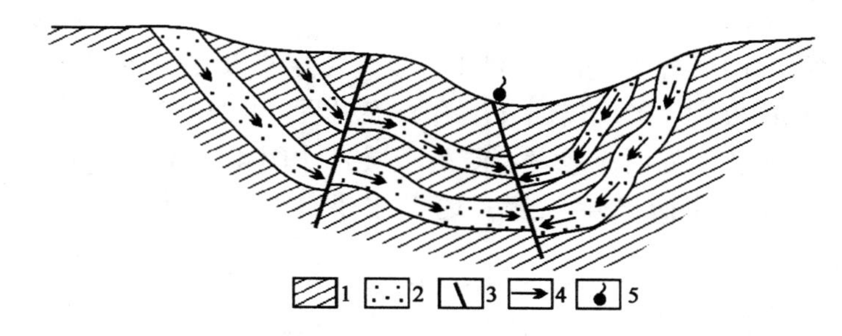

图4－22　含水层通过导水断层发生水力联系

1—隔水层；2—含水层；3—导水断层；4—地下水流向；5—泉

含水层之间的另一种联系方式是越流（图4－21）。含水层之间的黏性土层具弱透水性，并不完全隔水。根据达西定律，相邻含水层之间水头差越大，半隔水层厚度越小，垂向渗透性越好，则单位面积上的越流量就越大。尽管半隔水层的垂向渗透率相当小，单位面积越流量通常不大，但由于越流是在半隔水层分布的整个范围内发生的，过水断面非常大。因此，总越流量往往很可观。

5. 其他补给形式

除上述补给来源外，地下水还可从人类某些无意与有意的活动中得到补给。

建造水库、进行灌溉及工业和生活废水的排放都使地下水获得新的补给。灌溉渠道的渗漏及田面灌水入渗常使浅层地下水获得补给，前者的补给方式犹如地表水，后者与大气降水入渗相似。平原、盆地中不适当的灌溉可引起潜水位大幅度上升，造成土壤次生沼泽化或盐渍化。

人工补给地下水是采用有计划的人为措施补充含水层的水量，主要目的是补充与储存地下水资源，抬高地下水位以改善开采条件。同时还可以储存热源、储存冷源、控制地面沉降、防止海水倒灌、防止咸水入侵淡水层等。人工补给地下水通常采用地面、河渠、坑池蓄水渗补及井孔灌注等方式。

4.3.2.2 排泄

含水层失去水量的作用过程称为排泄。地下水通过泉（点状排泄）、泄流（线状排泄）及蒸发（面状排泄）等形式向外界排泄。一个含水层还可向另一含水层排泄，此时对后者来说，即是从前者获得补给。

1. 泉

泉是地下水的天然露头。地下水在含水层或含水通道与地面相交的点涌出成泉。山区及丘陵的沟谷与坡脚常可见泉，而在平原地区很少有。

根据泉水来源，可将泉分为上升泉和下降泉两大类。上升泉由承压含水层补给，下降泉由潜水或上层滞水补给。

根据出露原因，下降泉可分为侵蚀泉、接触泉及溢流泉。沟谷切割揭露潜水含水层时，形成侵蚀（下降）泉［图4－23（a）、（b）］；地形切割达到含水层隔水底板时，地下水被迫从两层接触处出露成泉，这是接触泉［图4－23（c）］；大的滑坡体前缘常有泉出露，这是由于滑坡体本身岩体破碎，透水性良好，而滑坡床相对隔水，实质上也是一种接触泉；当潜水流的前方透水性急剧变弱，或由于隔水底板隆起，潜水流动受阻而涌溢于地表成泉，这是溢流泉［图4－23（d）、（e）、（f）、（g）］。

上升泉按其出露原因可分为侵蚀（上升）泉、断层泉及接触带泉。当河流、冲沟等切穿承压含水层的隔水顶板时，形成侵蚀（上升）泉［图4－23（h）］；地下水沿导水断层上升，在地面高程低于测势面处涌流地表，便是断层泉［图4－23（i）］；岩脉或侵入体与围岩的接触带常因冷凝收缩而产生隙缝，地下水沿此类接触带上升成泉，便成接触带泉［图4－23（j）］。

2. 泄流

地下水可以水下泉的形式集中排泄于河流、湖底及海底。但更多情况下，地下水是分散排入地表水体中的。当河流切割含水层时，地下水便沿河呈线状排泄。地下水位与河水位的高差越大，河床断面揭露的含水层面积越大，泄流量就越大。

3. 蒸发

地下水的蒸发排泄包括地面蒸发和叶面蒸发两种情况。

影响地面蒸发的主要因素是气候、潜水埋藏深度及包气带岩性。当潜水面埋藏不深、毛细水带离地面较近、大气温度较高或湿度较低时，潜水会通过毛细作用源源不断地上升补给，使蒸发不断进行，盐分则滞留浓集于毛细带边缘。降雨时，部分盐分淋滤重新进入潜水。因此，强烈的蒸发排泄将使土壤及地下水不断盐化。

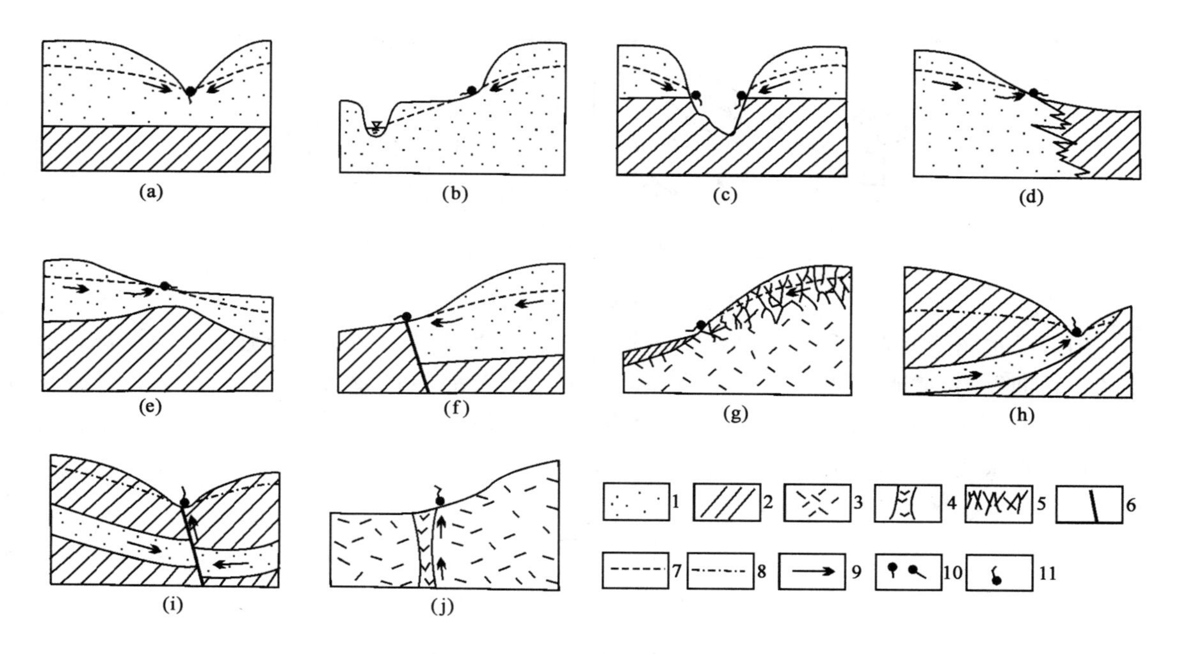

图 4－23　泉的类型

1—透水层；2—隔水层；3—坚硬基岩；4—岩脉；5—风化裂隙；6—断层；7—潜水位；8—测势面；9—地下水流向；10—下降泉；11—上升泉

叶面蒸发也称为蒸腾，是植物在生长过程中，根系吸收的水分通过叶面蒸发逸失。植物根系吸收水分时，会吸收少量溶解盐类，但只有喜盐植物才能吸收较多盐分。叶面蒸发只消耗水分而不带走盐类。叶面蒸发的深度受植物根系分布深度的控制，在潜水位深埋的干旱、半干旱地区，某些灌木的根系深达地下数十米。

4. 3. 2. 3　径流

在重力作用下，地下水由补给区流向排泄区的过程称为径流，径流是连接补给与排泄的中间环节。

1. 径流方向

地下水总是由高势区流向低势区。在重力流盆地中，地下水的径流受地形控制，由高处流向低处，排泄区总是分布在地形低洼的地方。

若含水层自一个集中的补给区流向集中的排泄区，则具有单一径流方向。实际上含水层大多具有较复杂的径流。以冲积平原为例，地下水总体上从上游向下游、由山前向平原或盆地流动；同时还受局部地形的控制，从抬高的河道向两侧河间洼地流动；此外还存在穿越含水层的垂直径流。

哈伯特用流网表示了河间地块潜水的流动模式（图 4－24）。根据这一模式，地下分水岭处地下水做垂直向下运动，在河谷附近做垂直向上运动，两者之间的地带近于水平流动。打井的情况已证明哈伯特提出的流动模式是合乎实际的。

2. 径流强度

径流强度可用平均渗透流速来衡量。根据达西定律，径流强度与含水层的透水性、补给区和排泄区之间的水头差成正比，而与补给区到排泄区的距离成反比。

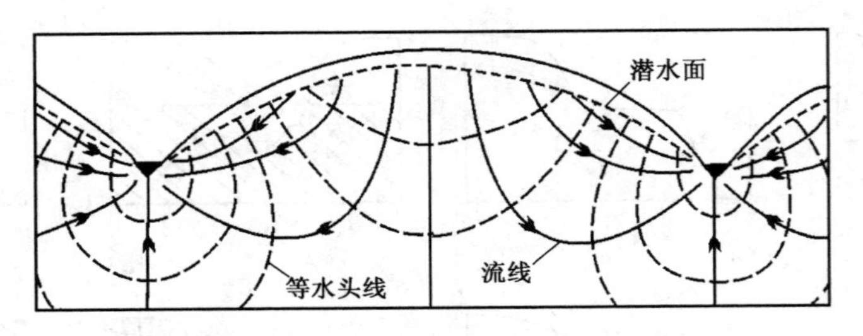

图 4-24　河间地块潜水流动模式

山区潜水属于渗入—径流型循环（图 4-25），侵蚀基准面之上径流强烈，向深部径流变弱，长期循环使地下水淡化。干旱地区细土堆积平原的潜水为渗入—蒸发型循环（图 4-26），排泄区水分蒸发耗失，盐分就地积聚。长期循环使补给区的水土淡化脱盐，排泄区地下水咸化、土壤盐渍化。

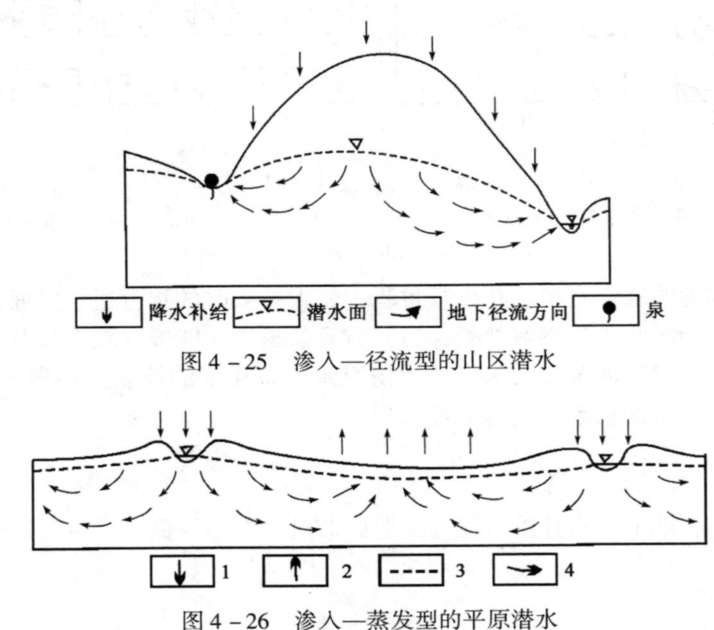

图 4-25　渗入—径流型的山区潜水

图 4-26　渗入—蒸发型的平原潜水

1—主要入渗补给区，2—主要蒸发排泄区，3—潜水面，4—地下径流方向

承压水均属渗入—径流型循环。承压含水层的径流强度主要取决于构造开启程度（图 4-27）。含水层出露部分越多，透水性越好，气候越是湿润多雨，补给区到排泄区的距

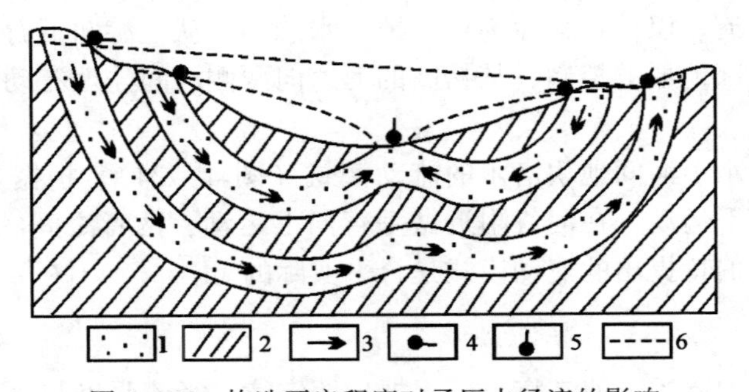

图 4-27　构造开启程度对承压水径流的影响

1—含水层；2—隔水层；3—地下水流向；4—下降泉；5—上升泉；6—测势面

离越短，两者的水位差越大，则径流强度越大，地下水溶滤淡化的趋势也就越明显。

承压含水层的径流条件还常取决于断层的导水性。当断层导水时，断层构成排泄通路，地下水由露头补给区流向断层排泄区［图 4－28（b）］；当断层阻水时［图 4－28（a）］，排泄区位于露头地形最低点，与补给区相邻，此时地下水沿含水层底侧向下流动，到一定深度后，再反向而上。浅部径流强度大，向深处变弱。

同一含水层的不同部位径流强度也常不相同。例如，冲积平原中的同一条古河道，河床部位砂粒粗，径流较强；边缘部位砂粒细，径流较弱。再如，岩溶发育的厚层灰岩含水层中，溶蚀部位和未溶蚀部位地下水的径流强度差别就更大了。

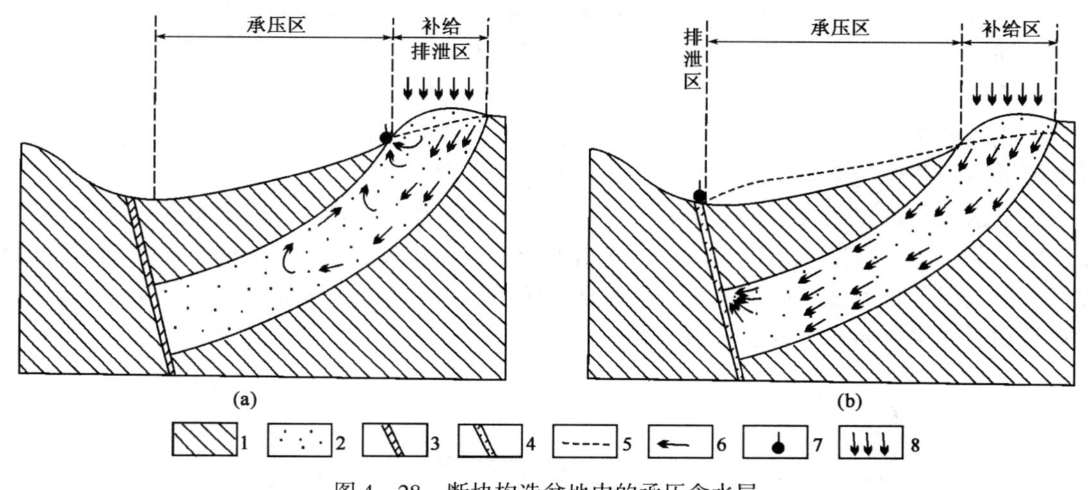

图 4－28　断块构造盆地中的承压含水层

1—隔水层；2—含水层；3—阻水断裂；4—导水断裂；5—测势面；6—地下水流向；7—泉；8—大气降水补给

4.3.3　含水系统与流动系统

研究地下水时，常常必须将若干个含水层连同其间的相对隔水层合在一起看作一个完整的系统。

地下水含水系统是指由隔水层或相对隔水岩层所圈闭的、具有统一水力联系的含水岩系。地下水流动系统是指由源到汇的流面群构成的，具有统一时空演变过程的地下水体。

含水系统与流动系统是内涵不同的两类地下水系统，它们从不同角度出发，揭示了地下水赋存与运动的整体性。共同之点在于两者都力求用系统的观点去考察、分析与处理地下水问题，不再以含水层作为基本的功能单元。前者超越单个含水层而将包含若干含水层与相对隔水层的整体作为所研究的系统，后者摆脱了传统的地质边界的制约，而以地下水流作为研究实体。

含水系统的整体性体现于它具有统一的水力联系，存在于同一含水系统中的水是个统一的整体，在含水系统的任一部分加入（接受补给）或排出（排泄）水量，其影响均将波及整个含水系统。也就是说，含水系统作为一个整体对外界的激励作出响应。因此，含水系统是一个独立而统一的水均衡单元，可用于研究水量、盐量及热量的均衡。含水系统的圈划主要着眼于包含水的容器，通常以隔水或相对隔水的岩层作为系统边界，它的边界属地质零通量面（或准零通量面），系统的边界是不变的。

地下水流动系统的整体性体现在它具有统一的水流。沿着水流方向，盐量、热量与水量发生规律的演变，呈现统一的时空有序结构。因此，流动系统是研究水质、水温及水量时空演变的理想框架与工具。流动系统以流面为边界，属于水力零通量面边界，边界是可变的。从这个意义上说，与三维的含水系统不同，流动系统是时空四维系统。

含水系统与流动系统都具有级次性，任一含水系统或流动系统都可能包含不同级次的子系统。图4－29为一由隔水基底所限制的沉积盆地，构成一个含水系统。由于其中存在一个比较连续的相对隔水层，此含水系统可划分为两个子含水系统（Ⅰ、Ⅱ）。此沉积盆地中发育了两个流动系统（A、B），其中一个为简单的流动系统（A），另一个为复杂的流动系统（B）。后者可进一步划分为区域流动系统（Br），中间流动系统（Bi）及局部流动系统（B_1）。

在同一空间中，含水系统与流动系统的边界是相互交叠的，两个流动系统（A、B）均穿越了两个子含水系统（Ⅰ、Ⅱ）。同时，由于子含水系统的边界是相对隔水的，或多或少限制了流线的穿越。在流动系统DB中，除了区域流动系统的流线穿越两个子含水系统外，局部流动系统与中间流动系统的发育均限于上部的子含水系统Ⅰ之中。

地下水流动系统在人为因素影响下可能会发生较大变化。图4－29表征的是自然条件下盆地中的两个地下水流动系统，图4－30则表征了当存在人工强烈开采时，原流动系统彻底改变，形成了一个流线指向开采井的新流动系统，且由于人工开发造成了强烈势差，流线可能穿越相对隔水层而产生普遍水力联系。

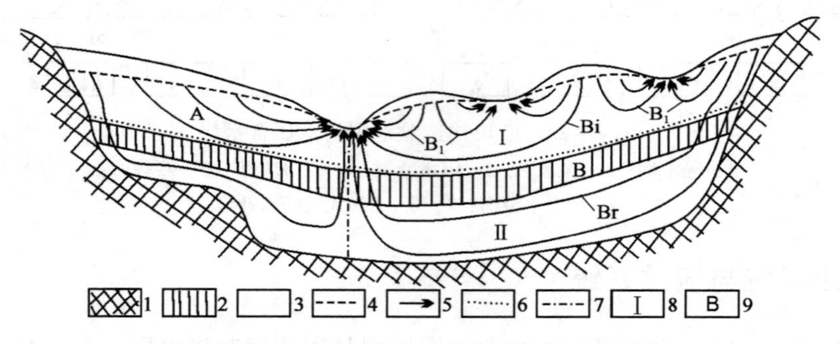

图4－29　地下水含水系统与地下水流动系统

1—隔水基底；2—相对隔水层（弱透水层）；3—透水层；4—地下水位；5—流线；6—子含水系统边界；7—流动系统边界；8—子含水系统代号；9—子流动系统代号；Br，Bi，B_1分别为B流动系统的区域的、中间的与局部的子流动系统

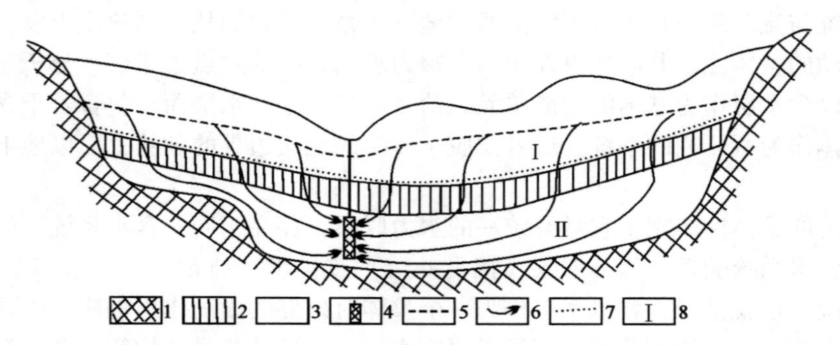

图4－30　人为影响下地下水流动系统与含水系统的关系

1—隔水基底；2—相对隔水层（弱透水层）；3—透水层；4—地下水开采中心；5—地下水位；6—流线；7—子含水系统界线；8—子含水系统代号

控制含水系统发育的主要是地质结构（沉积、构造、地质发展史），而控制地下水流动系统发育的主要是水势场。在天然条件下，自然地理因素（地形、水文、气候）控制着势场，因而是控制流动系统的主要因素。

4.4 油气田水文地质

油气田水文地质是油气地质学和水文地质学的交叉内容，研究的目的是为油气资源勘探开发工程提供水文地质依据。

4.4.1 油田水

广义的油田水是指油气田范围内的地下水，包括油层水和非油层水。狭义的油田水是指油田范围内与油层直接连通的地下水，即油层水。油田水常常具有埋藏较深（从数百米至近万米）、径流缓慢、压力较大（有时可自喷）、矿化度高等特点。

4.4.1.1 产状

油田水常以层状、席状及不规则状等产状分布。

层状油田水在水平方向上延伸较远，与区域含水层或含水岩系相连，水量丰富，压力递减慢，水化学成分相对稳定；在垂向上呈多层叠加，具有统一的油水边界。层状油田水多分布在碎屑岩储层中，在油气藏中以底水和边水形式存在。

席状油田水埋藏于砂泥岩交互层或单斜构造带上，一般单层厚度较薄，似席状。它与区域含水层联系较弱，水量变化大，在油气田开发中压力递减较快。

不规则状油田水多发育在不规则的砂岩透镜体和岩石裂隙中。由于孔隙和裂隙发育不均、连通性较差或因断层（或相变）分割，油田水在空间上呈不规则分布，水量较小且不稳定，在油田开发中油、气、水的动态变化较大。

油田水的产状与油气藏的驱动类型密切相关。油气田范围内，不同产状的油田水常常埋藏在一起，与油、气共同处于动态平衡之中。

4.4.1.2 化学特征

油田水主要来源于沉积水、渗入水、有机成因水及深成水等。它们在漫长的地质年代里经历了混合、溶滤、浓缩、交换等作用而改变了原始成分。现今油田水的化学成分是地下水与岩层、与油气长期相互作用的产物。

油田水通常具有较高的矿化度，但波动幅度较大（0.5～350g/L），其含量高低与沉积特征、埋深及构造封闭程度密切相关。我国主要产油区油田水矿化度的区间值为3～50g/L。油田水中各种离子的含量除了与元素本身的地球化学性质有关外，还与沉积物岩性、生物化学作用及烃类作用等有关，按照含量高低，它们的排列顺序通常是，阳离子 $Na^{+} > Ca^{2+} > Mg^{2+}$；阴离子 $Cl^{-} > HCO_3^{-} > SO_4^{2-}$，其次为 $HCO_3^{-} > Cl^{-} > SO_4^{2-}$ 和 $Cl^{-} > SO_4^{2-} > HCO_3^{-}$。油田水中含有多样的微量元素，如I、Br、F、B等。此外，油田水还普遍含有较多有机物质，包括可溶气态烃、苯及其同系物、酚及其同系物、有机酸、脂肪酸及生物标记化合物等。

含油气盆地从浅到深，从边缘到中心，或同一储层从露头向深埋方向，地层水的化学成分呈规律性变化。通常来说，随着埋深的增加，地层水矿化度逐渐增加，但在不同地区，由于岩性、构造、水文地质开启程度及其他区域地质条件不同，矿化度等值线可以在不同深度上穿过。同一地层从供水区向着深埋的方向上水的矿化度增加。随着矿化度的增加，水型也发生相应变化，上部的 Na_2SO_4 和 $NaHCO_3$ 水型，随着埋深加大而转变成 $MgCl_2$ 和 $CaCl_2$ 水型。在水文地质封闭较好的地段，$CaCl_2$ 型水带顶面也可以距地表较浅。通常来说，随着深度增加，r_{Na}/r_{Cl} 浓度比值逐渐减小，（$r_{Cl}-r_{Na}$）$/r_{Mg}$ 浓度比值逐渐增加，溴量增加，而氯溴系数（Cl/Br）值降低，硫酸盐含量逐渐减少。在水文地质开启程度较好的地段，或地层剖面上有石膏存在的地区，地层水中可能含有较多的硫酸盐。

4.4.1.3 水文地质带

大多数含油气盆地属于闭塞式的自流水盆地，即油田水径流最终没有将可溶于水的盐分带出盆地，而是以越流的形式向上覆含水层内排泄。如松辽盆地白垩系下统油田水，由周边山区补给，向盆地中心汇集流动，水头压力平均每千米下降 0.6m，主要排泄途径是沿着松辽断裂、黑鱼泡—孤店断裂带及第二松花江断裂或透过“天窗”向上越流排泄。泌阳凹陷核桃园组三段油田水，基本上是从凹陷的北、东、南三边补给，向凹陷中心汇集径流，越流向上排泄。

苏林把地下水和地表水之间的联系称为含水层的水文地质开启程度，开启程度取决于：（1）含水层上覆地层的岩石性质。上覆层越厚、越不透水，则含水层与地表隔离越好，降水或地表水渗入其中就越困难。（2）含水层供、泄水区之间的距离和相对高差。距离越近、相对高差越大，其中水的循环也就越好，反之也就越困难。（3）如果含水层发生了相变或尖灭，即逐渐由透水岩层变成了不透水岩层，会使含水层与地表的联系变得很困难或者完全失去联系。（4）侵蚀窗的出现导致含水层与地表发生联系，并常出现上升泉。（5）其他条件相同，岩层埋藏越深，则越难与地表发生联系。由此可见，水文地质开启程度，通常取决于该区的地质构造和岩石性质。

根据水文地质开启程度，可将油田垂直剖面划分为水自由交替带、水交替阻滞带及水交替停滞带。从供水区进入储层的渗入水，在地层中的渗滤速度 v 与渗透系数 K 和水力梯度（即测势面坡度）I 有关，即 $v=KI$。当水力坡度一定时，储层的渗透性越好，地层水运动速度越快，冲刷能力越强，储层中的油气藏越容易遭到破坏；当渗透率不变时，地层水运动速度取决于水力梯度，水力梯度大小与供、泄水区之间的距离和相对高差有关。水力梯度越大，地层水运动速度就越快，油气藏越容易被破坏。因此，有较高工业价值的油藏通常分布在封闭条件良好的水交替停滞带内，处于水自由交替带中的油藏中仅保存了部分较重的、多胶质的稠油。

我国酒泉西部盆地老君庙构造东端的三湾沟内，上新统疏勒河群弓形山组油砂旁边有三个 H_2S 泉，此泉水具 H_2S 臭味，水面浮有油花和油珠；石油沟两侧也分布着类似泉水，这是老君庙构造带油藏被地层水（渗入水）破坏的标志。美国落基山地区位于盆地边缘的第一排背斜构造经常是没有油气聚集的，这些都是油气藏遭受渗入水冲刷而被破坏的例子。

4.4.2 勘探中的水文地质应用

在勘探油气田的过程中，（古）水动力条件、水化学条件及地温场分布都可以作为直接或间接寻找油气田的依据。

4.4.2.1　流体势定位油气藏

地下流体总是由势能高的地方向势能低的地方流动。在地层条件下，地下流体常处于静水环境或流动缓慢，当流速小于1cm/s时，动能项可视为零；地下流体的密度通常看作是不可压缩的，因此流体势一般可表达为

$$\Phi = gZ + \frac{p}{\rho} \tag{4-11}$$

式中，Z 为测点高程；g 为重力加速度；p 为测点压力；ρ 为流体的密度。

实际工作中，常使用一个与势关系密切的概念，即水（油、气）头。水（油、气）头正比于水（油、气）势，二者之间只差一个常数倍数 g，在分析地下流体的运动规律时，可以认为该值与势能基本等价，可用以反映地下流体运动方向。只要知道了储层中测点的高程、压力和流体密度，便可求得水（油、气）头和水（油、气）势。

在地下流体势和力场概念的基础上，E. C. Dahlberg（1982）提出了一套通过计算和作图判断地下流体低势区，分析油气运移方向和有利聚集部位的简便易行的方法，称为UVZ法则。

静水环境中的构造圈闭等压面水平、等势面水平，油滴从下部的高势区向上部的低势区运移。当储层处于动水环境时，等势面倾斜（图4-31），由此可得出低势区的位置和油的运动路线。在这一圈闭中的石油聚集将偏向构造顶部右侧，油与运动中的地层水之间的界面是倾斜的，并与图中的等油势面平行。

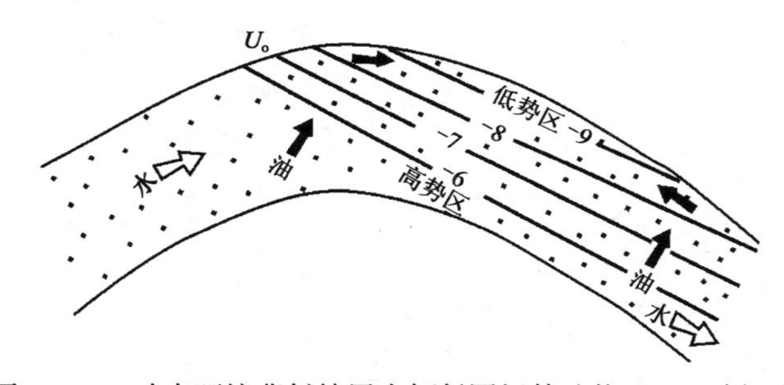

图4-31　动水环境背斜储层中倾斜圈闭等油势（U_o）剖面图

储层岩性均匀的单斜砂岩层在静水和动水条件下均无法形成任何圈闭。只有单斜层中的油气等势面呈弯曲状才有可能保留住油气。岩性的非均质引起的流速改变可以导致这种结果。

图4-32表示一单斜砂岩储层剖面，下倾部分岩石渗透性变差，水的运动阻力增大。依

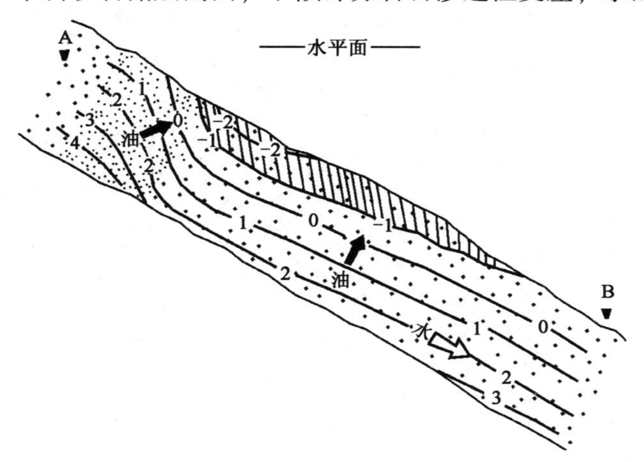

图4-32　某单斜砂岩层由于渗透性改变而产生的潜在圈闭

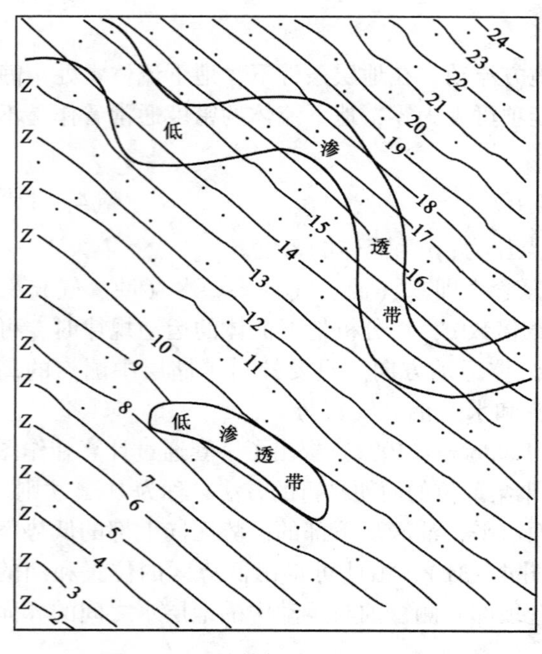

图 4－33 某单斜储层的构造等高线及低渗透带分布图

据 UVZ 法则作出的等油势图，可知在渗透性差的部位等油势面（或油水界面）变陡（陡于储层顶面），由低渗带向储层下倾部位等油势面较缓（缓于储层顶面），因此等油势面发生弯曲，向下凸出呈弧形，这时与储层顶面配合就形成了一个油的低势闭合区，即构成了一个圈闭。储层中的油滴都将因势差而沿图中黑色箭头所示的方向运动，并且滞留于图中的阴影区，从而形成了一个新的地层—水动力油藏（或岩性—水动力油藏）。

平面上，图 4－33 为一单斜储层的构造等高线图，其高程（Z）由东北向西南逐渐减小。图中标出了两个低渗透带。由图 4－34可以看出该区的油势（U_o）分布情况。图中有两个低油势闭合区，它们是由于单斜储层中的低渗透带与水动力作用相结合的产物，位于弧形低渗透带下倾方向一侧，属于典型的地层（岩性）—水动力圈闭。图中位于低油势闭合区的探井可能出油。

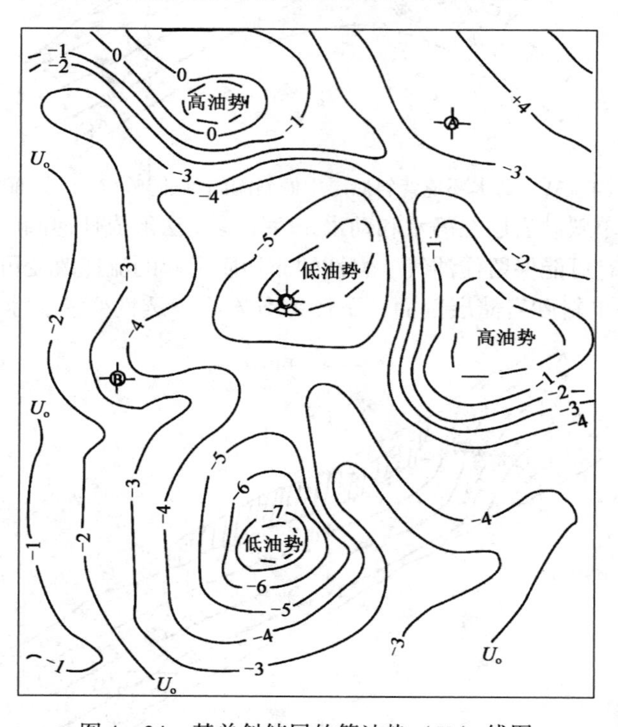

图 4－34 某单斜储层的等油势（U_o）线图

4.4.2.2 水化学场追索油气藏

地下的油气聚集和油田水，当存在与浅部的越流条件、通道条件、构造活动性条件、浓度差条件或温度差条件时，某些组分会迁移至浅层地下水中，从而形成特殊的水文地球化学场。人们在地表和钻井中取得水样进行分析，可以确定该区域水文地球化学异常，并据此预测区域含油气远景，追索油气聚集有利带。

油气田水文地球化学勘探的指标包括直接指标、间接指标、环境指标、构造指标和成因指标。

直接指标是在成因上与油气成分有直接联系并溶解于水的组分。主要包括在水中有较高溶解度的有机物质，如可溶气态烃、苯及其同系物、酚及其同系物、环烷酸及氨等，这些有机物质在浅层水中的高含量和组合特征能够敏感地反映油气信息。

间接指标是指当油田水向上运移由还原环境转变为氧化环境，并与浅层水混合时，水中会出现某些特殊组分或组合。这些组分虽然不是直接来自油气，但与油气存在一定成因联系，可以间接指示地下含油气性。例如，浅层地下水中出现浓度较高的钙、镁碳酸盐或硫酸盐络离子，或水中 CH_4—CO_2—H_2S 组合含量超过背景值，或 $SO_4^{2-}\times100/Cl^-$ 系数降低等。

环境指标在成因上与油气没有直接联系，但可以判别地下水所处的水文地球化学环境或有利于油气保存的水文地球化学条件。例如，较高的矿化度、$CaCl_2$ 和 $NaHCO_3$ 水型、Na^+ 和 Cl^- 离子为主、微量元素富集、较低的 Eh 值等特点反映的是封闭条件较好，利于油气生成和保存的还原环境。

构造指标能够指示地质构造活动形迹，揭示流体在构造中的运动。例如铀的络离子能指示作为油气运移通道的断裂，它们在潜水中的高浓度值往往集中出现在控制油气运移聚集的断裂带上。

成因指标是能够判明地下水来源和成因的同位素组成指标，应用较多的是氢氧同位素和碳同位素。

对含油气远景的评价一般分层进行，应采用多类指标进行综合评价，在确定出区域水文地球化学背景值的基础上，圈出异常区，为探井靶区提供依据。

4.4.2.3 温度异常预测油气藏

烃类聚集（油气田）上方往往存在地温高异常（地温梯度高）。这种地温异常虽很微弱，一般为 0.2 ~4.5℃左右，但却相当普遍地分布在油气田上方的浅部和地面，且气田区异常高于油田区。

导致烃类聚集上方地温异常的原因是多方面的，首先是油气藏本身提供了附加热源，主要来自烃类需氧和乏氧的放热反应、放射性元素的集中等；其次是油气圈闭盖层的导热性较差，阻止了热量散失；另外，由于来自地球内部的热量顺着层面比垂直层面更易于向上传播，因此油气聚集的背斜构造更易于聚敛热量（图 4－35）；最后，油气藏中的流体向上渗透逸散时会将深部的

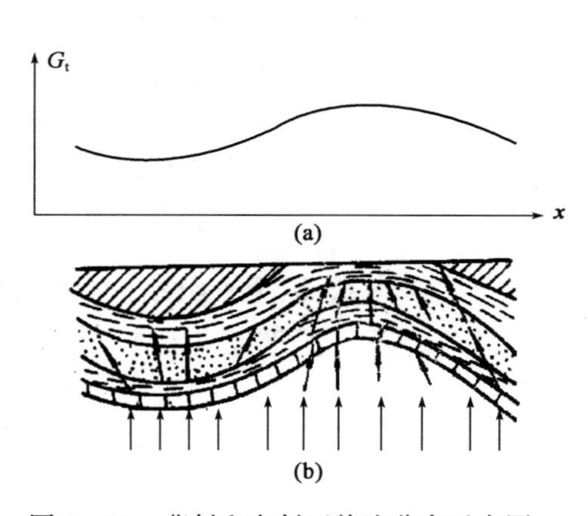

图 4－35　背斜和向斜区热流分布示意图

热量带至浅部和地表。

在使用地温异常评价局部构造的含油气远景时，需要考虑不同地区的岩性、构造、埋深及大地热流背景值，还必须结合油气藏性质（是油藏还是气藏）及其形成条件来考虑。温度指标是评价含油气性的间接指标。它同油气及生成油气的有机质之间无任何直接联系，但可以表明油气运移通道和圈闭所在位置，对研究油气分布规律是有意义的。

4.4.3 开发中的水文地质应用

油气水共处于同一压力系统内，当油气田投入开发后，必然会引起该系统各种参数的变化，并进一步反过来影响油气田的开发。无论是进行油气田开发设计、对生产井水淹的监测以及注水开发等，都会涉及许多水文地质问题。因此，通过对储层水文地质条件的研究来监测油气田开发，可为合理开发油气田打下良好基础，具有重要的意义。

4.4.3.1 油气藏的驱动类型

在详细研究区域水文地质条件的基础上，可以预测尚未投入开发的油气藏可能出现的驱动类型。储层一般分布面积广泛，有时达几百甚至几千平方千米，而油气藏仅占其中的一小部分。当储层压力下降，流体体积膨胀或岩石孔隙、裂缝及溶洞体积减小，可将大量流体挤向井中。因此，在研究油气藏驱动类型时，确定油气藏与储层含水部分之间的水动力联系程度是很重要的，应查清储层的延伸长度、分布面积、厚度及物理性质（如粒度特征、孔隙度、裂隙率、渗透率等），还应确定储层中水的储量。

水文地质带与油气藏驱动类型之间也存在某种联系。水自由交替带中一般不会有大的油气藏存在，但如果有油气藏存在时，它们将处在刚性水压驱动或重力驱动的作用下；在水交替阻滞带，适合的构造或岩性圈闭中可以发现油气藏，有时甚至是大油气藏，此带上部多为刚性水压驱动，下部则可能出现弹性水压驱动、气压驱动、溶解气驱和重力驱动；水交替停滞带一般多为气压驱动和溶解气驱。当储层渗透性能好、采油速度控制较好时，也可出现弹性水压驱动。在油藏开采后期，其他能量消耗殆尽时，也会有重力驱动出现。

油气藏驱动类型与水文地质带的关系参见表 4－2。

表 4－2 油气藏驱动类型与所处水文地质带的关系

驱动类型		地质特征	水文地质特征	所处的水文地质
水压驱动	刚性	储层沉积稳定，从供水区到泄水区岩性和厚度不变或变化很小，油气藏与水部分之间无断层封隔，储层渗透性好而且均匀	有供水、泄水区存在，水量补给充足，流速较大	水自由交替带 水交替阻滞带上部
	弹性	储层连通性差，含水部分面积远大于含油气部分面积，驱动油气流向井底的动力是包围油气藏的广大含水区的水和岩石的弹性能量	无供水区或无明显的供水区，有时具沉积压实盆地特征	水交替阻滞带上部 水交替停滞带
气压驱动	刚性	含油气层渗透性好，气顶大，开采中气顶压力降落很小	无供水区或无明显的供水区	水交替阻滞带下部 水交替停滞带
	弹性	含油气层渗透性好，气顶大，开采中气顶压力逐渐下降	无供水区或无明显的供水区	水交替阻滞带下部 水交替停滞带
溶解气驱		储层沉积不稳定，厚度变化大，渗透性不好，或因岩性尖灭、断层封闭等作用使油气藏与外部隔绝，油藏气顶小或无气顶	无供水区	水交替阻滞带下部 水交替停滞带

续表

驱动类型	地质特征	水文地质特征	所处的水文地质
重力驱动	储层渗透性好，倾角较陡，石油靠本身重力流向井底	无供水区	水自由交替带 水交替阻滞带 水交替停滞带

不同油气田或同一油气田不同油气藏，甚至同一油气藏的不同部位，由于岩性、构造条件等不同，可以处于不同的水文地质带内，因而驱动类型也可以不一样。

例如，威远气田震旦系气藏为一含底水的块状气藏，具有统一的气水界面。已钻的威基11、13、21、24等井均在海拔 -2434m 左右进入底水顶界，此界面以上的井产气，以下则产水。以气水界面圈定的气藏面积为 $205km^2$，约占闭合面积的1/4左右。白云岩储层不仅裂缝发育，而且中间夹有孔隙层段，单层厚几米到十米左右，横向上有一定稳定性，属裂缝—孔隙性储层，平均孔隙度为1.76%，平均渗透率为 $4.2\times10^{-3}\mu m^2$。构造顶部裂缝发育，气井产量高，翼部储渗条件差些。地下水矿化度较高，约70~80g/L，属 $CaCl_2$ 水型，含碘约10mg/L，含溴约300mg/L，表明水文地质封闭条件良好，处于水交替停滞带。从水文地质条件推断，基于上述理由，认为威远气田震旦系气藏应属弹性水压驱动。

查明产层之间的水动力联系是开发设计中确定分层还是合层开采的基础，主要可依据：(1) 如果层位不同而烃类—水界面的海拔高程相同，则两者具水动力联系；如果两者的海拔高程不同，则可能有两种情况，一种情况是它们通过断层具有水动力联系，但却是两个气藏，另一种情况是断层封闭，它们不具水动力联系（图4-36）。(2) 相同的原始折算压力表明彼此之间具有水动力联系，这是最直接的标志。(3) 不同层位油气藏的油气性质相似，则可能具水动力联系。油气性质相似与否是一个间接标志，相似的石油也可在完全不同的油气藏中发现。(4) 地层水的化学成分和气体组分相同，表明不同层彼此之间可能具水动力联系。

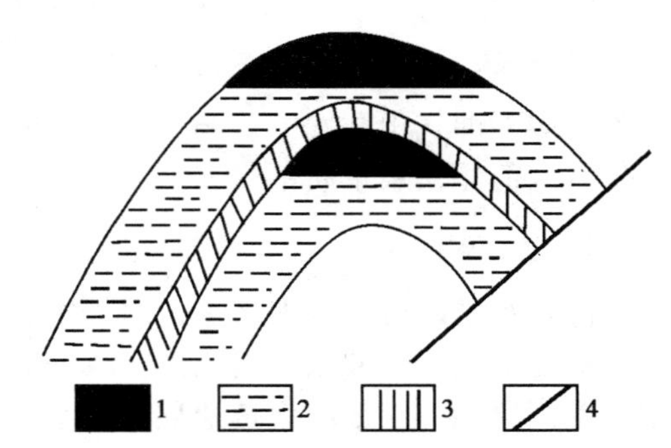

图4-36 油气藏之间的水动力联系示意图

1—油气藏；2—储层含水部分；3—隔层；4—断层

凡具有水动力联系的油气藏，无论是同层还是不同层，都必须同时投入开发。否则，在局部地区折算压力降情况下，会带来一些不良后果。

4.4.3.2 水质和水淹监测

油气藏投入开发后，随着地层流体被不断采出或注入，地层内部的平衡受到了破坏，改变了油气田原始的流体化学场和动力场，因此在油气藏注水开发中存在许多水文地质问题必须认真分析和研究。

1. 一次采油生产井水淹监测

在一次采油过程中，含水油气藏的多数油气井都要经历从无水到有水产出的过程，要防止边水、底水以“水舌”和“水锥”的形式逼向油气藏，给油气生产带来不利影响。油气藏投入开发后，随着地层流体被不断采出，地层内部的平衡受到了破坏，生产井附近折算压力降低，水中溶解气含量降低，水化学和水温也常发生相应变化。根据地层水系统中这些参数的变化，可对生产井水淹情况进行监测，防止生产井过早水淹，从而提高有水油气藏的最终采收率。

除了根据储层折算压力变化预测水淹情况以外，利用水化学成分的变化可以起到很好的监测效果。生产实践表明，油气井出水前在水化学成分上都有所反映，因此，可以利用水成分变化对生产井水淹进行监测。油气井生产过程中带出的地层水成分是否变化与地层水来源有关，大多油气田水可能来自构造翼部甚至浅层低矿化度水，也有可能是沉积水本身借助弹性能量侵入生产井。如果是前者，生产过程中，随着采出水量的增加，将会观察到水的矿化度下降，氯、钠和碘离子含量下降，硫酸根离子含量增加。SO_4^{2-}在水中开始出现的节点可以作为边缘低矿化水侵入生产井的时间，表明此后生产井可能将很快受到水淹影响。如果侵入生产井的水为沉积水，则可能观察不到水化学成分的变化。对于天然气生产井，随着地层压力下降，H_2S和CO_2自水中析出并进入气藏，因此当H_2S和CO_2随采气量增加而加大时，预示着气藏具边底水，有可能出现水侵。还有另外一种情况，由于H_2S和CO_2的相对密度较大，常位于气藏的下部，因此一口无水气藏顶部的气井在投产初期天然气中H_2S和CO_2含量较少，随着翼部天然气的补给，必然也会导致H_2S和CO_2的逐渐升高，显然这并不是气井出水的征兆。实际工作中，应结合多种方法进行综合评价才能得出相对可靠的结论。

2. 二次采油生产井水淹监测

我国在油气田开发中普遍采用注水驱油的方法，实践证明这样可以达到长期稳产、高产的效果。但注入水水质不当和水成分变化都会造成油气藏开采条件恶化，影响驱油效果。

1）注入水水质

注入水水源可以是地表水，即河水、湖水和海水，但地表水中含有较多的有机杂质和氧气，对注水设备和油层损害较大，故一般都采用地下水。目前我国主要油田开发都进入高含水期，同原油一起采出大量地层水（油田污水），将这些污水进行回注是目前采用的主要方法。

使用污水回注有如下几方面的好处：（1）可提高驱油效率。污水矿化度高，含有表面活性剂，具有较高水温，有利于提高驱油效率。（2）对地层有较强适应性。油田污水来自油层，回注后再与地层发生反应形成沉淀的可能性比注入淡水要小得多，有研究表明污水具有抑制黏土膨胀的作用。（3）提供了新水源。水源是完成配注的重要保证，注入地表水不仅处理费用较高，且季节影响十分突出。充分利用污水实施回注是解决供水水源不足的有效措施。（4）利于保护环境。油田污水中含油量大大超过排放标准，任其在地表排放不仅是极大浪费，还会造成严重污染。

对注入水水质，一般要求无氧、不结垢、腐蚀性最小、机械杂质含量低、不使黏土膨胀等。不同储油对注入水的水质标准要求不同。结垢问题是注入水引起的主要问题之一，水垢形成的因素包括温度和压力变化、与地层水的混合作用及地层水流动引起溶解沉淀等。常见的水垢包括碳酸钙垢、硫酸盐垢、铁化物垢等。为阻止垢物的形成，油气田所用阻垢剂一般分为无机磷酸盐、有机磷类化合物和聚合物三大类。溶液的过饱和度、温度、pH 值、卤水成分和流体流动情况等是影响阻垢剂阻垢效果的重要因素，在筛选阻垢剂时应予注意。

2）水成分变化及监测

应用水化学特征可以对油田开发过程进行有效而全面的监测，可以查清注入水在油藏范围内的移动情况，如注入水的侵入途径、侵入速度、前锋位置、油水边界的变化、与地层水中的混合量等，是一种既简便又经济的方法。

注水开发的第一阶段常采用地表淡水作为注入水，其水化学特征与地层水有较明显差别。只要在注水开发过程中定期取样分析，掌握地层水化学成分的变化规律，就可以对注入水的去向进行监测。例如，当注入水到达生产井时，地层水的矿化度和 Cl^- 含量均会明显下降，微量元素含量也会发生变化，据此可以确定注入水到达生产井的时间和注水效果。

在注水开发中晚期一般把采出的污水进行回注，这时利用一般的水化学指标难以监测注入水流动，而依据水中有机质含量变化的指标可以有效确定注入水去向。例如，可根据环烷酸含量增高来判断水淹情况。

当利用水化学指标、微量元素和有机质指标都无法判断注入水的去向时，可采用示踪剂法，即在注入水中加入一定量放射性同位素，然后在生产井中取样作同位素分析，以判断注入水到达生产井的时间。作为示踪剂的放射性同位素有氚（^{3}H）、碘（^{131}I）、溴（^{32}Br）、钠（^{24}Na）及硫（^{35}S）等。

由于地层的非均质性，注水后各生产井见水的时间不同。可根据见水时间的早晚，判断储集层性质的变化，从而为注水开发方案的调整提供依据。

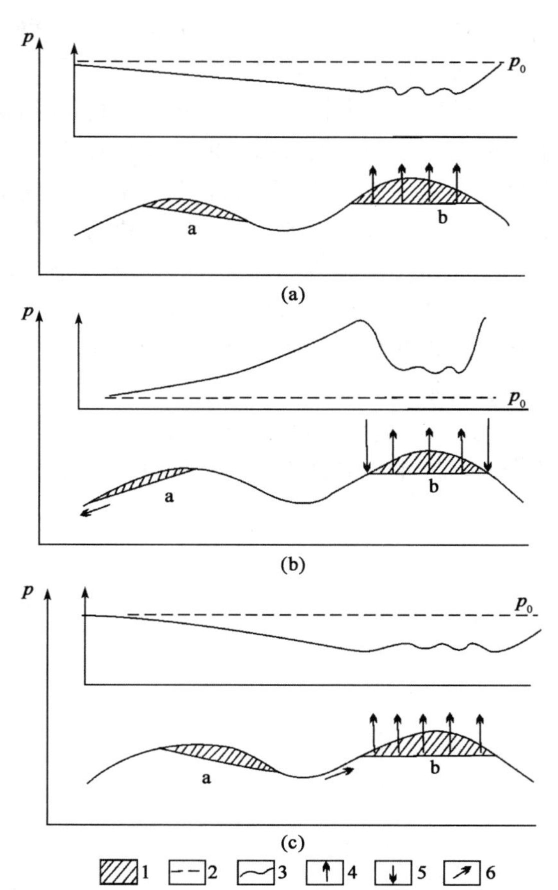

图 4－37　油气藏开发造成邻近油气藏移动
1—油气藏；2—原始地层折算压力 p_0；
3—目前地层折算压力；4—生产井；5—注水井；
6—油气自原来的圈闭移出

4.4.3.3　油气迁移

人为因素影响下油气迁移有两种情况：

第一，由于受到已开发油气藏压降漏斗的影响，附近未投入开发的油气藏向着被开发的油气藏所在方向移动，继续发展，有可能部分或全部并入已开发油气藏［图 4－37（a）、（c）］。附近油气藏未投入开发前，原始折算压力为一水平面或沿某个方向倾斜的面，油气藏占据着穹隆构造的顶部，油水接触面为水平的，或受区域水动力条件影响发生一定的倾斜。假如在已开发油气藏 b 造成的压降漏斗作用下，未开发油气藏中的油气将从原来所处位置沿着压降方向移动。当油气克服了构造圈闭的限制，通过溢出点即可进入已开发油气藏 b。这种情况在构造倾角平缓的地台区更为常见，油气常将圈闭充满到构造的转折点，油水接触面的一点点偏移，就会使油气移出圈闭。

二是由于开发时人工向地层注入流体，在已开发油气藏周围形成压力锥，从而迫使边水向未开发油气藏方向推进，进一步发展，有可能将附近未开发油气藏中的油气部分地或全部挤出原来的圈闭，导致油气藏重新形成［图4-37（b）］。

这种油气运移在含油气区是广泛存在的。在伏尔加河流域的古比雪夫地区有很多被闲置起来的水井，这些井最初取得的水样无任何油气，但经过一段时间后突然出现了石油，而且是定期进入井中的。这种情况就是区域水动力场受到油气藏开发的影响，造成了石油的现代迁移，从尚未钻开的某个油藏中被挤出，并在随后的运移过程中流向水井。类似实例在其他国家也有发现。

在地质历史发展过程中，也会产生油气藏的破坏和重新形成问题。原因有大地构造变动引起的承压水系统水动力场的改变；大地构造发展过程中含油气构造的解体；储层区域倾斜度增加引起的含油气构造圈闭容积减小等。在这些因素影响下，可以使油气越过圈闭的溢出点，并作进一步运移。因此，分析人为因素影响下目前油气藏的偏移、移动和再形成过程，对研究过去自然界的这种过程是有帮助的。

在油气调查勘探阶段，如果位于构造顶部的探井没有获得理想结果，油气调查勘探工作也不能停止。因为油气藏可能沿着折算压力下降的方向偏离构造的顶部，在人为因素和自然条件下，油（气）界面都可能发生偏移。为了确定油气藏可能位移的方向和规模，必须建立压力观测井网，对地层压力变化进行系统监测。

油气在含水层运移时，会因形成“死”含油饱和度而造成石油的大量损失。“死”含油饱和度一般占到孔隙体积的10%～15%。在油气田开发过程中，防止“死”含油饱和度的形成是很重要的。因此，具水动力联系的相邻油气藏必须同时投入开发，以尽量消除或缩小这种无可挽回的损失。

我国不少油田都在进行注水开发，如果能掌握不同注水时期地层中油势的分布状况，就能及时对注水方案进行调整，也可指明注水后油的去向，为补充钻井提供理想的井位。

第5章　油气田地质灾害与工程地质问题

本章摘要

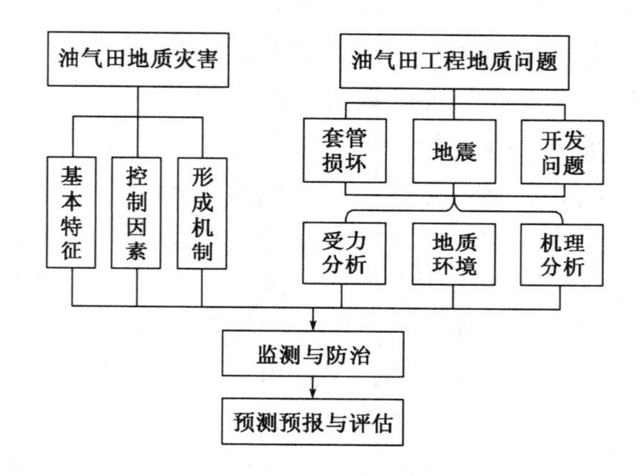

阅读指南

油气田勘探开发过程中，勘探开发措施会引起油气田地质环境的改变，从而诱发油气田地质灾害、引发一系列工程地质问题。本章从油气田地质灾害、油气井套管损坏、地震与油气田勘探开发、油气田开发中工程地质问题等方面进行介绍。

本章重点

油气田地质灾害特征与机理；套管损坏的地质环境与形成机理；地震与油气田勘探开发的关系；油气田开发引发的工程地质问题。

5.1　油气田地质灾害概述

长期以来，国内外从事油气田地质灾害方面的研究很少，20 世纪 80 年代和 90 年代初国内曾有人从事过油水井异常与天然地震的关系、油水井套管损坏等方面的研究，但近年来鲜有人问津。与其他学科的研究相比，该领域研究的成果少、发表的论文论著少。这方面的研究工作还很不深入，需要进一步进行研究、分析和解剖盆地动力学与油气田地质灾害的关系，从而指导油田的生产。

5.1.1 油气田地质灾害的概念及特征

地质灾害作为一种地质过程始终存在于地球演化的历史中。灾害是由自然因素或人为因素引起的、对人类的生命财产及人类赖以生存的资源与环境造成危害和破坏的事件或过程。联合国灾害管理培训教材将灾害明确定义为：自然或人为环境中对人类生命、财产和活动等社会功能的严重破坏，引起广泛的生命、物质或环境损失，这些损失超出了受影响社会靠自身资源进行抵御的能力。

5.1.1.1 油气田地质灾害的概念

地质灾害是有损于人类生命财产的破坏性地质作用，是指在地球的演化过程中，由各种自然地质作用和人类工程活动所形成的灾害性地质事件。地质灾害在时间和空间上的分布和变化受制于自然环境，又与人类活动相关。地质灾害具有突发性、多发性、群发性和渐变影响等特点。研究地质灾害就要研究致灾的动力条件和灾害的后果。只有对人类生命财产和生存环境产生影响或破坏的地质事件才是地质灾害。随着人类社会的发展和科学技术水平的不断提高，地质灾害的研究内容和领域也在不断深化和发展。

油气田地质灾害是地质灾害学的分支学科，是一个新的研究领域，也是正在兴起和发展的学科。油气田地质灾害是指在油气田勘探开发过程中由于人们勘探、开发和利用石油资源的工程活动而诱发形成的灾害性地质事件。油气田地质灾害的形成、分布和演化受动力学环境、石油地质环境和人类工程活动的控制，它是由于石油地质环境产生突变的或渐进的改造和破坏，并造成人类生命、财产损失的现象或事件。油气田地质灾害既是一种自然现象，又与人类工程和经济活动密切相关，对人类社会的生产和生活造成严重影响。研究油气田地质灾害就要研究致灾的动力学条件、致灾的诱发因素并分析灾害的后果，进而预测和控制各种油气田地质灾害对人类和国民经济造成的损失，是油气田地质灾害研究的重要任务。

5.1.1.2 油气田地质灾害的特征

油气田地质灾害是地质灾害的一种特殊类型，这种灾害的特征与其他地质灾害既有共同性也有特殊性，研究表明油气田地质灾害主要有下列特征：

（1）诱发性与必然性。诱发性是油气田地质灾害的最显著的特征，只有在某些特定的地质背景下，由于勘探和开采油气资源过程中使得地质环境遭受了突变的或渐进的改造和破坏，才可能诱发油气田地质灾害的发生。地质灾害从本质上讲是因地壳内部能量转移或地壳物质运动所引起的，因此油气田地质灾害的形成与发生是伴随地球运动而生并与人类勘探开发石油资源共存的必然现象。

（2）突发性与随机性。油气田地质灾害是多种动力耦合作用下形成的，其影响因素是复杂多样的，故油气田地质灾害常突然发生，且灾害发生历时短、成灾快。但地层结构、地质构造及油气勘探开发方法、开采强度等都是油气田地质灾害形成和发展的重要影响因素，因此油气田地质灾害发生的时间、地点和强度及造成的影响等常具有较大的不确定性。如1998年临邑县发生的地裂冒喷水油灾害，从地表出现裂缝到多个喷冒点大量喷涌水油仅历时约30min，但几小时后仅剩一个喷冒点且喷冒量大大衰减，停喷后至今未出现异常。

（3）阵发性与持久性。油气田地质灾害的成因类型复杂，受区域动力学环境、地层结构、地质构造和勘探开发油气资源的活动等多方面因素的综合制约，油气田地质灾害常具有阵发性，如大港港西油田的地表冒油出砂间断发生。同时，因油气勘探开发是一个长期持续的系统工程，只要进行油气勘探开发，油区地质环境就可能受到破坏，油气田地质灾害就可能发生，因此，油区地质环境的破坏与油气田地质灾害的形成、发展、演化具有持久性、长期性。

（4）成因多样性。不同类型的油气田地质灾害的成因各不相同，且同一类油气田地质灾害的成因也具有多元性，受区域动力学环境、地层结构、地质构造和勘探开发油气资源的活动等多方面因素的综合制约。

（5）可预防性。在有些油气田地质灾害面前，人类并非无能为力。油气田地质灾害的发生必须具备外部触发条件和所处环境的先天不足两方面的因素，因此通过对油气田地质灾害的特征、发生规律、灾害发生的动力学环境、触发条件等多方面的研究，可以对油气田地质灾害进行科学地监测预报并采取适当的防范措施，从而减少灾害的损失甚至避免油气田地质灾害发生。

（6）日趋显著性。油气是工业的命脉，随着人类社会的进步，人类对油气资源的需求不断增长，油气资源已成为社会发展的瓶颈，各国均已把油气资源作为国家资源进行控制，因此人类获取油气资源的勘探开发活动愈演愈烈，从而导致油气地质环境日益恶化。不平衡及高强度勘探和开采油气资源导致油气田地质灾害不断发生，油气田地质灾害的影响日趋显著。

5.1.2 油气田地质灾害形成机制和控制因素

5.1.2.1 油气田地质灾害的类型及特征

目前对油气田地质灾害分类尚未形成一致的认识，本书按以下原则进行分类。主要油气田地质灾害的类型及特征可归纳为表5－1。渤海湾盆地主要油气田地质灾害类型及分布见图5－1。

按灾害的载体和外在表现：可分为油水井套管损坏、诱发地震、地表变形、地裂冒喷水油、油藏流场演变、天然地震等（表5－1）。

表5－1 油气田地质灾害分类特征表

类型	主要特征	形成机制和动力学环境	破坏性	分布规律	典型实例
套管损坏	套管弯曲、变形、破裂和错断等多种方式	可在局部应力场、物理化学场急剧变化区形成	多为灾变性破坏	沿断层、塑性岩层、出砂严重带、地震带中和地表腐蚀严重带分布	港西油气田断层附近套管损坏严重
诱发地震	无深源物质成分，呈现震级较小的震群出现，常为2、3级地震	可在区域应力场急剧变化带形成，也可在石油工程等多种因素导致的局部应力场、温压场剧烈变化环境下形成	灾变性破坏，常为5级以下地震	可沿构造带、断裂带和地应力活动带分布，也可沿勘探开发区或其他石油工程影响带分布	任丘油气田诱发地震；胜利油气田角07井诱发地震
地表变形	可为地表沉降、抬升，也可为旋转、扭转等复杂的变形	储层中的油水被采出，导致岩石骨架颗粒上的有效应力增加，使岩石压实压密使地表变形下沉，若注入流体使地层中流体含量过大则造成地表变形抬升	多为递变性灾变破坏，少量突发性灾变破坏	地流体亏空区，或注水开发油气田注入量大于开采量的地区，或其他石油工程影响区分布	天津地区、德州地区地面普遍下沉

续表

类型	主要特征	形成机制和动力学环境	破坏性	分布规律	典型实例
地裂冒喷水油	地表出现裂缝并伴随有冒砂、喷水油等现象	多为现今地应力急剧变化导致断层活动所形成	可为区域性灾害性破坏或局部灾变性破坏	可沿现今活断层、地应力活动带分布	港西油气田冒砂喷水油；临盘油气田冒喷水油
油藏流场演变	地下储层的应力场、温压场、物理化学场和流体场演变	油藏开发流体动力地质作用形成	油藏开发区的灾变性破坏	主要分布于长期注水开发油气田，特别是注水强度大、储层疏松区	胜坨油气田河流三角洲储层等，孤岛河流相储层等
天然地震	有深源物质，突如其来，难以防范，会造成巨大的灾害和损失	多在现代构造活动带、地应力活动带，特别是现今地应力高度集中的部位更是天然地震多发区	区域性、突发性，强震常具毁灭性	绝大多数地震沿区域性深大断裂带或盆地内活动性断层分布	20世纪70年代的唐山、海城、渤海强地震等

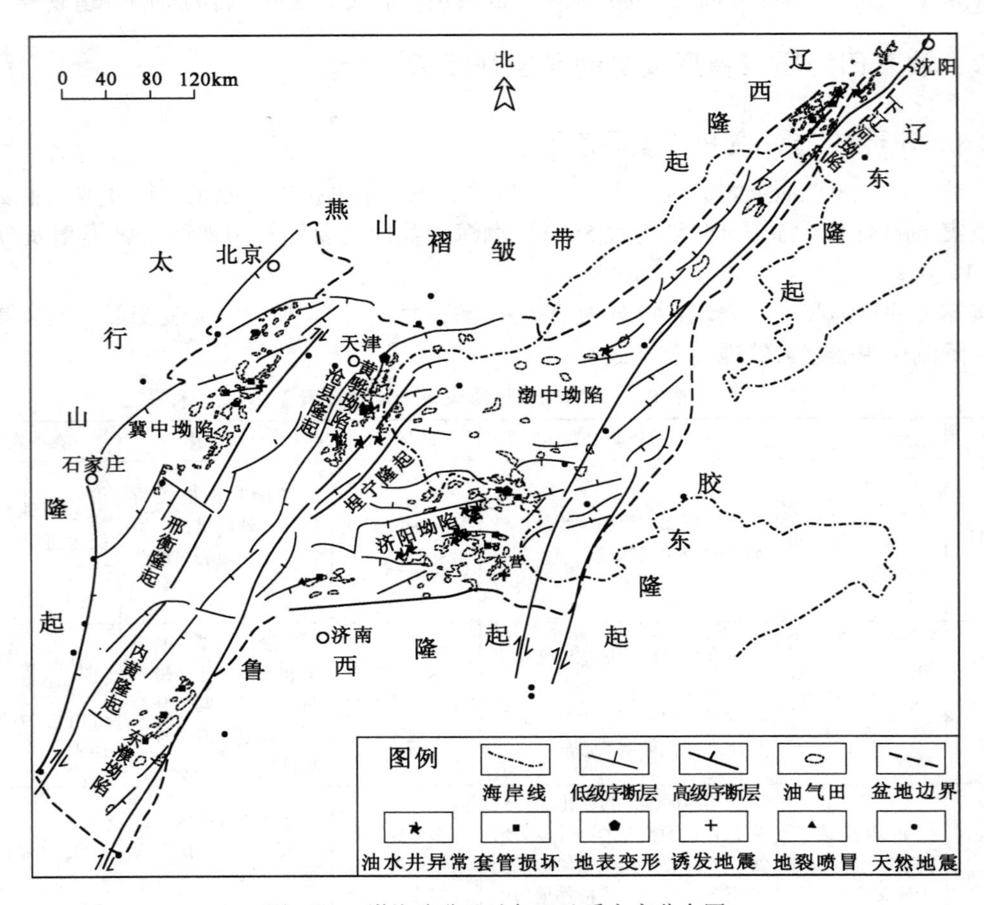

图 5－1 渤海湾盆地油气田地质灾害分布图

按灾害的空间分布状况，可分为油气田地面地质灾害和油气田地下地质灾害，油气田地面地质灾害主要对地表附近产生影响，此类灾害对地表环境及人类社会产生危害，地表变形、地面冒砂出水油等当属此类；油气田地下地质灾害主要对地下油气储层及地下油气田勘探开发设施产生影响，此类灾害对油气资源产生破坏，并增加油气勘探开发成本，油水井套管损坏、长期高强度注水开发造成的地下储层的破坏等是此类灾害的主要代表。

按灾害的分布范围，可分为区域性油气田地质灾害和局部性油气田地质灾害，区域性油气田地质灾害在较大范围内形成和分布，其影响常是渐变的、深远的，地表变形、较大面积的油水井套管损坏等；局部性油气田地质灾害只在较小范围内分布，常具有随机性、突发性、短暂性，如地面冒砂出水油、诱发地震等。

按灾害的动力，可分为构造应力引发的油气田地质灾害和局部油气地质环境突变诱发的油气田地质灾害，前者的动力来自地壳运动伴生的构造应力场，即地壳块体发生变形、断裂和地震等产生的动力；后者是因局部地质环境的改变所产生的局部地应力导致的。

5.1.2.2 渤海湾盆地油气田地质灾害的形成机制

揭示油气田地质灾害的形成机制，应从油气田地质灾害的主要类型和控制因素入手。大量生产和科研实践表明，渤海湾盆地内油气田地质灾害的主要控制因素有不同级序构造体系、不同级序构造应力场、石油工程因素和油藏流场演变。油气田地质灾害的分布主要沿不同级序的构造体系和构造带分布，渤海湾盆地油气田地质灾害形成演化受研究区范围内石油勘探开发及石油工程活动控制，该区的区域和局部应力方式、应力场，特别是现今地应力场集中、交汇和转换的地区，温压场、物理化学场和油藏流场变化的地区，常是油气田地质灾害易发的地区。渤海湾盆地油气田地质灾害的发生发展，给国民经济造成极大损失。渤海湾盆地是现今地应力场活跃频繁的地区，盆地内活动断裂发育、地震活跃，这是渤海湾盆地内油气田地质灾害类型多、强度大且频度高的内在因素，是由渤海湾盆地的动力学背景决定的。研究表明现今应力场活动是渤海湾盆地油气田地质灾害的主要形成机制。

油气田长期进行勘探开发极易改变油气田所在范围内的局部地质环境，进而导致油气田、油层的局部应力场和应力方式发生改变，在应力转换区、复合区常使得局部应力集中，这种转换区分布的范围可大可小，它的大小、方式、性质、空间展布、时间演化和所处的地质环境、边界条件、周围应力方式等相对应。渤海湾盆地区域地应力极为复杂且活跃，在多种因素控制下，局部动力学常发生变化，从而导致应力集中、复合，造成渤海湾盆地油气田地质灾害相对发育，分布广泛，因此揭示渤海湾盆地油气田地质灾害的动力学机制，对防治油气田地质灾害的形成和演化具有重要意义。

5.1.2.3 油气田地质灾害的控制因素

1. 应力方式和应力场

地壳上普遍发育不同级序、不同成因、不同方式的地应力，地应力在地壳不断运动过程中是不断演化并不断复杂化，地应力是油气田地质灾害的主要动力，因此油气田地质灾害常发生在地应力集中、转换的地区，特别是局部应力急剧变化的地区，在这些地区油气田地质灾害发生的频度大、强度大。因此要识别、预测油气田地质灾害，首先要揭示现今地应力活动的方式、强度、特征。研究表明区域地应力和动力学环境从本质上决定了油气田地质灾害能否形成及灾害的强度和影响范围，只有区域动力学环境活跃的地区才是油气田地质灾害易发和多发的地区，如断裂附近、地应力集中的部位和地震活动带等常是油气田地质灾害易发的地区。

2. 不同级序构造体系

众所周知，不同级序构造体系是不同级序应力场的产物，特别是现今地应力活动的构造体系或构造带，常是油气田地质灾害易发、多发的地区。研究表明渤海湾盆地中发育的不同级序的构造体系和构造带，不仅控制了盆地内油区、油气聚集带、油气田和油藏的分布，也控制了盆地内油气田地质灾害的形成和分布，特别是油气田内现今有活动的构造体系和构造带，常是各种油气田地质灾害易发、多发且灾害活动强度大的地区。

3. 石油工程因素

石油工程因素包括石油勘探开发过程中所采用的勘探开发的方式、强度和采用的工程措施与油藏类型匹配关系等，勘探开发方式和工程措施合理常能促进油气田勘探开发；相反，会诱发油气田地质灾害，进而破坏油气田的生产。勘探开发的方式和强度是影响油气田地质灾害能否形成及灾害强度的至关重要的外在因素。纵观渤海湾盆地内已经发生的油气田地质灾害，如诱发地震、地裂冒喷水油等均是在注水开发强度较大的情况下发生的。华北油气田诱发地震的实例证实，控制注水强度可以控制诱发地震的发生。大港油气田地裂冒喷水油的实例证实，减少注水量则地裂冒喷水油的灾害停止。

由此可见，在油气田进行勘探开发过程中，针对不同环境的不同油藏类型优选匹配的勘探开发方式及适应的开采措施和相应的开采强度，不仅不会造成油气田地质灾害，还能改善油气田开发效果，获得显著的经济效益。

4. 油藏开发流体动力地质作用

油藏开发流体动力地质作用是指油藏长期注水开发过程中，地下储层中渗流的开发流体（油、水和油水混合物）对储层的骨架（矿物颗粒、基质和胶结物）、孔喉网络以及流体自身的物理风化和化学风化、机械剥蚀和化学剥蚀、机械搬运和化学搬运、机械沉积或化学沉积等作用，进而对储层微观的改造和破坏。

这种地质作用的动力，是油藏长期注水开发过程中的流体，或者更准确地是在储层中长期渗流、每天有大量的注入量和采出量的注入水及其被驱洗的油和油水混合物。对地下油气储层而言，这种动力属于油藏外动力，故也可以称为油藏开发流体外动力地质作用。这种油藏开发外动力地质作用产生的地质环境很特殊，它不是在储层的表面，也不是在储层的层间，而是深入到整个储层的众多微观孔隙和喉道相互连通的极其微小的空间范围内，或者说这种地质作用发生在储层的孔喉网络和孔喉骨架的微观领域中。油藏开发流体外动力地质作用除对储层孔喉网络及其骨架和其中流体进行物理、化学风化和剥蚀作用外，还能将储层中风化和剥蚀的产物进行搬运和再沉积作用。开发流体搬运作用中的一种方式是伴随生产井的采油过程将一部分风化和剥蚀的产物从地下储层中搬运到地面上来，另一种方式是将上述这些产物从储层中水动力较强的部位搬运到水动力较弱的部位，在适宜的地质条件下再沉积下来，如风化剥蚀的石英、长石、黏土矿物和地层微粒易在狭窄的孔喉处停滞沉积下来，从而堵塞储层孔喉，使储层物性局部变差。此外，这种动力地质作用还可在驱替原油过程中使储层中的原油遭受物理化学风化和剥蚀，导致原油物性变差，还能导致剩余油重新形成和分布。这种动力地质作用对地下岩层进行改造和破坏，从而导致油气田地质灾害发生。

5.1.3 油气田地质灾害的监测和防治

5.1.3.1 油气田地质灾害的监测和预测预报

油气田地质灾害监测的目的是认识和揭示油气田地质灾害的发生与演变规律，及时捕捉油气田地质灾害爆发前的各方面信息，及时预测预报油气田地质灾害的发生发展趋势，减轻灾害损失。

油气田地质灾害监测的主要内容应包括诱发灾害的条件的监测、灾害发生过程的监测及灾害防治效益的监测等三方面内容。渤海湾盆地油气田地质灾害受不同级序构造体系及构造应力场控制，油气田地质灾害的这种时空分布规律和特征决定了灾害监测工作必须在不同级序的构造体系和构造应力场中进行，同时应根据油气田地质灾害的演化规律，突出重点灾害区，进行全方位监测。应根据不同级序油气田地质灾害的特征对其进行整体性和系统性监测，才能有效防治并避免油气田地质灾害的发生。

油气田地质灾害监测就是运用多种测量仪器对灾害的发生、发展过程进行量测，经分析、研究和判断，揭示灾害的形成和发展规律，并确定是否要发出灾害预报。

油气田地质灾害的预测是指对灾害可能发生的空间位置、规模、类型、特征等的判定，油气田地质灾害的预报是指对灾害可能发生时间的判断。油气田地质灾害的预测预报既是灾害防治的重要基础，又是减轻灾害损失的组成部分。对油气田地质灾害的及时准确预测预报是建立在对油气田地质灾害的成灾条件、形成机制和分布规律深入研究的基础上的。

5.1.3.2 油气田地质灾害的防治

油气田地质灾害防治的根本目标是取得最佳的减灾效果，因此必须遵循预防为主与重点防治相结合、灾害防治与油气田经济活动相结合等原则。

油气田地质灾害常是由于人类开发石油资源而诱发的地质灾害，随着科学技术的不断进步，对油气田地质灾害的认识水平不断提高，在一定程度上可以通过科学技术削弱乃至避免灾害活动、降低灾害损失。如通过降低石油开采强度、降低注水强度、优化井网部署等达到削弱乃至避免灾害发生的目的。适时采取预防措施是防止油气田地质灾害发生、减少灾害损失的最有效途径。渤海湾盆地存在多种潜在的油气田地质灾害。由于科学技术水平和经济实力的局限，不可能对所有油气田地质灾害进行彻底防治，应根据不同级序动力学特征、不同级序油气田地质灾害的发育情况和不同时期经济实力，分清主次，对主要灾害类型进行重点防治。

同时灾害防治也是一项经济活动，需要大量的人力、物力和财力，因此应把油气田地质灾害防治与经济活动相结合。

5.1.4 油气田地质灾害的评估

油气田地质灾害评估的目的是通过揭示油气田地质灾害的发生发展规律，评价油气田地质灾害的危险性及其造成的损失、人类在现有经济技术条件下抵御灾害的能力，并评价减灾防灾的经济效益。

油气田地质灾害的活动情况是评估的重点，灾前孕育阶段是评估的背景，灾后恢复情况是评估的辅助内容。油气田地质灾害的评估应包括危险性评价、易损性评价、破坏损失评价和防治评价四方面。油气田地质灾害的评估可用评估体系图描述（图5－2）。

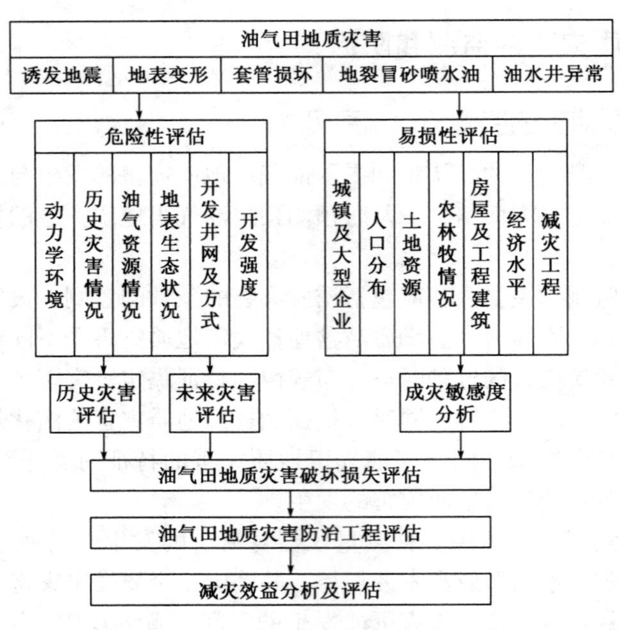

图5－2　油气田地质灾害评估体系示意图

这里以渤海湾盆地最主要的油气田地质灾害——油水井套管损坏为例，对渤海湾盆地内油气田地质灾害进行简单的评估和分析。以胜利油区孤东油气田套管损坏为例，孤东油气田1984—2000年间各类套管损坏井1400余口，以每口井平均直接经济损失5万元计算，则损失达7千万元以上，若花2百万元作灾害评估和预测研究，掌握油水井套管损坏的分布规律和控制因素，事先采取相应措施则至少可避免约40%的油水井套管损坏，若不考虑间接损失，则可减少直接经济损失近3千万元，经济效益是非常显著的。

5.2　油气井套管损坏工程地质问题

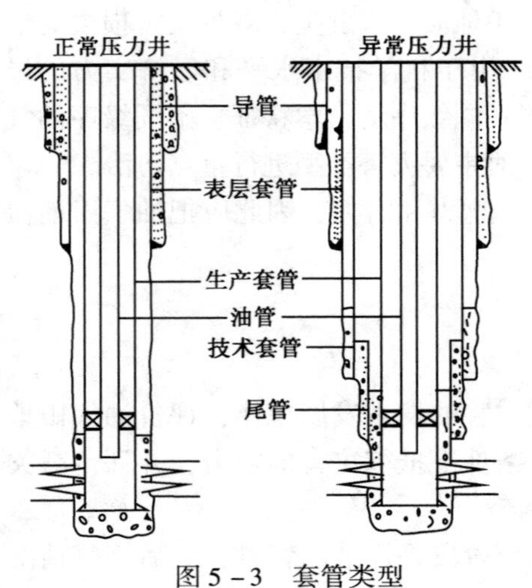

图5－3　套管类型

当井钻到一定深度后，为了保护井壁，不使井壁塌陷，保证继续钻井，同时封隔漏失层，隔离不同压力梯度的油气水层，避免油气水层相互串通，需要把一种圆形的无缝钢管下到一钻过的井眼里，这就是套管。

按用途可将套管分为导管、表层套管、技术套管、生产套管和尾管（图5－3）。导管的作用是在钻表层井眼时将钻井液从地表引导到钻井装置平面上，其长度变化大，在坚硬岩层中仅10～20m，在沼泽地往往可达数百米。表层套管下入深度一般为30～150m，用来防护浅水层污染，封隔浅层流砂、砾石层及浅层气。技术套管用来隔离坍塌层及高压水层，防止井径扩大，减少阻卡的发生。生产套管是用来将储层的油气开采出来，并保护井壁，隔开各层的流体，达到分层测试、分层开采、分层注水、分层改造的目的。尾管是一种不延伸到井口的套管柱。

国内外许多油气田经过一个时期的开发，均出现大批油水井套管损坏现象。如前苏联的班长达勒威油气田有 30% 的井因套管损坏而停产；巴拉哈内—萨布其—拉马宁油气田因地应力变化，从 1937 年至 1982 年套管损坏和破裂报废 3200 口井；美国威明顿油气田从 1926 年至 1986 年，因地下大量油气被采出，出现亏空，引起该地区较大的构造运动，油气田中心地区地面下沉达 9m，水平位移 3m，造成油水井成片错断，特别是 1947 年地震之后的三年内套管损坏井达 300 多口；罗马尼亚的坦勒斯娄油气田开发 22 年，有 20% 的油井套管损坏。国内也有部分油气田存在套管损坏现象，吉林扶余油气田注水开发 10 年出现套管损坏井 1500 余口，其中油井 1200 余口，水井 280 余口，分别占油水井总数的 52% 和 45. 5%；大庆油气田截至 1988 年就有各类套管损坏井 2677 口，占投产井的 18. 2%；胜利的孤东油气田自 1984 年投产到 1999 年各类套管损坏井 1300 余口。

当今越来越多的强化采油措施不断用于油气田生产，如高压注水、压裂、酸化、注蒸气等，这些措施取得了明显的经济效益，但也使得套管的工作环境不断恶化。由于套管损坏，不仅影响油井正常生产和挖潜，还影响分层注水，使产量递减加快，含水上升快，对油气田正常生产造成了很大威胁。

5. 2. 1　套管损坏的类型

一根完好的套管，国家规定椭圆度不超过外径允许误差的 1%，管壁厚度不超过 12. 5%，套管中间弯曲度不超过全长的 1/2000，两端管长 1/3 部分的弯曲不超过 1. 3mm/m。对某一根套管而言，一旦超过上述规定就可认为套管损坏了。对一口井而言，若有一根套管损坏或密封性破坏就认为该井的套管损坏了。套管损坏可归为三类——套管变形、套管破裂和密封性破坏。

5. 2. 1. 1　套管变形

套管变形是指套管的变形没有超过套管的塑性范围的损坏。主要有如下几种类型：

（1）椭圆变形：指变形截面呈椭圆形，用微井径测量仪可测出变形部位的长短轴，铅模打印呈椭圆形。该类变形多因套管受不均匀挤压造成。

（2）弯曲变形：变形段套管的轴线偏移，并伴随椭圆形变形。这类变形给套管修理作业带来很大麻烦，通常变形部位的井径已恢复或超过正常井径，但仍不能正常作业。多因局部受单向力引起。

（3）单面挤扁变形：指在套管横断面上有一侧被挤扁，是由于某一方向侧向力或集中载荷引起的。

（4）缩径变形：套管断面尺寸小于套管原径尺寸的变形，多属泥岩吸水膨胀形成挤压或强大的轴向拉力所致。

（5）扩径变形：套管断面尺寸大于套管原径尺寸的变形，多因套管周围出现亏空而引起。

这 5 种变形除了弯曲变形是指套管某一段变形外，其他几种变形均指套管某一断面的变形。对于某口井而言，往往不是一处变形，而是多处变形，变形形式也是多种类型组合。

5.2.1.2　套管破裂

套管破裂是指套管发生错断、裂开、穿孔等，主要有以下类型：

（1）套管错断：最严重的套管变形类型，变形量超过了套管的塑性范围，在水平方向错断并伴随弯曲，由于套管受强大的剪切应力造成的。

（2）套管裂开：套管裂开可分为纵向裂开、四周裂开两类。纵向裂开是指裂纹沿套管轴向，是由于射孔或套管本身重量所引起的应力造成的。四周裂开是指套管不是沿轴向裂开，而是套管膨胀从而导致四周开裂。

（3）腐蚀或磨损穿孔：因油气田生产的各种流体矿化度高，呈酸性，且含有各类细菌，这些流体长期对套管进行腐蚀，造成套管大面积穿孔；或由于套管使用年限较长因磨损而穿孔。

5.2.1.3　密封性破坏

密封性破坏是在套管的连接处因拉伸脱口或因套管螺纹质量差而使得套管不再密封，导致套管外返油、气、水。

5.2.2　套管损坏的受力分析

套管下井后的受力情况是复杂的。在不同时期受力情况有明显差异，如下套管的过程中与注水泥时的受力显然不同，酸化压裂时与正常采油时的受力也不一样。不同地层的受力状况也有差别，在盐岩层中常因盐岩蠕变对套管产生不均匀挤压。总的来讲，套管损坏受如下几种力的控制。

5.2.2.1 轴向力

轴向力主要是由套管的自重引起的，在生产过程中的油层压实、负有效应力、温度也会引起轴向力。

1. 自重引起的轴向拉力

由下而上逐渐增大，井口处最大，其计算公式如下：

$$T = \sum qL$$

式中，q 为套管的单位平均重度，kN/m^3；L 为套管长度，m。

考虑浮力，则轴向拉力的计算如下：

$$T_b = \sum qL - \sum qL\frac{\gamma_m}{\gamma_s} = \sum qL\left(1 - \frac{\gamma_m}{\gamma_s}\right)$$

式中，γ_m为钻井液密度，g/cm^3；γ_s为套管的钢材密度，g/cm^3。

2. 油层压实引起的轴向压缩力

超压油层在枯竭的过程中地层变形主要出现在井筒附近，由于套管固结在井筒中，套管随固井水泥环一起变形，但套管的强度高，因而上覆岩层的负荷集中在套管上，引起套管的轴向压缩力。

3. 负有效应力引起的轴向拉伸力

当注水压力足够高时，垂向有效应力呈负值，使井口附近上覆岩层隆起。

4. 温度引起的轴向力

为了满足采油工艺的需要，采用间隔或长期注蒸汽来提高产量，或定期热洗井来解决油杆结蜡问题，使得套管温度发生变化，导致套管伸长或缩短。

5.2.2.2 外挤压力

大部分套管的损坏是由外挤压力引起的，主要有以下几种。

1. 钻井液柱压力

完井时水泥返高一般不到地面，而是返到上部油层顶界以上200m左右，导致未固井段钻井液柱压力仍作用于套管上。

$$p = GL$$

式中，G为钻井液柱压力梯度；L为钻井液柱高度，m。

2. 地层流体压力

地层中所含的流体会时刻对套管施加流体压力。

3. 围岩压力

钻井后，井眼周围的岩石出现临空面，引起围岩中应力重新分布和围岩变形，使得套管受挤压。

5.2.2.3 内应力

井口打开时套管内应力为管内液柱或气柱压力。井口关闭或加压时套管内应力为液柱或气柱压力与井口压力之和。

套管所受最大内应力发生在井喷关井时或进行压裂、酸化等特殊作业时。由于套管内外压力相互抵消一部分，所以套管的内应力大小在一般情况下并不重要。但在高压注水、压裂、酸化施工中应考虑内应力的影响，尤其是当腐蚀性很强的液体通过套管或套管磨损很严重时，一定要考虑套管的缺陷造成的内应力下降的影响，以防止内压损坏套管。

5.2.2.4 弯曲应力

当井斜较大，特别是套管的直径较大时，套管因弯曲作用而在截面上引起相当大的正应力，这个力增大了套管的拉力载荷、降低了套管的抗挤压强度。

$$\sigma = \frac{ED\alpha}{115L}$$

式中，σ为最大弯曲应力，E为钢的弹性模量，D为套管外径，α为井斜角。

5.2.3 套管损坏的检测

为了更好地研究、防止套管损坏就必须首先对已损坏的套管进行检测，掌握井下套管变形的形态，如变形长度、内径变化、是否有裂缝、变形方位等，因此套管损坏的检测包括套管变形的检测和套管损坏方位的检测两方面。

5.2.3.1 套管变形的检测

1. 取套观察

取套观察是最直接了解套管变形的一种方法，但该方法工艺复杂、难度大，尤其对深井和水泥固井段更是麻烦。取套技术的工艺过程有两种：一是用套铣筒套住套管，在套管内用割刀割断套管，一段段取出；另一种方法是用倒扣的方法一根根取出套管，该方法施工时间长、费用高，很难大面积推广，但把变形套管取出地面进行分析是各种测井工艺达不到的，并为检查射孔提供可靠依据。

2. 通径、打铅印测量变形的形态和位置

多用通径规可以得到变形的位置和大致最小内径，再利用打铅印就可得到变形形态和基本准确的最小内径。

对弯曲变形的部位往往通径规下不去，应采用别的方法。

打铅印虽迅速、方便、直观，但铅印直径常难以选择，直径过大则印痕不在变形最明显处，不清晰、不可靠；直径过小则打印不出印痕或印痕不明显，从而无法确定变形形态。

该方法仅能确定一个变形位置，若一口井有多处套管变形则应采用其他办法。

3. 微井径仪测量套管内径

利用微井径仪测量套管内径的变化（图5－4），能较准确地检测全井套管变形部位及内径变化。但该仪器对套管严重错断的井不适用，对套管有裂缝及管壁腐蚀仅能做定性分析。

4. 磁测井仪测井壁厚度变化、裂缝和内径变化

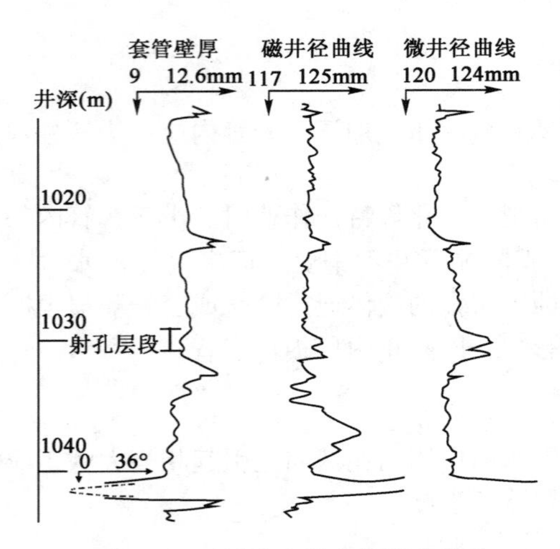

图5－4 磁测井和微井径测井曲线

磁测井仪是一种非接触型磁力探伤仪，它的主要用途是检查井下套管的质量状况，确定套管内壁或外壁腐蚀、缺损和套管井径变化(图5－4)。

该仪器通过检查单位体积重量的变化来检测套管壁厚变化、裂缝发育，导体在变化的磁场中会产生感生涡流，涡流又产生抵抗原感应强度变化的次生磁场，因磁化的滞后效应，次生磁场与原生磁场之间存在相位差，据波动方程可知，套管壁厚度 D 与相位差存在：

$$D = \frac{\Delta\phi}{\sqrt{\frac{\omega\mu}{2\rho}}}$$

式中，$\Delta\phi$ 为相位差，ω 为发射线圈交变磁场的角频率，μ 为套管磁导率，ρ 为套管的电阻率，D 为套管壁厚度。

通过检测线圈输出端的电压，对输出电压异常段的长度、幅度进行分析可以判断裂缝的长度、宽度。

高频磁通在导体中产生涡流，使得高频磁通的能量损耗，导致高频谐振回路的输出振幅变化，而高频的趋肤效应、输出振幅是线圈与套管内表面距离的函数，因而测取输出振幅，即可测得井径变化。

该方法不受井内液体、套管积垢、结蜡及井壁附着物影响，测量精度较高。

5. 井壁超声彩色成像测井仪检测套管损坏

该仪器是利用超声波在介质中传播和反射的特征而设计的，主要用于在套管内诊断套管

损坏，如错断、弯曲、破裂、孔洞和腐蚀等。该仪器工作时井下的超声换能器发射和接收脉冲式超声波，计算机通过对套管内壁回收幅度和时间信息处理，对破损部位用不同角度、不同形式的图形加以描绘，就可得到破损部位的立体图、纵横截面图、时间图、幅度图和井径曲线，并用高分辨率彩色监视器显示并拍成照片。

5.2.3.2 套管损坏方位的检测

套管损坏方位检测对了解套管损坏的原因具有特殊意义。

1. 小直径陀螺仪和铅模打印组合检测套损方位

由于陀螺仪具有保持空间方向的能力，可用来测量井斜和铅模打印，进而测定套损方位。

陀螺仪的力学原理：根据动量矩原理，$\frac{d\boldsymbol{K}_x}{dt}=\frac{d(\boldsymbol{J}_x W)}{dt}=\boldsymbol{J}_x\frac{dW}{dt}=\boldsymbol{M}_x$，式中 $\boldsymbol{K}_x$ 为刚体对 x 轴的动量矩，$\boldsymbol{J}_x$ 为刚体对 x 轴的惯矩，W 为刚体 转动的角速度，$\boldsymbol{M}_x$ 为刚体所受诸外力对 x 轴的力矩矢量和。当 $\boldsymbol{M}_x=0$，即不受外力作用时，绕定轴旋转的刚体的角速度大小和方向保持不变，这就是陀螺仪定向的力学原理。理论分析认为当陀螺具有足够大的转动惯量和旋转速度时，轴向具有抵抗外力干扰的能力，具有良好的稳定性，可作为定向单元使用，尤其在磁屏蔽条件下可进行井下定向测量。陀螺的定向性与地磁场的方向无关。

陀螺仪测得的方位只与其所处倾斜面有关，而与仪器外壳的转动无关，只要仪器的倾斜面不变，测得的方位就不变。仪器直立时，所测的方位没有意义，因此直接使用该仪器测量铅模打印的方位是不可行的，必须经过改进，在井眼里设计一个人造斜面，用3m长的3in油管沿3°剖开，在3°斜面上固定一薄板再焊接上，该斜面下面接铅印，上面接油管，下井到预定位置打铅印，并利用陀螺仪测得斜面的方位，这样就可算出印痕的方位，即套损方位（图5-5）。

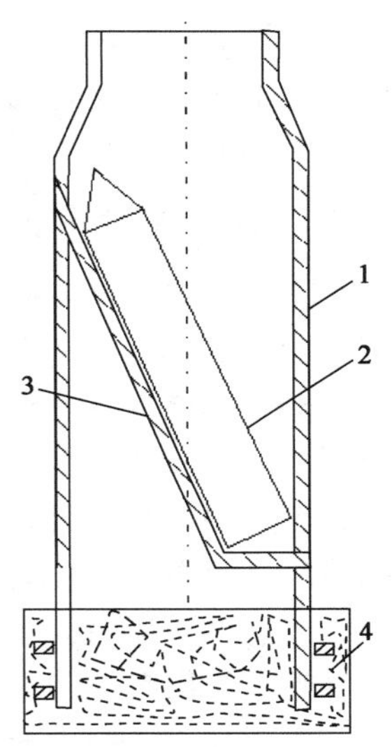

图5-5 斜面定向测取方位示意图

1—油管；2—小直径陀螺仪；3—人造斜面；4—铅模

2. 单照井斜仪测受力方位

该仪器的测量部分充满透明液体的圆形外壳里装有罗盘、井斜角指示器和测锤。罗盘是永远处于水平位置的方位指示器；井斜角指示器是一块刻有同心圆的透明玻璃，其同心圆表示井斜角大小；测锤是一个摆动极为灵敏的使井眼轴线永远处于铅垂面位置的锤。

测井时，该仪器的轴线与井眼轴线重合，测锤的轴向永远垂直，其指针指到井斜角指示器的某一圆处，即表示其斜角的大小，井斜角指示器投影到水平罗盘上又可以反映其方位角的大小，将该仪器应用到人造斜面上就可得到印痕方位，也就是套损方位。

3. 井壁超声彩色成像测井仪检测套管损坏方位

井壁超声彩色成像测井仪也可获得套损方位。

5.2.4 套管损坏的地质环境及损坏机理

导致套管损坏的因素很多，国内外不少学者进行了多方面的研究，归纳起来有如下几点。

地质因素：构造应力、断层活动、层间滑动、蠕变等。

注水、出砂：注水将可溶性矿物溶解，出砂可形成空洞，导致上部地层下塌。

钻井因素：井眼质量、套管层次、壁厚组合、管材选取、管体质量。

操作因素：下套时损坏套管、作业磨损、重复酸化、高压作业、试油掏空过大、射孔。

腐蚀因素：高矿化度的地层水、硫酸根、硫酸还原菌、硫化氢、电化学等腐蚀。

这些因素都可能导致套管损坏，但在油气田实际生产过程中往往某一方面起主要作用，而其他方面与主要因素一起共同控制套管的损坏。

5.2.4.1 套管损坏的地质环境

导致套管损坏的原因是多方面的，有复杂地质环境、复杂工程条件和人为因素等，但其中最根本的因素还是油井所处的复杂地质环境。根据研究及有关资料分析，将套管损坏的复杂地质环境归纳为如下几方面。

1. 油井套管多损坏在塑性岩层发育段

塑性岩层是指与周围岩层相比相对较软、塑性较大、在地应力作用下容易发生塑性蠕变甚至滑移的岩层，塑性岩层主要包括泥岩、页岩和盐岩等。

塑性岩层导致套管损坏有三方面的原因，其一是这些塑性岩层多是一些不稳定的岩石，当周围环境改变时会发生物理性质的变化，如埋藏到一定的深度或上覆地层达到一定厚度时，岩层的温度和压力都会升高，塑性岩层在上覆地层载荷压力的压力差作用下或在地应力的作用下会发生塑性流动，处在塑性岩层中的套管就会受到塑性岩层的塑性流动侧压力的挤压，当这种挤压力大于套管抗挤压力时，套管就会弯曲变形、破裂，甚至发生错断。其二是这些塑性岩层在周围条件改变时还会发生化学性质的改变，泥岩中的黏土物质遇水后会膨胀并产生局部挤压力，导致套管变形、破裂直至错断。盐岩等塑性岩层还会发生溶解，溶解液随地下流体流失，这样岩层的局部孔隙性增大，也会造成局部压力差异，从而使油井的套管变形。其三是注入水窜入塑性岩层的破碎带，这样注入水、塑性岩碎块及一些硬透镜体岩块沿水流方向形成滑移并形成高压水，这种高压水将推动滑移面附近的塑性岩把套管挤弯、挤扁，甚至错断。

国内外的大量套管损坏的统计资料表明，很大一部分油井套管损坏发生在塑性岩中或塑性岩附近的岩层中。大庆油气田的统计资料表明有70%左右的套管损坏与塑性岩层有关，表5－2为四种岩性中的套管损坏的统计关系，可以看出塑性泥岩中的套管损坏所占比例明显高于其他岩性。

表5－2　四种岩性中套管损坏所占比例统计表

岩性	变形（%）	错断（%）	破裂（%）	合计（%）
泥岩	61.5	37.2	62	57.7
粉砂质泥岩	11.2	11.4	25	12.3
泥质粉砂岩	9.0	14.3	0.5	9.1
砂岩	18.3	37.1	12.5	20.9

2. 油井套管损坏沿断层带附近严重

断层带附近往往是应力集中带，在断层附近的井套管损坏程度严重。一方面在应力作用下断层周围的岩层会发生蠕变甚至滑移，从而导致套管损坏。另一方面一些断层在外界条件改变后会重新活动，大庆油气田研究认为断层面的破碎带充水并具有一定的压力，使得断层面得到润滑，从而有利于岩块活动，在局部应力条件改变后，断层两侧的压力就不平衡，这种不平衡积累达到一定程度断层就会重新复活，导致井孔中的套管损坏。据大庆萨中地区资料统计，119 口套管损坏井中有 25 口井的套管损坏点与断层点相近，最为突出的是钻遇南1 –3 –35井区 1 号断层的 36 口井的套管全部损坏，其中有的井投产不到两年就已损坏，南 1 –3 –35 井的过 1 号断层的横剖面（图 5 –6），可以看出套管损坏点与断层的断点吻合。大港的港西油气田有近 1/3 的套管损坏在断层附近，甚至就在断点上（图 5 –7）。前苏联的巴拉哈内—萨布其—拉马宁油气田及美国密西西比南帕斯油气田都有大量的套管损坏井与断层活动有关。

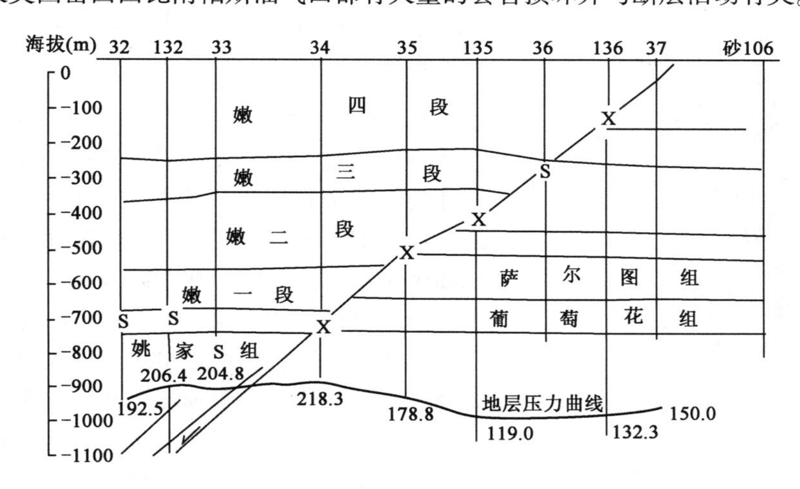

图 5 –6　大庆油气田南 1 –3 –35 井区 1 号断层横剖面

S—层内套管损坏；X—断点附件套管损坏

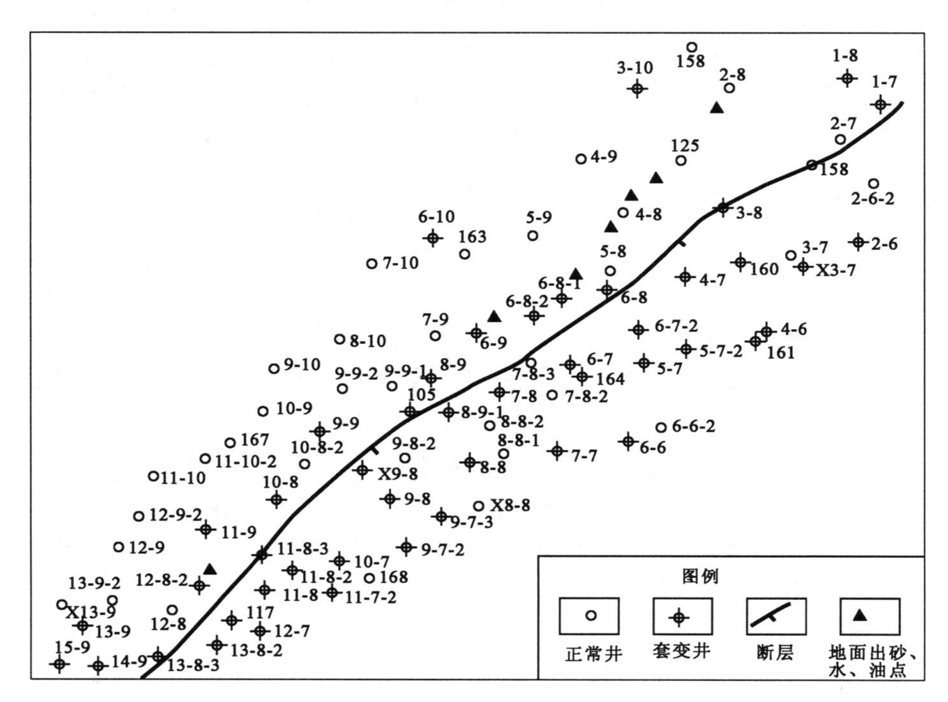

图 5 –7　港西油气田套管损坏与断层关系图

3. 油井套管损坏沿地壳变形带分布

大量资料证实现代地壳运动较为强烈的褶皱顶部及其附近的钻井其套管损坏率较高。大庆油气田从1964年至1987年地面明显上升，其中萨尔图油气田上升最高，最大幅度达2m以上（图5－8），其次是杏树岗，截至1988年底，萨尔图油气田套管损坏的井达1715口，杏树岗油气田套管损坏井达914口。老君庙油气田1970—1981年地面上升，最大年变形量达196mm，这期间共有近600口井的套管发生不同程度的损坏。

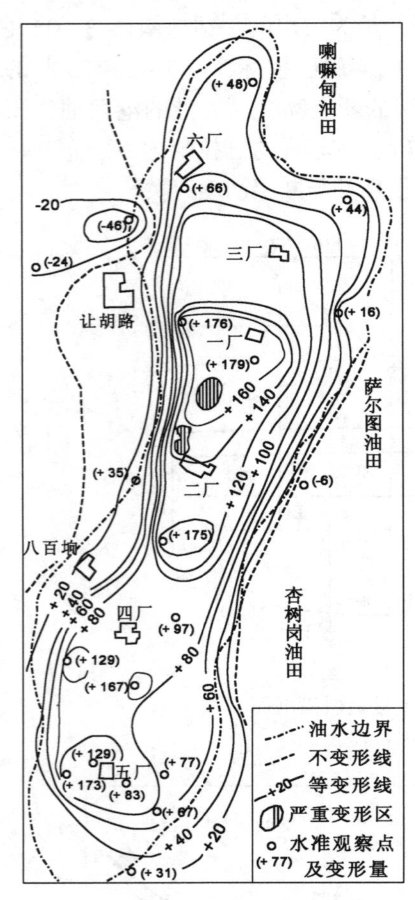

图5－8 大庆油气田地表等变形图（据张德元）

4. 油井套管损坏沿地震活动带分布

在世界范围内地震造成的套管损坏的现象是众所周知的。据资料记载，美国威明顿油田1947年地震后损坏了100多口井的套管，前苏联的捷尔斯克—札仁油区是地震活动区，在不同级别的地震后均没有发现套管大批损坏的现象，但在一定的时间内随着地震次数的增加，套管损坏数量呈有规律增加。刘子晋在研究了大庆油气田套管损坏与地震的关系后认为：在时间上，地震频次与套管损坏数量同步增长，并且套管损坏数量和程度与地震震级有关，震级越大，套管损坏越多且损坏程度越严重。

5. 油井套管损坏常在油层出砂段

油层出砂是疏松砂岩油藏开发中的普遍问题，也是我国陆相碎屑岩储层特别是渤海湾盆地馆陶组河道砂储层油藏开发面临的一个难题。油层大量出砂往往造成套管与岩层之间形成空洞，从而改变了出砂部位的套管周围的应力方式和应力状态，当应力改变超过了套管的抗挤压强度后，使套管损坏。孤岛油气田的中32－12井于1975年转注，在作业过程中下油套冲至1189.9m受阻，起出油管发现有伤痕，下铅印至该井深打印，铅印带出一块长88mm、宽37mm的变形破裂套管。辽河油气田曙23井由于出砂在1244m以下套管变形导致下部的17根冲砂油管严重变形。因此控制出砂是疏松岩层开发过程中必须考虑的问题。

6. 油井套管损坏多在套管腐蚀段

因浅水层中常常含较高量的碳酸氢根和碳酸根离子及一些细菌，这些化学和生物物质可使油井的套管腐蚀穿孔而损坏。另外油气田水中也常常含有二氧化碳等无机或有机的腐蚀剂，对套管腐蚀破坏而损坏套管。大庆油气田和长庆油气田均有因腐蚀穿孔而不能维持正常生产的损坏套管，造成极大经济损失。

5.2.4.2 套管损坏的动力学机制

油井套管损坏是受油气田所处的动力学条件所控制的，油井套管损坏的地质环境孕育了套管损坏的动力学机制。笔者对国内外大量文献的分析及对许多油气田的套管损坏机制的研究和分析，认为油井套管损坏的机制是复杂的、多种多样的，在不同地区或同一地区的不同时期是不同的，概括起来可分为构造动力学机制（也称区域动力学机制）和非构造动力学机制（也称局部动力学机制）两大类，前者受构造应力场控制，后者受非构造应力场控制。局部动力学机制受区域动力学机制控制，但其对油井周围环境的改变更为敏感，长期注水开发往往导致局部动力学条件更复杂。揭示油井套管损坏的动力学机制不仅具有重要的理论意义，更重要的是通过动力学机制研究达到保护油水井，预防和治理套管损坏，从而降低油气田的勘探开发成本，提高经济效益。下面分别讨论两种动力学机制及对油井套管损坏。

1. 油井套管损坏的构造动力学机制

油井套管损坏的构造动力学机制是指油井套管变形、破坏直到报废的动力来自地壳运动伴生的构造应力场，即地壳块体发生变形、断裂和地震等的动力，这种力的大小、方向、性质、空间展布、时间演化和产生的地质环境等都是有规律可循的，与构造运动有关的。构造应力场可分为古应力场和现今应力场，前者控制或导生的套管损坏多沿古断裂、古褶皱和古变形带分布，后者控制的套管损坏沿现代地震活动带、地表变形带分布。如前述6种地质环境中的沿断裂带、地震活动带和地表变形带的套管损坏均属构造动力学机制形成。

区域动力学条件的变化是导致套管损坏的宏观动力学机制，地下油藏是在构造应力场条件下形成的，在构造应力场下达到动态平衡。当人类进行钻井采油时，这种动态平衡被打破，从而产生局部应力变化，当局部应力变化达到一定程度，地下地质体就会产生形变，使得其中钻井的井孔发生变形，并损坏套管，这种动力学机制分布范围广，有一定规律可循。

2. 油井套管损坏的非构造动力学机制

油井套管损坏的非构造动力学机制是指油井套管变形、破裂的动力不是地壳运动产生的构造力，而是因局部地质环境的改变所产生的局部地应力导致的，这种力分布的范围小，它的大小、方式、性质、空间展布、时间演化和产生的地质环境等的规律性相对较差。如前述的泥岩吸水膨胀产生的挤压力、塑性岩石流动产生的挤压力、腐蚀造成的套管环境的改变等，这种情况下套管损坏多沿局部应力场、化学物理场分布。

局部动力学变化是造成油井套管损坏的主要动力学机制。造成油藏局部动力学条件改变的因素是多方面的。油藏原本是一个相对封闭的平衡体系，井孔打破了达到动态平衡的地下应力分布，改变了油藏的封闭性质，如果含油量很大，井孔较小，在较短的时间内油藏中的孔隙压力与应力之间满足如下方程：

$$K\nabla^2 p = S'\frac{\partial}{\partial t}(p-\beta\sigma t);\nabla^2\sigma t = \lambda\nabla^2 p \quad (5-1)$$

其中

$$S' = \rho\left[\left(\frac{1}{K}-\frac{1}{K_s}\right)+\phi\left(\frac{1}{K_f}-\frac{1}{K_s}\right)\right]$$

$$\beta = \frac{1}{K}-\frac{1}{K_s}\left[\left(\frac{1}{K}-\frac{1}{K_s}\right)+\phi\left(\frac{1}{K_f}-\frac{1}{K_s}\right)\right]^{-1}$$

$$\lambda = \frac{2\left(1-\frac{K}{K_s}\right)(1-2\nu)}{3(1-\nu)}$$

式中，K 为体积模量，K_s 为颗粒的体积模量，K_f 为流体的体积模量，p 为孔隙压力，σ 为应力，ν 为泊松比，ϕ 为孔隙度，S'为出水系数。

由此可以看出孔隙压力变化直接影响应力，当孔隙压力增大时，油藏的应力增加，反之亦然，钻井后就会在井孔附近形成应力释放，如果套管抗压强度不够，就会造成套管被挤弯甚至挤破。

油气田开发进一步改变了地下应力场的分布，特别是高压注水，使得地下地层的应力场条件发生急剧变化，主要表现在如下几方面：

(1) 由式 (5-1) 可知，高压注水使得油藏的孔隙压力升高，油藏的应力增加，导致有效应力减小。随着孔隙压力的增加，地层中岩石的破裂压力增加。当孔隙压力超过一定数值后，岩石破碎，地壳应力急剧增大并导致套管损坏。

(2) 注入水进入泥岩中，引起泥岩应力状态变化。当注水压力达到甚至超过地层上覆压力时，大量注入水便会窜入泥岩中。一方面泥岩在注入水的作用下会发生水化膨胀，导致油藏的应力增加，这时井孔就成为应力释放的最佳点，从而造成套管损坏。另一方面高压注水会压开泥岩层中的原生裂纹和裂缝，注入水就像楔子一样对套管形成挤压并对套管造成破坏。再者注入水进入泥岩破碎带，使得泥岩碎屑跟随流体运动到套管附近，形成一种对套管的侧向压力并进而挤坏套管。

(3) 注入水串入断层破碎带，使得断层破碎带的孔隙压力增加。由摩尔和库仑理论可知，断层面上的剪应力大小可由孔隙压力、上覆地层压力求得，即：

$$\tau = \tau_0 + (P - p)\tan\varphi$$

式中，P 为上覆地层压力，p 为孔隙压力，φ 为断面倾角。

因此由于孔隙压力的增加，$(P - p)\tan\varphi$ 大大降低，使得断层容易复活而产生移动，进而影响甚至损坏套管。

(4) 疏松碎屑岩出砂导致在油井的套管周围形成空洞，并进一步可能会形成滑塌从而改变了油井周围的应力分布状态并造成油井套管损坏。

(5) 高压注水还造成地层中的水平侧向应力增加，侧向应力的增加对套管形成侧向的挤压导致套管损坏。

总之，油井的套管损坏受构造和非构造动力学控制，是由于油藏的应力场、物理化学场的动态平衡被破坏形成局部应力和局部应力场，这些局部应力集中或释放超过套管的抗挤压强度导致套管变形、破裂甚至报废。因此深入研究油藏的地质环境，揭示套管损坏的动力学机制及动力学条件的变化就能达到识别、预防和治理套管损坏的目的，并可能进一步利用这种动力学机制为改善油气田的勘探和开发服务。

5.2.5 套管损坏的预防、治理和利用

5.2.5.1 套管损坏的预防

套管损坏的预防措施可分为两大类：一是防止外挤力超过套管屈服强度，二是提高套管强度来增加抗外挤力。

1. 防止外挤力超过套管屈服强度

防止注入水窜入软弱夹层：提高固井质量、下管外封隔器、限制注水压力、合理部署注采井网、减少压裂施工排量。

维持合理的注采压差：地层中的流体被采出后，能量下降造成低应力异常，周围的高应力岩体向低应力运动导致套管损坏；相反，注水强度过大，则形成高应力异常，也会造成套

管损坏。因此油气田开发应适时、适量，低于破裂压力注水，保持适当孔隙压力。

防止油层出砂：树脂防砂、水泥防砂、金属绕丝筛管防砂、氯化钙稀水泥浆防砂等。

防止套管腐蚀：提高封固质量、采用阴极保护、使用抗腐蚀套管、加杀菌剂等。

2. 提高套管强度

对套管进行严格质量检查，如管体检查、螺纹检查、强度检查等；改进套管设计；提高套管抗挤强度，使用高强度套管、采用壁厚和小直径套管、双层组合套管；改进射孔对套管的损害；增加安全阀等。

5.2.5.2 套管损坏的治理

目前主要的治理和修复工艺有如下几方面，这几项工艺可单独使用也可综合运用。

1. 整形

套管形变大部分为椭圆形，因此对一定范围内的椭圆变形可用整形工艺进行治理和修复，整形工艺是利用专门工具尽量扩展变形套管的通径达到治理和修复的目的。

梨形胀管器：用来修复套管较小变形的整形工具，通过反复提放胀管器进行挤涨，迫使胀管器的锥形头楔入变形部位进行挤胀。需不断更换胀管器的尺寸，逐级扩大套管内径，达到恢复通径尺寸的目的。

偏心辊子整形器：采用偏心轴和辊子（上、中、下、锥辊）组成，当整形器随钻具中心线转动时，上、下辊绕中心轴旋转，中、锥辊绕钻具中心线以偏心距 e 为半径作圆周运动，从而形成凸轮机构，中辊旋转挤压对变形套管进行整形，实际工作中常不是规则地回转旋转，而是中辊与上、下辊交替呈凸轮机构，对变形套管反复旋转整形。

2. 梨形系列铣锥扩铣治套

利用不同直径的一套组合梨形铣锥组成的扩铣工具对套管变形进行治理。该方法对套管严重弯曲也有一定治理效果。该方法铣薄了套管，降低了套管强度。

3. 换套

换套是将损坏的套管取出来，用套接方法把好套管连接上，然后固井。该方法是最彻底的治理套管损坏方法，但工艺复杂、施工时间长、费用高，很难大面积推广。该方法包括以下两步。

取套：倒扣、切割两种方法。倒扣用于套管损坏点不超过水泥环位置，切割的关键是如何打捞出被切割的套管。

套接：对接、套接、套固三种方法。

4. 堵漏

堵漏是将漏失点封堵以保证正常采油、注水。

5. 补贴

补贴适用于套管局部破裂腐蚀的孔漏、螺纹漏失，也可用于封堵射孔井段。该方法不仅补漏，也可加固磨铣的套管，工艺简单，但波纹管造价高。

6. 下衬管加固

下衬管加固是采用适应环套通径的加厚钢管下到套损段而加固套管的修套方法。

7. 爆炸治套

机械治套只适用于变形量小、弯曲度小的情况，对变形量大、弯曲度大的套损井，利用炸药在液体中爆炸时瞬间释放的巨大能量，通过冲击波、反射波和液体动压作用于套管内壁，迫使套管迅速胀大并改变管外压力分布，达到治理套管变形的目的。

该方法简化了大修工艺，缩短了修井周期，但多套管错断、节箍损坏不适用。

5.2.5.3 套管损坏井的利用

当套管损坏后，目前修套技术无法修理或修理费用过高，但报废又影响产能或不想报废，工程技术人员总结了一系列利用套管损坏井的办法。

侧钻主要用于在油层或附近部位套损严重，而上部套管基本完好的情况；运用无管泵；应用小直径封隔器。

5.3 地震与油气田工程地质问题

5.3.1 地震与油水井异常

油水井是地表与地下流体相连通的通道，油水井的变化反映了地下储层流体的局部地质环境变化导致地下流体成分、数量和状态等变化，是地震前兆的很好显示。

油水井异常是指在开发条件相对稳定的情况下，未采取任何工艺措施，突然出现产液大幅度的增加或减少、油水井的压力大幅度的跳动或产液的成分发生明显的变化等油水井异常情况。

（1）特别要注意区分与现今构造运动无关的独立发展的常态变化现象，如各种周期性变化因素（多年变化、年变化、季节性变化、日变化等）以及非周期性变化因素（降雨、爆破等引起的异常现象等）。只有因地应力活动所导致的异常变化才是真正的前兆异常。

（2）前兆异常往往在出现的时间上有某种规律可循。

（3）前兆异常在空间分布上也常具有某些特点。

在地壳现今构造运动的过程中，可形成许多应力集中点源，从而出现许多异常现象显示的地区，但其中只有少数应力集中点源才可能发展为导致发震的震源。这些发震的和不发震的应力集中点源受同一边界力源的影响，它们之间存在密切的联系，因此，不仅要研究单个震源的前兆特征，还应对整个构造应力场、前兆场进行整体探讨。

大陆地震活动多与中、新生代盆地的边缘及内部的活断裂有关。我国东部的油气田大都分布在中、新生代的断陷盆地中，因此油气田开发异常与地震间存在相关性，大量的实际资料证实油水井异常是地震前兆。油水井异常与地震预测研究是我国20世纪70年代以来在震情监测和地震预报工作中建立的一种新研究领域和思路方法。30多年来许多科技工作者参与了这方面的研究，取得了可喜的成果。

在油气田生产中油水井常在地震前后发生产量、流体中的离子矿物成分等方面的异常。

5.3.1.1 强震与油水井异常

任丘、大港、辽河和胜利等油气田部分油井的产量在海城、唐山地震期间发生大幅度变化。1975年海城7.3级地震和1976年唐山7.8级地震前，辽河、大港和胜利油气田有数十口井的油井动态发生中长期异常或短期异常，其中最典型的中长期异常是东营凹陷陡坡带中部的胜北断裂附近的9－21井和8－21井产油量大幅度变化（图5－9），这两口井距海城地震震中460km，距唐山地震震中260km。这两口油井动态变化有一致的变化规律又有各自的特点，海城地震前产油量均较大幅度上升，8－21井在震前6个月产油量由50t/d增至80t/d，9－21井在震前6个月产油量由45t/d增至160t/d。唐山地震两年前这两口井的产油量都曾猛增一段时间，稍后有所下降并保持稳定，8－21井在唐山地震前产油量变化不大，但在

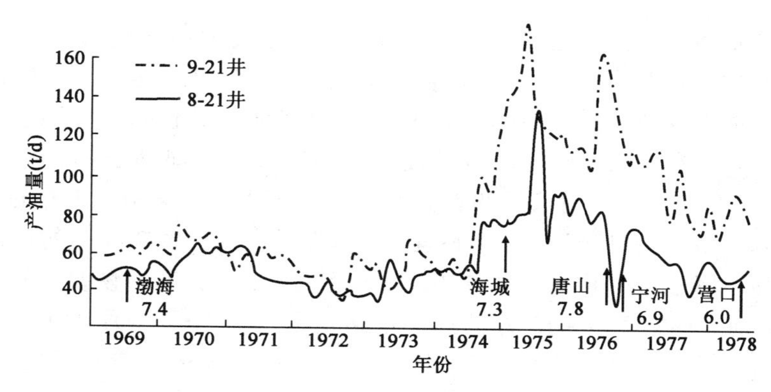

图5－9　胜坨油气田油井产油量异常与强震中长期前兆

震后产油量大幅度降低，曾一度跌到15t/d；9－21井在唐山地震前产油量再次大幅度上升，震前3个月产油量再度增至150t/d，并且油气比由75m³/t升至260m³/t。发生短期异常的油井较多(图5－10)，且主要发生在陡坡带西段的滨南断裂附近，多数井的产油量异常明显，

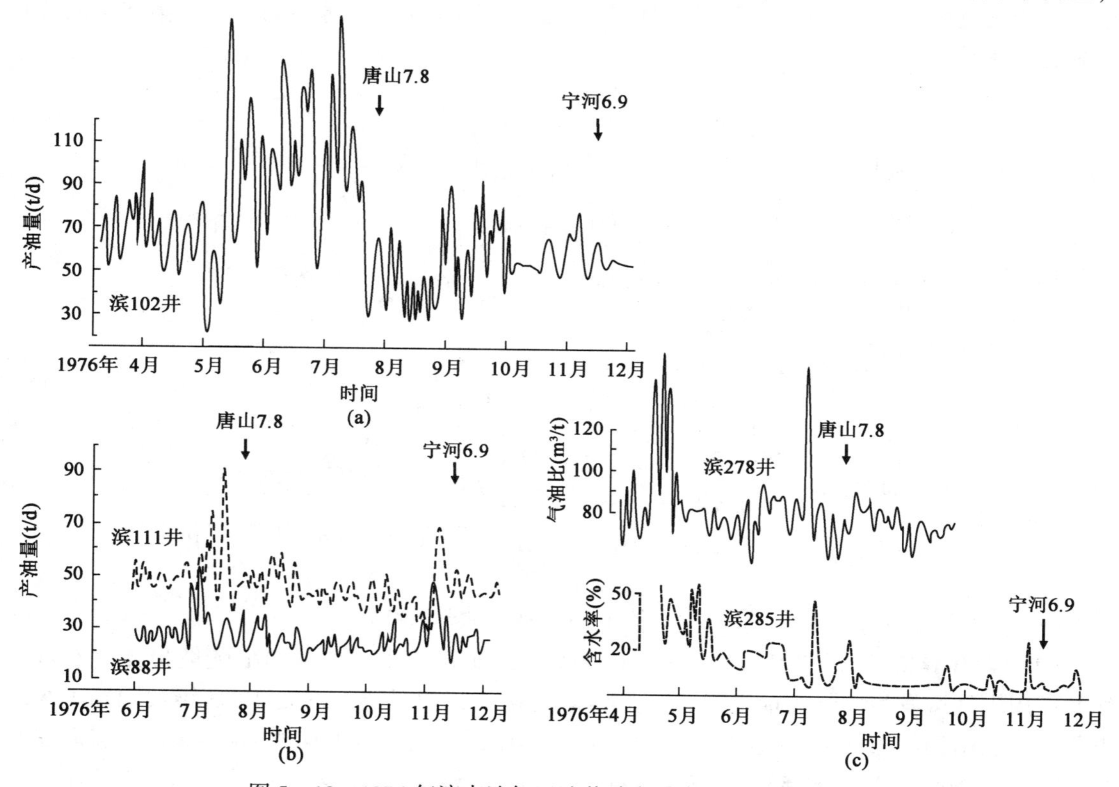

图5－10　1976年滨南油气田油井动态异常与强震短期前兆

如滨102井在震前70天左右产油量大幅度增加，少数几口井的含水率和气油比出现异常。这充分说明油井动态异常的特征和规律是复杂的，需要综合分析。

5.3.1.2 中强震与油水井异常

中强震前油井动态异常的现象很常见，我国东部的各大油气田都曾有大量油水井在中强震前出现异常，东营凹陷陡坡带先后有数十口油井在中强震前出现动态异常现象。主要异常有：

（1）油井产液量异常。中强震前油井产液量常发生较大幅度变化，近30年来东营凹陷陡坡带先后有数十口井在周围的华北地震带、阴山—燕山地震带和郯庐地震带发生中强地震前出现产液量异常。最典型的是1991年上半年华北的忻州、大同和唐山先后发生大于5级地震，震前在东营凹陷陡坡带西段的滨南断裂、利津断裂和林樊家断裂附近发生产液量异常(图5－11)。1月底忻州首先发生5.1级地震，滨8－15井的产液量在震前一个月明显下降，由平均日产液30t下降至17t，震后恢复；滨268井的产液量则在震前四个月左右明显下降，由平均日产液120t下降至70t左右，震后恢复。3月底大同发生5.8级地震，震前一周，滨8－15井的产液量猛增至日产50t。5月底唐山发生5.1级地震，震前两个月，滨268井、滨8－15井、滨73－1井和滨363－7井等井的日产液量都出现大幅度增加，滨268井的最大日产液超过190t，滨8－15井的最大日产液超过60t。由此看出，地震既可引起产液量增加，也可引起产液量减少，这种不同的异常特征是由地震前的应力集中与传递的方式、方向不同所造成的。产液量减少是由于应力传递过程中在局部地区产生拉张使得地下油气储层的储集空间增大、孔隙压力减小，减少了向井孔渗流的液体量；相反，产液量增大是由于局部挤压使得储层的储集空间减小、孔隙压力增大，增加了向井孔渗流的流体量。

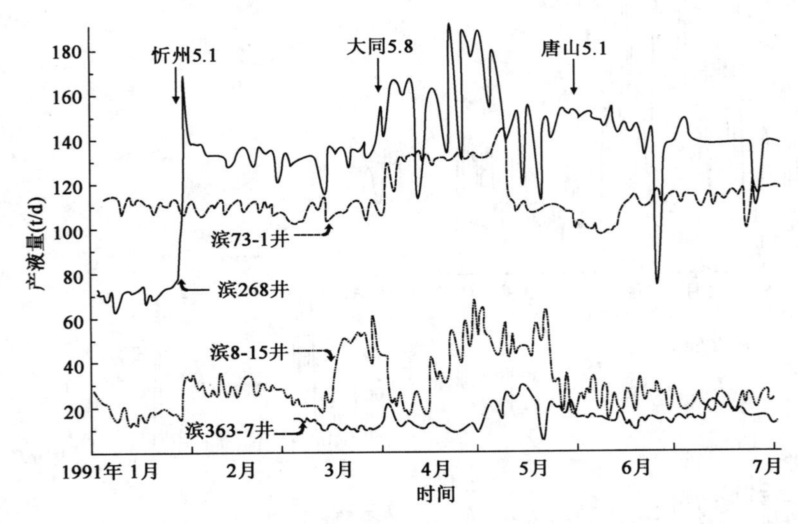

图5－11　油井产量异常与中强震关系

（2）含气异常。含气量异常是另一项较明显的地震前兆。东营凹陷陡坡带先后有数口油井在周围地区发生中强震前出现含气量异常变化，其中最典型的是1989年大同6.1级地震前夕，滨南油气田的滨88井在震前两个月气油比猛增至正常平均值的4～5倍，震后逐渐恢复正常（图5－12)。滨532井在震前40天气油比增至正常平均值的3～4倍，震后恢复。

（3）流体中离子成分和含量变化。临盘油气田的三口主要生活水源井临水5井、盘水9井和盘水11井均位于惠民凹陷中央隆起带上，据沈传义等人研究，这三口连续生产井的水量和水质对地震较为敏感，特别是水中的硫酸根离子（SO_4^{2-}）的异常变化与地震前兆有较明显的对应关系（图5-13）。周围地区14次中、强地震的前兆与临水5井、盘水9井和盘水11井的SO_4^{2-}离子含量的关系，可以看出这三口井中SO_4^{2-}离子含量的变化既可预测近距离的地震也能预测远距离的地震，但每口井中SO_4^{2-}离子含量的异常特征和规律各不相同。最靠近临邑断层的盘水11井SO_4^{2-}离子含量变化剧烈且波动范围大，对周围地区发生的14次中强地震均有不同程度的反映，距离断层稍远的临水5井和盘水9井的SO_4^{2-}离子含量变化相对较缓，特别是盘水9井对地震前兆的反映相对较迟钝。并且不同时间、不同地区发生的地震所引起的SO_4^{2-}离子含量变化不同，1983年菏泽$M_S5.9$级地震和1989年大同$M_S6.1$级地震前这三口水井的SO_4^{2-}离子含量均大幅度下降，1981年唐山$M_S4.9$级地震前这三口井的SO_4^{2-}离子含量均有较大幅度升高，而其他一些地震在这三口井中的前兆异常有所不同，这可能与每次地震应力调整方向和大小不同有关，也与油水井所在构造位置有关。这充分证实可用不同地区、不同构造位置的油水井异常来预测地震。

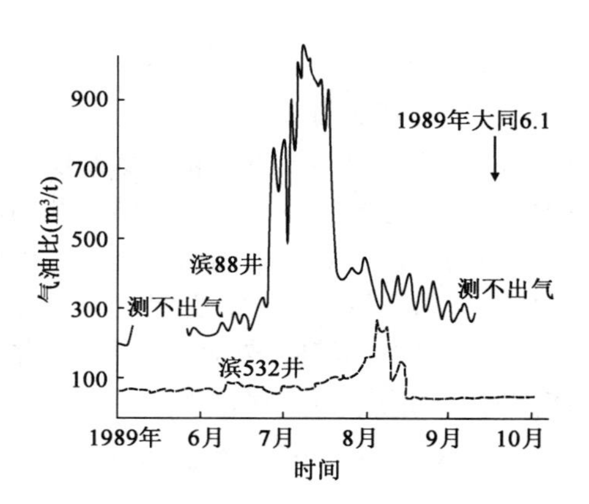

图5-12　含气异常与中强震关系

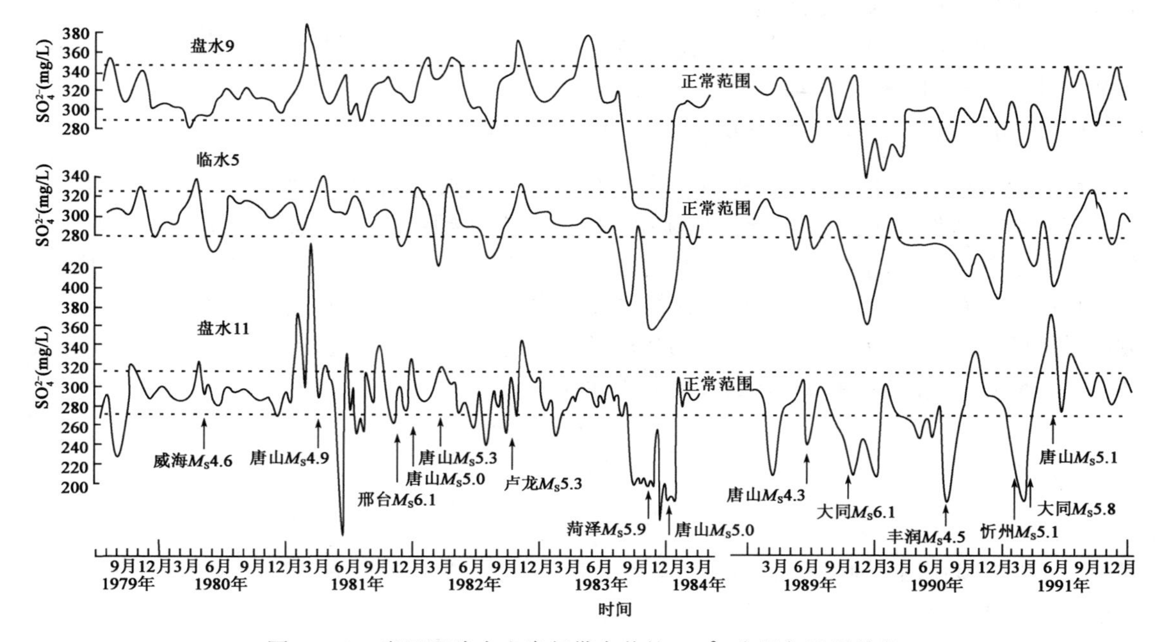

图5-13　惠民凹陷中央隆起带水井的SO_4^{2-}含量与地震前兆

还有其他一些油井动态异常现象是地震前兆，如1983年菏泽5.9级地震前滨南油气田少数井的液面出现异常变化，还有的井出现压力异常等。

5.3.1.3 油水井异常变化机理

现代研究证明地震的孕育与发生与区域应力场的变化有关，区域应力场的变化一方面使得孕震区的应力场发生变化，从而使得含油层的应力变化并导致孔隙压力变化，致使井孔中的压力和流速发生变化，引起油水井的产液量和压力等开发动态发生变化。另一方面由于区域应力场的调整是大范围的，不仅孕震区应力场发生变化，还使得孕震区以外的某些地区和地层的应力场发生变化，并且这种变化的影响范围相当大，造成较大范围内的油水井产生异常反映。东营凹陷陡坡带大多数油水井的动态异常是孕震区外的应力场变化的反映，油井动态异常的动力学机理讨论如下。

1. 特定的地质环境是油井动态异常的基础

深埋在地下几百米乃至上千米深处的油气储层为多孔介质，是地壳的组成部分，它承受着上覆巨厚岩层的压力。在未钻井之前，油气层是一个封闭的弹性体和流体体系，具有很好的承压性和封闭性。当油气层被钻开后，尽管与油层体积相比井孔的体积非常微小，但由于井孔与地表相连，使得油层成为一个微开启的流体系统。

地震可以看成是一条动态扩展的剪切裂纹发育的暂时终结，地震在孕育、发生的整个过程中，地壳应力作用于岩石，也作用于岩石孔隙中的流体，使得油层的孔隙体积、流体体积和油层压力处在动态变化之中，这样在适合的条件下在某些油井中就会显示产量、压力等异常变化。Thomas 曾指出流体与地球化学前兆对区域地质条件有很强的依赖。Scholz 指出地球的外壳不是像模型中理想化的均匀的弹性连续体，而是破裂为各种不同尺度的块体，块体的边界是断层，断层的存在使得在某些地方可能不显示任何前兆信息，而在另一些地方则可能被放大了许多倍。这正是地震前兆预测的有利因素。

综上所述，油井动态异常是在特定的地质条件下产生的，这就是目前没有一次地震能造成某区域的所有油井都产生动态异常的原因。

2. 应力、应变转化为孔隙压力是油井动态异常的前提

可以通过地下地质体中相互连通的孔隙中的流体传递压力称为孔隙压力，孔隙压力各方向相等，均衡地作用于周围每个岩石颗粒，因而不会使颗粒移动，也不会导致孔隙体积变化。引起地下地质体的体积和抗剪强度发生变化的原因，并不是作用在地质体上的总应力，而是总应力与孔隙压力之间的差值。根据弹性体体积变化理论，地壳应力作用于地质体，造成地质体的体积变化为 ΔV。同时在孔隙压力作用下孔隙流体的体积也会发生改变，孔隙流体的体积变化 ΔV_{f}，ΔV 和 ΔV_{f}分别可用下式计算：

$$\Delta V = \frac{V(\sigma - p)}{k}$$

$$\Delta V_{\mathrm{f}} = \frac{\phi p V}{K_{\mathrm{f}}}$$

式中，V 为应力作用前地质体的体积，σ 为地壳应力，p 为孔隙压力，k 为体积弹性模量，ϕ 为地下地质体的孔隙度，K_{f}为流体压缩系数。

由于地质体骨架颗粒的体积压缩很小，因此地下地质体的体积变化近似等于孔隙流体的体积变化，即

$$\frac{V(\sigma - p)}{k} = \frac{\phi p V}{K_{\mathrm{f}}}$$

于是可得

$$p = \frac{\sigma K_{\mathrm{f}}}{K_{\mathrm{f}} + \phi k} = \frac{\sigma}{1 + \dfrac{\phi k}{K_{\mathrm{f}}}}$$

由此式可以看出，如果地下地质体的孔隙空间中不含流体，则 $K_{\mathrm{f}}=0$，此时 $p=0$，也就是说地壳应力全部转化为作用于地质体骨架颗粒上的有效应力，不转化为孔隙压力。当地下地质体的孔隙空间中饱含流体时，$K_{\mathrm{f}} \geqslant k$，大部分应力转化为孔隙压力。特别是 $K_{\mathrm{f}} >> k$ 时，可近似认为地壳应力可全部转化为孔隙压力。

在油气田开发过程中，随着流体的逐渐排出，孔隙压力随时间会发生变化，变化的快慢受流体流动能力的限制，也受荷载大小的影响。地震孕育过程中，地壳应力的传递受断层等地质因素的影响在局部形成应力集中，如果应力集中在油藏中就会导致油藏的孔隙压力升高，从而引起油井的产液量、压力等生产动态因素发生异常。

3. 油层与井孔间的压差增大是油井动态异常的必备条件

油气水在地下油层中流动可以看成是在多孔介质中的流动，在未钻井之前，含油层的封闭性是较好的，当钻井穿过油层时就改变了含油层的封闭性。由于井孔的开启性和流体的流动性，在孔隙压力与井孔压力之间压差的驱动下，流体向井孔渗流汇集满足微分方程：

$$\mathrm{d}p = \frac{Q\mu}{2\pi Kh} \cdot \frac{\mathrm{d}R}{R}$$

由此可以推导出在天然能量开采的情况下，油井的产液量可表示为

$$Q = \frac{2\pi Kh(p_{孔} - p_{井})}{\mu \ln \dfrac{R}{r}}$$

式中，Q 为产液量；K 为油层渗透率；h 为油层有效厚度；$p_{孔}$ 为油藏的孔隙压力；$p_{井}$ 为井底压力；R 为供油半径；r 为井孔半径；μ 为原油黏度。

由此可看出油水井的产液量主要反映了油层与井孔之间的压差的大小，压差越大，则向井孔汇集的流体量越大，井口的产液量越大。地震前夕由于地壳应力在某些特定的地质条件下转化为油藏的孔隙压力，使得孔隙压力明显增大，导致油井的产液量发生异常。

4. 井孔进一步放大异常

地震前夕伴随着地壳应力升高，油藏孔隙压力增加，地下原油能溶解更多的气体，并使得原油的黏度、密度下降，从而更易流动。这些溶解了大量气体的原油向井孔渗流，原油从井底运移到地表，伴随压力的下降，溶解在原油中的气体会迅速膨胀并从原油中脱出，形成气液并存的两相流体。因气体密度小，上升速度快，造成气体托着原油上升从而加快油气运移速度，导致油井增产、增压，甚至自喷等异常现象出现。

5. 应力变化导致地下流体化学成分改变

区域应力场变化将导致地下流体的化学成分发生变化，因储层压力的增大会使地下水变成不饱和液体，这时将会使储层中更多的可溶性物质被溶解而进入地下水中，必将造成地下水中的某些化学成分的含量增加；若储层压力下降，则将使已溶解于地下流体中的某些成分沉淀并分离出来，必将使地下水中相应的化学成分的含量减少。前述惠民凹陷中央隆起带的各水井中的硫酸根离子的含量与地震有很好的对应关系就是这种机理所形成的。

总之，油井动态异常是各种因素综合作用的结果，是在特定的地质条件下产生的。它受多种因素控制，需综合分析，仔细研究。

5.3.2 油气田勘探开发与诱发地震

油气田开发过程中，特别是注水开发过程中会诱发地震，这一现象已引起普遍重视。1969—1971 年美国地质调查局在兰吉里油气田的四口深井进行了注水与抽水试验，证实了注水与地震活动的依赖关系。1970 年日本防灾研究所在松代地震断层附近用深井向地下注水，在与注水相关的 29 天内，记录到约 4000 次地震。

我国的江汉、华北、胜利等油气田在勘探开发过程中也引发了一系列诱发地震。这里以任丘油气田和胜利油气田为例介绍油气田开发与诱发地震。

5.3.2.1 任丘油气田注水诱发地震

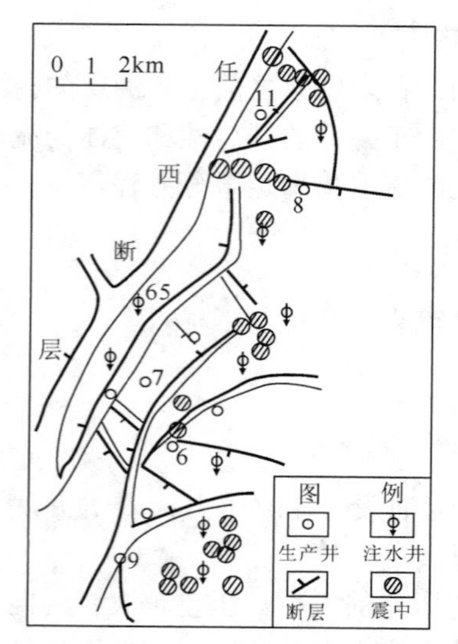

图 5-14 任西断层与诱发地震震中分布关系图

任丘油气田位于华北平原中部，是我国已发现的最大古潜山油气田。在注水开发前 9 年（1969—1976 年）未记录到地震。任丘油气田 1975 年 9 月试采，1976 年 12 月开始注水，1977 年 10 月后月注水量超过 $1.0\times10^6\text{m}^3$，1980 年 1～5 月注水量最大，月注水量平均 $1.5\times10^6\text{m}^3$，1981 年后注水量减少。随着油气田注水量的变化，任丘油气田诱发了一系列地震。1977—1983 年共记录到地震 62 次，其中有感地震 24 次，1978—1979 年为活动高潮期，其中有 4 次 3 级以上地震(图 5-14)。

1. 诱发地震活动特点

（1）发震事件与注水量关系密切：初期注水量小，地震活动少；1977 年后注水量加大，注采比大于 1；1978 年开始地震频度增加、强度加大；1979 年 5 月 26 日震级最大，达 $M_L=3.9$，发震强度不均，所有地震均发生在注水量二阶差分较高值之后 1～3 个月。

（2）油气田内特定地段地震分布：地震分布规律与油气田范围一致，受注水井分布和注水量控制。

（3）震源浅、烈度高、影响范围小：最大地震震级为 3.9，震中烈度达Ⅳ度，一般 2 级左右地震震中普遍有感，少数出现破坏现象。震源深度约为 3km 左右，与油气田注水开发深度一致。

（4）地震活动大体集中、同步活动：发震时间大体相同，同一次注水变化有关，由于构造条件制约，不同地点略有先后。

2. 地震分布与地质条件

（1）断裂构造与地震分布：断层发育、断距小、延伸距离短、密度大的构造带，注水后储层吸水能力强，渗流条件好，地震活动相对弱，图 5-14 中 6、7 井附近地震活动弱。断层大、裂隙少的构造带，注水后储层吸水能力弱，渗流条件差，地震活动相对强，图 5-14 中 11 井附近地震频次高、震级大。

（2）岩性与地震分布：任丘油气田雾迷山组碳酸盐岩的孔、洞、缝发育，与奥陶系石灰岩或寒武系页岩相比具有较高的渗透性，有利于流体渗流，又因岩体本身强度高，可积累较大的应变能，在构造破碎带或岩性突变段，易产生脆性破裂活断层活动，从而诱发地震。

（3）水文地质条件与地震分布：受断裂构造与地层岩性制约，注水后使原有的水文地质条件发生改变，水文地质条件的突然改变往往会诱发地震。这主要是由于注水使得断层破碎带或某特定部分的孔隙压力增高，或由于注水后油水界面上升速度不同，从而诱发地震。

3. 注水与诱发地震

油气田开采初期，地层压力下降迅速，但此时没有注水，地震也没有发生。开始注水3个月后，地层压力下降缓和并开始稳定，此时开始发生地震，随着注水量逐步增大并超过采出量之后，地震的频度和强度也增加到一定水平。

地震发生的时间间隔不均，与注水关系密切。用差分法对注水数据进行处理，消除长周期的漂移并突出时间序列的高频变化，则所有地震均发生在差分值变化幅度较大之后的1～3个月，并且地震强度（E）与注水量的变化值 ΔY_i 之间有一定关系：

$$\lg \sum E = 6.48 + 9.49 \times 10^{-6} \Delta^2 Y_i$$

5.3.2.2 胜利油气田钻井漏失诱发地震

1985年12月28日至1986年1月下旬，在莱州湾西岸因正在钻进的角07井漏失钻井液而诱发了一系列地震，记录到地震百余次，其中2级以上地震16次，最大震级2.6。

角07井位于东营凹陷南斜坡东段的八面河断裂带上，1985年12月27日钻到1502m处循环液失返，后来以近20MPa的泵压注钻井液堵漏，共注钻井液325m³，堵液后约16h，距角07井约4.5km的胜利油气田地震台和山东地震台网的部分台站开始记录到微震活动，前三天发震频度较高，12月31日后频度逐渐降低，1986年1月31日停息，属小震群型地震活动。

这次注钻井液诱发的地震共发生120余次，频度高、震源浅、分布集中、伴有地声、持续时间长、震中烈度偏高。井队施工现场地面出现裂缝、塌陷、冒水并感到晃动。

这次震群位于八面河断层附近，是个应力易于集中的部位，震源深度一般为2km左右。从区域背景上看，震中位于莱州湾中强地震活动带附近，是震群发生的重要外部原因之一。从地质构造上看，该区为储油构造，岩层间具有较好的封闭性，岩体中裂缝、孔隙发育，具有较好的渗透性。注钻井液前岩石的孔隙压力低于临界压力，处于稳定状态。由于采取高压注浆，只是孔隙压力急剧增高并超过临界压力，造成断层活动，从而诱发地震。

5.4 油气田开发引起的工程地质问题

油气田开发引发的工程地质问题已越来越多地受到重视，并吸引更多的研究人员从事这方面的研究。油气田开发引起的工程地质问题是多方面的，前面已经介绍了油气井套管损坏及诱发地震的工程地质问题，本章主要介绍油气田开发引起的其他工程地质问题，从如下几方面进行分析和介绍。

5.4.1 油气田开发中的工程地质问题

5.4.1.1 油气田开发中的工程地质问题的共同特点

分析油气田工程地质问题引发的灾害，可得出如下共同特点：

（1）与注水密切相关：工程地质问题的出现一般在大规模注水后几天至几个月，且随着注水压力的增高，问题越来越严重。在非注水区一般不出现工程地质问题。

（2）含油地层年代越新、埋深越浅，问题越严重。

（3）与断层蠕滑有关，在断层附近问题严重。

（4）与塑性岩层蠕变关系密切，大量的工程地质问题出现在塑性岩层附近，如泥岩夹层、盐岩层等，这些岩层易吸水膨胀、软化流动，甚至溶解。

5.4.1.2 地面变形

地面变形是油气田开发过程中普遍出现的工程地质问题。

（1）地下水开采与地面沉降：油气田在开发过程中必须使用大量的水，包括生活用水、生产用水及其他用水。如果有丰富的地表水，则不必开采地下水，但若地表水相对缺乏，则必须开采地下水。如大庆油气田水源井位于油气田边缘及外围地区，从1960年开始，地下水开采量逐年增加，地下水水位不断下降，下降漏斗不断扩大。

（2）油气田注水与地面上升：长期注水会引起地面变形已是大家普遍的共识。大庆油气田1964—1987年在油气田范围内地面普遍上升，且上升形态与油气田分布范围基本一致。地面上升等高线与油气田的构造形态也是一致的，而在油气田范围之外基本处于稳定。

（3）地面变形引发的工程地质问题：如套管变形损坏、地面设施遭受破坏、严重的情况下还可能会诱发地震等。

5.4.1.3 断层复活

断层复活是油气田开发过程中经常遇到的工程地质问题之一，但不是所有的断层都能出现复活现象，在油气田生产过程中断层复活应具备两个条件：

（1）断层两侧地层压力不均衡，这是导致断层复活的外力来源，地层压力不均衡有利于地层变形和断块相对滑动。

（2）断层破碎带充水并具有一定孔隙压力，这是断层复活的必要条件，断层破碎带充水致使断层面“润滑”，从而有利于断层活动。

大庆油气田南1－3－35井1号断层，是一条现今复活断层，钻遇该断层的36口井全部损坏，并且套管发生变形、错断。南1－3－136井1977年10月完钻，1979年9月转注，注水两天后油压由9MPa下降至7.6MPa，日注水量由817m³上升到1130m³，9天后发现井口北侧100m处地面冒水，经试井观测冒水直接受136井注水控制，在1h就见效果，反应十分灵敏。10天后距该井1600m的南1－2－丙28井油压、套压急剧上升，产液、含水迅速增加，次日井内喷出泥水混合物。经研究认为，136井开井后因断层复活，导致套管即已损坏（错断），注水压力高，通过损坏点压开地层裂缝，造成压力下降、注水量上升，使得注入水进入到断层破碎带，以平均每天200m的速度向南1－2－丙28井推进。

5.4.1.4 地面喷沙、冒水

国内有不少油气田在开发过程中出现地面喷砂、冒水现象，大港、大庆、胜利等油气田均曾发生过这种现象。如1984年大港港西油气田接连发生地面喷冒现象，并伴有油气喷出，此后发生过多起喷冒事件。大庆油气田1979—1984年间曾多次发生地面喷冒现象。1998年胜利临盘油气田曾发生严重的地面喷冒现象，当时曾将德州市临邑县的一村庄淹没并伴有地震现象，一度引起居民的恐慌。

油气田范围内的地面喷冒现象常与油气田高压注水有直接关系，高压注水首先导致孔隙压力不断增加，一旦达到并超过地下岩石的破裂压力就会造成岩层出现裂缝，并引起断层蠕滑，这样注入水就沿断层或裂缝，甚至井孔喷出地表，发生喷冒现象。

油气田喷冒污染了农田，影响了油气田生产，在生产过程中注水压力不宜长期过高，并严禁注入水进入塑性岩层，对套管损坏的注水井应立即停注。

5.4.1.5 孔隙压力变化

油气田要保持高产稳产，大多数采取高压注水的办法，随着油气田开发时间的不断延长，注水压力也不断提高，就会引起岩层中的孔隙压力不断增加。

5.4.2 油藏开发流体动力地质作用对地下岩体的改造与破坏机理

油藏开发流体动力地质作用，是指油藏长期注水开发过程中，地下储层中渗流的开发流体（油、水和油水混合物）对储层的骨架（矿物颗粒、基质和胶结物）、孔喉网络以及流体自身的物理风化和化学风化、机械剥蚀和化学剥蚀、机械搬运和化学搬运、机械沉积或化学沉积等作用，进而对储层微观的改造和破坏。

这种地质作用的动力，是油藏长期注水开发过程中的流体，或者更准确地是在储层中长期渗流、每天有大量的注入量和采出量的注入水及其被驱洗的油和油水混合物。对地下油气储层而言，这种动力属于油藏外动力，故也可以称为油藏开发流体外动力地质作用。这种油藏开发外动力地质作用产生的地质环境很特殊，深入整个储层的众多微观孔隙和喉道相互连通的极其微小的空间范围内，或者说这种地质作用它们发生在储层的孔喉网络和孔喉骨架的微观领域中。

油藏开发流体动力地质作用方式，主要有油藏开发流体风化作用、油藏开发流体剥蚀作用、油藏开发流体搬运作用和油藏开发流体沉积作用等四种类型，分别讨论它们的特征及与剩余油形成分布的关系。

5.4.2.1 油藏开发流体风化作用

依据油藏开发流体对储层孔喉网络及骨架进行风化的特点和方式，可分为油藏开发流体的物理风化和化学风化两种类型。

在开发初期，胜二区地下储层温度较高，沙二段1^2油层中部初期温度为79.7℃，8^3油层中部初期温度为88.9℃，该区1965—1979年注入20℃的黄河水，水温比沙二段1^2油层中部温度低59.7℃，比沙二段8^3油层中部温度低68.9℃，1979年10月至今的22年里，回注57℃的污水，此时水温比沙二段1^2层低22℃，比沙二段8^3层低37.9℃，即36年内1^2层注入水温比油层低59.7~22℃，8^3层水温比油层低68.4~31.9℃之间，长期以来注入水与油层温差很大。岩石矿物为热的不良导体，长期剧烈的温差使孔喉表面和内

部骨架的收缩和膨胀发生不协调，导致地下储层孔喉网络中的胶结物及骨架矿物在原地产生机械破碎。

图5－15（a）为该区（综合含水率40%）的2－2－178井资料，表明储层网络和骨架，颗粒较完好，图5－15（b）为该区2－1－J1803井资料（综合含水率95%），表明地下储层网络和骨架颗粒呈现风化破碎，这就是油藏开发流体物理风化作用的具体表现。类似这种现象，在各含水期均普遍存在，风化作用的强度是在中含水期基础上增强。若将各阶段风化程度相比，其中以中—高含水时期风化程度增加速度最快，其他各个含水期风化强度增加相对较慢。

(a)

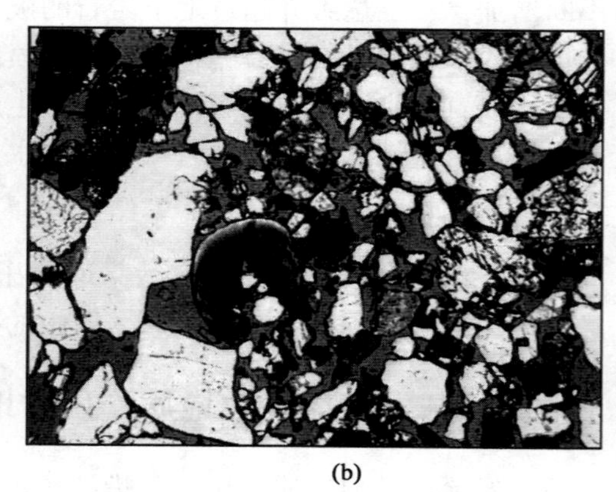
(b)

图5－15　油藏开发流体物理风化作用

（a）2－2－178井1^2层2单元（综合含水率40%）；（b）2－1－J1803井1^2层2单元（综合含水率95%）

若油藏开发注入的是地表淡水，易溶蚀储层中易溶的结构组分，胜二区1965—1979年9月注入黄河淡水，它的矿化度较低并含有丰富的氧，氧为3～8mg/L，1979年10月至今22年间，回注污水，含氧0.01～0.6mg/L，这样的注入水进入储层的孔喉网络，直接与储层中的基质和胶结物作用，首先导致储层的基质和胶结物溶蚀，从而使储层中黏土矿物的成分发生变化，使黏土的总含量减少，从表5－3中可以看出低—特高含水期高岭石减少，伊利石相对含量增加，绿泥石也增加。随着开发阶段的推进，由于储层基质和胶结物的溶蚀，致使储层的骨架颗粒与注入水接触，从而进一步深化溶蚀储层中骨架矿物（如长石和石英及岩屑颗粒），使颗粒表面及内部被溶蚀，如长石颗粒产生次生溶孔、石英颗粒次生加大边被溶蚀为犬牙状等(图5－16)，进而导致储层孔喉骨架及其充填物及孔喉网络被改造或破坏，这就是油藏开发流体化学风化作用的具体表现。

表5－3　沙二段1^2层X衍射黏土矿物组分相对含量表

层位	含水阶段	流动单元	黏土含量均值（%）	黏土矿物组分相对含量（%）				
				伊蒙混层	伊利石	高岭石	绿泥石	伊蒙混层比
1^2	初	2	7.1					
	中	2	7.0	12（6）	4.5	74	5	50
	高	2	2.5	14（5.8）	7.5	65	8.5	42
	特高	2	3.2	2（0.4）	17	67	14	20

(a)

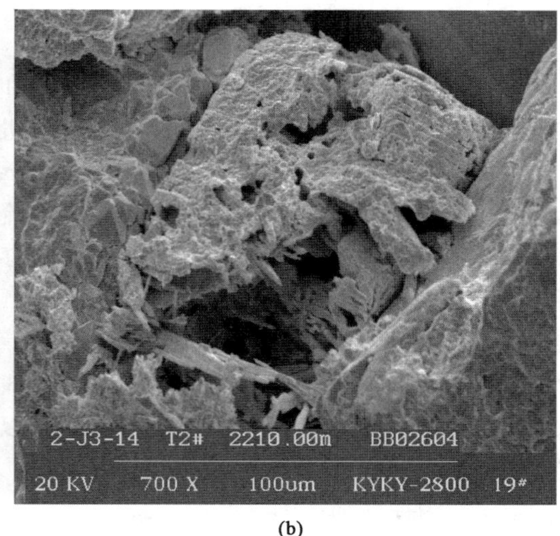

(b)

图 5－16　油藏开发流体化学风化作用

（a）石英次生加大边被溶蚀为犬牙状；（b）长石次生溶孔形成

5.4.2.2　油藏开发流体剥蚀作用

油藏开发流体对储层孔喉的剥蚀作用发生在地下深处，它们对储层的改造和破坏作用可称为油藏开发流体剥蚀作用。根据对储层剥蚀方式和特征可分为机械剥蚀和化学剥蚀两种类型。开发流体在地下储层孔喉中渗流，流速相对慢，流量也分散，冲击力较小，故油藏开发流体对储层孔喉的机械剥蚀作用相对较弱。因油藏长期注水开发，特别是 1965—1979 年注入大量含氧丰富而矿化度较低的地表淡水，1979 年 10 月至今 22 年内回注污水矿化度也不高，同时也含有氧，故对储层产生化学剥蚀作用相对显著，能对任何储层的孔喉骨架和孔喉网络进行不同程度的溶蚀，从而导致孔喉网络或骨架被破坏和改造，并将其产物剥离原地，塑造了地下储层千姿百态的孔喉网络，同时也是地下储层中物质运移的重要动力。

这种剥蚀作用常致使喉道增大，进而可大大增加储层的渗透率。譬如在毛管压力资料中可见，同一储层在同一最大孔喉半径时，高含水阶段储层渗透率比中含水阶段储层渗透率值要高。又如在相对渗透率曲线中可见，在相同含水饱和度时，高含水阶段比中含水阶段储层的水相相对渗透率要高（图 5－17），这是油藏开发流体剥蚀作用的范例。

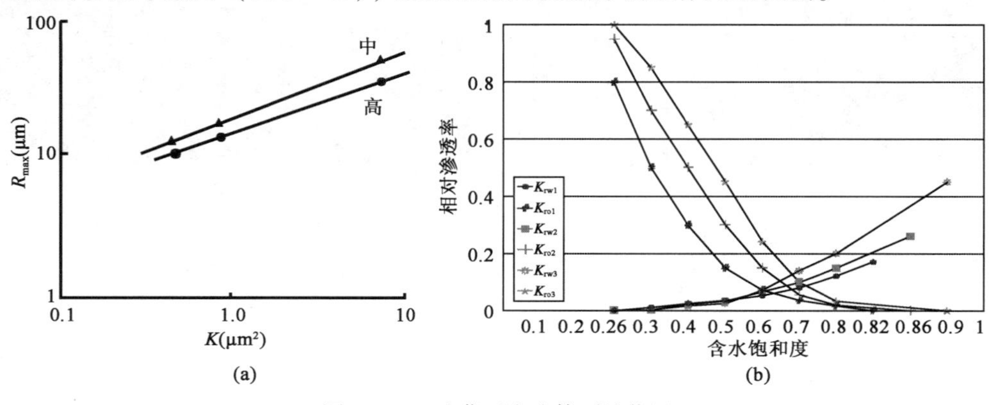

图 5－17　油藏开发流体剥蚀作用

（a）溶蚀孔隙的毛管压力曲线；（b）次生溶孔的相对渗透率曲线

5.4.2.3　油藏开发流体搬运作用

油藏开发流体的搬运作用依据作用方式和特征可分为机械搬运和化学搬运两种，油藏开发流体是在地下储层孔喉中渗流，流速小，机械搬运能力相对较弱，以化学搬运为主。油藏开发流体的机械搬运可使储层中微细的长石、黏土、地层微粒等物理风化剥蚀产物以推移、跃移和悬移三种形式进行搬运。推移是开发流体在运动过程中，对碎屑物质有一个向前的推动力，使它们在孔喉网络中滑动或滚动。跃移是碎屑物质在开发流体的推动力作用下在孔喉网络中以跳跃方式向前移动。而储层中风化产生的细小碎屑颗粒和黏土矿物在开发流体中的推动力及浮力远大于重力，此时它们不易沉淀，是呈悬浮状随开发流体运动，这种搬运作用为悬移搬运。孔喉中化学风化剥蚀的产物一般呈胶体溶液或真溶液形式，一方面随采出油和水搬运到地表，另一方面在一定条件下也可以搬运到一定地方沉积下来，从而改造和破坏储层的孔喉网络或骨架。

5.4.2.4　油藏开发流体沉积作用

油藏开发流体的沉积作用是指油藏开发流体将搬运的物质带到适宜的场所后，因周围环境发生改变而将所携物质沉积下来的过程。根据沉积方式和沉积特征的不同，可分机械沉积和化学沉积两种类型。机械沉积是指油藏开发流体所携带的长石、黏土、地层微粒等碎屑物质因流体流速改变而发生堆积的过程。机械沉积又可分为两种方式，一种沉积方式往往发生在细小喉道部位，由于碎屑颗粒大于喉道而无法通过喉道沉积下来称为卡堵式沉积［图5－18（a）］；另一种沉积方式往往发生在粗大的孔隙中，由于孔隙相对粗大，开发流体流速减小，致使被搬运碎屑颗粒沉积于大孔隙中，称为充填式沉积［图5－18（b）］。若油藏开发流体以胶体溶液和真溶液形式搬运过程中，物质在搬运的物理和化学环境发生变化时产生沉淀，这种沉积过程称为化学沉积作用。

(a)

(b)

图5－18　油藏开发流体中机械沉积作用

（a）卡堵式沉积；（b）充填式沉积

第6章 工程地质勘察

本章摘要

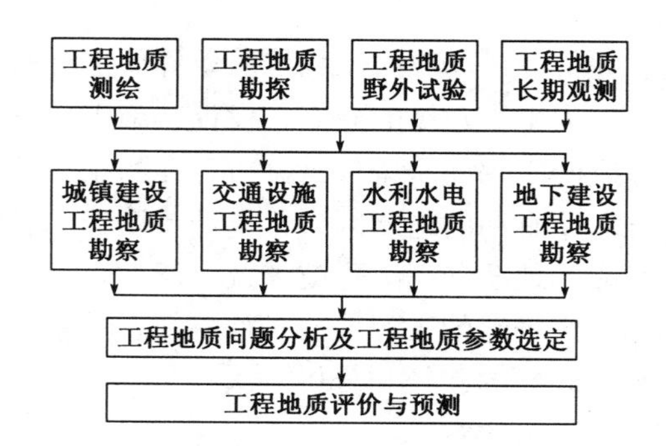

阅读指南

工程地质勘察是修建大型工程建筑前必需的一项工作，主要是为了查明工程地质条件，分析存在的工程地质问题，对工程建筑区做出工程地质评价，工程地质勘察由一系列方法完成。针对不同类型的工程建筑，工程地质勘察的主要对象、主要内容、勘察方法往往存在差异。本章主要介绍了工程地质勘察方法、几类主要工程建筑的工程地质问题及工程地质勘察要点。

本章重点

工程地质勘察的目的和任务；工程地质测绘的内容、范围、精度和比例尺；工程地质勘探方法及勘探部署原则；工程地质野外试验方法；工程地质长期观测；几类主要工程建筑面临的主要工程地质问题；几类工程建筑各自的工程地质勘察要点。

6.1　工程地质勘察方法

在工程建设中，无论是工程地点的选择，还是建筑物的部署、建筑型式的确定以及设计参数的正确取值等，都必须以地质勘察资料为依据。只有通过地质勘察工作，查明工程建筑区的工程地质条件后，才能论证规划、设计的技术可行性与经济合理性，否则就会导致严重的后果，轻者延误工期、造成浪费，重者使工程半途而废，甚至给国家和人民生命财产带来巨大损失。例如，2008 年 8 月 8 日，北京奥运会开幕那天开工的全长 14.5km 的大柱山隧道

(横穿横断山) 就是一个“超级拦路虎”。大柱山隧道融合了国内长大隧道复杂断层、涌水涌泥、软弱围岩大变形、高地热、岩爆等各类风险，地质情况极其复杂多变，施工难度极大，施工技术和组织难题众多。作为大瑞铁路全线工期控制性工程，按照设计，隧道原预定工期为5年半，2014年结束，后来这条隧道的工期一度调整为8年，又再度调整为13年，预计到2021年才能完工。

因此工程技术人员应当了解地质勘察的基本内容及勘察方法。

工程地质勘察是修建大型工程建筑前必需的一项工作，工程地质勘察由一系列方法完成。

6.1.1 工程地质勘察概述

6.1.1.1 工程地质勘察的内涵

工程地质勘察是研究、评价建设场地的工程地质条件所进行的地质测绘、勘探、室内实验、原位测试等工作的统称，为工程建设的规划、设计、施工提供必要的依据及参数。

工程地质勘察的目的是查明工程地质条件，分析存在的工程地质问题，对工程建筑区做出工程地质评价，以便充分利用有利的地质因素，避开或改造不利的地质因素，为工程建设的规划、设计和施工提供可靠的地质依据。这就涉及广泛的理论，根据勘察成果阐明工程地质条件的区域性变化规律和建筑场地的工程地质条件特征，并结合建筑的类型与规模指出存在的工程地质问题，以及解决问题的途径和分析方法。

工程地质勘察主要有以下五项内容：

(1) 搜集研究区域地质、地形地貌、遥感照片、水文、气象、水文地质、地震等已有资料，以及工程经验和已有的勘察报告等；

(2) 工程地质调查与测绘；

(3) 工程地质物探、钻探与坑探；

(4) 岩土试验、现场原位观测、岩土力学试验和测试；

(5) 资料整理和编写工程地质勘察报告。

工程地质勘察的主要任务可归纳为：

(1) 查明建筑场地的工程地质条件，选择地质条件优越、合适的建筑场地；

(2) 查明场区内崩塌、滑坡、岩溶、岸边冲刷等物理地质作用和现象，分析和判明它们对建筑场地稳定性的危害程度，为拟定改善和防治不良地质条件的措施提供地质依据；

(3) 查明建筑物地基岩土的地层时代、岩性、地质构造、土的成因类型及其埋藏分布规律，测定地基岩土的物理力学性质；

(4) 查明地下水类型、水质、埋深及分布变化，为工程建设的设计、施工和整治提供地质资料和岩土技术参数；

(5) 根据建筑场地的工程地质条件，分析研究可能发生的工程地质问题，提出拟建建筑物的结构形式、基础类型及施工方法的建议；

(6) 对于不利于建筑的岩土层，提出切实可行的处理方法或防治措施。

6.1.1.2 工程地质勘察方法及阶段

工程地质勘察除了勘察的理论指导外，必须有一套行之有效的勘察方法和技术，这些方法就是工程地质测绘、工程地质勘探（物探、钻探、坑探等）、工程地质试验、工程地质长期观察和工程勘察资料的分析整理。这些方法技术随着科学技术的进步在不断革新，各种勘察技术方法的原理、应用条件、相互关系及配合是工程地质勘察的重要研究内容之一。勘察方法和工作量主要根据工程类别与规模、勘察阶段、场地工程地质的复杂程度和研究状况、工程经验、建筑物等级及其结构特点、地基基础设计与施工的特殊要求等六个方面而定。

工程地质勘察的内容、步骤及不同勘察阶段的工作部署也是工程地质勘察研究的必要组成部分，勘察程序反映了认识过程的客观规律，建筑区的工程地质条件不是一次勘察就能认识清楚的，而是一个反复的过程。合理地划分勘察阶段，界定每个阶段的勘察任务和内容、前后两阶段的衔接配合；勘察资料的分析整理，各种工程地质图件的编制；场地工程地质评价方法等。

各类工程建筑对工程地质条件的要求不同，其勘察工作也有自身的特殊性，对各类建筑最有效的勘察方法技术、特殊要求、勘察工作的总体部署等都需要进行深入研究。

工程地质人员应与设计人员密切配合，有计划、有步骤地解决与建筑地点、结构形式、施工方法等有关的一系列工程地质问题，为此将工程地质勘察工作分为几个阶段。由于各国乃至各设计部门的工作性质和工作经验不同，工程地质勘察的阶段划分略有区别。大致可分如下几个阶段：

（1）工程地质踏勘：也称规划（可行性研究或草图设计）阶段工程地质勘察，目的是为工程规划和技术可行性、经济合理性论证等方面提供资料，其任务是初步查明建筑区的工程地质条件，论证区域稳定性，并对近期可能建筑区或重点地段做出粗略的工程地质评价，提出建筑地段的比较方案。这一阶段通常通过文献资料的研究、路线踏勘及中、小比例尺的工程地质测绘，结合少量的勘探和适量的室内实验来完成。

（2）初步设计阶段工程地质勘察：可分为选址前和选址后勘察，选址前勘察的任务是在踏勘阶段指定的区域内选定工程地质条件最优的建筑场地，并对主要的工程地质问题进行定性或适当定量评价，主要采用工程地质测绘配合以勘探、少量试验。选址后勘察的任务是进一步查明建筑物影响范围内工程地质条件，提供定量指标，深入分析存在的工程地质问题，做出可靠的定量评价，并通过大量的勘探、试验、室内分析和长期观测来完成。

（3）技术施工设计阶段工程地质勘察：也称施工图设计阶段工程地质勘察，主要解决各建筑物及其部分施工详图所需的工程地质资料。施工中进行挖方及基坑的地质编录、验收建筑物地基、进行地下水和自然地质作用的长期观测。这一阶段以施工所需的各种试验方法为主，并根据需要做些补充勘探工作等。

有了阶段的划分，勘察工作就能有步骤地进行。研究的地区范围由大到小，研究的程度越来越深入，研究的精度越来越高，由地表逐渐深入到地下，由定性评价逐渐转入到定量评价。工程建设一定要按程序办事，有些工程采取“三边”政策，即边勘测、边设计、边施工的做法，否定了勘察和设计的阶段性，这是不合理的，事实也证明，这样做造成了很大的浪费，甚至造成有些工程根本就不能正常运行。

6.1.2 工程地质测绘

6.1.2.1 概述

工程地质测绘是工程地质勘察中最主要、最基本的勘察方法，是工程地质勘察中的一项基础工作。它运用地质、工程地质理论及有关学科知识对地质体、地质现象进行观察和描述，以查明拟定建筑区内工程地质条件的空间分布和各要素之间的内在联系，将所观察的各种要素表示在地形图和有关图表上，以反映测绘区的地质现象，配合工程地质勘探、工程地质试验等所取得的资料编制成工程地质图，作为工程地质预测的基础，提供设计部门使用。

工程地质测绘是设计初始阶段勘察的主要手段，其特点是经济、快速、有效。测绘成果不但可以直接用于工程设计，而且是其他勘察工作的基础和依据。即便是在初步设计后和施工图设计勘察中，也还要进行大比例尺的测绘工作。高精度的工程地质测绘可有效地查明建筑区的工程地质条件，并大大缩短工期，节约投资，提高勘察工作的效率。

工程地质测绘分综合性测绘和专门性测绘两种：

综合性测绘以全面查明工程地质条件为主要目的，是对工作区内工程地质条件的各要素全面研究并进行综合评价，为编制综合工程地质图提供资料。

专门性测绘是对某一种工程地质要素进行调查，是为某一特定建筑物服务的，或者是对工程地质条件的某一要素进行专门研究以掌握其变化规律，为编制专用工程地质图或工程地质分析图提供依据。无论哪一种都是服务于建筑物的规划、设计和施工，使用时都有特定的目的。

工程地质测绘除了阐明各种地质现象的成因和性质外，还应获得各种定量指标。对特定不良现象还要研究其发生发展过程及其对建筑物和地质环境的影响程度。如断裂带的宽度和构造岩的改善、软弱夹层的厚度和性状、地下水位标高、裂隙发育程度、物理地质现象的规模、基岩埋藏深度等，以作为分析工程地质问题的依据。对与建筑物关系密切的不良地质现象还要详细研究其发生发展过程及其对建筑物和地质环境的影响程度。

工程地质测绘应做到：

（1）充分收集和利用已有资料，并综合分析，认真研究，对重要地质问题，必须经过实地校核验证；

（2）中心突出，目的明确，针对与工程有关的地质问题进行地质测绘；

（3）保证第一性资料准确可靠，边测绘，边整理；

（4）注意点、线、面、体之间的有机联系。

工程地质测绘的特点：

（1）对工程安全、经济和正常使用有影响的不良地质现象进行详细测绘，详细研究其分布、规模、形成机制、影响因素，分析其对工程的影响程度，提出防治对策和措施。而对与工程关系不大的一般性地质现象可不予重视。

（2）工程地质测绘要求的精度较高，除了定性阐明地质现象的成因、性质外，还需测定必要的定量指标，如岩土体的物理力学参数等。

（3）满足工程设计和施工要求，工程地质测绘常采用大比例尺专门性测绘。

6.1.2.2　工程地质测绘的研究内容

工程地质测绘的研究内容主要是工程地质条件，其次也应注意对已有的建筑区和采掘区的调查。工程地质测绘是为工程建筑服务的，应根据勘察阶段的要求和测绘比例尺分别对工程地质条件的各个要素进行调查。

（1）岩土体。岩土是产生各种地质现象的物质基础，是工程地质测绘的主要研究内容。要求查明测绘区内地层、岩土分布特征及成因、岩相变化，特别注意性质特殊的岩土（如软土、膨胀土、可溶岩等），应注重岩土体物理力学性质的定量研究，分析与工程建筑的关系。

（2）地质结构与构造。地质结构与构造是决定区域稳定性和场地岩土体均一性及稳定性的重要因素，它控制了地形地貌、水文地质条件和不良地质现象等的发育和分布，控制了岩土体的稳定性。工程地质测绘中研究地质构造，主要运用地质历史分析和地质力学原理，重点分析褶皱、断层、节理、裂隙的分布和组合关系，并注重分析地质构造与工程建筑的关系。

（3）地形地貌。地形地貌对建筑场地的选择、建筑物的合理布局、帮助研究物理地质现象等都具有十分重要的意义。主要查明地形几何形态特征（如地形切割密度、深度、坡度、沟谷等），划分地貌单元并查明地貌单元的特征、成因，研究地形地貌与岩性、构造和物理地质现象间的关系。

（4）水文地质。通过地质结构和地层分析，结合地下水的天然和人工露头及地表水体的研究，查明含水层和隔水层的埋藏与分布、岩土的透水性、地下水类型、地下水位、水质、水量等，必要时应配合取样分析、动态长期观测、渗流试验等研究。在工程地质测绘中研究水文地质，主要是为研究与地下水活动有关的岩土工程问题和不良地质现象。

（5）工程动力地质现象。工程动力地质现象常给建筑区的地质环境和人类工程带来许多麻烦，甚至造成重大灾害。应搞清楚工程动力地质现象存在情况，并进一步分析其发展规律、形成条件和机制，判明目前所处的状态及对建筑物和地质环境的影响。工程地质测绘中应以岩性、构造、地形地貌、水文地质调查为基础，查清工程动力地质现象的存在情况，分析其发育发展规律、形成条件和机制，判断其存在状态及对建筑物和地质环境的影响。

（6）天然建筑材料。直接关系工程造价及建筑型式的选择。应注意寻找天然建筑料场，并对其数量、质量做出初步评价。

6.1.2.3 工程地质测绘范围、比例尺和精度

1. 工程地质测绘范围

工程地质测绘一般根据规划与设计建筑物的需要在与该项工程活动有关的范围内进行。在规划区内进行测绘，选择的范围过大会增大工作量，过小则不能有效查明工程地质条件，满足不了建筑物的要求，因此必须合理选择测绘范围。

在建筑规划和设计阶段往往涉及较大范围，当工程进入后期设计阶段时，测绘范围只需局限于某建筑区的小范围内。对工程地质条件复杂、地质资料不足的地区，应适当扩大工程地质测绘范围。

分析工程地质条件的复杂程度必须分清两种情况：一种是在建筑区内工程地质条件非常复杂，如构造变动剧烈、断裂很发育或者岩溶、滑坡、泥石流等物理地质作用很强烈。另一种情况是建筑区内工程地质结构并不复杂，但在邻近地区有能够产生威胁建筑物安全的物理地质作用的策源地，如泥石流的形成区、强烈地震的发震断裂等。这两种情况均直接影响到建筑物的安全，若仅在建筑区内进行工程地质测绘则后者是不能被查明的，因此必须根据具体情况适当扩大工程地质测绘的范围。

应从以下三方面确定工程地质测绘范围：

（1）应根据建筑物类型、规模大小及建筑物与自然环境相互作用影响的范围、规模和强度的差异等方面选择合理的测绘范围，如水库的测绘范围至少包括地下水影响到的地区。

(2) 应根据工程建筑物的规划和设计阶段选择合适的测绘范围，如在规划和设计的初期，涉及范围较大，测绘范围应包括所有有关地区，而在勘察设计的后期阶段，测绘范围可局限于建筑区的范围。

(3) 应根据工程地质条件的复杂程度选择适度的测绘范围，工程地质条件越复杂、认识程度越差，则需进行测绘的范围越大。

2. 工程地质测绘比例尺

工程地质测绘的比例尺主要取决于勘察阶段、建筑类型及规模和工程地质条件的复杂程度。在初期阶段，工程设计上对地质条件要求不高，小比例尺测绘即可满足要求，随着设计阶段的提高，需要充分详细的地质资料，则必须进行大比例尺的工程地质测绘。在同一设计阶段内，比例尺的选取又取决于建筑物的类型、规模和工程地质条件的复杂程度，越复杂所采用的比例尺就越大。正确选取工程地质测绘比例尺所得到的成果既要满足工程设计的要求，又要尽量节省测绘工作量。

根据国家惯例和我国各部门勘探经验，工程地质测绘比例尺一般采用如下规定：

(1) 踏勘及路线测绘比例尺为1:500000～1:200000，用来了解区域工程地质条件，以便初步估计建筑物对区域地质条件的适应性。

(2) 小比例尺为1:100000～1:50000，用于可行性研究阶段，主要查明规划区工程地质条件，初步分析区域稳定性，为建筑区的选择提供依据。

(3) 中比例尺为1:25000～1:10000，用于初步设计阶段，查明建筑区的工程地质条件，初步分析存在的工程地质问题，为合理选择建筑地点提供地质依据。

(4) 大比例尺为1:10000～1:500，用来详细查明建筑场地的工程地质条件，为选定建筑型式或解决专门工程地质问题提供依据。

若现场条件复杂，可以适当放大比例尺。

3. 工程地质测绘精度

工程地质测绘精度是指野外地质现象观察、描述及表示在图上的精确程度和详细程度。野外地质现象能否客观地反映在工程地质图上，除了调查人员的技术素质外，还取决于工作的细致程度。为此对野外测绘点数量和工程地质图上表达的详细程度做出原则规定：无论何种比例尺，要求整个图幅上平均2～3cm内应有一个测点；工程地质条件各要素的最小单元划分应与测绘的比例尺相适应；任何比例尺图上界线误差不得超过2mm。不同比例尺的工程地质测绘的精度和准确度是不同的（表6－1）。

表6－1　不同比例尺的工程地质测绘的精度与允许误差

比例尺	1:10万	1:5万	1:1万	1:1000	1:500
尺寸（m）	200	100	20	2	1
允许误差（m）	50	25	5	0.5	

同时，野外观测点的布置和定位还应满足：在地质构造线、地层接触线、岩性分界线和每个地质单元应有观测点；应充分利用天然露头及人工露头；观测点应根据场地的地貌、地质条件、成图比例尺、工程要求等，选用适当方法。

6.1.2.4　工程地质测绘工作程序

(1) 在室内查阅已有的资料，如区域地质资料（区域地质图、地貌图、构造地质图、地质剖面图及其文字说明）、遥感资料、气象资料、水文资料、地震资料、水文地质资料、工程地质资料及建筑经验。

（2）现场踏勘：在搜集研究资料的基础上进行的，其目的在于了解测绘区地质情况和问题，以便合理布置观察点和观察路线，正确选择实测地质剖面位置，拟定野外工作方法。

（3）编制测绘纲要：根据拟建筑物的类型、规模和野外地质条件，明确工程地质测绘任务、工作方法、精度要求，进行工作量概算和经济预算，制定工作计划和工作方案。

（4）实地实施测绘：按计划实施工程地质测绘，中途有必要的话，还应适时修改工作方案。

6.1.3 工程地质勘探

6.1.3.1 概述

工程地质勘探是工程地质勘察的重要方法，一般在工程地质测绘的基础上进行。在工程地质测绘基础上为进一步探明地下工程地质要素的情况，掌握工程地质要素在一定范围内的空间变化规律，需要进行物探、钻探、坑探等工程地质勘探。

工程地质勘探的主要任务包括：

（1）探明地下有关的地质情况，如地层岩性、断裂构造、地下水文等。

（2）为深部取样及现场试验提供条件。从勘探工程中采取岩土样品以供室内试验及分析鉴定，同时勘探形成的钻孔可为现场原位试验提供场所。

（3）利用勘探坑孔可以进行某些项目的长期观测及不良地质现象处理等工作。

对任何工程地质条件及工程地质问题研究都离不开勘探工作。工程地质勘探包括物探、钻探、坑探等。

6.1.3.2 工程地质物探

物探即地球物理勘探，它是利用专门以探测地壳表层各种地质体的物理场，包括电场、磁场、重力场等，通过测得的物理场特征和差异来判明地下各种地质现象，获得某些物理性质参数的一系列勘探方法。

工程地质物探方法虽能简便而迅速地探测地下地质情况，但由于它受到非探测对象的影响和干扰，以及仪器精度的限制，其判断和解释的结果往往较为粗略，且具有多解性，因此在物探之后还需用钻探、坑探等来验证，以获得准确的地质成果。工程地质物探所给出的是根据物理现象对地质体或地质构造做出解释推断的结果，它是间接的勘探方法。

工程地质物探方法包括电法勘探、重力勘探、地震勘探、磁法勘探等。

电法勘探是根据岩石和矿石电学性质（如导电性、电化学活动性、电磁感应特性和介电性，即所谓“电性差异”）来找矿和研究地质现象的一种地球物理勘探方法。

重力勘探是利用组成地壳的各种岩土体、矿体间的密度差异所引起的地表重力加速度值的变化而进行地质勘探的一种方法。

地震勘探是通过人工激发产生的弹性波在地壳中传播来探测地下地质现象的物探方法。

磁法勘探是利用仪器发现和研究磁异常，进而寻找磁性矿体和研究地质现象的勘探方法。

6.1.3.3 工程地质钻探

为了勘探矿床、地层构造、土壤性质等，用器械向地下钻孔，取出土壤或岩心供分析研究，这一系列勘探工作称为钻探，它是广泛应用于工程地质勘察的勘探手段。

一般情况下凡布置勘探工作的地段均须采用钻探方法。钻探可在除地形对钻机安置有影响外的各种环境下进行，它能直接观察岩心和采样，勘探精度高，勘探深度大且不受地下水限制。但钻探一般难以直接观察，且对工程起决定意义的软弱层和破碎带往往不易取心，以致达不到地质要求，而且钻探工作耗费大量人力、物力和财力，因此要在工程地质测绘及物探等工作基础上合理布置钻探。

在钻探工作中，工程地质人员主要做三方面的工作，即：

（1）钻孔设计任务书：阐明钻孔附近的地形、地质概况，钻孔的目的和应注意的问题，钻孔类型、孔深、孔身结构等，提出工程地质要求及钻孔完成后的处理意见（长期观测或封孔）。

（2）钻孔的观测和编录：在钻进过程中应随时进行岩心观察、描述和编录，进行水文地质观测及钻进情况记录、描述。

（3）钻孔资料整理：编制钻孔柱状图，填写操作及水文地质日志，进行岩心素描。

6.1.3.4　工程地质坑探

工程地质坑探是由地表向深部挖掘坑槽或坑洞，以便地质人员直接深入地下了解有关地质现象或进行试验等使用的地下勘探工作。

坑探坑道可分为两类：

（1）地表勘探坑道：包括探槽、浅井和水平坑道，水平坑道又分为沿脉、穿脉、石门和平硐。

（2）地下勘探坑道：包括倾斜坑道和垂直坑道，倾斜坑道分为斜井、上山、下山，垂直坑道又分为竖井、天井、盲井。

勘探中常用的坑探包括探槽、试坑、浅井、平硐、石门等（表6－2、图6－1）。

表6－2　坑探的工程类型

类型		规格	适用条件
轻型	试坑	圆形或方形小坑，深度小于3～5m	早期勘察阶段，配合测绘揭示浅部地质现象，如风化壳等，用于取样及野外现场试验
	探槽	长方形槽子，深度小于3～5m	
	浅井	圆（方）形，铅直，深度5～15m	
重型	竖（斜）井	圆（方）形，铅直（斜），深度大于15m	后期勘察阶段，重要工程、洞室工程。探明重要地质现象。用于较深部试验及取样
	平硐	有出口的水平坑道，深度不限	
	石门（平巷）	与竖井相连的水平坑道，石门与岩层走向垂直，平巷与岩层走向平行	

一项坑探工程，尤其是重型坑探工程，在设计、施工中有许多工作要做，如坑探工程设计书的编制、施工地质问题、坑洞围岩稳定性、坑洞内工程地质研究等。

在坑洞采掘过程中或成洞后，应详细进行有关地质现象的观察描述，并将所观察的内容用文字及图表表示，主要包括坑洞地质现象的观察描述和坑探工程地质展示图的编制。观察描述的内容主要包括地层岩性、地质结构、岩石风化特征、地下水渗漏、地下水文、不良地质现象等。展示图是任何坑探工程必须制作的重要地质图件，它将坑洞每一壁面的地质现象按划分的单元体和一定比例尺表示在一张平面图上。

坑探工程的作用主要包括：

（1）供地质人员进入坑道内直接观察研究地质构造和矿体产状。

（2）直接采集岩石样品，为探明高级储量和了解工程地质条件，以及为后续的矿山设计、采矿、选矿和安全防护措施提供依据。

（3）对某些有色金属和稀有贵金属矿床、特殊地质背景下的工程建设，必须用坑探来验证物探、化探和钻探资料。

（4）部分坑道用于探采结合。坑探工程除用于金属、贵金属、有色金属等普查勘探外，还用于隧道、采石、小矿山采掘和砂矿探采、后期工程监测等领域。

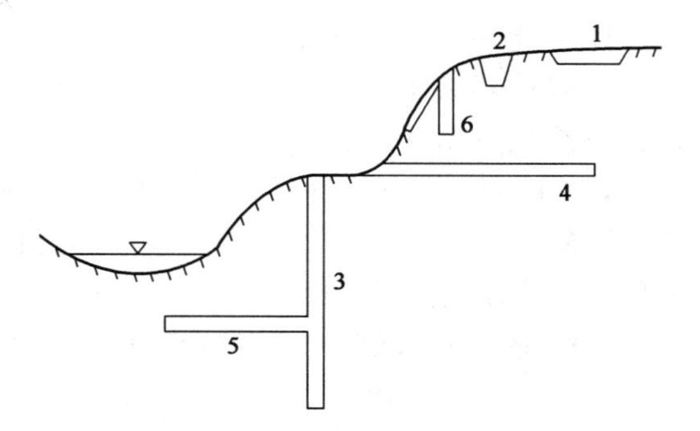

图 6－1　坑探类型示意图

1—探槽；2—试坑；3—竖井；4—平硐；5—石门；6—浅井

6.1.3.5　勘探部署的一般原则

勘探部署涉及手段的选择、时间先后的安排、坑孔的位置、深度等一系列具体问题，因此应在充分掌握已有地质资料的基础上，遵循如下原则：

（1）恰当运用物探、钻探、坑探等手段，扬长避短，互相配合，以便能有效、快速解决实际问题，并节约投资。

（2）不同勘探阶段工程地质勘探的深度、广度不一样，随着勘探阶段提高，勘探工作遵循范围由大到小、点线由稀至密、点位布置逐步由以工程地质条件为依据过渡到以建筑物轮廓为依据、由物探及轻型坑探钻探逐步转到大量钻探及重型坑探。

（3）充分考虑工程地质条件复杂程度、规律和待研究问题的性质，合理部署勘探。如为了解场地工程地质条件，勘探应垂直岩层走向、构造单元和河谷；为探明水库地下水，则应沿水流方向进行勘探；为查明滑坡位置，应在主滑床方向布置勘探；为探明风化壳特征，孔深应达到新鲜基岩。

（4）勘探部署随建筑物类型和规模而异。道路、渠道、隧洞等多采用沿线隔一定距离布置一垂直断面；工业与民用建筑按其轮廓部署坑孔；建筑物越大，勘探点数目越多，坑间距越小。

6.1.4　工程地质野外试验

6.1.4.1　概述

工程地质野外试验是为了解岩土体的物理力学特性和建筑荷载引起的力学效应，在可能作为建筑场地的野外现场，对岩土物理性质、水理性质、力学性质、变形特性等进行的试验工作。工程地质试验通常采用室内试验与现场试验、原体测试与模型试验、静力法与动力法等相互验证，还必须与现场地质研究相结合，力求真实反映岩土体的工程地质特性。

野外试验是工程地质勘察工作中的重要勘察手段，是获得工程地质问题定量评价和工程设计及施工所需参数的主要手段。其最大优点是在现场进行试验，在建筑物地基范围内，保持岩土体的原始应力状态、天然结构和含水性，以了解其自然特性或模拟岩土体可能承受的荷载和渗流作用，研究岩土体工程地质特性的变化，可选择较大尺寸，较好地反映天然岩土体的不均一性和不连续性。其缺点是试验设备笨重、操作复杂、工期长、费用高。

野外试验可分为三种类型：岩土力学性质和地基强度试验，包括载荷试验、钻孔旁压试验、触探试验、剪切试验等；水文地质试验，包括渗水试验、抽水试验、压水试验等；地基工程地质处理试验，包括灌浆试验、桩基承载试验等。

工程地质野外试验的主要特点有：

（1）保持天然状态：试样不脱离原来的环境，在保持原始应力状态、天然结构和含水量的情况下进行试验。

（2）综合反映客观实际：野外试验的尺寸较大，能包含较多的结构面，更能反映天然岩土体的不均匀性和不连续性。

（3）避免取样的困难：在遇粒径很粗、颗粒不均、结构相差悬殊的岩土体，或风化程度不一的碎裂岩土体和软弱夹层等情况时，很难选取代表性的试样，野外试验更具优势。

（4）完成室内无法测定的试验内容：由于岩土体的某些性质与地质环境相关，如裂隙体的空隙性、透水性、天然应力状态和洞室围岩松动等，必须在建筑场地中进行试验。

然而野外试验所需试验条件、设备和技术都比较复杂，有时需要大量的辅助工作，且受人力、物力、时间限制，常只能在建筑场地的关键部位上做少量工作。

6.1.4.2 岩土力学性质和地基强度试验

1. 载荷试验

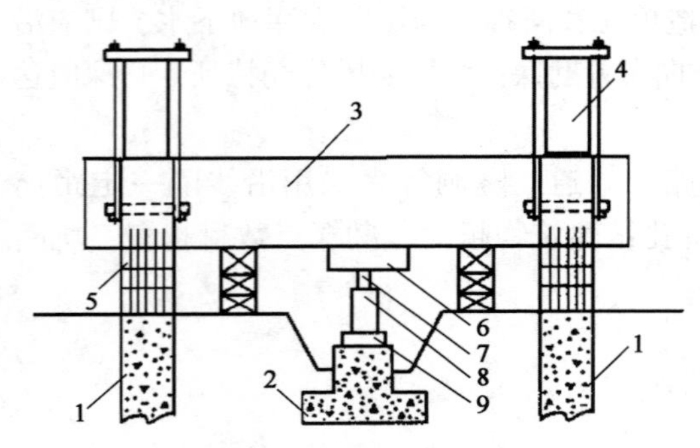

图6－2 载荷试验装置示意图

1—锚桩；2—承压板；3—主梁；4—副梁；5—锚筒；6—上压板；7—传感器；8—千斤顶；9—下压板

载荷试验是指逐级施加轴向压力、轴向上拔力或在桩基承台底面标高一致处施加水平力，观测相应检测点随时间产生的沉降、上拔位移或水平位移，测定各级和在沉降量随时间的变化至稳定后的荷重压力及相应稳定时间的沉降量，绘制压力—沉降量关系曲线，从而确定岩土体的有关力学参数（如地基承载力、变形模量等）。

该试验主要用于研究地基岩土体在天然状态下的变形和强度性质，在建筑物的关键部位和土体软弱或不均匀的典型地段上开挖的方形试坑内进行，是一种大型的模拟试验，其成果可靠，常作为其他试验对比分析的依据（图6－2）。

2. 钻孔旁压试验

钻孔旁压试验是将圆柱形旁压器竖直放入岩土中，通过旁压器在竖直的孔内加压，使旁压膜膨胀，并由旁压膜将压力传给周围的岩土体，使岩土体产生变形直至破坏，通过施加的压力和岩土变形之间的关系，即可得到地基岩土在水平方向的应力应变关系。它是在钻孔内利用旁压器对岩土体施加横向荷载的原位测试方法（图6-3）。该试验快速、经济、适用条件广，可用于测定各种变形模量和承载力。

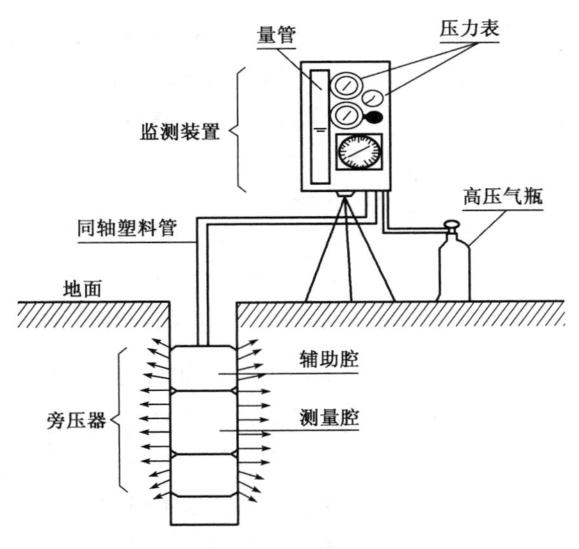

图6-3　旁压试验示意图

该试验对放在钻孔中充满水的旁压器加压使其膨胀并迫使周围岩土体变形，通过逐级加压直至岩土体破坏，记录不同压力下的水位变化，绘制与载荷试验类似的压力与变形量曲线，从而判断土体的变形和强度特征。

3. 触探试验

触探试验将一个特制的探头通过探杆压入岩土层中，根据测得的贯入阻力大小或贯入一定深度的击数来判断岩土的物理力学性质。该试验是一种成本低、效率高、机械化程度高并具有发展前途的野外测试技术，可分为静力触探试验和动力触探试验。

静力触探试验，是把具有一定规格的圆锥形探头借助机械匀速压入土中，以测定探头阻力等参数的一种原位测试方法（图6-4）。它分为机械式和电测式两种。电测静力触探是应用最广的一种原位测试技术，这与它明显的优点有关：兼有勘探与测试双重作用；测试数据精度高、再现性好，且测试快速、连续、效率高、功能多；采用电子技术，便于实现测试过程自动化。

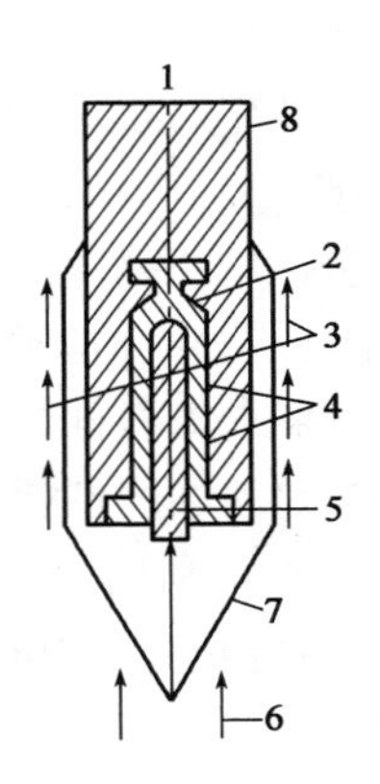

图6-4　触探头工作原理示意图

1—贯入力；2—空心柱；3—侧壁摩擦阻力；4—电阻片；5—顶柱；6—锥尖阻力；7—探头套；8—探头管

动力触探试验是利用一定的锤击动能，将一定规格的探头打入土中，根据每打入土中一定深度的锤击数（或以能量表示）来判定土的性质，并对土进行粗略力学分层的一种原位测试方法。动力触探技术在国内外应用极为广泛，是一种主要的土的原位测试技术，这是和它所具有的独特优点分不开的。其优点是：设备简单且坚固耐用；操作及测试方法容易；适应性广，砂土、粉土、砾石土、软岩、强风化岩石及黏性土均可；快速、经济，能连续测试土层；有些动力触探测试（如标准贯入），可同时取样观察描述。

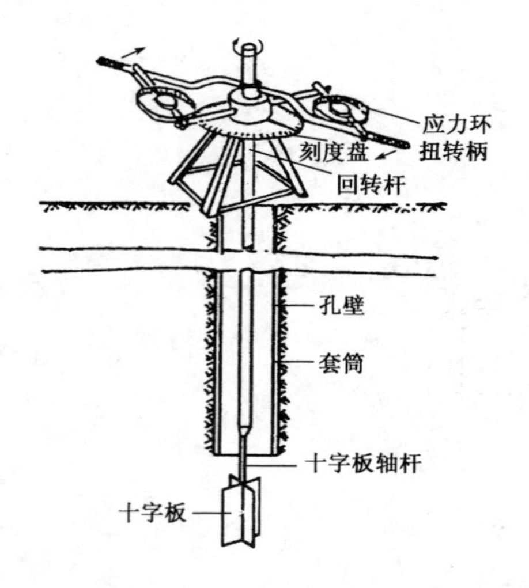

图 6－5　十字板剪力仪示意图

4. 剪切试验

在工程力的作用下，岩土体通常易在软弱部位产生剪切破坏，因此剪切试验也是野外试验的重要内容。测定材料在剪切力作用下的抗力性能，是材料机械性能试验的基本试验方法之一，包括十字板剪力试验、原位直剪试验等。

十字板剪力试验是专门用来测定饱水软黏土抗剪强度的原位测试方法（图 6－5），该试验的最大深度为 30m。原位直剪试验主要测试岩石的抗剪强度。

6.1.4.3　水文地质试验

水文地质试验是为取得岩土的水文地质参数和查明水文地质条件而进行的野外试验。常用的有抽水试验、压水试验、渗水试验、弥散试验等。

（1）抽水试验：通过井或钻孔抽取含水层中的水而进行的水文地质试验。抽水试验的目的是求得抽水流量和地下水位降落值的关系；计算含水层的渗透系数、给水度、储水系数等水文地质参数；确定抽水时的地下水位降落漏斗的影响范围；查明地表水与地下水之间或不同含水层之间的水力联系等。根据要解决的问题，可以进行不同规模和方式的抽水试验。单孔抽水试验只用一个井抽水，不另设置观测孔，取得的资料精度较差；多孔抽水试验是用一个主孔抽水，同时配置若干个监测水位变化的观测孔，以取得比较准确的水文地质参数；群井开采试验是在某一范围内用大量生产井同时长期抽水，以查明群井采水量与区域水位下降的关系，求得可靠的水文地质参数，作为评价地下水开采资源的依据之一。

（2）压水试验：将水压入钻孔以确定岩土渗透性的野外试验。压水试验可以定性地了解不同深度（包括地下水面以上和以下）的坚硬、半坚硬岩层的透水性和裂隙发育程度，以此判断岩土体裂隙性、检验地基处理效果、为工程设计提供水文地质参数等。专门设计的压水试验可以用来求出各向异性岩土的渗透张量。根据压水试验结果可以确定水工建筑物基础和库区岩层防渗和加固的措施。

（3）渗水试验：利用试坑渗水以测定包气带渗透性的野外试验。选择潜水位埋藏深度较大的地方，在地表挖一试坑。在试坑底部嵌入内外两个铁皮环，用专门的倒立水瓶（马利奥特瓶）向内外环注水，使水面始终保持同一高度，则内环中的水便垂直下渗。求出单位时间内向内环试坑底渗入的水量，除以内环底面积，即可求得平均渗透流速。当坑底水层厚度很小（一般为 10cm），而下渗深度相当大时，如不考虑毛管力，则水力坡度 $I=1$，根据达西定律，此时渗透系数在数值上与渗透流速相等。

（4）弥散试验：通过野外方法测定含水层弥散度的试验。一般的方法是向钻孔中投入示踪剂，测定示踪剂在含水层中运移状况，根据地下水的流速和示踪剂的浓度变化曲线，求得弥散度和弥散系数。在野外试验中理想的示踪剂是无毒、廉价、能随水移动、化学性质稳定及不被含水层介质吸附和滤出的物质，常用 NaCl 和荧光素等。试验有局部规模和整体规模两类。局部规模通常采用单井脉冲注入技术。注入示踪剂后，测定井中示踪剂浓度随时间变化的曲线，通过公式计算而得出弥散度。整体规模即在试验场内设置一个示踪剂注入井和若干个观测井，观测示踪剂的运移。根据示踪剂浓度变化曲线和地下水的流速，可计算出弥散度和弥散系数。

6.1.5 工程地质长期观测与预测

6.1.5.1 工程地质长期观测

工程地质长期观测是工程地质勘察中一项重要工作，在工程规划、勘察、施工阶段以至完工以后对某些工程地质条件和某些工程地质问题进行长期观测，以了解其随时间变化的规律及发展趋势，从而验证、预测和评价对工程建筑和地质环境的影响。工程地质长期观测是运用测量手段对工程地质条件的某些要素做较长时间的监测和分析研究工作。工程地质长期观测必须在查清工程地质条件基础上进行。某些地质现象（如滑坡移动、建筑物沉降等）随时间的延续或受各种因素制约而做复杂的长时间变化，只有通过一段时间监测才能掌握其规律。长期观测也是检验工程地质预测和评价结论实际效果的必不可少的手段。长期观测网点的位置应能控制观测对象在空间上的变化，观测时间有定期的和不定期的，其间隔和长短，视观测内容需要和变化特点而定。

工程地质长期观测的研究对象和内容十分广泛，可分为如下几类：

（1）地下水动态监测：为了合理开发和利用地下水资源，遏制已有的地下水环境问题的进一步恶化，防止新的地下水开发区出现类似问题，在加强勘察的基础上，必须对地下水动态变化进行监测。地下水监测是为保障社会经济可持续发展而开展的一项重要的基础性、公益性工作。加强地下水动态监测，一方面是为制定开发利用和保护方案提供基础资料，另一方面，也是检验资源开发利用是否合理、地质环境保护措施是否得当的直接手段，通过长期监测资料的分析，找出开发利用中存在的问题，提出改进方向和进一步的保护措施。监测内容包括水位、水温、孔隙压力、化学成分等，尤其地下水位及孔隙压力的动态监测对评价地基承载力、水库渗漏、地基稳定性等都有重要意义。监测一般在钻孔中进行。

（2）物理地质现象观测：包括滑坡体与崩塌体的位移、地面沉降、冲沟发育、河岸冲刷等观测，主要了解这些现象的动态特征，掌握其发展规律，判断其所处发展阶段和活动情况，以便做出正确评价和预测，并采取有效防治措施。物理地质现象观测手段多样。

（3）对地质环境影响的观测：建筑物对地质环境产生作用，引起某些物理量动态变化，如房屋、水库等引起地基下沉，地下洞室的围岩变形、库岸坍塌等。针对不同对象观测方法不同。

工程地质长期观测的质量好坏，除了观测本身精度外，还取决于观测网的布置。观测网布置原则上应注意掌握观测对象的特征，从实际出发，均布控制，重点加密，做到重点地段得到加强，一般地段得到控制，并制定合理的观测方案（图6－6）。

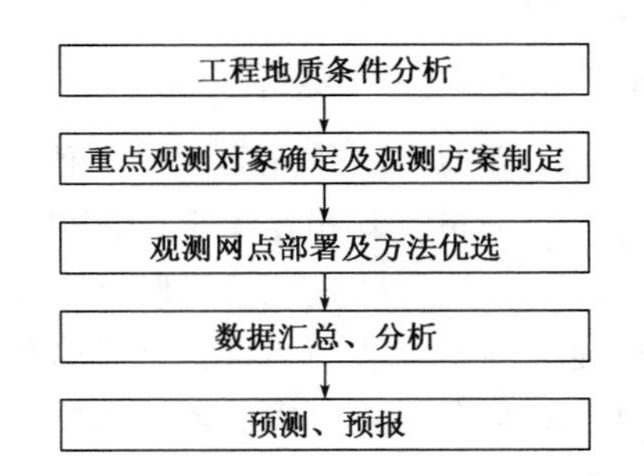

图6－6 工程地质长期观测技术路线图

工程地质长期观测方法大致可分为5类：

（1）宏观地质观测法：主要观测地面鼓胀、沉降、建筑物变形特征、地下水异常等现象。

（2）简易观测法：设置跨缝式简易测桩和标尺、水泥砂浆带，直接测量裂缝的张开、闭合、位错变化等。

（3）设站观测法：设置观测点、站、线、网，用大地测量法、GPS 法等监测危岩、地面等的变形和位移。

（4）仪表观测法：用机测、电测仪表监测变形位移、应力应变、地声变化等。

（5）自动遥测法：采用自动化程度高的远距离遥测系统，自动采集、存储变形观测数据，绘制各种变化曲线。

6.1.5.2 工程地质预测

工程地质长期观测数据是岩土体对人为或自然所加的影响（如开挖、加固等）所表现出各种反应（如开裂、位移等）的量化信息。通过对这些信息进行分析处理，可以了解岩土体当前状况，对岩土体的稳定状态及其发展趋势做出快速判断，并以此为基础迅速修改、设计和制定新的处理措施，进而实现最优化设计、施工。

目前，工程地质预测的主要方法有如下几类：

（1）力学分析法：根据力学原理利用监测信息对岩土体的主要力学参数进行快速分析，对岩土体的稳定状态和发展趋势做出快速判断。方法使用的前提是合理确定力学模型、边界条件和各种计算参数。除了简单块体滑动问题可以用极限平衡法解决，一般均需进行数值模拟。该方法计算工作量大、假设条件较难满足。

（2）数理统计预测法：运用数理统计对监测信息进行快速分析和预测，适用于各类复杂岩土工程监测信息的快速分析，可对破坏和变形敏感区进行重点分析。目前常用的数理统计预测法主要有回归分析预测法、时间序列分析预测法、灰色理论及模糊数学预测法等。该类方法原理相对简单，易于实施。

（3）非线性预测法：岩土体的时空演变是一个复杂的、非线性的不确定系统。分形几何学理论、非线性动力学理论、神经网络及拓扑学理论等非线性理论的发展，开拓了岩土体工程地质预测的思路和方法。

（4）经验判断法：根据专家经验和工程特点对岩土体的变形速率、变形量等进行快速预测和判断。该方法分析判断快，但需要大量工程特点的汇总以及经验丰富的专家。

6.1.6 勘察资料整理和分析

勘察工作开始后，需对各类勘察方法获得的各种数据、指标进行统计分析，编制图表，并编写报告。工程地质图及工程地质报告书是勘察资料全面、综合、总结性基础资料，供设计、施工单位使用。

6.1.6.1 工程地质图

工程地质图是地质图的一种类型，是按比例尺表示工程地质条件在一定区域或建筑区内的空间分布及其相互关系的图件，是结合地质条件和工程建筑需要的指标测制或编绘的图件。工程地质图是综合反映地区工程地质条件并给予综合评价的图件资料。它综合了各种工程地质勘察方法的成果，并结合建筑需要编制而成，综合表达了对工程规划、设计、施工有意义的所有地质环境要素。可按不同比例尺把所要表达的内容直接展示在图面上，使人一目了然。

工程地质图通常包括工程地质平面图、剖面图、地层柱状图和某些专门性图件，有时还有立体投影图。它以工程地质测绘所得图件为基础，并充实以必要的勘探、试验和长期观测所获得的资料编绘而成。它同工程地质报告书一起作为工程地质勘察的综合性文件，是建筑物的规划、设计和施工的重要基础资料之一。

工程地质图的内容及其表现形式、编图原则、编图方法等还很不统一。工程地质图常由一套图件组成。

按内容可将工程地质图分为工程地质条件图、工程地质分区图、综合工程地质图、综合分区图等。工程地质条件图只反映制图区内主要工程地质条件的分布与相互关系；工程地质分区图只是在分析工程地质条件的基础上，结合建筑物特点划分出适宜与不适宜建筑的区段；综合工程地质图则既反映工程地质条件，又对它们作出综合评价，划分出适宜与不适宜建筑的区段，兼有工程地质条件图和工程地质分区图的双重功能。目前一般多编制综合性工程地质图。

按用途可分为专用工程地质图、通用工程地质图。专用工程地质图只适用于某一建设部门，所反映的工程地质条件和作出的评价均与某种工程的要求紧密结合。通用工程地质图适用于各建设部门，为规划用的小比例尺图，主要反映工程地质条件的区域性变化规律。它是以区域地质测量完成的1∶20万地质图为基础，参阅区内已有的各种专用图件，在室内编制而成。这种图可以避免规划各类建筑物场地的盲目性和减少不必要的损失，对地质环境的合理开发利用和保护也是极其有益的。

6.1.6.2 工程地质报告书

工程地质报告书是工程地质勘察的文字成果，供工程建设的规划、设计和施工参考应用。

工程地质报告书是在综合分析各项勘察工作所取得的成果基础上进行的，必须结合建筑类型和勘察阶段规定其内容和形式，在实际工作中应根据实际情况灵活掌握。

工程地质报告书的任务是阐明工程地质条件，分析可能存在的工程地质问题，作出工程地质评价和结论。报告书应简明扼要，切合主题，内容安排应符合逻辑顺序。

工程地质报告书的内容一般包括：场地位置、拟建工程概况，勘察的目的、要求及任务，已有工作及资料情况，依据的技术标准；勘察方法及工作量的必要说明；地形地貌、地层、构造、岩土等场地工程地质条件分析；岩土强度参数、变形参数、地基承载力等岩土性质指标；不良地质作用及工程地质问题的分析与评价。

工程地质报告书可根据工程地质勘察等级、阶段进行适当简化或加强。

6.2 城镇建设工程地质勘察

6.2.1 城镇规划工程地质勘察

城市是由于生产力的发展、商品的交换、科技文化的进步和人口高度集中的综合结果而逐渐形成的。自然资源和地理位置是城市形成的物质基础，也是城市发展的最基本条件。

城镇规划是指一定地域范围内，以区域生产力合理布局和城镇职能分工为依据，确定不同人口规模等级和职能分工的城镇的分布和发展规划。其目的是安排城镇的各级建设，指导城镇科学地发展，提高城镇经济效益，改善城镇环境面貌，它是一项复杂的多学科进行城镇发展的综合手段。城镇规划最重要的任务是使城镇在发展过程中取得良好的经济效益、社会效益和环境效益，并使三者相互协调。

城镇规划研究城市的未来发展、城镇的合理布局和城镇各项工程建设的综合部署。它是一定时期内城镇发展的蓝图，是城镇管理的重要组成部分，是城镇建设和管理的依据。城镇规划是一项政策性、科学性、区域性和综合性很强的工作。它要预见并合理地确定城镇的发展方向、规模和布局，作好环境预测和评价，协调各方面在发展中的关系，统筹安排各项建设，使整个城镇的建设和发展，达到技术先进、经济合理、“骨、肉”协调、环境优美的综合效果，为居住、劳动、学习、交通、休息以及各种社会活动创造良好条件。

6.2.1.1 城镇规划的主要工程地质问题

1. 区域稳定性

区域稳定性是指在内外动力作用下，一定区域地壳表层的相对稳定程度及其对工程建筑安全的影响程度。这是一个直接影响城镇的安全和经济发展的根本问题，是城镇总体规划阶段首先论证的工程地质问题。

区域稳定性研究的基本任务：研究区域工程地质特征；区域稳定性评价；研究区域工程地质改造。区域稳定性研究内容包括地壳及其表层的结构和组成、动力条件和动力作用的各个方面与各种表现形式，具体包括区域地壳结构和组成研究、新构造运动与应力场研究、区域断裂活动性研究、区域地震活动与火山活动研究、区域重大地质灾害研究等。区域稳定性研究的成果落脚于区域稳定性评价，区域稳定性评价一般指对工程地质问题与工程建筑物的相互作用和影响进行分析，评估区域地壳及其表层的稳定程度与潜在危险性，区域稳定性评价是综合性工作，以构造稳定性评价为重点、以地面及岩土稳定性为辅，对区域稳定性进行分级与分区的评价。

影响区域稳定性的最主要因素是地震和构造活动。

2. 地基稳定性

这是一个始终影响城镇安全和经济发展的主要问题。随着城镇的发展，该问题的论证不断提高，研究程度随之加深。为了保证建筑物的安全稳定、经济合理和正常使用，须研究并评价地基的稳定性，提出合理的地基承载力和变形量。

3. 供水水源

城镇供水水源在很大程度上决定了城镇中的工业性质、数量以及人口的多少，它是制约城镇发展的重要因素之一。

4. 地质环境的合理利用和保护

随着城镇发展的需要，除了大量工业民用建筑外，还须在近郊修建水库、开拓运河、兴建地下建筑、开采矿产、大规模筑路、开荒等，必然会引起城镇地质环境的剧烈变化，因此研究如何合理利用和保护地质环境是城镇规划必须充分考虑的问题。

6.2.1.2 城镇规划工程地质勘察要点

城镇规划分为总体规划和详细规划。

总体规划的主要任务是根据国民经济的远景发展需要，结合本区的地理环境和自然资源条件，确定城市的性质、发展方针和规模，提出城市总体布局和各项建设发展的原则和要求，编制建筑物及分批建设示意图。相应的工程地质勘察的任务是根据规划示意图、建设规模、城市性质及其他特殊要求，概略查明规划区内的地形、地貌、地层及岩土性质、地质结构构造、水文、不良地质现象等工程地质条件，收集区域性地震及环境地质资料，并对规划区的稳定性和工程建筑的适宜性作出评价，为确定城市整体布局和各类建筑的合理配置提供工程地质资料。该阶段的工程地质勘察主要以中比例尺的综合性工程地质测绘为主。

详细规划阶段的主要任务是在近期建设规划的范围内对各项建设做出具体部署，逐步确定拟建筑物的基本技术经济原则，提出详细规划工程建筑平面布置图。相应的工程地质勘察的任务是根据各项建设的特点，拟建筑物的要求，详细查明建筑场地内岩土体的工程地质性质、持力层的性状、水文、不良地质现象等，对地基稳定性作出确切的工程地质评价，为确定规划区内工程建筑的平面部署、主要建筑的基础设计方案、施工方法及对不良地质现象的防治等提供工程地质依据。该阶段的工程地质勘察以大比例尺的综合性工程地质测绘为主。

6.2.2 地基承载力分析

地基是与工程建筑物直接接触，其强度、变形量等特征直接影响工程建筑的安全施工和使用，对其承载力进行分析是工程地质勘察的重要研究内容。

6.2.2.1 概述

自基础面以下某一深度范围内，由基础传递载荷效应而引起岩土体中天然应力状态发生较大变化的所有岩土层称为地基。整个建筑物的全部荷载都通过基础传给地基来承受。地基中直接与基础接触的岩土层称为持力层，其下各层称为下卧层（图6－7）。地基不属于建筑的组成部分，但它对保证建筑物的坚固耐久具有非常重要的作用，是地壳的一部分。

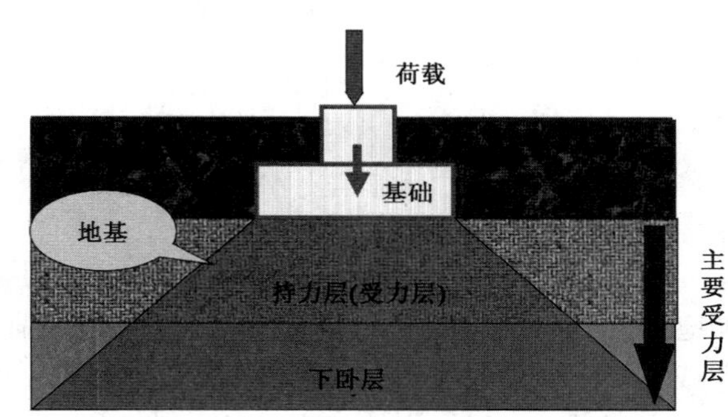

图6－7 地基结构示意图

由于地质构造和土壤类别不同，地基可分为天然地基和人工地基，工业与民用建筑的地基深度一般为10～15m。天然地基是指天然岩土层具有足够的地基承载力，不需经过人工改良和加固可以直接在上面建造房屋的地基。岩石、碎石土、砂土、黏性土等一般均可作为天然地基。人工地基指土层的承载力差（如淤泥、人工填土等），直接在其上面建造房屋时，缺乏足够的坚固性和稳定性，必须对土层进行人工加固后，才能在上面建造房屋。加固地基常用的是压实法、换土法、挤密法。

从工程建筑的安全角度来说，一般对地基有两方面基本要求：（1）要求作用于地基的荷载不得超过地基的承载能力，保证地基在防止整体破坏方面有足够的安全储备；（2）控制基础沉降使之不超过地基的变形允许值，保证建筑物不因地基变形而损坏或者影响其正常使用。

6.2.2.2 地基中的应力

弄清地基岩土体中应力的分布规律，计算地基岩土体的沉降变形量，这是工程地质勘察必要任务。在建筑物等外荷载作用下，地基岩土体中的应力包括自重应力、附加应力、渗透压力、构造应力等，其中自重应力和附加应力是地基中的主要应力。

自重应力是指地基岩土体自身重量所产生的应力，是建筑物建造之前就已经存在于岩土体中的应力，也可称为初始应力。对经历漫长地质年代的已沉降稳定的岩土体，自重应力不会引起岩土体变形；对尚未沉降稳定的岩土体，自重应力会引起岩土体的沉降变形。在计算岩土体的自重应力（σ_{cz}）时，假定地基岩土体为半无限体（即岩土体在水平及竖直方向均无限延伸），则岩土体中任一水平面积竖直面上只有正应力而无剪应力。对重度为 γ 的均质地基岩土体，在地下深度 z 处的竖直自重应力在数值上等于单位面积上岩土体柱的重量（图6－8），即 $\sigma_{cz}=\gamma z$。由岩土体的自重产生的水平方向正应力，称为岩土体的侧压力，数值上等于侧压力系数与竖直自重应力的乘积。对层状岩土体的地基，在地下深处的自重应力是可以叠加计算的，如图6－9所示，在深度 $h_1+h_2+h_3$处，$\sigma_{cz}=\gamma_1h_1+\gamma_2h_2+\gamma_3h_3$。

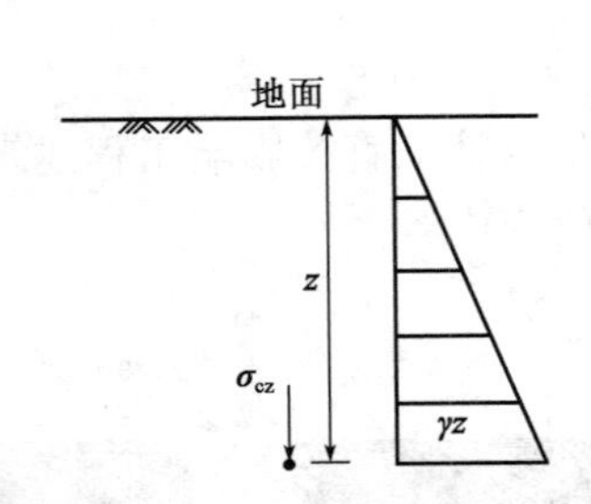

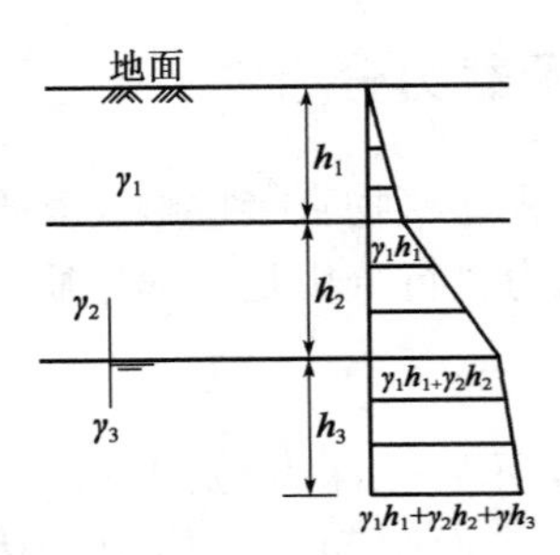

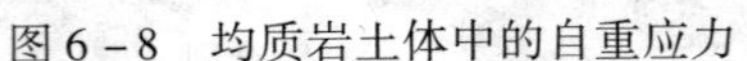

图6－8　均质岩土体中的自重应力　　图6－9　层状岩土体中的自重应力

附加应力是指建筑物荷载在岩土体地基中引起的附加于原有应力之上的应力。地基中附加应力的分布既与建筑物荷载作用方式（中心荷载、偏心荷载）、特征（均匀荷载、不均匀荷载）、基础形式（条形、圆形、矩形）有关，也与地基岩土体的性质有关。在计算地基中附加应力时，一般假定地基土是各向同性的、均质的线性变形体，而且在深度和水平方向上都是无限延伸的，即把地基看成是均质的线性变形半空间，这样就可以直接采用弹性力学中关于弹性半空间的理论进行求解。

6.2.2.3　地基的变形与沉降量

地基岩土体承受建筑物荷载后，通常都要发生压缩变形，岩体地基的变形量相对较小，土体地基的变形量相对较大。因此，建筑在岩土体上的建筑物通常会产生一定的沉降，且建筑物各部分间也会产生一定的沉降差。沉降过大，特别是沉降差较大时，就会影响建筑物的正常使用。因此，为了保证建筑物的安全使用，必须运用工程地质勘察获得的岩土体的各项参数，计算岩土体的沉降量、沉降差，把地基变形值控制在容许范围内。

地基变形与沉降量密切相关，当前工程地质领域常用最终沉降量来衡量地基变形量。最终沉降量是指地基岩土体在外荷载作用下达到压缩稳定（变形完全稳定）后地基表面的沉降量。通常认为，地基最终沉降量是由附加应力产生的，最终沉降量计算可分为基础中心点的沉降量、沉降差、倾斜和局部倾斜四种。地基最终沉降量的计算方法有多种，常用的有两种，即分层总和法和规范法。分层总和法假定地基岩土层只有竖向单向压缩，不产生侧向变形，且只考虑地基的固结沉降，并将地基分成若干层，认为整个地基的最终沉降量为各层沉降量之和，理论上，分层越多、计算深度越大，结果越精确。规范法实际上是修正的分层总和法，该方法引入了沉降计算经验修正系数对天然岩土层作为一层的分层总和法进行修正，从而满足实际工作需要。针对建筑群应按照上部结构、基础与地基的共同作用进行变形计算。

6.2.2.4　地基强度与承载力

地基强度是指地基在建筑物荷载作用下抵抗破坏的能力。地基强度与岩性等地质条件有关，也与地基上部荷载的类型、大小等因素有关。当建筑物荷载超过地基的承受能力时，地基岩土体就会产生破坏。

地基承载力是指地基在同时满足变形和强度两个条件下，单位面积所能承受荷载的能力。一般用地基承载力特征值来表述地基承载力，单位为 kPa，地基承载力特征值是指荷载试验测定的地基岩土体压力—变形曲线线性变形段内规定的变形所对应的压力值。地基承载力的确定方法有荷载试验法、理论计算法、规范查表法、经验估算法等。

在工程地质勘察中必须了解几个地基承载力有关的概念，即允许承载力、极限承载力、地基承载力基本值、地基承载力标准值、地基承载力设计值。允许承载力是指地基岩土体在保证满足地基稳定性的要求与地基变形不超过允许值的情况下，地基单位面积上所能承受的荷载；极限承载力是地基岩土体发生剪切破坏而失去整体稳定时的基底最小压力；地基承载力基本值是指按标准方法试验获得的、未经数理统计处理的、可由岩土体的物理性质指标查有关规范获得的承载力；地基承载力标准值是指按标准方法试验获得的、经数理统计处理得出的承载力；地基承载力设计值是指在保证稳定性的条件下，满足建筑物基础沉降要求的所能承受荷载的能力，可由塑性荷载直接确定，也可由极限荷载除以安全系数得到，或由地基承载力标准值经过基础宽度和埋深修正后确定。

目前，地基承载力的确定方法较多，主要有：对整体剪切破坏形式，可选用太沙基公式、汉森公式计算极限荷载，确定地基承载力；按《建筑地基基础设计规范》（GB 50007—2011）查表确定地基承载力。

6.2.3　工业与民用建筑工程地质勘察

6.2.3.1　概述

建筑物一般是由基础、墙或柱、楼地面、楼梯、屋顶、门窗等主要部分组成。

工业建筑包括专供生产用的各种厂房和车间，其特征是跨度大而复杂、基础载荷大、基础埋置深。民用建筑分为住宅和公共事业建筑，其特征是跨度不大而结构简单、基础载荷小、基础埋深不大。

基础是建筑物的下部结构，是建筑物在地面以下的那一部分。建筑的自重以及作用其上的所有荷载都通过基础传到地基上，它起着承上启下的作用。建筑物基础结构类型的选择不仅与上部结构特点、载荷形式、施工条件和使用要求有关，而且与基础的砌置深度、地基中土体的地质结构和工程地质性质、地下水埋深及其侵蚀性有关。

确定基础砌置深度的主要因素有：建筑物的类型和用途、建筑物的结构、相邻建筑物的基础砌置深度、建筑物载荷的性质和大小、地基中岩土体的结构及各岩土层的工程地质性质、水文地质条件、季节性冻结深度等，并且与持力层的选择有关。

在城市规划及其他建筑物勘察过程中，勘探孔的密度和深度主要取决于勘探阶段、建筑场地工程地质条件的复杂程度和建筑物的情况及其特殊性。按建筑物的复杂程度划分为：

简单场地：地形平坦，地貌单一；地质构造和地层结构简单，岩土体强度高且岩性均匀，岩土体压缩性变化小，无不良地质现象；地下水埋藏深度大且对基础无不良影响。

中等复杂场地：地形有起伏，地貌单元较多；地层种类较多，岩土体性质有变化，基岩面起伏较大，局部有不良地质现象；地下水埋藏较浅且对基础可能有不良影响。

复杂场地：地形起伏大，地貌单元多；地层结构复杂，岩土体性质变化大且不均匀，基岩面起伏大或有断裂存在；场地内有对震动敏感的地层；不良地质现象发育；地下水埋藏深度小于基础砌置深度，且对基础有不良影响。

6.2.3.2 工业与民用建筑的主要工程地质问题

1. 区域稳定性

区域稳定性直接影响城镇建设的安全和经济，在建设中必须首先注意，影响区域稳定的主要因素是地震和新构造运动。

2. 斜坡稳定性

在斜坡区修建建筑时必须考虑该问题，对不稳定斜坡提出相应的防治和整改措施。斜坡稳定性研究至少包括两方面含义：一方面是研究和评价与工程活动相关的天然斜坡、已发生的滑坡、已建成的人工边坡的稳定性；另一方面为设计合理的人工边坡和治理已发生（或潜在可能发生）变形的斜坡。

3. 地基稳定性

这是工业与民用建筑工程地质勘察的最主要任务，地基稳定性包括地基强度和地基变形两部分。地基强度是指地基所能承受的修建在其上的建筑物全部载荷的能力，它有一定限度，若超过这一限度，将可能引起地基变形过大，使建筑物出现裂缝、倾斜或地基剪损而发生滑动破坏。地基变形是指地基在上部荷载的作用下，被压缩而产生变形。因此地基稳定性必须同时满足强度和变形两方面的要求。

影响地基稳定性的因素包括两方面：首先是地基岩土的成因类型、结构构造、岩土的物理力学性质、水文地质条件等，其次是基础的类型、大小、形状、砌置深度和上部结构的特点等。

地基在上部载荷的作用下，岩土被压缩而产生相应的变形，若变形量过大则会影响建筑物的正常使用。地基的变形由瞬时沉降、固结沉降和蠕变沉降组成。在大多数工程中蠕变沉降较小，只有在特殊土体中才是不可忽视的。

4. 建筑物的配置

大型的工业建筑往往是建筑群，建筑群中的各建筑的用途和工艺要求不同，各建筑的结构、规模和对地基的要求不一样，合理配置能保证整个建筑群的安全、稳定、经济合理地使用。在满足各建筑对气候、工艺方面要求的条件下，工程地质条件是建筑物配置的主要决定因素，只有通过对场地中地基岩土的力学分析，选择较优的持力层、合适的基础类型，提出合理的砌置深度，才能为各建筑的配置提供可靠的依据。

5. 地下水侵蚀

当混凝土基础埋置在地下水位以下时就必须考虑地下水对混凝土的侵蚀。通常情况下地下水不具有侵蚀性，只有当其中含有某些化学成分过高时才具有侵蚀性，如含石膏土层、海水渗入地区、盐渍化土、硫化矿区、煤矿水流入区、工业废水渗入区、有机质丰富区。

6. 地基施工条件

修建工业与民用建筑基础时，一般需要进行基坑开挖，而地基的施工条件不仅会影响施工的期限和建筑物的造价，而且对基础类型的选择起着决定性作用。影响地基施工条件的主要因素是地基中土体的结构特征、土的种类和物理状态、水文地质条件、基坑开挖深度、挖土方式、施工速度及坑边荷载。

6.2.3.3 工业与民用建筑工程地质勘察要点

工业与民用建筑工程地质勘察可分为选址勘察、初步勘察和详细勘察三个阶段，当建筑场地的工程地质条件复杂或有特殊施工要求的重大建筑地基，或基槽开挖后地质情况与原勘察资料严重不符且可能影响工程质量时应配合设计和施工进行补充性勘察。对工程规模不大且无特殊要求，建筑场地的工程地质条件简单可适当简化勘察阶段。

（1）选址勘察阶段：其主要任务是首先在几个可能作为建筑场址的场地中进行调查，从主要工程地质条件方面收集资料，并分别对各场地的适宜性做出明确评价，然后配合有关人员从工程技术、施工、使用要求和经济效益等方面进行全面考虑、综合分析，最终选择一个比较优良的场址。本阶段的勘察要点是在拟建筑场地中进行踏勘，收集、分析已有的地质资料和当地的建筑经验及水文、气候条件，初步查明有无影响场址稳定性的不良地质现象及其危害程度，并了解场地地基中岩土体的成因、结构等。

（2）初步勘察阶段：该阶段的主要任务是为确定建筑物的平面配置、主要建筑物的基础类型及对不良地质条件的防治措施等提供可靠的工程地质资料。该阶段的勘察要点：进行中大比例尺的工程地质测绘，研究地形地貌特征，划分地貌单元并分析其形成过程及与不良地质现象的关系，查明不良地质现象的成因、分布、危害及发展趋势，初步查明地基中岩土体的成因类型、工程地质性质，了解水文情况及水文地质条件，根据场地工程地质条件的复杂程度进行勘探部署。

（3）详细勘察阶段：该阶段的主要任务是在主要建筑物的拟建位置上补充一些勘探和试验工作，为主要建筑物基础的设计和施工提供确切的工程地质资料。勘察的要点：以勘探和试验工作为主，在地质条件复杂或不良地质现象发育段进行大比例尺的工程地质测绘，查明地基的地质结构及其容许承载力和变形性质，探明不良地质现象发生的原因及水文地质条件，预测地基岩土体和地下水在建筑物施工和使用过程中可能发生的变化及对建筑物的影响，并提出防治措施。

6.2.4 高层建筑工程地质勘察

6.2.4.1 概述

由于社会生产力迅速发展，城市人口高度集中，为了有效利用空间，解决城市发展与土地不足的矛盾，迫使建筑物向空中发展而形成高层建筑。同时由于一系列全新结构体系和轻质高强度建筑材料的出现、自动控制技术的高度发展、电梯的发明，以及施工技术机械化和电气化程度不断提高，不仅给高层建筑和超高层建筑的发展创造了物质条件，使建筑物越建越高，也促进了城市建设的发展。

目前对高层建筑的划分标准各国一致，但绝大多数是以建筑物的层数和高度作为划分依据，只是高层建筑的起点高度或层数，各国规定不一，且多无绝对、严格的标准。1972 年国际高层建筑会议对高层建筑的起点统一规定为 9 层，高度 24m。中国自 2005 年起规定超过 10 层的住宅建筑和高度超过 24m 的其他民用建筑为高层建筑。高度超过 100m 称为超高层，它是城市现代化的标志。

高层建筑的结构不但承受竖向荷载，还承受很大的水平荷载（风力、地震力等），它是高层建筑的重要控制因素。因此除了合适的建筑材料外还应具有有效的结构体系。

高层建筑的特点：重心高、荷载大、水平荷载突出、基础尺寸大且埋置深。它要求地基的岩土体岩性均匀、结构完整、构造简单，地下水埋深大，持力层厚度大且延展性好，下卧层无软弱土层。并且对倾斜和沉降速率有特定要求。

高层建筑的优点：节约用地 20% ~50%，降低市政投资，减少拆迁费和复杂地形处理费，增加城市美观。

高层建筑的缺点：大量使用钢材，造价和管理费用高，结构与施工复杂，能量消耗大，不能充分利用自然环境。

6.2.4.2 高层建筑的主要工程地质问题

高层建筑给工程地质工作提出了更高的要求和一系列新的特殊问题，主要有以下几点。

1. 建筑场地的稳定性

高层建筑物地基变形的影响深度较大，其范围不仅是部分或全部地表下的松软岩土体，有时还影响岩土体下基岩风化带，地基岩土体的稳定性除了密实且厚度大的持力层外，下卧层的配合作用不容忽视。下卧层的稳定性主要决定于岩性及其成因、岩土体的结构、水文、场地距活动断裂及深大断裂的距离、地震基本烈度区划等。因此建筑场地的选择必须在完成城市地震基本烈度区划的基础上，通过勘探进一步验证和查明建筑场地及其附近的地质结构和抗震条件，经综合分析才能选择较为理想的建筑场地。

2. 基础类型选择

高层建筑应采用整体性好、能满足地基承载力和建筑物容许变形的要求，并能调节不均匀沉降的基础形式。箱基、桩基和复合基础是高层建筑基础的主要型式。

箱基主要指由底板、顶板、侧板和一定数量内隔墙构成的整体刚度较好的钢筋混凝土箱型结构。箱基的特点是基底面积大、埋置深、抗弯刚度大、整体性好。箱基既能将上部结构的荷载较均匀地传到地基，又能适应地基局部软硬不均，从而有效地调整基底的压力。当地基中岩土体软弱不均匀时，选用箱基不仅可降低基底的静压力从而大大减小不均匀沉降，又可利用基础中空部分作为地下室。为了减少采用箱基的高层建筑可能产生的整体倾斜、倾覆或滑动，箱基的埋深不宜小于建筑物高度的 1/10，在地震烈度较高的地区还应适当加深，从而提高建筑物的稳定性。

当建筑场地的上部岩土层较弱、承载力较低而不适宜在天然地基上做浅基础时，宜采用桩基。桩基由设置于岩土体中的桩和承接上部结构的承台组成。承台设置于桩顶，把各单桩联成整体，并把建筑物的荷载均匀地传递给各根桩，再由桩端传给深处坚硬的岩土层，或通过桩表面与其周围岩土的摩擦力传给地基。桩基包括灌注桩、预制桩、钢管桩和墩基等，这类基础的特点是不仅承载力高、沉降速度缓慢、沉降量小，还能抵抗上拔力、机械振动力，且不存在基坑边坡稳定性和施工排水等问题。适用于较厚软弱土层或存在季节性冻胀土且其下在适宜深度有承载力较大的持力层的地基。可根据地基的工程地质性质和施工条件选择合适的桩基类型。

若单独桩基满足不了高层建筑的要求或施工有困难时，可采用箱基下加桩的复合基础类型。高层建筑的基础类型主要决定于建筑的特点和要求、荷载的大小、地基结构、水文条件等。不论采用那种基础方案，都需要预估施工过程中和建筑物建成后的使用期间可能引起的地基变化，分析对邻近建筑和周围环境的影响，提出预防措施。

在基岩上修建高层建筑则常采用锚桩或墩基，主要是通过钢管、混凝土，或水泥砂浆和锚杆把钢筋混凝土基础锚固于坚硬的岩石地基上，其特点是整体性好、强度大、变形量小。

3. 箱基持力层的选择与改造

箱基持力层的选择主要决定于持力层的岩性、成因、结构及物理状态。若为软弱土层，则必须经过改造，然后修筑建筑物基础。

4. 箱基稳定性的有关问题

箱基稳定性有关问题有：地基强度和变形问题、基坑底回弹隆起问题、基底水的浮力问题、基底接触反力问题、外墙土压力问题等。

5. 桩基的选择

桩的类型繁多，在选择桩型时，一般必须对下列情况进行研究：

（1）上部结构条件（包括形式、规模、容许沉降量）；

（2）地基条件（包括地形、地质、持力层埋深及倾斜情况、地下水、地基变动）；

（3）施工条件（包括现有建筑物的影响、施工设备、运输、振动、噪声、用地、安全性）；

（4）桩承载力（根据地基岩土体的变形和强度，运用载荷试验、经验计算等方法，确定桩承载力）；

（5）施工工期；

（6）工程费用。

在特定的条件下，桩型选择决定于建筑物荷载的大小、建筑场地的工程地质条件。

6.2.4.3 高层建筑工程地质勘察要点

高层建筑工程地质勘察在城市详细规划基础上进行，一般可分为初步勘察和详细勘察两个阶段，有时也可合并完成。

初步勘察阶段：其任务是初步查明与地基稳定性有关的地震地质条件和危害，了解地基的工程地质条件，收集建筑经验和水文气象资料，对建筑场地的适宜性和稳定性做出明确评价，为确定建筑物规模、造型和层数及基础类型等提供可靠地质依据。勘察要点：首先收集各方面资料，通过踏勘着重研究地震地质及工程地质条件，查明建筑场地内有无影响建筑稳定性的不良地质因素。

详细勘察阶段：其任务是进一步查明建筑场地的工程地质条件，详细论证有关工程地质问题，为基础设计和施工措施提供准确的定量指标和计算参数。勘察要点：通过大量的钻探和室内实验，配以大型的现场测试，查明建筑物地基影响范围内岩土体的成因、结构及分布，对地基强度和变形做出工程地质评价，查明地下水的情况。

6.3 交通设施工程地质勘察

交通设施是国民经济的动脉，在政治、经济、国防上发挥着巨大作用。交通设施包括道路和桥梁。道路是陆上交通运输的主干线，由公路和铁路组成运输网络。桥梁是道路跨越河流、山谷和不良地质现象发育段而修建的建筑物，是道路的重要组成部分，随道路复杂程度的增加，桥梁的数量与规模也越来越大，它是道路选线的重要影响因素之一。这两者虽密切相关，但对工程地质条件的要求有所不同。

6.3.1 道路建设工程地质勘察

公路和铁路在结构上虽有各自特点，但二者有许多相似之处：都是线性工程，常穿越许多地质条件复杂的地区和不同地貌单元；塌方、滑坡、泥石流是影响山区线路安全的主要因素；在结构上都是由路基、桥隧、防护建筑组成。

6.3.1.1 道路工程地质勘察的主要研究内容

1. 路线工程地质勘察

在视查、初测、详测各阶段，与路线、桥梁、隧道专业人员密切配合，查明各条路线方案的主要工程地质条件，选择地质条件相对良好的路线方案；在地形、地质条件复杂的地段，确定路线的合理布设，以减少危害。路线工程地质勘察并不要求查明全部工程地质条件，但对路线方案与路线布设起控制作用的地质问题，则应进行重点调查，得出正确结论。

2. 特殊地质、不良地质地区（地段）的工程地质勘察

特殊地质地段及不良地质现象，诸如盐渍土、多年冻土、岩溶、沼泽、风沙、积雪、滑坡、崩塌、泥石流等，往往影响路线方案的选择、路线的布设与构造物的设计，在视查、初测、详测各阶段均应作为重点，进行逐步深入的勘测，查明其类型、规模、性质、发生原因、发展趋势和危害程度，提出绕越依据或处理措施。

3. 路基路面工程地质勘察

路基路面工程地质勘察也称作沿线土质地质调查。在初测、详测阶段，根据选定的路线方案和确定的路线位置，对中线两侧一定范围的地带，进行详细的工程地质勘测。为路基路面的设计和施工提供土质、地质、水文及水文地质方面的依据。

4. 桥渡工程地质勘察

大桥桥位影响路线方案的选择，大、中桥桥位多是路线布设的控制点，常有比较方案。因此，桥渡工程地质勘察一般应包括两项内容：首先应对各比较方案进行调查，配合路线、桥梁专业人员，选择地质条件比较好的桥位；然后再对选定的桥位进行详细的工程地质勘测，为桥梁及其附属工程的设计和施工提供所需要的地质资料。前一项工作一般是在视查与初测时进行；后一项则在初测与详测时分阶段陆续完成。

5. 隧道工程地质勘察

隧道多是路线布设的控制点。隧道工程地质勘察同桥渡一样，通常包括两项内容：一是

隧道方案与位置的选择；二是隧道洞口与洞身的勘测。前者除几个隧道位置的比较方案外，有时还包括隧道与展线或明挖的比较；后者是对选定的方案进行详细的工程地质勘测，为隧道的设计和施工提供所需要的地质资料。前一项工作一般应在视查及初测时完成，后一项则在初测与详测时分阶段陆续完成。

6. 筑路材料勘察

修建道路需要大量的筑路材料，其中绝大部分都是就地取材，特别是像石料、砾石、砂、黏土、水等天然材料更是如此。这些材料品质的好坏和运输距离的远近，直接影响工程的质量和造价，有时还会影响路线的布局。筑路材料勘察的任务是充分发掘、改造和利用沿线的一切就地材料，当就近材料不能满足要求时，则应由近及远扩大调查范围，以求得数量足够，品质适用，开采、运输方便的筑路材料产地。

6.3.1.2 路基的主要工程地质问题

公路与铁路的工程地质问题大体相似，但铁路对地质和地形的要求更高，这里以铁路为例，讨论路基工程地质勘察的有关问题。

在丘陵区，尤其是地形起伏较大的山区修建铁路时，路基的工程地质问题较多，主要有路基边坡稳定性、路基基底稳定性、道路冻害及天然建筑材料等问题。

1. 路基边坡稳定性问题

路基边坡包括天然斜坡和人工边坡。任何边坡都具有一定坡度和高度，都会发生不同程度的变形与破坏。土质边坡的变形取决于土的矿物成分，影响因素主要有水文地质及其他自然因素，并且与施工方法密切相关。而岩石边坡的变形决定于岩体中各种软弱结构面的性状和组合关系，主要影响因素有岩土体性质、岩土体结构与构造、地形地貌条件、水文地质条件、施工条件等。

路基边坡不仅可能产生工程滑坡，而且在一定条件下还可能引起古滑坡复活。边坡稳定性评价必须建立在正确的地质分析基础上，首先对地质环境充分了解，找出不稳定的主导因素，确定不稳定边界。

不稳定边坡的治理原则是以防为主、及时根治。常用的治理方法有：修筑锚杆挡墙、设置抗滑桩及明洞等支挡性建筑；修筑天沟、侧沟、盲沟，堵塞裂缝，避免岩土受湿；对规模小的滑体和不良地质体进行清除；灰浆或沥青抹面、修护坡、种草皮等，防止坡面冲刷或风化(图 6－10)；采用夯实、硅化、焙烧等改良方法提高岩土的强度。

2. 路基基底稳定性问题

该问题多发生于填方路堤地段，主要表现形式为滑移、挤出和塌陷。路基基底的稳定性取决于基底岩土的力学性质、基底面倾斜程度、软层或软弱结构面的性质和产状等。对不稳定路基段可采用：放缓路堤边坡，加大基底面积；修筑反压护道；将软弱层换填或加垫层；修建排水工程，提高岩土强度；架桥或改线绕避。

3. 道路冻害问题

道路冻害包括因冻结而引起路面冻胀及因融化而使路基翻浆，并导致路基变形破坏。主要影响因素有气温的高低、冻结期长短、岩土的成因及性质、含水状况、地形、植被等。防治措施主要有减少含水量、换土、修筑隔热层、提高路基标高等。

图 6-10　护坡工程

4. *天然建筑材料问题*

路基需要天然建筑材料较多，包括道渣、土料、片石、砂和碎石等，不仅数量上要求大，且要求沿线均有一定分布。

6.3.1.3　选线的工程地质论证

选线是贯穿各个勘察设计阶段的一项重要工作，一般在草测和初测阶段进行，草测决定线路的大方向，初测决定线路的基本走向及控制性工程。选线的工程地质主要任务是查明各比较线路方案沿线的工程地质条件，并经技术、经济比较，选出最优方案。具体任务包括：查明地质、地貌及工程动力地质现象，阐明其演化规律；对严重影响线路安全且数量多、整治困难的工程地质问题，采取绕避的原则；查明沿线的天然建筑材料的质量、数量等情况；水源丰富、分布适宜，符合机车用水要求。

线路的类型可分为河谷线、山脊线、山坡线、越岭线和跨谷线，应结合工程地质条件进行论证。

6.3.1.4　不良地质现象区的选线原则和防护措施

1. *泥石流地区*

泥石流发育区道路选线的基本原则为尽量绕避，必须跨越时，应选择影响较小的部位，或以大跨度高桥、明洞、隧道等通过。

针对泥石流发育区道路的防护措施主要有植树造林，加强水土保持，并配以多级拦挡工程。

2. *岩溶地区*

岩溶地基变形破坏的形式较多，常见的有以下几种形式。

（1）地（坝）基承载力不足：在覆盖型岩溶区，上覆松软土强度较低，或建筑载荷过大，引起地基发生剪切破坏，进而导致建筑物的变形和破坏。

（2）地（坝）基不均匀下沉：在覆盖型岩溶区，下伏石芽、溶沟、落水洞、漏斗等造成基岩面的较大起伏，当其上部有性质不同、厚度不等的黏性土分布时，在建筑物附加载荷作用下，产生地基不均匀下沉，从而导致建筑物的倾斜、开裂、倾倒及破坏。

（3）地（坝）基滑动：在裸露型岩溶区，当基础砌置在溶沟、溶隙、落水洞、漏斗附近时，有可能使基础下岩体沿倾向临空的软弱结构面产生滑动，进而引起建筑物的破坏。

（4）地表塌陷：在地（坝）基主要受力层范围内，如有溶洞、暗河、土洞等时，在自然条件下，或因建筑物的附加载荷、抽排地下水等因素作用，引起地面沉陷、开裂，以至使地（坝）基突然下沉，形成地表塌陷，进而导致建筑物的破坏。地表塌陷是岩溶地基变形破坏中最为复杂和特殊的形式。

应根据溶洞的大小和形状、顶板厚度、岩体结构及强度、洞内填充情况、地下水活动特点等因素，并结合上部建筑载荷的特点进行洞体稳定性分析，直至作出定量评价。

岩溶发育区道路选线的基本原则：尽可能选在较难溶解的岩层上；尽量选择地表覆盖厚度大、岩溶已被充填或岩溶微弱段，并以最短线通过；尽可能避开破碎带、断层、裂隙密集带，否则线路与主构造线呈大角度相交；避开可溶岩与不可溶岩的接触带，特别是不透水层的接触带。

针对岩溶区的防护措施主要有架高桥、修隧道等。

3. 沼泽地区

沼泽地区道路选线的基本原则：在保证安全的条件下，通过经济比较，决定是否穿越或绕避。

4. 风沙地区

风沙地区道路选线的基本原则：尽量避开流动沙丘，丘陵地区应从丘陵坡脚通过；线路方向与主导风向平行或交角较小，线路应少弯以减少路积沙；以填方为主，减少挖方；路堤的风蚀量与路堤高度、填料、夯实程度及风力有关，路堤不宜过高；车站应布置在风沙较轻的地区，且在背风一侧。

针对风沙发育区道路防护措施主要有治理流动风沙、采取阻沙和输沙措施。

6.3.1.5 路基工程地质勘察要点

路基工程地质勘察是与工程设计阶段相配合的，可分为草测、初测、定测，在地形复杂地区施工阶段尚有工程地质勘察工作。

1. 草测阶段

草测阶段目的是在道路兴建地区配合规划设计，解决大的线路方案的选择。

重点研究跨越大分水岭处、长隧道、跨越大河和大规模不良地质现象等关键地段的工程地质条件，并提供地震、天然建筑材料和供水水源等战略性地质资料，并选出几个较好的比较方案线，为编写设计意见书提供地质资料。

2. 初测阶段

初测阶段目的是在草测确定的线路方案基础上，与设计部门共同选出一条技术可行而经济合理的最优方案，为线路的初步设计提供可靠地质依据。

基本任务是对已确定线路范围的线路方案进行勘察对比，确定线路在不同地段的基本走法，全面勘察最优方案沿线的工程地质条件，着重并详细勘察对线路起控制作用的重大而复杂的地段，提供编制初步设计所需的全部工程地质资料。

该阶段工作量大，要求全面、深入、细致地使用各种勘察手段，综合完成勘察任务。勘察结束后应编制线路及重大地段的工程地质分区图和剖面图，以满足初步设计需要。

3. 定测阶段

定测阶段目的是根据已批准的初步设计，对各种类型的工程建筑进行详细的工程地质勘察，为编制道路施工设计提供工程地质依据。主要任务是查明与各类建筑有关的工程地质条件及工程地质问题，提供建筑定型所需的工程地质资料及有关数据。

4. 施工阶段

施工阶段目的是解决道路施工中所遇到的工程地质问题，从地质方面保证施工顺利进行，并检验和修改定测阶段的地质资料。任务是及时查明地质问题发生原因、发展趋势，及对工程建筑的危害程度，提出处理意见。

6.3.2 桥梁建设工程地质勘察

桥梁由正桥、引桥和导流建筑组成。正桥是主体，位于河两岸桥台之间，桥墩均位于河中；引桥是连接正桥与原线的建筑，常位于河漫滩或阶地上，可以是高路堤或桥梁；导流建筑包括护岸、护坡、导流堤和丁坝等，是保护桥梁等建筑稳定的附属工程。桥梁按结构可分为梁桥、拱桥和钢架桥等。不同类型的桥梁对地质条件有不同要求。

6.3.2.1 桥梁建筑的工程地质问题

1. 桥墩台工程地质问题

桥墩台工程地质问题包括桥墩台地基稳定性、桥台的偏心受压及桥墩台的冲刷等。

（1）桥墩台地基稳定性：主要决定墩台地基中岩土体的允许承载力，它是桥梁设计中最重要的力学参数之一，对选择桥梁的基础和确定桥梁的结构起决定性作用，影响造价极大，是一项关键性的资料。虽然桥墩台的基底面积不大，但经常遇到地基强度不一、软弱或软硬不均等现象，严重影响桥基的稳定。

（2）桥台的偏心受压：桥台除了承受垂直压力外，还承受岸坡的侧向主动土压力，在有滑坡的情况下，还受到滑坡的水平推力，使桥台基底总处于偏心荷载作用下。它对桥墩台的稳定性影响很大，需慎重考虑。

（3）桥墩台的冲刷：桥墩台的修建使原来的河槽过水面积减小，局部增大了河水流速，改变了流态，对桥基产生强烈影响，有时可把河床中的松散沉积物局部或全部冲走，使桥墩台基础直接受到流水冲刷，威胁桥墩台安全。因此桥墩台的埋深必须满足一定要求。

2. 桥墩台基础处理措施的工程地质论证

桩基、沉井和管柱桩是目前桥梁基础的主要类型。当上覆软土层厚度不大，且其下多为致密的土层时，多采用桩基，主要是用于轻型桥梁。若上覆软土层的厚度较大，且其中没有阻碍物，其下有坚硬的持力层，可采用沉井。管柱桩的适用范围广，目前修建的大型和特大型桥梁，均采用装配式钢筋混凝土薄壁管柱桩作为桥墩台的基础。

3. 桥址选择的工程地质论证

桥址选择应从经济、技术和使用观点出发，使桥址与线路互相协调配合，尤其在选择铁路与公路两用的大桥桥址时，除考虑河谷水文、工程地质条件外，还应考虑市区交通特点，线路服从桥址。

桥址应选在：河床较窄、河道顺直、水流平稳、两岸地势高而稳定、施工方便的地方；覆盖层薄、基底为坚硬岩土体；区域稳定性好、构造简单、断裂不发育段；尽可能避开滑坡、岩溶及可液化土层；山区峡谷河流力争采用单孔跨越。

6.3.2.2　桥梁工程地质勘察要点

桥梁是道路的附属建筑，除特大型或重要桥梁外，一般不单独编制设计任务书。一般包括初步设计和技术设计两阶段。

初步设计阶段：任务是在几个比较方案的范围内，全面查明各方案的工程地质条件，着重对重大复杂地段进行详细勘察，特别对关键性工程地质问题与不良地质现象进行剖析，为选择最优方案提供工程地质依据。测绘包括正桥和引桥，比例尺为1:5000～1:2000；勘探孔应根据桥梁类型和特点，结合地质特征，沿桥线中轴线每墩台布一孔；必要时可加密；室内试验按每土层取样不少于6个进行各种分析。

技术设计阶段：任务是在已选的最优方案的基础上，进一步进行钻探、试验和原位测试，着重查明个别墩基特殊的工程地质条件和局部地段存在的严重工程地质问题，为桥线选择基础类型及最佳位置、施工方法等提供依据。该阶段一般不需测绘工作，勘察主要以勘探和试验为主。

6.4　水利水电建设工程地质勘察

6.4.1　概述

水是一种廉价、不污染环境且可再生的资源。为了开发利用水资源需进行水利水电建设，其内容是多方面的，如防洪、灌溉、发电、航运、水产养殖、城市及工业供排水等。

水利水电工程是由不同性质、不同类型的水工建筑组成的，按作用将水工建筑分为挡（蓄）水建筑（水坝、水闸、堤防等）、取水建筑（进水闸、扬水站等）、输水建筑（输水渠道、隧洞等）、泄水建筑（溢洪道、泄洪洞等）、整治建筑（导流堤、顺堤、丁坝等）、专门建筑（电力厂房、船闸、筏道等）。某一项水利水电工程总是由若干水工建筑配套形成一个协调工作的有机体。

水利水电工程与其他建筑最主要的区别是水压力对建筑物的作用，水压力是确定建筑各部分尺寸的主要依据。为了抵挡库水强大的静压力和动压力，使大坝体必须造得巨大，造成很大的荷载作用于大坝地基上，这就要求地基具有足够的强度和刚度。世界各国水库事件中，因地质问题造成的约占40%。

水利水电工程的另一重要特点是能使广大范围内的自然地质环境发生变化。由于水文条件的变化，使水库边岸不稳定和发生淤积，引起库周浸没，农田沼泽化、盐渍化，有时还会诱发地震。

水利水电工程地质问题复杂多样，渗漏、斜坡变形、围岩稳定性、地基稳定性、诱发地震等应有尽有。这些问题均需要通过工程地质勘察，作出预测和分析评价。

6.4.2 水坝工程地质勘察

6.4.2.1 水坝的类型及其对工程地质条件的要求

水坝因材料和结构形式不同，可划分为很多类型。按筑坝材料分为土坝、堆石坝、干砌石坝、混凝土坝等；按坝体结构可分为重力坝、拱坝、支墩坝；按坝高可分为低坝、中坝、高坝。不同类型坝的工作特点及对工程地质条件的要求不同。

1. 混凝土重力坝

混凝土重力坝是指用混凝土浇筑的，主要依靠坝体自重来抵抗上游水压力及其他外荷载并保持稳定的坝（图6－11）。混凝土重力坝采用混凝土作坝身材料，坝轴线一般为直线，断面型式、结构较简单，便于机械化快速施工，坝顶可以溢流泄洪，坝体中可以布置泄流孔洞，是一种整体性较好的刚性坝，中、高坝常用此坝型。该坝型可做成实体坝身，也可做成空腹式或宽缝式。如长江三峡的大坝就是混凝土重力坝。

该坝体承受库水的静水压力、地下水浮力、风浪压力、泥沙压力等。此种坝型要求坝基岩体有足够的强度和一定的刚度，因此应建在坚硬、半坚硬的岩基上，且坝基岩体的刚度与坝体岩体的刚度相近。坚硬岩体完整性好、透水性弱，坝址不易存在缓倾角的软弱结构面，并要求坝址区两岸山体稳定，地形适中，有足够建坝的天然建筑材料。

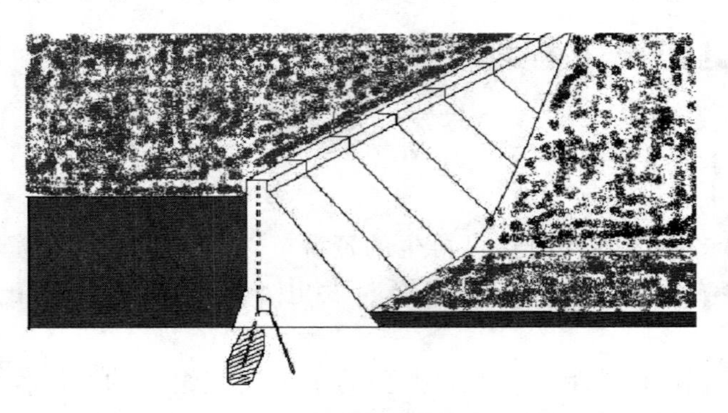

图6－11　混凝土重力坝示意图

2. 拱坝

拱坝是用钢筋混凝土等建造的凸向上游的空间壳体挡水结构，平面、剖面上呈弧形，坝体较薄，坝底厚度一般只有坝高的10%～40%（图6－12）。该坝型体积小、重量轻，具有较强的超载和抗震能力，但对地质条件和施工技术要求高，必须建在坚硬、完整、新鲜的基岩上，要求岩体有足够的强度，不允许产生不均匀变形。为了充分发挥拱坝的作用，地形上最好为V形峡谷，两岸山体浑厚、稳定，具有良好的对称性。

拱坝一般依靠拱的作用，即利用两端拱座的反力，同时还依靠自重维持坝体的稳定。拱坝的结构作用可视为两个系统，即水平拱和竖直梁系统。水荷载及温度荷载等由此二系统共同承担。当河谷宽高比较小时，荷载大部分由水平拱系统承担；当河谷宽高比较大时，荷载大部分由梁承担。拱坝比重力坝可较充分地利用坝体的强度，其体积一般较重力坝为小，超载能力常比其他坝型为高。其主要缺点是对坝址河谷形状及地基要求较高。

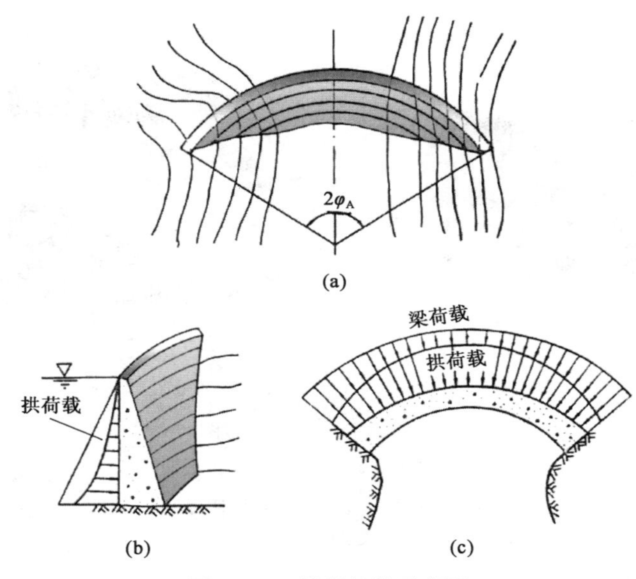

图 6－12　拱坝结构示意图

（a）拱坝平面图；（b）垂直剖面（悬臂梁）；（c）水平截面（拱）

3. 土坝

利用当地土料堆筑而成的一种历史最悠久、采用最广泛的坝型。结构简单、施工方便，对地质条件适应性强，属于坝底面宽大的重力型坝。无论山区、平原区或岩体、土体均可建坝。需注意高压缩性土和性质特殊的土体产生较大沉陷及不均匀沉陷而导致坝体拉裂破坏。坝基有一定强度且透水性要小，建坝区有足够优质的土石料及适于修建溢洪道的地形。

4. 支墩坝

支墩坝是由一系列相隔一定距离的支墩和向上游倾斜的挡水板所组成的坝型。库水压力由盖板经支墩传给地基。支墩坝是依靠盖板和支墩自重以及作用于盖板上水压力的垂直分力与地基间产生的摩擦力来维持抗滑稳定。根据盖板形状的差异可分为平板坝、连拱坝、大头坝。该坝型宜建于较宽阔的河谷中，且要求两岸的山坡较平缓，若两岸山坡较陡，则应做一段重力坝来过渡。

根据面板的形式，支墩坝可分为三种类型（图 6－13）。

（1）平板坝：面板为平板，通常简支于支墩的托肩（牛腿）上，面板和支墩为钢筋混凝土结构。

（2）连拱坝：上游为拱形面板，常采用圆拱，与支墩连成整体，一般为钢筋混凝土结构。

（3）大头坝：面板由支墩上游部分扩宽形成，称为头部。相邻支墩的头部用伸缩缝分开，为大体积混凝土结构。

对于高度不大的支墩坝，除平板坝的面板外，也可用浆砌石建造。大头坝与宽缝重力坝结构体型相似，其区别为：大头坝支墩间的空距一般大于支墩厚度，而宽缝重力坝则相反；大头坝上游面的倾斜度一般较宽缝重力坝大；大头坝支墩下游部分可以不扩宽，坝腔是开敞的，而宽缝重力坝则是封闭的。

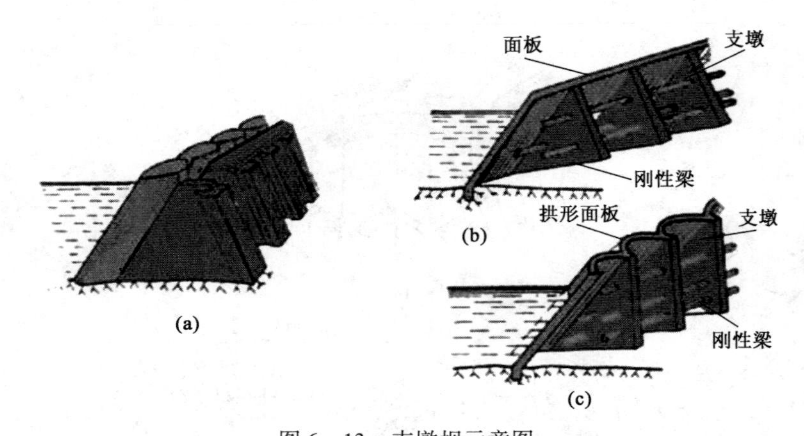

图 6 – 13　支墩坝示意图

（a）大头坝；（b）平板坝；（c）连拱坝

支墩的基本剖面呈三角形，按结构形式可分为两种类型。

（1）单支墩：支墩为一变厚的，上游边承压、下游边自由、底边嵌于弹性地基的受压板。为了提高其侧向劲度以抵抗侧向地震作用，并增强其上游承压时的纵向弯曲稳定性，必要时可在支墩侧面布设加劲肋、加劲梁（直梁或拱梁）或加劲墙。

（2）双支墩：支墩由两片受压板组成，中间可用隔墙连接。双支墩的侧向劲度大，适用于高坝。

与其他坝型比较，支墩坝特点是：

（1）面板是倾斜的，可利用其上的水重帮助坝体稳定；

（2）通过地基的渗流可以从支墩两侧敞开裸露的岩面逸出，作用于支墩底面的扬压力较小，有利于坝体稳定；

（3）地基中绕过面板底面的渗流，渗透途径短，水力坡降大，单位岩土体承受的渗流体积力也大，要求面板与地基的连接以及防渗帷幕都必须做得十分可靠；

（4）面板和支墩的厚度小，内部应力大，可以充分利用材料的强度；

（5）施工期混凝土散热条件好，温度控制较重力坝简单；

（6）要求混凝土的标号高，施工模板复杂，平板坝和连拱坝的钢筋用量大，因而提高了混凝土单位体积的造价；

（7）支墩的侧向稳定性较差，在上游水压作用下，对于高支墩，还存在纵向弯曲稳定问题；

（8）平板坝和大头坝都设有伸缩缝，可适应地基变形，对地基条件的要求不是很高，连拱坝为整体结构，对地基变形的反应比较灵敏，要求修建在均匀坚固的岩基上；

（9）坝体比较单薄，受外界温度变化的影响较大，特别是作为整体结构的连拱坝，对温度变化的反应更为灵敏，所以支墩坝应修建在气候温和地区；

（10）可做成溢流坝，也可设置坝身式泄水管或输水管。

无论哪种坝型都必须注意两类工程地质问题：坝区渗漏和坝基稳定性。

6.4.2.2　松散岩土体的坝区渗漏问题

水库蓄水后，坝上、下游形成一定的水位差，在该水位差作用下，库水将从坝区岩土体内的空隙通道向下游渗出，称为坝区渗漏。渗流水流具有一定的渗透压力和上托力，使岩土体产生渗透变形或对岩土体产生扬压力而不利于抗滑稳定性。

坝区渗漏分别产生于坝基或坝肩部位，前者称为坝基渗漏，后者称为坝肩（绕坝）渗漏。坝区渗漏是水利水电工程的普遍地质现象。一旦渗漏量过大，就会影响水库的效益，或者渗透水流作用危及坝体安全。

1. 松散岩土体渗漏条件的控制因素

控制松散岩土体坝区渗漏的影响因素很多，主要有岩土体的成因类型、物质成分、地层结构及其空间分布特点等，也与沉积时代即地貌特征有关。

2. 坝基渗漏计算

在渗漏条件研究的基础上，当确定了渗漏边界条件和计算参数之后，可选择相应的公式计算渗漏量。目前常用的公式主要有：

（1）坝基为单一结构的均质透水层，渗流处于层流状态时，可采用卡明斯基公式近似计算。

（2）坝基为双层结构透水层，上、下两层厚度 h_1、h_2 及相应的渗透系数 K_1、K_2 满足 $1/10 < K_1/K_2 < 1$，且 $h_1 < h_2$，渗流处于层流状态，可采用卡明斯基双层结构计算公式。

（3）坝基为多层结构，层流状态，K 具有方向性，且水平方向最大而垂直方向最小，可采用并联、串联加权平均法计算。

（4）流网法：在渗流场内，可作出一系列流线和一系列等水头线，由它们组成的网格称为流网。在均质各向同性的透水层中，流线与等水头线相互垂直，相邻等水头线间的水头损失相等。该方法的关键是依据一定原则绘制流网。

3. 绕坝渗漏计算

绕坝渗漏是指库水沿坝肩地段的透水岩带渗漏到下游的现象。绕坝渗漏严重降低水库效益，引起滑坡或塌滑体复活，促使坝肩岩土体和地下工程围岩的不稳定因素增加，甚至局部破裂，危及大坝或溢洪道等建筑物的安全。为防止和减少绕坝渗漏，通常要查明坝肩地段的地质与水文地质条件基础上，针对性地采取工程措施：如开挖（清除岸坡上崩坡积层、基岩全强风化带和不稳定岩土体等），修筑黏土或混凝土刺墙（尽可能插入相对隔水层，并使刺墙与大坝防渗体紧密接触）、斜坡铺盖（封闭贯通下游的集中渗漏带进口）、帷幕灌浆（堵塞深部透水岩带的孔洞裂隙，注意选择适宜的灌浆工艺和材料）、防渗井（沿断层等集中渗漏带开挖），清除破碎物质后回填混凝土和下游岸坡排水孔洞等。

岸边某一范围内渗漏的边界条件、岩土透水性及初始地下水的状况是绕坝渗漏的控制因素。绕坝渗漏计算方法有水力学法、流体力学法和实验室方法。目前主要采用水力学法。

4. 坝基渗透稳定性

松散岩土体坝基有一定渗漏是不可避免的，但必须控制变形，以保证坝体的安全。

（1）坝基渗透变形的主要形式：管涌和流土是松散岩土体坝基渗透的主要形式。

（2）影响坝基渗透稳定的宏观地质因素：坝基产生渗透变形的必要条件是地下水动力条件和土石的粒度成分，在实际过程中还受工程因素和宏观地质因素的影响。宏观地质因素主要指坝基地层结构和地形地貌条件。坝基地层结构，即在单一结构情况下，若为卵石层，一般为发生管涌型的渗透变形；若细颗粒成分较多且能被渗流不断懈怠，常发生强烈管涌。

在多层结构下是否发生渗透变形取决于表层黏性土的性质、厚度和完整程度。地形地貌条件包括沟谷切割影响渗流的补给、渗径长度和出口条件。

（3）坝基渗透变形的预测：这是坝基稳定性评价的主要内容。坝下游坡脚处是渗透水流溢出段，渗流方向由下向上，最容易发生渗透变形，需重点预测，只要该地段实际水力梯度超过允许水力梯度，就可能发生渗透变形。预测步骤是：判定渗透变形的形式；确定坝基各点的实际水力梯度；确定临界水力梯度；确定允许水力梯度；划分可能发生渗透变形的范围。

5. 松散岩土体坝基渗漏和渗透变形的防治

（1）垂直截渗：常用的方法有黏性土截水槽、灌浆帷幕、混凝土防渗墙。黏性土截水槽用于隔水层埋藏较浅的砂卵石坝基，截水槽一定要做到下伏的隔水层中，以形成一个封闭体系。灌浆帷幕适用于大多数松散土体坝基，最好使用于冲积层较厚的情况下。混凝土防渗墙适用于隔水层埋藏较深的砂卵石坝基。这几种方法也可配合使用。

（2）水平铺盖：当透水层很厚、垂直截渗难以奏效时，常采用水平铺盖措施。它是在坝上游设置黏性土铺盖，并与坝体的防渗斜墙搭接起来。该措施只起到加长渗径而减小水力梯度的作用，并不能完全截断渗流。

（3）排水减压：主要有排水沟和减压井，其作用是吸收渗流和减小溢出段的实际水力梯度。排水减压应根据具体地质情况选择不同方式。

（4）反滤重盖：该措施对保护渗流出口效果好，它既可保证排水通畅，降低溢出水力梯度，又起到压重的作用。该方法是在渗流溢出段分层铺设几层粒径不同的砂砾石层，层界面应与渗流方向正交，且沿渗流方向粒径由细到粗。

6.4.2.3 裂隙岩土体的坝区渗漏问题

裂隙岩土体的特点是强度大、刚性大，其上适宜修建各类水坝，但由于裂隙岩土体中各类结构面的存在，所产生的工程地质问题复杂。

（1）裂隙岩土体坝区渗漏的控制因素。裂隙岩土体坝区渗漏主要受岩性特征、结构面发育及其透水性能所制约，河谷地貌及松散堆积物在一定程度上也控制了坝区渗漏。

（2）裂隙岩土体坝区渗漏的评价。目前这方面的理论还很不成熟，一般引用松散岩土体坝区渗漏评价方法进行近似、粗略评价，并注意调整渗漏边界、渗透系数及计算方法，以便计算更确切些。

（3）坝基扬压力问题。在岩基上修建刚性坝，坝基底面和岩土体深部滑移面上由于渗流等的作用而产生扬压力，它由浮托力和渗透压力组成，都是上抬的静水压力，可抵消一部分法向压力，不利坝基稳定。

（4）裂隙岩土体坝基的防渗减压措施。最普遍的措施是灌浆帷幕和排水孔，特殊地形地质条件也可采用防渗井、斜墙铺盖措施。

6.4.2.4 坝基（肩）抗滑稳定性

在岩土体上修建大坝首先必须考虑岩土体的强度和变形上能否满足大坝载荷的要求以便维持其稳定。在基岩上建坝，导致坝体破坏的主要地质原因是沿软弱面的滑移剪切破坏，因此坝基和坝肩抗滑稳定性是主要工程地质问题。不同类型的坝，因其结构形式和传力方式不同，其抗滑稳定性不同。

1. 重力坝坝基抗滑稳定性

重力坝是依靠自身重量与坝基岩土体之间的摩擦力来维持稳定的坝体型式，一旦坝基存在地质上的缺陷，即有效摩擦力不足维持平衡，便可能沿软弱面产生整体剪切滑动，导致坝体破坏失稳。

1）坝基滑动破坏的主要类型

（1）表层滑动：指发生在坝底与基岩接触面之间的平面剪切破坏。它主要受接触面剪力强度控制。当坝基岩土体坚硬完整、无控制性软弱结构面存在，岩土体强度远大于接触面强度时，就可能发生这种破坏。接触面的摩擦系数和凝聚力是控制坝体稳定的主要指标，需研究后合理选定。可通过现场剪切试验和坝区工程地质条件并参照已建类似工程的经验数据确定。

（2）岩土体浅部滑动：当坝基浅部岩土体的抗剪强度既低于混凝土与基岩接触面的强度，又低于深部岩土体的强度时，便成为最薄弱的环节，有可能产生沿浅部岩土体的平面剪切滑动。其产生条件是坝基浅部岩土体破碎、裂隙发育。

（3）岩土体深部滑动：当坝基岩土体一定深度范围内存在软弱面。坝体连同一部分岩土体沿坝基深部岩土体中软弱面产生整体滑动。地质上受控于各种界面，其滑移体形态多样、边界条件复杂，是工程地质重点研究对象。

2）坝基岩土体滑移边界条件

表层滑动和浅部滑动边界条件简单，主要受控于混凝土与基岩接触面以及表层岩土体抗剪强度。深部滑动的边界条件复杂，除必须具备滑移控制面，还要有侧向和横向切割面和临空面存在。

滑移控制面是坝基岩土体依附滑移的面，通常由平缓的软弱结构面构成，如软弱夹层面、泥化夹层面、断层面、节理面等，它可由单一平面组成，也可以是几个面共同组成的复杂空间面。工程实践表明泥化软弱夹层及夹泥层是各种软弱结构面中对坝基滑移危害性最大的。

切割面是与滑移面配合，使滑移岩土体与母岩脱离的各种陡倾结构面，按其与工程作用力方向的关系，可分为侧向切割面和横向切割面。

临空面是指为滑移体提供变形、滑移空间的面，有水平和陡立两种类型。

3）滑移控制面抗剪强度指标确定

滑移控制面的抗剪强度须由试验、地质、设计部门经过现场调查，慎重细致研究后确定，它直接关系坝体的安全和投资。

确定滑移面抗剪强度应考虑滑移面的分布、连续贯通情况、起伏、粗糙度、软弱物质成分、厚度，还应考虑工程的规模及重要性。

目前确定滑移面抗剪强度的方法主要由工程地质类比、经验公式和试验法。

工程地质类比就是将拟建工程与已建工程类比，以确定滑移面的抗剪强度。

4）坝基抗滑稳定计算

坝基抗滑稳定计算是以地质分析为基础，先弄清可能滑移体的边界条件、几何形态、滑移面及切割面的抗滑作用以及与工程作用力的关系，确定滑移面的力学参数，采用刚体极限平衡、有限单元和试验法等进行稳定性计算。

5）提高坝基抗滑稳定性的措施

清基开挖：为使坝体落在新鲜完整的基岩上，清除坝基表面的风化破碎带和浅层滑移体。为保证坝基岩土体的质量，开挖时严禁用大爆破，临近基面应采用人工撬挖。

岩土体加固：灌浆、锚固、混凝土塞。

防渗排水：灌浆帷幕、排水孔。

改变建筑物结构：增大坝底面积、改变坝型、下游抬高、设置齿槽等。

其他措施：预留岩土体保护层、充水保护、沥青铺盖开挖面等。

2. 拱坝坝肩抗滑稳定性

不同的坝型对坝肩稳定性要求不同，土石坝、重力坝只要求将坝肩嵌入到岩土体内一定深度，以满足防渗和一定的连接能力，不要求核算坝肩的抗滑稳定性。而拱坝对坝肩岩体产生法向推力、切向剪力和力矩，若拱端岩体软弱破碎，尤其是存在与拱端推力方向一致的软弱结构面时，将对拱坝的稳定性带来威胁。

（1）坝肩岩体滑移边界条件分析：也是由滑移控制面、切割面和临空面组成，但有其特殊性。首先河谷岸坡常为天然的陡立临空面，因此即使倾角较陡也可构成滑移控制面；岸坡岩体多发育卸荷裂隙和风化夹层，滑移面类型多；坝肩岩体滑移常具三维特征，且一般为深部滑移。

（2）拱坝坝肩抗滑稳定性分析：主要采用刚体极限平衡法，可分为平面稳定分析和整体稳定分析。

（3）提供拱坝坝肩抗滑稳定性的措施：与坝基基本相同，但要求更严。岩体加固采用灌浆、支撑加固、修建传力墙、开挖回填；防渗排水采用排水孔、灌浆帷幕；改变建筑结构，合理布置拱圈方向，修建重力墩、支撑墙，结合其他坝型修建。

6.4.2.5 坝址选择的工程地质论证

坝址的选择直接关系到水工建筑的安全、经济和正常使用。坝址选择得当，有利于工程布局、施工、节约投资，避开不必要的麻烦。

1. 坝址选择原则

坝址选择的基本原则：面中求点，逐级比较。首先了解整个流域的工程地质条件，选出若干可能建坝的河段，经过地质和经济、技术比较，确定首期开发的河段或坝段，并进一步研究这些坝段的工程地质条件，提出几个可供比较的坝址，经过地质勘察和概略设计后，比较各坝址的地质条件、可能出现的工程地质问题、各建筑配置的合理性、工程量、造价和施工条件，最终选一个坝址。

2. 坝址选择工程地质研究要点

坝址选择属于选址的初期，主要通过收集资料、大面积的踏勘调查，初步了解流域的工程地质条件，对区域稳定性、重大不良地质现象做出初步评价。主要包括：

（1）岩土性质：对建筑物的稳定来说最为重要，对坝址选择具有决定性意义。一般选择坚硬、均一、完整性好、透水性差、抗水性强的岩土体作为坝址，尤其是高混凝土坝更是如此。选址时要特别注意，岩浆岩的侵入接触面、风化程度、侵入岩的原生节理、喷出岩的喷发间断面、柱状节理等；变质岩的片理面、软弱夹层存在状况、板岩千枚岩的软化泥化问题；沉积岩的软弱夹层、泥化夹层、页岩泥岩存在状况、石灰岩岩溶特征等。

（2）地质构造：关系到区域稳定性及坝区稳定性和渗漏，对变形敏感的刚性坝更为重要。首先应避开或远离活断层带及现代地壳活动强烈地区，坝址应位于区域稳定性相对较好地区；其次应选择构造变动相对较弱地段作为坝址，断层破碎带、强烈褶皱带、地层倒转区等都应尽量避开。

（3）水文地质条件：在岩溶发育区应注意寻找和利用隔水层；无隔水层时应选择弱岩溶地段作为坝址；第四系地层分布区应尽可能避开厚层砂砾石层。

还要注意研究坝址区地形地貌条件，这对工程布置、施工条件、工程投资等都很重要。同时应避开具有潜在危害性的不良地质现象发育地段，还应有适宜的天然建筑材料。

6.4.3 水库工程地质勘察

水库蓄水后，水文条件将发生剧烈变化，库周的水文地质也将发生很大变化，影响库区及邻近地区的地质环境，当存在不利因素时就会产生工程地质问题。良好的库址应具有优良的地形、地貌条件，在较小的淹没区内形成较大库容和充分的汇水域。

6.4.3.1 水库渗漏

渗漏是水库的主要工程地质问题。在自然条件下要求水库滴水不漏是不可能的，问题在于渗漏所造成的水量损失是否影响水库的效益或产生严重的工程地质问题。西班牙的蒙特热克水库因严重渗漏而称为“干库”，我国十三陵水库也因大量渗漏而长期未能正常发挥效益。因此渗漏是水库工程地质勘察重要内容。

1. 渗漏形式

渗漏分暂时性渗漏和永久性渗漏。

水库蓄水初期，由于库水位逐渐抬高，因润湿并饱和水库水位以下岩土层的孔隙、裂隙和空洞，导致库水量损失，这种方式的渗漏损失称为暂时性渗漏。暂时性渗漏是水库蓄水过程中库区岩土体的空隙所需的水量，它不会渗漏到库区外，且经过一定时间后停止，并不构成对水库蓄水的威胁，更不至于影响水库的效益。暂时性渗漏量的大小，取决于被饱和岩层的体积及其空隙体积以及库区的地质条件和水文地质条件。

永久性渗漏是指水库蓄水后，库水通过库岸或库盆底部的岩土体中的孔隙、裂隙、断层及溶隙、溶洞等渗漏通道，向库外邻谷、低地或远处低洼排水区持续不断的渗水现象。永久性渗漏是库水通过渗漏通道向库外渗漏，这种渗漏是长期的，对水库效益产生影响，还可能造成浸没、沼泽化、盐渍化等不良现象。永久渗漏途径可分为通过分水岭向邻谷渗漏；通过河湾向河谷下游渗漏；通过库盆向远处低洼处渗漏。永久性渗漏，大多沿下列部位发生：通过库岸分水岭向邻谷或低地渗漏；库水通过库岸向下游河道渗漏；库水通过库底向远处低洼排泄区渗漏。

2. 水库渗漏类型

按渗漏通道的性质，一般可划分为以下几种类型：

（1）孔隙渗漏型，库水主要通过第四纪松散土层发生渗漏，例如黄土、各种粒径的砂层及砾石等。这一类型的渗漏量主要取决于土层的孔隙率、空隙直径的大小和土层分布的范围。

（2）裂隙渗漏型，库水主要通过岩土体内的裂隙进行渗漏，包括可透水的各种原生裂隙、次生裂隙以及断层破碎带的裂隙。裂隙型渗漏量的大小取决于断层性质、规模、充填物、填胶程度及裂隙的张开度和密集程度等。

（3）溶洞渗漏型，喀斯特地区的水库，库水通过各种规模的溶洞发生渗漏。

除了以上三种基本类型外，尚有孔隙—裂隙渗漏型和裂隙—溶洞渗漏型等混合型渗漏。各个水库区的地质条件不同，其渗漏的类型，既可以是单一的，也可以是多样的。水库区的渗漏问题要在工程地质勘察的基础上按不同库段作具体分析。

3. 水库渗漏条件

这是水库渗漏工程地质研究的基础，主要包括：

（1）地形地貌：水库附近沟谷切割的深度和密度对水库渗漏至关重要。当沟谷切割密集且深度大、分水岭单薄时有利于库水渗漏。河湾、河流多次改道都会形成单薄分水岭。地形地貌虽然不是水库渗漏的通道，但在许多情况下，较大的集中渗漏通道在地形地貌上总有一定的反映。因此，找出地形对渗漏的不利地段，就可以提供一些相关现象和应该注意的环节，使之能够进一步从地质和水文地质方面去调查产生水库渗漏的可能性。

（2）岩土性质：决定了渗透介质的透水性能。碳酸盐岩的溶孔溶洞和暗河与库外相通，是最严重的渗漏通道。未胶结的砂卵石层，透水性往往较强，常能组成强渗漏通道。

（3）地质构造：对水库渗漏影响重大，地质结构与岩土性质结合常形成渗漏通道。与水库渗漏有密切关系的地质构造，主要有断层破碎带或断层交会带、裂隙密集带、背斜及向斜构造、岩层产状等。

（4）水文地质条件：水库是否渗漏与地下分水岭及分水岭高程与库水位的关系最为重要。

总之对第四系地层分布区要注意透水层与隔水层展布；对基岩区要查明原生结构面、构造面等的分布及其透水性和连通状况；对岩溶区要注意溶蚀空洞。

针对库区渗漏可采用灌浆、铺盖、堵塞、截水墙、隔水墙及排水减压等措施。

6.4.3.2 库岸稳定

水库建成后，库岸地质环境急剧变化，如岩土体饱水软化、库水涨落引起地下水位变化、波浪冲刷加剧等，使库岸的平衡状态破坏，危及滨岸地带的居民和建筑安全、毁坏农田、淤塞库区，还会危及大坝及坝下游安全。

1. 库岸破坏形式

库岸破坏常见形式有滑坡、崩塌、塌岸。

塌岸是库岸岩土体在库水波浪及其他外力作用下失去平衡而产生逐步坍塌，库岸线不断后移而进行边岸再造，以达到新的平衡现象和结构。它不同于崩塌和滑坡，主要发生于土质岸坡地段。塌岸在水库蓄水的最初几年较强烈，以后逐渐减弱，直至达到平衡。

塌岸的影响因素主要有土石体性质、库岸形态、波浪作用强度、冻融作用、岸流、溶蚀作用等。

2. 水库塌岸预测

为了对水库近岸土地、工矿、道路等做出短期利用和最终迁移的合理规划及防治措施，须根据库岸地质条件和水库水位变化，对水库蓄水后一定时期内以及最终的塌岸宽度、塌岸速度、最终塌岸线等做出定量估算。目前预测的方法较多，有计算法、图解法、类比法、试验法等，这些方法都属于半理论、半经验性的，各具特点，但都不能作为通用的方法。

3. 塌岸防治

通常采用抛石、草皮护坡、砌石护坡、护岸墙、防波堤等措施进行塌岸防治。

6.4.3.3 水库浸没

水库蓄水后，引起库岸周围一定范围内地下水位抬高（壅高），当壅高后的地下水位接近或超出地面时，将导致农田沼泽化、土地盐碱化、矿坑充水、建筑物地基饱水恶化等不良后果，称为浸没。

库周能否产生浸没主要取决于地形、地貌、岩土透水性、地下水埋深等。浸没常发生在地面标高低于或略高于正常高水位的库周地段。

浸没的防治主要有降低地下水位；采取工程措施与农业措施相结合，如降低正常高水位、改变农作物和耕作方法等。

6.4.3.4 水库淤积

水库为人工形成的静水域，河水流入水库后流速降低，搬运能力下降，所携带的泥沙就沉积下来，形成水库淤积。淤积虽然可起到天然铺盖以防止水库渗漏的良好作用，但大量淤积影响了水库正常使用，严重淤积会缩短水库使用寿命。工程地质人员从工程地质条件出发指出淤积物来源、物质成分、流失条件等，以便采取建坝拦淤、植树造林等防治措施。

6.4.4 水利水电工程地质勘察要点

水利水电工程地质勘察的主要任务是查明建筑区的工程地质条件，分析有关的工程地质问题并做出结论，为规划、设计和施工提供可靠的地质依据，以便充分利用有利的地质因素，避开和改造不利的地质因素。可分为规划、可行性研究、初步设计和技术施工四个阶段。

6.4.4.1 规划阶段的工程地质勘察

该阶段的任务是了解河流段的区域地质条件及地震情况，了解近期可能开发区的基本地质条件和主要工程地质问题，为选定河流段规划方案和近期开发工程及控制性工程提供地质依据。

该阶段的勘察以工程地质测绘和物探为主，辅以少量钻探。勘察范围大、比例尺小。

6.4.4.2 可行性研究阶段的工程地质勘察

在前阶段选定的近期开发工程地段进行勘察，为选定坝址与引水线路、初选坝址与建筑布置方案提供地质依据，查明库、坝区的主要工程地质条件，对场地稳定性及工程地质问题做出初步评价，并进行天然建筑材料初查。

该阶段的勘察以钻探和中比例尺的工程地质测绘为主，物探工作用来配合查明地质结构、风化层、不稳定边坡等。

6.4.4.3 初步设计阶段的工程地质勘察

该阶段是整个勘察工作中最关键和重要的阶段，是在选定的坝址和建筑场地上进行，旨在全面查明建筑区的工程地质条件和库区存在的工程地质问题，为选定大坝及其他主要建筑的形式、规模等提供地质资料。

该阶段的勘察主要是大比例尺的工程地质测绘和钻探、坑探。

6.4.4.4 技术施工阶段的工程地质勘察

该阶段利用施工开挖条件验证已有的地质资料，补充新发现的工程地质问题，进行施工地质编录、预报和验收，提出施工期工程地质监测工作的建议。

勘察工作采用超大比例尺的测绘、专门性的勘探和试验工作，并继续完善长期观测工作。

6.5 地下建筑工程地质勘察

人类采用工程手段在岩土体中开挖或修建的各种用途的建筑，统称为地下建筑。最早出现的地下建筑是人类为了采掘地下资源而挖掘的矿山巷道，其规模小、埋深浅。随着社会发展和技术水平提高，地下建筑的规模和埋深不断增大，用途越来越广。

按用途可分为：交通隧道、水工隧道、地下厂房、地下仓库、矿山巷道、地下铁道及地下停车场、地下储油库及储气库、地下弹道导弹发射井、地下飞机库以及地下核废料密闭储藏库等。

按其内壁是否有水压力作用可分为：无压洞室和有压洞室。

按断面形状可分为：圆形、矩形、城门洞形、椭圆形等。

地下建筑埋置于地下岩土体内，它的安全、经济和正常使用都与其所处的地质环境密切相关。由于开挖破坏了岩土体的初始平衡引起岩土体内应力重新分布，从而引发了各种工程地质问题。

地下建筑是在岩土体内开挖出具有一定断面和尺寸、在地应力条件下构筑的洞室。地下建筑的基本特征有：

（1）地质条件不完全清楚，工程涉及范围大；

（2）地应力不确定，荷载特性受结构和施工的影响大；

（3）受力结构不明确，几何不稳定结构可能与围岩共同作用而影响地下建筑稳定；

（4）岩土体非均质、非连续、各向异性、时间效应对地下建筑均有影响；

（5）常在荷载不完全确定的情况下进行施工，开挖、施工必然影响围岩稳定性。

地下工程周围岩土体（围岩）的稳定性决定着地下工程的安全和正常使用。

6.5.1 围岩应力与围岩压力

6.5.1.1 岩土体中的天然应力

岩土体在地下建筑未开挖之前一般处于应力相对平衡状态，此时岩土体所受应力称为天然应力或初始应力，它是岩土体形成和改造过程中各种地质作用综合作用形成的。天然应力主要由自重应力和构造应力组成。

自重应力是由重力场引起的，在地表近水平的情况下，重力场在岩土体内任一点形成的铅直自重应力等于上覆岩体的重量；而水平自重应力等于铅直自重应力与侧压力系数的乘积。

构造应力是地壳运动形成的应力，又可分为活动和残余两类。活动构造应力就是狭义的地应力，是地壳内正在积累的，能够导致岩土体变形和破裂的应力，它明显存在于地壳各板块边界及板内新构造活动区，常控制建筑区的区域稳定性。残余构造应力是古构造运动残留下来的应力。构造应力场具有较高的水平压应力，且一般情况下大于铅直应力。构造应力在天然应力中起着主导作用。

6.5.1.2 围岩内的重分布应力

由于人工开挖使岩体的应力状态发生了变化，通常把地下建筑周围应力状态被改变了的岩体称为围岩。

由于地下建筑的开挖在岩体内形成了自由表面，岩体内原有的应力平衡受到了干扰、破坏而产生应力重分布，在地下建筑周围一定范围内的岩体（即围岩）会因应力释放而产生松弛并向开挖空间变形、位移以达到新的平衡。把开挖后因围岩质点应力、应变调整而引起天然应力大小、方向和性质改变的作用称为应力重分布作用。经应力重分布作用后新的应力状态称为重分布应力状态。把重分布应力影响范围内的岩体称为围岩。围岩内重分布应力状态与岩体的力学性质、天然应力及洞室断面形状密切相关。

6.5.1.3 围岩压力

围岩向开挖空间位移松动，在地下建筑周围形成一定厚度的松弛带，该带中的应力因释放而降低，松弛带中的岩体是不稳定的，随时可能脱离母岩而崩落下来，为了防止这种非弹性变形的发展，就必须及时用临时支撑和永久衬砌进行支护，此时支护结构上就会受到松弛带岩体或脱落岩块的压力，把这个压力称为围岩压力。围岩压力是作用于地下建筑支护结构上的主要外力，其性质和大小取决于地应力状态和岩体特性。它与围岩应力不是同一概念，围岩应力是岩体中的应力，而围岩压力是针对支护结构而言的。如果围岩足够坚硬，完全能够承受围岩压力，就不需要支护衬砌，也就不存在围岩压力问题。只有围岩适应不了围岩压力而产生塑性变形时，才需要支护衬砌来维持围岩稳定，就形成了围岩压力。围岩压力的大小是设计支护衬砌的主要依据。根据围岩压力的形成机理可分为形变围岩压力、松动围岩压力、冲击围岩压力。

形变围岩压力是由于围岩塑性变形（如塑性挤入、膨胀内鼓、弯折内鼓等）而产生的。它具有随时间增长的特点，其产生条件为：黏土质岩类，特别是含蒙脱石多的岩石，遇水膨胀变形；围岩压力超过岩体屈服极限时，围岩产生塑性变形；深埋洞室因围岩压力过大引起的塑性流动变形。

松动围岩压力是由于围岩拉裂塌落、块体滑移及重力坍塌等引起的，是一种在有限范围内脱落岩体的自重施加在支护衬砌上的压力，其大小取决于围岩性质、结构及地下水活动和支护时间等因素。

冲击围岩压力是由于岩爆形成的。它是弹脆性围岩过度受力后突然发生岩石弹射变形所引起的围岩压力现象。其大小与天然应力、围岩的力学性质密切相关，并受到洞室埋深、施工方法和洞形等因素影响。

根据围岩压力产生的地质条件，可将围岩压力分为6类，见表6－3。

表 6－3　围岩压力类型及其产生的地质条件

围岩压力类型	产生的地质条件	诱发因素	破坏形式
弹性围压	深埋的均质坚硬岩石	初始应力和洞体应力很大，弹性应变能释放	岩爆
	处于造山带初始应力很高的坚硬岩石		
松动围压	裂隙岩体及软弱岩层等弹塑性介质	开挖后围岩的应力状态，岩体强度不足	形成岩块平衡拱
	疏松未胶结堆积物等松散介质		形成散体平衡拱
塑性围压	软弱岩石、土等塑性介质	应力状态改变时塑变	膨胀，挤出
膨胀围压	含易膨胀黏土矿物的黏土、页岩、凝灰岩、千枚岩等	结构松弛，吸水膨胀	膨胀，挤出
	硬石膏	吸水转化为石膏时膨胀	
	受到顶压荷载的软弱岩石和土	卸荷后压缩变形恢复	产生更大的围压
流动围压	黏土夹层、断层泥，地下水作用	挤压变形的释放	塑性流动
	饱水砂和砂砾石	向开挖空间流动	流砂
偏压	浅埋傍山隧道，一侧为斜坡，覆盖有岩堆等松散堆积物	滑动或蠕动	衬砌开裂、错动
	浅埋隧道中有倾斜结构面（层理面、裂隙及断层等）	因开挖沿结构面滑动，或部分岩体脱落	不对称变形

6.5.2　围岩的变形与破坏

地下开挖后，洞壁围岩因失去原有的岩土体支撑而向洞内松胀变形，如果变形超过围岩本身所能承受的能力，围岩就要产生破坏。围岩变形破坏程度取决于围岩应力状态、岩土体结构及洞室断面形态。脆性围岩的变形破坏形式有张裂塌落、劈裂、剪切滑动、岩爆、弯折内鼓等，塑性围岩的变形破坏形式有挤出、膨胀、坍塌、涌流等。

6.5.2.1　围岩变形破坏类型

根据围岩应力变化特征，将围岩变形破坏划分为以下几种类型。

张裂塌落：拱顶张应力超过岩石抗拉强度，引起岩石破裂，导致洞顶塌落的现象。

劈裂剥落：切向应力导致洞室周边岩石形成平行洞壁的密集破裂，并产生剥落的现象。

碎裂松动：碎裂状岩体开挖后，岩块沿结构面滑移并形成松动圈的现象。

弯折内鼓：径向应力挤压薄层围岩，使之向洞内弯折内鼓，甚至坍倒的现象。

岩爆：在高应力地区，洞室开挖后，围岩因弹性应变能突然释放而发生的岩石弹射或抛出的现象。

塑性挤出：软弱岩体在洞室开挖后，当围岩应力超过其屈服强度时，向洞内产生的塑性挤出现象。

膨胀内鼓：在膨胀岩地区，洞室开挖后水分向松动圈集中，导致岩石吸水膨胀，并向洞内鼓出的现象。

6.5.2.2　不同围岩体的变形与破坏

坚硬块状岩体：这类岩体本身具有很高的力学强度和抗变形能力，并存在较稀疏且延伸较长的结构面，含极少量的裂隙水。其变形破坏形式主要有岩爆、脆性开裂及块体滑移。伴随岩爆产生，常有岩块弹射、声响及气浪产生，对地下开挖及建筑物造成危害。脆性开裂常出现在拉应力集中部位（如洞顶、岩柱），在拉应力超过围岩抗拉强度的情况下产生。易形成不稳定块体塌落，造成拱顶塌方。块体滑移是块状岩体中常见的破坏形式之一，常以结构面交切组合形成的不稳定块体滑移的形式出现。破坏规模与形态受结构面的分布、组合形式及其与开挖面的相对关系控制。

层状岩体：常呈软硬岩层相间的互层形式出现。岩体中的结构面以层理面为主，并有层间错动及泥化夹层等软弱结构面发育。其变形破坏主要受岩层产状及岩层组合等因素控制。破坏形式有岩层面张裂、折断塌落、弯曲内鼓等。

碎裂岩体：指断层、褶曲、岩脉穿插挤压和风化破碎加次生夹泥的岩体。这类围岩的变形破坏常表现为崩塌和滑动。破坏规模和特征主要取决于岩体的碎裂程度和含泥量的多少。在夹泥少、以岩块刚性接触为主的碎裂围岩中，因变形时岩块相互挤压、错动，将产生一定的阻力，不易产生大规模塌方。

松软岩体：指强烈构造破碎、强烈风化岩体或新堆积的松散土体。这类围岩常表现为弹塑性、塑性或流变性，破坏形式以拱形冒落、鼓胀等为主。当围岩结构均匀时，冒落拱的形态较为规则。

6.5.2.3 围岩变形与破坏的影响因素

（1）岩性：坚硬完整的岩石一般对围岩稳定性影响较小，而软弱岩石则由于岩石强度低、抗水性差、受力容易变形和破坏，对围岩稳定性影响较大。如果地下洞室围岩强度较低、裂隙发育、遇水软化，特别是具有较强膨胀性围岩，则二次应力使围岩产生较大的塑性变形，或较大的破坏区域。同时裂隙间的错动，滑移变形也将增大，势必给围岩的稳定带来重大影响。

（2）岩体结构：块状结构的岩体作为地下洞室的围岩，其稳定性主要受结构面的发育和分布特点所控制，这时的围岩压力主要来自最不利的结构面组合，同时与结构面和临空面的切割关系有密切关系；碎裂结构围岩的破坏往往是由于变形过大，导致块体间相互脱落，连续性被破坏而发生坍塌，或某些主要连通结构面切割而成的不稳定部分整体冒落，其稳定性最差。

（3）天然应力状态：地应力随地下洞室的埋深增加而增大，因此一般地下洞室埋藏越深，稳定性越差。根据经验，沿构造应力最大主应力方向延伸的地下洞室比垂直最大主应力方向延伸的地下洞室稳定；地下洞室的最大断面尺寸沿构造应力最大主应力的方向延伸时较为稳定，这是由围岩应力分布决定的。

（4）地下水：静水压力作用于衬砌上，等于给衬砌增加了一定的荷载，因此，衬砌强度和厚度设计时，应充分考虑静水压力的影响。另一方面，静水压力使结构面张开，减小了滑动摩擦力，从而增加了围岩坍塌、滑落的可能性；动水压力的作用促使岩块沿水流方向移动，也冲刷和带走裂隙内的细小矿物颗粒，从而增加裂隙的张开程度，增加围岩破坏的程度。地下水对岩石的溶解作用和软化作用，也降低了岩体的强度，影响围岩的稳定性。

任何围岩的变形破坏都是逐次发展的，逐次发展过程和特点与原岩应力的方向和大小、地下洞室的形状和尺寸、岩土体的结构及其强度等因素有关，其逐次变形破坏过程表现为侧向变形与垂向变形交替发生，互为因果，形成连锁反应。因此分析围岩变形破坏时，应抓住变形的始发点和发生连锁反应的关键点，预测变形破坏逐次发展及迁移的规律，在围岩变形破坏的早期就加以处理，才能有效地控制围岩变形，确保围岩的稳定。

6.5.3 地下建筑的工程地质评价

6.5.3.1 无压隧洞支衬结构的工程地质评价

隧洞内部无内水压力称为无压隧洞。无压隧洞的支衬结构承受来自围岩的压力。其支衬结构主要有以下几种。

（1）支撑：一种加固围岩的临时性措施。在不太稳定的岩体内开挖地下建筑时，应及时设置支撑，以防止围岩的早期松动。支撑的结构和强度必须与可能产生的围压大小和性质相适应。主要有木支撑、钢支撑和混凝土支撑。

（2）衬砌：加固围岩的永久性工程结构。一般用浆砌条石、混凝土、钢筋混凝土砌筑而成。随着围岩压力的增大，洞室由不衬砌、半衬砌、全衬砌到带仰拱的整体衬砌，边墙也由直墙式变到曲墙式，厚度由薄变厚。

（3）喷锚支护：用压缩空气喷射砂浆作为保护层，该方法在开挖过程中及时而迅速地支护，可根据需要配置锚杆、钢筋网或钢拱架。这种方法能很快形成与围岩紧密衔接的连续支护结构，还可将围岩的空隙填实，使之同支护结构一起构成支撑围岩荷载的承载结构，主动地制止围岩变形的发展。

6.5.3.2 有压隧洞的工程地质评价

有压隧洞的工作条件比无压隧洞复杂，它经常承受较高的内水压力，当放空时又承受外水压力。由于内水压力作用迫使衬砌向围岩方向变形，围岩后退时产生一个反力来阻止衬砌变形，围岩的这种限制衬砌膨胀、抵抗径向变形的能力称为围岩抗力。围岩抗力越大越利于衬砌稳定，充分利用围岩抗力可大大减薄衬砌的厚度，降低工程造价。

围岩抗力系数（K）是表征围岩抗力大小的指标，是使隧洞围岩产生一个单位径向变形所需的内水压力。该值越大说明围岩承受内水压力的能力越大。随着隧洞半径的不同，围岩抗力系数也不同，半径越大围岩抗力系数越小。为了便于对比和使用，工程上常采用单位抗力系数：$K_0 = KR_0/100$，K 为半径 100cm 时的围岩抗力系数，R_0 为隧洞半径。围岩抗力系数的确定方法有试验法和计算法两种。

由于内水压力所产生的附加径向应力对洞顶围岩具有顶托作用。因此仅考虑围岩抗力是不够的，还应考虑隧洞上覆岩层能否被整体抬动，上覆岩层只有达到一定厚度才能保证围岩不被整体抬动。特别是高压输水隧洞，更应注意这方面的问题。上覆岩层最小厚度 h_{min} 为

$$h_{min} = \frac{2(p_a - C \cdot \cos\varphi)}{\rho g(3\lambda - 1)(1 + \sin\varphi)}$$

式中，ρ 为岩体密度，g 为重力加速度，λ 为天然应力比值系数，C、φ 为岩体剪切强度系数，p_a 为内水压力。

有压隧洞衬砌的稳定除决定于内水压力和围岩变形特征外，在一定条件下还应考虑外水压力。在某些情况下外水压力比围岩压力还大，如不准确判断，对工程的经济、安全都会产生较大影响。

6.5.3.3 地下建筑围岩稳定性及位址选择

在几个可能的建设方案中选出一个最优方案，工程地质条件是最主要的依据。

1. 地下建筑围岩稳定性因素

岩土性质：这是影响地下建筑围岩稳定的最基本的因素，是控制隧洞挖进方式和支护类型及其工作量的重要因素，也是影响工期和工程造价的重要因素。

地质构造岩土体结构：这是影响地下工程岩土体稳定性的控制性因素，对围岩变形破坏起着控制性作用。构造活动带及松散结构、碎裂结构的岩土体的稳定性最差，厚层状、块状结构的岩土体的稳定性最好。围岩稳定性还受结构面发育程度的控制。

天然应力状态：天然应力的影响主要取决于垂直于洞轴方向的水平应力及天然应力的比值系数。它们是决定围岩内重分布应力状态的主要因素。

地下水：既影响围岩的应力状态，也影响围岩的强度，进而影响围岩的稳定。

工程因素：主要指地下建筑的断面形态、规模、施工及支护衬砌方法等对围岩稳定性的影响。它们主要通过影响围岩中重分布应力状态及变形分布等，进而影响围岩稳定。

2. 地下建筑位址选择的工程地质论证

地下建筑位址的选择必须考虑一系列因素，关键是保持围岩稳定，地下建筑应修建在满足以下条件的地方。

地形：山体完整，地下建筑周围应有足够的山体厚度，避免地形不良造成的施工困难、洪水倒灌等，避免地下建筑埋深过大。

岩性：坚硬、完整，厚度较大。

地质构造：断裂少，岩体结构简单的部位，褶皱的核部因岩层的自然拱而利于围岩稳定，在天然应力较大的地区，建筑的轴线应与最大主应力平行。

水文：地下水位以上的干燥岩体或地下水量不大、无高压含水层的岩体。

进出口边坡应选在山体雄厚、施工条件好的岩坡陡壁下，并注意边坡稳定。

在地热异常区及地下建筑埋深较大时，应注意地温和有害气体的影响。

6.5.3.4 地下建筑施工方法及支衬结构设计

围岩的稳定程度不同应选择不同的施工方法。施工方法的合理选择对保护围岩稳定具有重要意义，应遵循循序渐进、开挖后及时支护或衬砌的原则。

全断开挖法：先将地下洞室一次开挖成形，然后衬砌。在围岩稳定、无塌方危险或断面尺寸较小时适合全断面开挖。

导洞开挖法：为缩小开挖断面，采取分部开挖、分部衬砌、逐步扩大断面的方法。适用于断面较大而岩体不太稳定的情况下。又分为上导洞先拱后墙法、上下导洞先拱后墙法、侧导洞先墙后拱法。

6.5.4 地下建筑工程地质勘察要点

地下建筑工程地质勘察的目的是为建设方案选择、建筑物设计和施工提供可靠的地质、工程地质资料。

6.5.4.1 可行性研究阶段工程地质勘察

目的是选择优良的地下建筑位置和最佳轴线方向。主要勘察内容：调查各比较线路段的地貌、岩性及构造等条件，查明不良地质现象；调查洞室进出口和傍山浅埋地段的滑坡、覆盖层、泥石流等的分布，分析山体的稳定性；调查洞室沿线的水文地质条件，并注意是否有岩溶洞穴、矿山采空区等的存在；进行洞室工程地质分段及初步围岩分类。

勘察方法以工程地质测绘为主，辅以必要的勘探、试验工作。勘探以物探为主，用以探测覆盖层厚度、谷和道、岩溶洞穴、断层破碎带等。钻孔深度应钻至设计洞深以下10～20m。试验以室内岩土物理力学试验为主，必要时可进行少量原位岩体试验。

6.5.4.2　初步设计阶段工程地质勘察

在可行性研究基础上，重点勘察：查明地下建筑沿线地区的工程地质条件，在地形复杂地段应注意过沟地段、傍山浅埋段和进出口边坡的稳定条件；查明地下建筑地段水文地质条件，预测掘进时的涌水及突水的可能性、位置及最大涌水量，在岩溶区还应查明岩溶发育规律；确定岩体的物理力学参数，进行围岩分类，评价地下建筑围岩进出口边坡的稳定性；对大跨度洞室应查明主要软弱结构面的分布和组合关系，结合地应力评价洞室围岩的稳定性。

该阶段工程地质测绘、勘探及试验工作同时展开。测绘主要是补充校核可行性研究阶段选定洞室地段的工程地质图件，并在进出口、傍山浅埋地段、过沟段等进行专门工程地质测绘。加密钻探孔，在进出口等地段布置坑探。进行原位岩体力学试验。

6.5.4.3　技术施工阶段工程地质勘察

该阶段主要是根据导洞所揭露的地质情况，验证已有地质资料和围岩分类，对围岩稳定性和涌水情况进行预测预报。

主要工作方法是编制导洞展示图。同时对涌水、围岩变形进行观测，确定围岩变形和松动带范围。必要时可超前勘探，了解前方的地质和水文地质条件。

参考文献

[1] 唐大雄，刘佑荣，张文殊，等．工程岩土学．2 版．北京：地质出版社，1999.
[2] 孙剑锋，高怀洲，凌浩美．工程岩土学．北京：地质出版社，2008.
[3] 李智毅，杨裕云．工程地质学概论．武汉：中国地质大学出版社，1994.
[4] 蔡美峰，何满潮，刘冬燕．岩石力学与工程．北京：科学出版社，2004.
[5] 工程地质手册编委会．工程地质手册．4 版．北京：中国建筑工业出版社，2007.
[6] 舒良树．普通地质学．2 版．北京：地质出版社，1997.
[7] 李忠建，金爱文，魏久传．工程地质学．北京：化学工业出版社，2015.
[8] 邵燕，汪明武．工程地质．武汉：武汉大学出版社，2013.
[9] 孙家齐．工程地质．武汉：武汉理工大学出版社，2003.
[10] 孙广忠．岩体力学基础．北京：科学出版社，1983.
[11] 唐辉明．工程地质学基础．北京：化学工业出版社，2017.
[12] 陆兆溱．工程地质学．北京：中国水利水电出版社，2001.
[13] 石振明，黄雨，孔宪立．工程地质学．北京：中国建筑工业出版社，2018.
[14] 施斌，阎长虹．工程地质学．北京：科学出版社，2017.
[15] 胡广韬，杨文远．工程地质学．北京：地质出版社，1984.
[16] 张咸恭，李智毅，等．专门工程地质学．北京：地质出版社，1988.
[17] 张倬元，王士天，王兰生．工程地质分析原理．北京：地质出版社，1994.
[18] 戚筱俊．工程地质及水文地质．北京：中国水利水电出版社，1985.
[19] 张振营．岩土力学．北京：中国水利水电出版社，2000.
[20] 王大纯，张人权，史毅虹，等．水文地质学基础．3 版．北京：地质出版社，2001.
[21] 张人权，梁杏，靳孟贵，等．水文地质学基础．7 版．北京：地质出版社，2018.
[22] 肖长来，梁秀娟，王彪．水文地质学．北京：清华大学出版社，2010.
[23] 陈南祥．工程地质及水文地质．5 版．北京：中国水利水电出版社，2017.
[24] 周金龙，刘传孝．工程地质及水文地质．2 版．郑州：黄河水利出版社，2020.
[25] 刘方槐，颜婉荪．油气田水文地质学原理．北京：石油工业出版社，1991.
[26] 杨绪充．油气田水文地质学．东营：石油大学出版社，1993.
[27] 张建国．工程地质与水文地质．北京：中国水利水电出版社，2009.
[28] 白玉华．工程水文地质学．北京：中国水利水电出版社，2002.
[29] 杨绪充．含油气区地下温压环境．东营：石油大学出版社，1993.
[30] 邸世祥．油田水文地质学．西安：西北大学出版社，1991.
[31] 扈胜，高松，白莹，等．山东省莱阳地区水文地质条件分析．地下水，2020，42（2）：11－16.
[32] 林云，曹飞龙，武亚遵，等．北方典型岩溶泉域地下水水文地球化学特征分析：以鹤壁许家沟泉域为例．地球与环境，2020，48（3）：294－306.
[33] 王西琴，刘维哲，孙爱昕．华北地下水超采区灌溉用水经济价值研究．西北大学学报（自然科学版），2020，50（2）：212－218.
[34] 孙叶，等．区域地壳稳定性定量化评价．北京：地质出版社，1998.
[35] 潘懋，李铁锋．灾害地质学．北京：北京大学出版社，2002.

[36] 安欧．构造应力场．北京：地震出版社，1992.
[37] 卢演寿，等．新构造与环境．北京：地震出版社，2001.
[38] 肖和平，潘芳喜．地质灾害与防御．北京：地震出版社，2000.
[39] 李志明，张金珠．地应力与油气勘探开发．北京：石油工业出版社，1997.
[40] 张德元，刘元生，李一兵．油田地震信息监测研究与应用．北京：地震出版社，1995.
[41] 张德元，王优龙．油田开发工程与地震减灾．北京：石油工业出版社，1991.
[42] 王仲茂，卢万恒，胡江明．油田油水井套管损害的机理及防治．北京：石油工业出版社，1994.
[43] 张梁，张业成，罗元华．地质灾害灾情评估理论与实践．北京：地质出版社，1998.
[44] 徐守余，孙万华．油水井异常变化机理与天然地震前兆．石油勘探与开发，2003，30（4）：98－99.
[45] 徐守余，等．油井套管损坏动力学机制研究．石油钻采工艺，2003，25（3）：67－70.
[46] 徐守余，杨占宝．东营凹陷陡坡带油井前兆异常及其动力学成因讨论．地震地质，2004，26（2）：325－333.
[47] 徐守余．渤海湾地区盆地动力学分析及油田地质灾害研究．北京：中国地质大学（北京），2004.
[48] 胡聿贤．地震工程学．北京：地震出版社，1988.
[49] Verweij J M. Hydrocarbon migration systems analysis. Developments in Petroleum Science, Elsevier, 1993.

附　录

实验一　测定岩石的单轴抗压强度

一、基本原理

岩石的单轴抗压强度是指岩石试件在单向受压至破坏时，单位面积上所能承受的荷载，简称抗压强度。据其含水状态又有干抗压强度与饱和抗压强度之分。岩石的抗压强度常采用直接压坏标准试件测得，也可与变形试验同时进行，或用其他间接方法求得。

二、仪器设备

（1）制样设备：钻岩机、切岩机及磨片机等；
（2）压力机：要求有足够的出力，能连续加载；
（3）测量平台、卡尺、放大镜等。

三、实验步骤

1. 试样制备

（1）试样可用钻探岩心或坑探中采取的岩块。在取样和制样过程中，不允许发生人为裂隙。

（2）试件规格：采用直径为50mm、高为100mm的圆柱体或断面边长为50mm、高为100mm的方柱体试件。各尺寸允许变化范围为直径和边长为±2mm，高为±5mm。

（3）试件加工精度应满足如下要求：

① 沿试件整个高度上的直径（或边长）误差不超过0.3mm；
② 两端面不平行度误差，最大不超过0.05mm，端面不平整度误差不超过0.02mm；
③ 断面应垂直于轴线，最大偏差不超过0.25°；
④ 方柱体试件相邻两面应相互垂直，最大偏差不应超过0.25°。

（4）试件制备时用的冷却水必须是清洁水，不允许使用油液。对遇水崩解和干缩湿胀的岩石应采用干法制样。

（5）试样的数量应根据要求的受力方向和含水状态确定。每一种受力方向和含水状态视为一组，每组试件需3块。

2. 试样描述

内容包括：岩石名称、颜色、主要矿物成分、颗粒大小、胶结特征、微裂隙发育程度及风化程度等可能影响实验结果的因素；受力方位与结构面产状的关系；试件形态、缺棱掉块等情况。

3. 试件尺寸测量

圆柱体试件需要测量试件两端和中间3个断面的直径，取其平均值作为试件直径；在端面等间距取3个点测量试件的高，取其平均值作为试件高；并检查两端面的平行度。方柱体每边长取4个角点和中心点测量5个值，取其平均值作为边长值。

4. 试样烘干和饱水处理

实验前应按照要求的含水状态进行烘干或饱水处理。

5. 安装试件、加载

将试件置于压力机承压板中央，调整带球形座的承压板，使之均匀受荷。然后，以0.1～0.8MPa/s的速率加荷，直至试件破坏，记下破坏荷载。

6. 描述、记录

描述试件破坏形态，记录有关情况

7. 计算

按下式计算岩石的单轴抗压强度 σ_c ：$\sigma_c = \dfrac{P_c}{A}$

式中，P_c 为破坏荷载，N；A 为试件的断面积，mm^2。

四、实验报告内容

（1）记录并整理记录表格，计算岩石的单轴抗压强度；

（2）整理试件的描述资料。

实验二　测定岩石的单轴抗拉强度（巴西劈裂法）

岩石的单轴抗拉强度是指岩石试件在单向受拉时，能承受的最大拉应力。目前，测定岩石单轴抗拉强度的方法很多，大致可分为直接拉伸法和间接拉伸法两类。间接拉伸法以劈裂法和点载荷实验最为常用。本实验采用劈裂法。

一、基本原理

劈裂法是在试件直径（圆柱体试件）方向上，施加一线性载荷，使试件沿直径方向发生压力致拉裂破坏。然后根据弹性理论求岩石的抗拉强度。实验时，线性载荷是通过试件上下各置一根压条实现的。

二、仪器设备

（1）压力机：要求能连续加荷没有冲击，出力约100kN；

（2）制样设备：钻石机、磨片机、切石机等；

（3）测量平台、卡尺、垫条（铅丝、软木条等）。

三、实验步骤

1. 试样制备

试件为圆柱体，直径50mm、高50mm，或者为立方体 $50 \times 50 \times 50mm^3$。每组试件需要3块，精度要求同实验一。

2. 试样描述

内容包括：岩石名称、颜色、主要矿物成分、颗粒大小、胶结特征、微裂隙发育程度及风化程度等可能影响实验结果的因素；受力方位与结构面产状的关系；试件形态、缺棱掉块等情况。

3. 试件尺寸测量

圆柱体试件需要测量试件两端和中间 3 个断面的直径，取其平均值作为试件直径；在端面等间距取 3 个点测量试件的高，取其平均值作为试件高；并检查两端面的平行度。立方体每边长取 4 个角点和中心点测量 5 个值，取其平均值作为边长值。

同时划出加荷线。

4. 试样烘干和饱水处理

实验前应按照要求的含水状态进行烘干或饱水处理。

5. 安装试件、加载

将试件置于压力机承压板中央，并在试件上下各置一根垫条。启动压力机使承压板与试件接触。然后以 0.5MPa/s 的速率加荷，直至试件破坏，记录破坏荷载。

6. 描述试件破坏形态

取出试件，描述试件破坏形态，注意破坏面必须通过试件上下加荷线，否则实验无效。

7. 计算

按下式计算岩石的抗拉强度 σ_t：

对圆柱体试件 $\sigma_t = \frac{2P}{\pi \cdot D \cdot t}$；对立方体试件 $\sigma_t = \frac{2P}{\pi \cdot \alpha^2}$

式中，P 为破坏载荷，N；D 为圆柱体试件的直径，mm；t 为圆柱体试件高，mm；α 为立方体试件边长，mm。

四、实验报告内容

（1）记录并整理记录表，计算岩石的抗拉强度；

（2）整理试样描述资料。

实验三　测定岩石的剪切强度指标

岩石的剪切强度是指岩石试件受剪力作用时抵抗剪切破坏的最大剪切力。根据实验方法不同又可分为抗剪断强度、抗剪强度及抗切强度 3 种。室内剪切实验注意是测定岩石的抗剪断强度，常见的方法有单面剪切、双面剪切、变角板剪切、冲孔实验及三轴剪切等。本实验只介绍变角板剪切实验。

一、基本原理

变角板剪切是利用压力机施加垂直载荷，通过一套特制的夹具使试件沿某一剪切面产生剪切破坏。然后通过静力平衡条件解析剪切面上的法向应力和剪应力。通过一组试件的实验结果，利用库仑定律，可求得岩石的内聚力 C 和内摩擦角 φ。

二、仪器设备

（1）制样设备：钻岩机、切石机、磨片机等；

（2）压力机：要求有足够的出力，能连续加载没有冲击；

（3）变角板夹具要求能在 45°～70°范围内有 4～5 个角度可供调整；

（4）测量平台、卡尺等。

三、实验步骤

1. 试样制备

试件规格采用（$50\times50\times50$）mm^3的立方体，每组需试件 4～8 块。要求相邻面相互垂直，误差不超过 0.25°，相对两面不平行度不超过 0.05mm。

2. 试样描述

内容包括：岩石名称、颜色、主要矿物成分、颗粒大小、胶结特征、微裂隙发育程度及风化程度等可能影响实验结果的因素；受力方位与结构面产状的关系；试件形态、缺棱掉块等情况。

3. 试件尺寸测量

按照实验一的方法测量预定剪切面的边长，求其面积，并做好标记。

4. 试样烘干和饱水处理

实验前应按照要求的含水状态进行烘干或饱水处理。

5. 安装试件

将变角板剪切夹具用绳子拴在压力机承压板间，应注意使夹具的中心与压力机中心线重合。然后调整夹具上的夹板螺丝，使刻度达到预定角度，放试件于夹具内。

6. 加荷

开动压力机，同时降下压力机横梁，使剪切夹具与承压板接触。然后以 0.5～0.8MPa/s 的速率加荷直至试件破坏，记下破坏荷载。取出试件，描述试件破坏形态及其他情况。

7. 重复实验

变换夹具的角度，一般在 45°～70°内选择，以 5°为间隔如 45°、50°、55°、60°、65°、70°。重复步骤 5～6，对其余几块试件进行实验，取得不同角度下岩石的破坏载荷。

8. 计算机成果整理

（1）按下式计算剪切面上的剪应力 τ（MPa）和正应力 σ（MPa）：

$$\tau = \frac{P}{A}(\sin\alpha - f\cos\alpha)$$

$$\sigma = \frac{P}{A}(\cos\alpha + f\sin\alpha)$$

式中，P 为破坏载荷，N；A 为剪切面面积，mm^2；α 为试件放置角度，（°）；f 为滚轴摩擦系数（可由摩擦试验校正确定）。

（2）以剪切力 τ 为纵坐标，以正应力 σ 为横坐标，绘制 τ—σ 关系曲线，拟合最佳直线。测量内摩擦角 φ 和内聚力 C，取两位小数。

四、实验报告内容

（1）记录并整理记录表格。

（2）绘制 τ—σ 关系曲线，求岩石的剪切强度指标 φ 和内聚力 C。